A CIÊNCIA ENTRE BICHOS E GRILOS

TELMA ABDALLA DE OLIVEIRA CARDOSO
MARLI B. M. DE ALBUQUERQUE NAVARRO
ORGANIZADORAS

A CIÊNCIA ENTRE BICHOS E GRILOS
REFLEXÕES E AÇÕES DA BIOSSEGURANÇA NA PESQUISA COM ANIMAIS

EDITORA HUCITEC
São Paulo, 2007

Aderaldo & Rothschild Editores Ltda.
Rua João Moura, 433 - 05412-001 São Paulo, Brasil
Tel./Fax: 3083-7419
3060-9273 (Atendimento ao Leitor)
lerereler@hucitec.com.br
www.hucitec.com.br
Depósito Legal efetuado.

FAPERJ

Ministério da Saúde

FIOCRUZ
Fundação Oswaldo Cruz

NUBIO Núcleo de Biossegurança
Fundação Oswaldo Cruz

CIP-Brasil. Catalogação-na-Fonte
Sindicato Nacional dos Editores de Livros, RJ

C511

A ciência entre bichos e grilos: reflexões e ações da biossegurança na pesquisa com animais /Telma Abdalla de Oliveira Cardoso, Marli B. M. de Albuquerque Navarro, organizadoras. – São Paulo : Hucitec ; Rio de Janeiro : Faperj, 2007.
444p. : il. ;

Inclui bibliografia
ISBN 978-85-60438-25-9

1. Animais de Laboratório. 2. Experiências com Animais – Medidas de segurança. 3. Biossegurança. I. Cardoso, Telma Abdalla de Oliveira, 1957–. II. Navarro, Marli B. M. de Albuquerque (Marli Brito Moreira de Albuquerque), 1951–.

07-3100. CDD 619.9
CDU 619:57.081

"Eu me sirvo dos animais para instruir os homens."

— Jean de La Fontaine

SUMÁRIO

OS AUTORES

ALFREDO JOSÉ ALTAMIRANO ENCISO

Arqueólogo, doutor em saúde pública, pela Escola Nacional de Saúde Pública, Fundação Oswaldo Cruz. Professor da Universidade Federal do Estado do Rio de Janeiro. E.mail: alfredo@ipec.fiocruz.br

ANTÔNIO HENRIQUE ERMIDA DE ARAÚJO

Técnico em Segurança do Trabalho pela Escola Ténica do Rio de Janeiro/ CEFET. Especialização em radioproteção pelo IRD/CNEN. Escola Nacional de Saúde Pública, Fundação Oswaldo Cruz. E.mail: henrique@fiocruz.br

BERNARDO ELIAS CORREA SOARES

Biomédico, microbiologista, doutor em Saúde Pública, pela Escola Nacional de Saúde Pública, Fundação Oswaldo Cruz. Pesquisador do Núcleo de Biossegurança/NUBio, Escola Nacional de Saúde Pública, Fundação Oswaldo Cruz. E.mail: bernardo @fiocruz.br

CELIA VIRGINIA PEREIRA CARDOSO

Médica veterinária, mestre em Patologia da Reprodução Animal pela Universidade Federal Fluminense. Tecnologista do Centro de Criação de Animais de Laboratório, Fundação Oswaldo Cruz. E-mail: cardoso@fiocruz.br

CHRISTINA SIMAS

Arquiteta, especialista em Saúde do Trabalhador e Ecologia Humana, pela Escola Nacional de Saúde Pública, Fundação Oswaldo Cruz; Engenharia de Segurança, pela Pontifícia Universidade Católica — PUC do Rio de Janeiro. Tecnologista do Núcleo de Biossegurança/NUBio, Escola Nacional de Saúde Pública, Fundação Oswaldo Cruz. E.mail: csimas@fiocruz.br

Cláudia dos Santos Mello
Mestre em Biofísica e Biometria pela Universidade do Estado do Rio de Janeiro (UERJ), química industrial, pós-graduada em Engenharia Sanitária e Ambiental pela UERJ. Coordenadora acadêmica de cursos de Pós-graduação e Atualização em Química da DESSAÚDE/UERJ. E.mail: cmello@domain.com.br

Elba Regina Sampaio de Lemos
Pesquisadora do Departamento de Virologia do Instituto Oswaldo Cruz, doutora em Medicina Tropical pelo Instituto Oswaldo Cruz, Fundação Oswaldo Cruz, Laboratório de Hantaviroses e Rickettsioses. Instituto Oswaldo Cruz. Fundação Oswaldo Cruz. E.mail: elemos@ioc.fiocruz.br

Esther Argote
Médica veterinária, coordenadora do curso de mestrado em Biossegurança, pesquisadora do Centro Nacional de Seguridad Biológica, CITMA, Havana, Cuba.

Felix Júlio Rosenberg
Médico veterinário; mestre em Ciências Médicas, pela Universidade da Pensilvânia, E.U.A. Diretoria de Planejamento Estratégico/DIPLAN, Fundação Oswaldo Cruz; auditor independente do Inmetro em sistemas de gestão da qualidade em laboratórios de ensaios e examinador do prêmio da qualidade do Estado do Rio de Janeiro — PQRio. E.mail: felix@fiocruz.br

Fermin Roland Schramm
Doutor em Ciências/Saúde Pública pela Escola Nacional de Saúde Pública, Fundação Oswaldo Cruz; pós-doutorado em Bioética pela Universidade do Chile; Pesquisador da Escola Nacional de Saúde Pública, Fundação Oswaldo Cruz; consultor em Bioética do Instituto Nacional do Câncer e presidente da Sociedade Brasileira de Bioética — regional do Estado do Rio de Janeiro (SB-Rio). E.mail: roland@ensp.fiocruz.br

Fernando Pérez Cañabate
Universidad Agraria de la Habana (UNAH). MES, Havana, Cuba.

Francelina Helena Alvarenga Lima e Silva
Bióloga, Mestre em Ciência da Informação pelo IBICT/Universidade Federal do Rio de Janeiro. Tecnologista do Núcleo de Biossegurança/NUBio, Escola Nacional de Saúde Pública, Fundação Oswaldo Cruz.
E.mail: france@fiocruz.br

Hermann Gonçalves Schatzmayr
Pesquisador do Departamento de Virologia do Instituto Oswaldo Cruz, doutor em Virologia pelas Universidades de Giessen e Freiburg, Alemanha, livre-docente em Virologia pela Universidade Federal Fluminense. Instituto Oswaldo Cruz. Fundação Oswaldo Cruz.
E.mail: hermann@ioc.fiocruz.br

Ivana Silva
Técnica em Enfermagem. Especialização em Animais de Laboratório pelo INCQS/Fundação Oswaldo Cruz. Núcleo de Biossegurança/NUBio, Escola Nacional de Saúde Pública, Fundação Oswaldo Cruz. E.mail: ivana@fiocruz.br

Maria Helena Simões Villas Bôas
Farmacêutica Universidade Federal do Rio de Janeiro, doutora em Ciências (Microbiologia) pelo Instituto de Microbiologia Professor Paulo de Góes da UFRJ. Tecnologista do Setor de Saneantes, Instituto Nacional de Controle de Qualidade em Saúde, Fundação Oswaldo Cruz.

Margarita Delfín
Microbiologista, pesquisadora do Centro Nacional de Seguridad Biológica, CITMA, Havana, Cuba.

Maria Luiza Carrieri
Médica veterinária, doutora em Saúde Pública pela Universidade de São Paulo. Pesquisadora do Instituto Pasteur de Sao Paulo.
E.mail: mlcarrieri@saude.sp.gov.br

Marli B. M. de Albuquerque Navarro
Historiadora, doutora em História pela Université Paris X. Pesquisadora do Núcleo de Biossegurança/NUBio, Escola Nacional de Saúde Pública, Fundação Oswaldo Cruz. E.mail: mnavarro@fiocruz.br

Marta Pimenta Velloso
Doutora em Saúde Pública, pela Escola Nacional de Saúde Pública da Fundação Oswaldo Cruz. Pesquisadora do CSGSF/Escola Nacional de Saúde Pública/Fundação Oswaldo Cruz.

Mauro Célio de Almeida Marzochi
Médico e biólogo. Doutor em Parasitologista pela Universidade Estadual de Londrina. Livre-docência pela Universidade Federal Rural do Rio de Janeiro.

Pesquisador do CNPq junto ao Institut, Fundação Oswaldo Cruz. Membro do WHO Expert Committee on Parasitic Diseases-Leishmanioses.
E.mail: mmarzochi@ipec.fiocruz.br

MIGUEL LORENZO HERNÁNDEZ
Investigador auxiliar, Professor da Universidade Agrária de Havana, especialista em Análise de Risco. Departamento de Análisis de Seguridad. Centro Nacional de Seguridad Biológica, CITMA, Havana, Cuba. E.mail: miguel@cnsn.cu

NEIDE HIROMI TOKUMARU MIYAZAKI
Farmacêutica, doutora em Vigilância Sanitária do INCQS/Fundação Oswaldo Cruz. Tecnologista do Instituto Nacional de Controle de Qualidade em Saúde/Fundação Oswaldo Cruz. E.mail: neide@incqs.fiocruz.br

ONELIA PEÑATE
Instituto de Medicina Veterinaria. Minagri, Havana, Cuba.

ORFELINA RODRÍGUEZ
Médica, chefe do Departamento de Análise de Segurança, do Centro Nacional de Seguridad Biológica, CITMA, Havana, Cuba.

RITA LEAL PAIXÃO
Médica veterinária, doutora em Ciências/Saúde Pública pela Escola Nacional de Saúde Pública, Fundação Oswaldo Cruz; professora do Departamento de Fisiologia e Farmacologia da Universidade Federal Fluminense.
E.mail: rpaixao@vm.uff.br

TELMA ABDALLA DE OLIVEIRA CARDOSO
Médica veterinária, mestre em Ciência da Informação pelo IBICT/Universidade Federal do Rio de Janeiro, doutoranda da Escola Nacional de Saúde Pública, Fundação Oswaldo Cruz. Núcleo de Biossegurança/NUBio, Escola Nacional de Saúde Pública, Fundação Oswaldo Cruz. E.mail: abdalla@fiocruz.br

APRESENTAÇÃO

A iniciativa de organizar este livro foi motivada pela freqüente constatação da falta no mercado editorial de publicações específicas em Biossegurança, mais notadamente sobre Biossegurança e animais de experimentação e/ou Biossegurança e pesquisas que envolvem animais.

Nossa metodologia para propor este livro foi pautada em algumas preocupações, tais como — verificar quais os temas que apresentavam relevância para pesquisadores, técnicos e estudantes; observar as buscas mais usadas por profissionais da área de saúde referente ao tema central proposto; observar a necessidade da combinação entre temas técnicos e outros mais relacionados à perspectiva histórica e filosófica, tornando-o interdisciplinar.

Assim, tal conteúdo volta-se prioritariamente para a Biossegurança, enfocando-a e sua aplicabilidade em pesquisas e outras atividades que utilizam animais, destacando várias abordagens como história da experimentação animal; experimentação animal e Bioética; manejo de pequenos animais e animais silvestres; procedimentos de Biossegurança com animais de grande porte; técnicas de Biossegurança aplicadas a biotérios, equipamentos de proteção individual e coletiva nas atividades laboratoriais com animais, entre outras.

A seleção dos temas foi em grande parte orientada pela sondagem realizada pela equipe do Núcleo de Biossegurança/NUBio, na clientela dos cursos realizados por este Núcleo em parceria com o Ministério da Saúde. Estamos certas que essa publicação será de grande valia para pesquisadores, estudantes, técnicos e outros profissionais que atuam na área da saúde.

— As organizadoras

A CONSTRUÇÃO DOS VALORES SOBRE O MUNDO ANIMAL. REFLEXÃO SOBRE A HISTÓRIA DA EXPERIMENTAÇÃO ANIMAL

Marli B. M. de Albuquerque Navarro

Nossa cultura está impregnada da noção utilitária da natureza. As percepções e práticas dessa utilização correspondem a contextos históricos que definiram valores construídos com base nas necessidades da produção humana na conquista da vida material. Outra perspectiva humana foi atribuir ao mundo animal e vegetal simbologias situadas no domínio dos mitos, dos ritos, das religiões, levando para o campo da subjetividade a identificação de uma estreita relação entre o potencial da natureza e as habilidades, as virtudes e os temores dos homens.

Em todas as culturas, o sentimento dedicado ao mundo animal, vegetal e mineral, revela-se com maior ou menor ênfase, de forma manifesta ou latente, para imprimir, num campo metafórico, a idéia do poder do universo natural associado às potencialidades humanas, revelando correspondências de valores entre homem e natureza e sua ordem cosmológica. Em algumas religiões, a predominância dos homens sobre os animais está legitimada por uma determinação "divina", como dádiva ou como castigo. No livro *Gênesis*, que inicia o Velho Testamento, o mundo e tudo que nele existe é uma obra de criação, cujo criador impõe regras para manutenção permanente da pureza e do sagrado, construindo a noção da concepção do mundo como santuário onde a vida se estabelece.

Deus não cria apenas a vida, cria sua ordem harmônica, sua interação perfeita, onde nada poderá ser sacrificado com base em um explícito contrato que impõe o cumprimento da obediência da determinação divina, o que significa a humilde rendição da criatura ao criador. No universo criado por Deus, tudo assume o mesmo valor em favor de uma existência equilibrada, a vida deverá estar disposta como prazer envolvido numa determinada estética, o belo encontrava-se na ordem. Este cosmo se traduz na imagem do paraíso, na estética do jardim, o Éden, o lugar das amenidades, o lugar de delícias. Ao interferir nessa cosmologia, o homem é condenado a gerir a própria sobrevivência e, como castigo, não mais sentirá o prazer igualitário de estar em harmonia com a natureza. Abandona sua dieta natural de vegetais, adquire o sabor da carne como nutriente de seu corpo físico e de seu corpo afetivo, de seu espírito, o prazer da carne agora passava também a ser expresso pela prática do sexo, estabelecendo para o homem a responsabilidade sobre seu ato reprodutivo como tributo a ser pago por ter desafiado a determinação do criador pelo cometimento do primeiro pecado, o pecado original.

Ao cometer o pecado original, o homem rejeitou os benefícios de ser apenas criatura, passa a ser também criador, dividindo com Deus a responsabilidade sobre a manutenção e o equilíbrio da vida. Sua sobrevivência seria dificultada, a terra degenerou, o solo tornou-se árido, exigindo o trabalho árduo para dele retirar sustento, apareceram pragas e pestes, os animais tornaram-se ferozes, requerendo também trabalho para domesticação dos animais, sujeitando o mundo natural, em especial o animal, às necessidades humanas, os animais estariam destinados ao abate e ao trabalho pesado.

Esta revelação mítica da perda do paraíso e da conseqüente exposição do homem às adversidades da natureza, expressa-se em muitos outros mitos da criação. Os índios iroquêses preservaram, oralmente, o mito das doenças e da origem dos remédios (Giner, 2006). O mito narra que, no começo do mundo, os animais e os homens falavam a mesma língua e viviam harmoniosamente. Esta harmonia desfez-se, quando os homens alcançaram o poder dominante, aumentando sua capacidade reprodutiva em desproporção ao resto dos animais, provocando o aumento populacional, fazendo que estes ocupassem as florestas, os desertos, impondo uma disputa de sobrevivência com os animais e rompendo, assim, a amizade e a harmonia entre ambos. Os animais reagiram e cada espécie decidiu ameaçar o homem com uma doença. As plantas ouviram a conspiração dos animais, e, como estas decidiram preservar o amor que moviam pela espécie humana, decidiram dar uma propriedade curativa de sua própria natureza para cada mal lançado sobre os homens.

Considerando os estudos sobre a evolução, antes do processo de sedentarização, o homem vivia da caça e esta atividade refletiu-se também na consolidação das práticas religiosas, ocorrendo neste processo a sacralização dos animais. Os paleantropídeos colhiam frutos, raízes, moluscos, posteriormente à atividade da caça, estabeleceu-se a especialização das tarefas, homens caçavam, e mulheres e crianças eram coletores. O ato de perseguir e de abater a caça foi transportado para o plano mítico, fazendo surgir uma "solidariedade mística" entre o caçador e sua presa. Esta percepção de reverência na relação entre os homens e os animais persistiu em muitas religiões, projetando a importância da perspectiva do sagrado no universo cultural humano. Entre as populações indígenas que habitavam o território brasileiro quando da chegada dos colonizadores portugueses, "os caçadores tupis experimentavam complexas interações psíquicas com a sua caça. Atribuíam almas aos animais e se identificavam profundamente com eles. Um caçador não consumia ele mesmo a caça que havia abatido, por medo da vingança do animal" (Dean, 2002, p. 55).

A domesticação de animais marcaria uma forte noção utilitária dos animais para diversos fins e contribuiria decisivamente para formatação de concepções sobre o valor da existência dos homens e da existência dos animais, entendendo-os, ambos, como pertencentes a naturezas distintas, embora vivendo no mesmo universo natural.

"Os escrúpulos quanto ao tratamento de outras espécies eram afastados pela convicção de que havia uma diferença fundamental, em gênero, entre a humanidade e as outras formas de vida. A justificativa para essa crença remontava a antes da Cristandade, chegando até os gregos. Segundo Aristóteles, a alma compreendia três elementos: a alma nutritiva, compartilhada pelos homens e vegetais; a alma sensível, dos homens e dos animais; e a alma racional ou intelectual, exclusiva do homem. Tal doutrina foi retomada pelos escolásticos medievais e combinava a idéia judaico-cristã de que o homem foi feito à imagem de Deus (*Gênesis*, I, 27). Ao invés de representar o homem apenas como animal superior, essa concepção o elevava a um estado completamente diferente, a meio caminho entre os animais e os anjos" (Thomas, 1988, p. 37).

Na Idade Média, dada a enorme necessidade de tomar os animais para fins utilitários, em especial como seres apropriados para emprestar ao homem a força física e provê-lo de nutrientes, cristalizou-se uma mentalidade que entendia os animais, sobretudo os domésticos, como objeto de subjugação à vontade e às necessidades humanas, e assim, não mereciam grandes cuidados, sendo comum os atos de maus-tratos, humilhação, desprezo e morte.

No entanto, devemos destacar que mesmo entre os séculos XVI e XVIII, período em que se processou a construção da ciência moderna, eram comuns na Europa percepções e concepções que estabeleciam critérios voltados para as distinções entre o que era visto como exclusivamente e essencialmente humano e o que era considerado bestial, estando também situado neste domínio a espécie humana ou uma considerada "subespécie" humana, consolidando percepções da existência de homens superiores e de homens inferiores, estes mais parecidos com os animais. Quando os europeus entraram como exploradores no continente africano, formularam idéias, as quais atribuíam serem precisas, ou seja, que a África era habitada por homens selvagens, vendo-os como uma variação dos macacos, dando a estas observações conotação ofensiva e pejorativa.

Entre as especulações sobre o que seria próprio dos homens como comportamento e capacidade, na Inglaterra do século XVII, circulavam idéias que indagavam: "o que é um bebê, senão uma besta rude na forma de homem? E o que é um jovem senão um burrico selvagem sem modos e sem freios?" (Thomas, 1988a, p. 51).

A mesma percepção voltava-se para as crianças, posto que suas ações e linguagem eram consideradas semelhantes a dos animais, expressando assim uma manifestação bestial imprópria à condição humana. "Também as mulheres estavam perto do estado animal. Durante vários séculos os teólogos tinham discutido, em parte frívola, em parte seriamente, se o sexo feminino tinha alma ou não [. . .]. Os ginecologistas da época davam muita ênfase aos aspectos animais do parto. [. . .]. Ainda mais bestiais eram os pobres — ignorantes, sem religião, esquálidos em suas condições de existência e, mais importante, não tendo os elementos que se supunha caracterizavam o ser humano: alfabetização, cálculo numérico, boas maneiras, e apurado senso de tempo [. . .]. Os mais bestiais de todos eram os que se situavam nas margens da sociedade humana: os loucos, que pareciam possuídos por bichos selvagens; os vagabundos, que não seguiam nenhuma vocação, mas viviam, no dizer puritano de Willian Perkins, «uma vida de bichos»". Considerava-se que "uma imagem animalesca pairava sobre os hospícios. Imagem semelhante perpassava as acusações da época contra os vadios, que não se associavam em famílias, mas se juntavam como animais. Os mendigos também eram como os brutos, pois gastavam todo o tempo procurando comida" (Thomas, 1988b, p. 53).

Simultaneamente à circulação das idéias indicadoras das noções morais sobre a condição bestial dos seres humanos, o movimento renascentista elaborou nova concepção do mundo, esta então calcada nas inovações colocadas pela ciência, destacando-se as concepções sustentadas pela Física Mecânica, mediante a qual a natureza era entendida como uma série harmônica de engrenagens. Entre os séculos XVI e XVII, várias teses científicas, baseadas nas proposições racionalistas de Descartes, tratavam os animais como máquinas. Para estas concepções, os animais eram autômatos, tal como os relógios, munidos de complexidade mecânica, mas incapazes de associar o movimento mecânico às ações que poderiam expressar a alma, o espírito e a inteligência, como falar, chorar, rir e raciocinar.

Esta formulação da mentalidade ante o denominado "mundo animal" forjaria, ao longo da história, noções de valores e de valorizações de todos os seres vivos fora do âmbito humano, racionalizando uma visão antropocêntrica do mundo. Os animais seriam vistos como úteis para várias funções para as quais estariam aptos a desempenhar em benefício do homem, ou seja, como fonte de nutrientes, como transportadores de cargas, como auxiliares de tarefas na agricultura e nas atividades de caça, como companhias afetivas, como simbologia de virtudes humanas, como produto de valor mercantil, como seres representativos das expectativas humanas, enfim, como seres que se prestavam a múltiplas manipulações, até mesmo em experimentos para auxiliar a busca dos objetivos estabelecidos pela curiosidade humana, como seres sobre os quais as dúvidas humanas poderiam ser testadas.

Várias foram as motivações para a utilização de animais com o fim de estimular a curiosidade e o espírito de investigação humana, mas foi a crescente elaboração da ciência que definiu o ato de "cortar vivo", ou seja, da vivissecção, como método plenamente racionalizado para o alcance dos objetivos científicos. Claude Bernard, na introdução do livro *La Science Expérimentale*, publicado na França em 1865, obra que se tornaria clássica para as ciências médicas e biológicas, justificava a vivissecção afirmando que a fim de aprender como os homens e os animais vivem, não poderíamos deixar de contabilizar quantos morrem, pois o mecanismo da vida só pode ser desvendado e provado se conhecermos os mecanismos da morte.[1]

Claude Bernard, considerado o pai da fisiologia moderna, via o "organismo vivo como uma máquina que funciona necessariamente em virtude das propriedades físico-químicas de seus elementos constituintes, sua concepção das funções fisiológicas era muito mais sutil do que a de seus contemporâneos" (Capra, 1997). Desenvolveu experiências dentro da lógica cartesiana, avançava até onde pudesse comprovar resultados de suas hipóteses, por experimentação, e considerava as questões que se propunham além destes limites impertinentes à investigação científica.

Embora tenha sido Claude Bernard o primeiro cientista a formular dentro do quadro da racionalidade científica o uso de animais para validar experiências, considera-se que William Harvey as teria realizado com cervos para efetivar suas descobertas sobre a circulação do sangue em 1628, confirmando, assim, o suporte científico baseado no racionalismo configurado durante o período renascentista, que percebia o universo regido pelas leis da Física Mecânica, onde se incluíam os seres vivos entendidos como máquinas e engrenagens. Abrimos um parêntese para observar que a medicina medieval atribuía importância fundamental aos estudos da Anatomia, sendo Galeno um dos maiores defensores da necessidade do crescimento desse domínio de conhecimento para a ciência, realizando na época necropsias em porcos e defendendo a pertinência desse proce-

---

[1] Citado por Deborah Rudacille. The Scalpel and the Butterfly: the War between Animal Research and Animal Protection. Livro disponível no site http://www.amazonas.com/exec/obidos/tg/stores/detail/-/books/037. . ./102-6042097-645536 "To learn how men and animals live, we cannot avoid seeing great numbers of them die, because the mechanism of life can be unveided and proved only by knowledge of the mechanism of death". Claude Bernard. *Introduction to the Study of Experimental Medicine.*

dimento em cadáveres humanos. Estes métodos e práticas condicionadas ao avanço dos estudos médicos provocaram reações de resistência e temor, posto que ainda se fazia sentir na mentalidade medieval as determinações do Quarto Concílio de Latrão que, em 1215, havia proibido práticas e investigações que resultassem no "derramamento de sangue" e a "violação" do corpo humano para satisfazer a curiosidade da ciência, fazendo que as investigações sobre anatomia realizadas por estudiosos árabes e judeus progredissem por meio da dissecação, neste período, considerada prática herege e portanto interditada para os médicos pertencentes a uma cultura de valores cristãos.

Realçamos que essas noções sobre a adequação da utilidade dos seres vivos aos objetivos dos homens e de suas intenções voltadas para o alcance de novos conhecimentos, não seriam realizadas sem a inserção dos sentimentos humanos dirigidos aos animais, sentimentos estes que, ao longo da história e em cada cultura, variaram entre a manifestação da crueldade, percorrendo a compaixão até chegar à formulação de códigos éticos relativos às mais variadas utilizações e manipulações da vida animal, dando origem também às preocupações legais direcionadas para regulamentar e fiscalizar estas utilizações. A verticalização do uso da vida animal para as finalidades da ciência inclui-se como importante fator motivador voltado para a proposição de formulações e regulamentações de regras destinadas à manipulação de animais em laboratórios.

Desde os tempos imemoriais, o homem utilizou, e de certa forma explorou, os outros animais para diversos fins. Desde que se faz investigação científica, animais de várias espécies têm sido alvo de manipulações diversas, especialmente nos estudos situados no campo da Anatomia e da Fisiologia, assim como nas investigações dos processos de doenças e de outros processos que envolvem a demanda investigativa de caráter científico ou presumidamente científico. Sobre a história oficial da experimentação em animais, sabemos que na Grécia Antiga realizava-se a experimentação animal como recurso para aprofundamento do conhecimento do corpo humano e para as projeções hipotéticas e experimentais visando a resolução de incógnitas relativas à biologia humana.

Sem ignorar a grande importância do uso de animais para fins científicos, religiosos, místicos, dentre outros, durante o percurso da história humana, faz-se fundamental destacar que a conjuntura do crescimento industrial ocorrida no século XIX impôs necessidades cada vez mais rigorosas voltadas para a qualidade e a segurança dos produtos que as indústrias ofereciam para o consumo, não prescindindo, portanto, a produção industrial do auxílio dos laboratórios capazes de minimizar para indústria as questões associadas aos riscos referentes aos produtos destinados para o consumo em massa, em especial o consumo de alimentos e medicamentos.

A trajetória científica de Louis Pasteur é demonstrativa dessa relação estreita entre a produção industrial e a confiabilidade do laboratório. Seus estudos sobre a fermentação, atendendo às demandas da produção de vinho e de cerveja, assim como seus estudos orientados para a doença do bicho-da-seda, possibilitaram o crescimento da indústria francesa ao aumentar a eficiência industrial, com base na oferta de produtos mais seguros para consumo, efetivando processos industriais mais lucrativos. Ao concluir que a fermentação era produzida por microrganismos, Pasteur dirigiu essas observações para o estudo das doenças contagiosas, realizando experiências que resultariam na descoberta de vacinas contra várias doenças que atingiam homens e animais, tais como o carbúnculo do gado, a cólera das galinhas e a raiva que atingia parte da população camponesa. Certamente, a aceleração das atividades laboratoriais dirigidas às grandes demandas socioeconômicas, aumentou substancialmente as atividades que implicavam a experimentação animal, projetando os animais como objetos de laboratório, minimizando a noção e a percepção de que estes eram seres vivos dotados de emoções e sensibilidades.

Figura 1. Um jornalista do *Petit Moniteur de la Santé* registra com humor os experimentos de Pasteur (gravura de 1886).

Fonte: arquivo iconográfico do Museu Pasteur, Instituto Pasteur, Paris.

Figura 2. Um jornalista do *Petit Moniteur de la Santé* registra com humor os experimentos de Pasteur (gravura de 1886).

Fonte: arquivo iconográfico do Museu Pasteur, Instituto Pasteur, Paris.

Uma das grandes iniciativas que projetou amplamente a preocupação ética relativa à manipulação de animais em laboratórios científicos foi a estratégia sugerida por William Russel e por Rex Burch com o fito de tornar menos abusiva tal utilização. Estes cientistas publicaram em 1959 *The Principles of Humane Experimental Technique*, publicação que se tornaria famosa pela introdução do princípio dos três "R's", ou seja, *Replacement, Reduction* e *Refinement*, provocando nos laboratórios uma preocupação relativa ao uso mais racional de seres vivos envolvidos nas investigações científicas. A proposta de Russel e Burch provocaria também a formação de mecanismos institucionais que visavam garantir a prática do princípio dos três "R's". Em 1969, foi fundado o *Fund for Replacement of Animals in Medical Experiments* (Frame), e em 1971 o Conselho Europeu aprovaria resoluções voltadas para ampliação da divulgação de informações sobre métodos alternativos para experimentação.

Quanto aos itens dos três "R's", eles estabelecem como estratégia os seguintes procedimentos:

A *Reduction* (redução) propõe a diminuição do número de animais utilizados, observando normas e procedimentos que evitam repetições desnecessárias, melhorando as condições do ensaio, aproveitando órgãos e tecidos de um único indivíduo, diminuindo também variáveis que possam invalidar ou comprometer os resultados, tais como estresse, alteração da dieta, fatores que podem prejudicar a eficácia do experimento e exigir o uso indiscriminado de animais para refazer testes ou experimentos mal-realizados pelos profissionais de laboratório.

O *Refinement* (refinamento) visa a redução do estresse e da dor pela utilização de técnicas que possam estabelecer o melhoramento dos ensaios. A busca do refinamento deve levar também ao aperfeiçoamento de quem manipula o animal, com o fim de apurar ou renovar as práticas de analgesias, anestesias e métodos de eutanásia, sem menosprezar práticas mais simples, como observar condições de higiene e conforto aos animais.

O *Replacement* (substituição) observa a substituição dos animais por materiais não dotados de sensações ou por animais menos evoluídos (Canadian Council on Animal Care, 2002).

Os debates acerca das práticas experimentais envolvendo animais e as discussões de caráter ético sobre estes procedimentos, tiveram como ponto de partida a reavaliação do conceito relativo ao bem-estar animal, de onde se desprenderam algumas importantes definições, que variaram entre a caracterização de um estado ou condição de harmonia física e psicológica entre o organismo vivo e seu meio, até a questão voltada para a preservação da dignidade como direito dos animais observando o princípio geral do respeito à vida de todos os seres. Estas questões apresentaram-se plenamente pertinentes para a comunidade científica, especialmente porque não era mais possível ignorar que o próprio avanço da ciência havia possibilitado estudos voltados para demonstrar a proximidade do sistema nervoso do ser humano com os dos demais vertebrados. Mais que isso, várias investigações, associaram as nuanças do comportamento social verificado entre animais a uma perspectiva cognitiva, fato que estimulou as discussões sobre o potencial das reações dolorosas impostas aos animais. Em alguns países europeus, tais debates alcançaram grande interesse na opinião pública e entre os consumidores, que passaram a atribuir importância ao grau de sofrimento animal, contido no processo científico, que permitia a produção de mercadorias com "garantias" científicas.

Na Inglaterra, parte significativa dos consumidores de produtos cosméticos, por exemplo, passaram a verificar no rótulo a mensagem "against animal testing", fato demonstrativo de certa conscientização e sensibilização sobre a questão ética destinada ao uso de animais para experimentação. Alguns defensores da extinção da vivessecção, argumentam que as possíveis garantias fornecidas pelos testes realizados sobre animais estariam, há muito, colocadas em "xeque", buscando, como um dos sustentáculos desse discurso, a recuperação da história dos testes da talidomida, que embora tenha utilizado exaustivamente animais para a aquisição de segurança, resultou em erros irreparáveis, colocando milhares de consumidores da droga testada em animais ante uma verdadeira tragédia humana.

Estes debates tornam-se mais requintados no âmbito acadêmico, a partir das formulações de posições mais cautelosas. Algumas tendem a rever as sutilezas existentes entre a medicina humana e a medicina veterinária, acentuando as diferenças histológicas, anatômicas, genéticas, imunológicas e fisiológicas, entre os animais e os seres humanos, alertando para as possíveis variações reativas a diversas substâncias ocorridas em animais, observando mesmo as variações entre estes, mas destacando a importância de estudos de variações em humanos. Embora estas questões ressaltem as diferenças técnicas entre a medicina humana e a medicina veterinária, não as excluem como campos científicos de afinidades consagradas e bem-definidas.

Como já apontamos, o pano de fundo do debate encontra-se no questionamento da aplicação plena e única do modelo racionalista cartesiano para execução da ciência, fechando o pesquisador em uma "câmara" de procedimentos repetitivos próprios da experimentação, pois a ciência moderna, ao inaugurar o método experimental, privilegia a separação e o isolamento do objeto ou fenômeno para proceder à análise laboratorial, depois verifica a repetição do fenômeno e caracteriza as constâncias, para então o devolver ao contexto do conjunto de onde foi retirado, realizando observações de interligações com outros fenômenos, para enfim enunciá-lo em linguagem padronizada, dando-lhe caráter de generalização, de lei ou de teoria científica, contribuindo para formulação de paradigmas que valorizam o propósito da unificação da natureza.[2]

Processos atualmente bastante impactantes, como a devastação da natureza e o aparecimento e reaparecimento de doenças, ou seja, o fenômeno das doenças emergentes e ressurgentes, como catástrofes anunciadas em termos globais em conseqüência da corrupção dos ecossistemas, têm sido a base dos argumentos favoráveis a uma revisão do paradigma unificador em prol do paradigma ecológico que propõe como ótica da natureza sua unidade e diversidade com base no movimento da vida, apresentando-se como modelo mais aberto e plural, pois observa o movimento da vida a partir de novas sínteses para a ocorrência contínua de novas ressintetizações, sem que tal processo implique eliminações, mas novas formas, configurando o movimento da produção da biodiversidade. Esta percepção da natureza tem contribuído para a formulação de novas propostas relativas à racionalização do uso de animais para diversos fins, em especial para as finalidades experimentais, reforçando as discussões situadas no campo da ética.

A consolidação das áreas de estudo que tratam da ética em relação aos animais tornaram-se fundamentais para as atividades experimentais, sobretudo o campo da filosofia moral, especialmente a ética aplicada ou ética prática que

---

[2] Edgar Morin em *O Método* (três volumes) desenvolve estimulante discussão sobre o caráter da ciência experimental.

abrange a bioética, a ética animal e a ética ambiental, reflexões essas que estão associadas às ciências biomédicas e às ciências sociais. A pertinência da vigência de ações éticas direcionadas à experimentação animal está lastreada pela visão sistêmica do mundo que diminui a importância e a soberania das percepções exclusivamente antropocêntricas, gerando, assim, uma nova visão de responsabilidade na relação que envolve homem e natureza, fato que revela a construção de uma tendência mais voltada para entender os animais como seres sencientes, portadores de sensações, aptos a um grau mínimo de consciência de dor e de prazer, para os quais devemos compartilhar nossa esfera de moral, atentando para a realidade de que toda dor é um evento mental.

Peter Singer, especialista em Bioética, professor da Universidade de Princeton, é responsável pela produção de importante literatura sobre Bioética e sua estreita relação com a libertação animal, é categórico ao afirmar que a estruturação de "qualquer movimento de libertação exige uma expansão de nossos horizontes morais e de uma extensão ou reinterpretação do princípio moral básico da igualdade".[3] Assim, a exclusão dos animais de nossos padrões morais significa trabalhar com uma visão do mundo baseada nas especificidades humanas, condicionadas em grande parte pela cultura, adotando e confirmando o ônus de reduzir os contextos de complexidade no processo de compreensão do mundo e de seus fenômenos, contribuindo para consolidação da perspectiva de confirmar uma única percepção da natureza, a fundamentada no antropocentrismo.

Rita Paixão nos aponta que "é preciso distinguir o «padrão científico» do «padrão moral», ambos presentes na pesquisa. O «padrão científico» refere-se ao campo dos fatos, onde se verifica a importância da objetividade, para que os dados não sejam contaminados pelo pesquisador. O «padrão moral» refere-se ao campo dos valores, sempre construídos numa determinada sociedade em determinado tempo e lugar, e portanto, subjetivos. Considerar somente os fatos é assumir que o que é possível, será feito. Quando falamos em limites éticos, queremos saber o que é aceitável, e não simplesmente o que é possível. Diante dos novos desafios da biotecnologia, o que vem à tona é exatamente a necessidade de se reconhecer a responsabilidade moral e se discutir os limites de aceitabilidade dessas técnicas" (Paixão, 2002).

A extensão do alcance da esfera moral tem preocupado a comunidade científica que passou a destinar maior atenção às discussões que visam acordar limites e alternativas no que tange a experimentação animal. A organização norte-americana *Fram Animal Welfare Council* (FAWC) adotou uma linha de atuação voltada para a redução do sofrimento potencial ou real dos animais destinados à

[3] Peter Singer, disponível por internet: http://www.PeterSingerLinks.com Acesso em 7/11/2002.

experimentação, tentando monitorar os ensaios que causam dores ou ferimentos, considerando estas conseqüências como incluídas em ações que caracterizam a crueldade primária. Esta organização privilegia, como interlocutores, os médicos veterinários, os tratadores e manipuladores envolvidos mais diretamente com as tarefas laboratoriais que utilizam animais.

Estas preocupações estão vinculadas à observância dos princípios éticos básicos inerentes à questão, ou seja, antes de se optar pelo uso de animais, deve-se procurar nos métodos alternativos aplicáveis para resolução de experimentos. No entanto, alguns aparatos legais exigem o uso de animais para testes de toxicidade aguda ou crônica e outros. Apesar da exigência legal do uso de animais para testes de toxicidade relativa a medicamentos, estes testes não são capazes de eliminar em termos absolutos os riscos. Como já citamos, o episódio da talidomida marcou dramaticamente a história da farmacologia moderna. Esta droga, desenvolvida em 1954, destinada a controlar ansiedade, tensão e náuseas, foi autorizada para comercialização em 1957, e nos anos 1960 seus efeitos teratogênicos foram descobertos em gestantes que haviam consumido a droga nos três primeiros meses de gestação, confirmando a interferência do medicamento na formação do feto, provocando a focomelia, ou seja, o encurtamento dos membros junto do tronco, semelhantes aos das focas.

A história da descoberta de um dos importantes recursos terapêuticos — a penicilina — registra a ineficácia das tentativas experimentais realizadas por Alexander Fleming sobre coelhos, fato que levou o cientista a optar pela decisão de usar o antibiótico em um paciente gravemente enfermo como alternativa de validar a eficiência da droga. Outros argumentos que favorecem a adoção constante do princípio dos três "R's" estão associados a duas grandes questões relativas às atividades experimentais, a do risco, notadamente o biológico, e o custo elevado das atividades experimentais que envolvem o uso de animais em grande escala. Embora o campo da Biossegurança tenha alcançado grande importância no âmbito das ciências experimentais, ainda se registram contaminações de profissionais que atuam em laboratórios e biotérios, provocadas pela exposição a microrganismos e outros agentes infecciosos que se apresentam inofensivos para alguns animais, mas altamente comprometedores da integridade da saúde humana e do meio ambiente.

Atualmente, encontra-se na pauta de preocupação das instituições científicas, a problemática que visa conjugar os benefícios entre os fatores que implicam: Biossegurança, qualidade, racionalização de custos e procedimentos éticos. A tentativa da adequação desses fatores indica para os profissionais que desenvolvem atividades que requerem experimentos, que os pesquisadores devem refletir sobre alguns pontos fundamentais antes de optar pela prática experimental sobre animais. Os pontos mais acentuados dessa reflexão referem-se à definição mais ampla dos objetivos da pesquisa; a busca de materiais alternativos para os procedimentos experimentais, optando pela escolha do uso de animais em último caso; se o uso de animais for necessário, realizar estudos sobre a espécie mais adequada ao experimento, primando pelo uso da espécie que ocupa a posição mais "inferior" da escala filogenética que possa viabilizar os objetivos experimentais previstos; justificar a pertinência e as inovações contidas no estudo, assim como apresentar o potencial de seus benefícios; verificar previamente se existem boas condições para a manutenção e conforto dos animais; realizar estudos relativos às possibilidades de sofrimento que será infligido aos animais e se os graus de sofrimento justificam-se diante dos objetivos esperados.

A análise e a avaliação ética voltada para os objetivos das atividades experimentais ganha especificidade sensível no campo da indústria de cosméticos. Estes contextos industriais de produção, geralmente voltados para finalidades estéticas, forjam na opinião pública uma noção francamente negativa do uso de seres vivos para fins meramente subjetivos incluídos no universo dos valores estéticos e mercantis da sociedade ocidental. O enorme nível de sofrimento imposto a animais de experimentação em laboratórios de toxicologia tem gerado, por exemplo, importante pressão da sociedade européia para o uso único e exclusivo de métodos alternativos, destinados a medir o grau de toxicidade desses produtos, definidos como toda substância ou preparação destinada a ser posta em contato com as diversas partes superficiais do corpo humano (epiderme, sistema piloso e capilar, unhas, lábios e órgãos genitais externos) ou com os dentes e mucosas bucais, visando fins unicamente estéticos, limpar e perfumar, modificar o aspecto e/ou corrigir odores corporais e/ou protegê-las secundariamente (Diretiva 76/768/CEE, 1976).

Essa definição proposta pela Comunidade Econômica Européia, por meio da Diretiva 76/768 de 27/7/1976, visava a proteção das indústrias ao garantir a qualidade de seus produtos no mercado consumidor, usando como principal argumento o controle dos riscos ou desconfortos para a saúde humana. O crescimento e a construção de maiores abrangências das proposições ambientais e ecológicas constituiu-se num dos importantes fatores para a revisão da Diretiva ao longo das três últimas décadas, especialmente no que se refere à legitimação de métodos alternativos para testes específicos requeridos pela indústria de cosméticos, considerando que estes métodos oferecem um nível de proteção para os consumidores equivalentes aos oferecidos por estudos toxicológicos *in vivo*, abrindo um real espaço para sua validação científica.

Para a realidade européia, "a opinião pública, conjuntamente com o surgimento de numerosas organizações de proteção animal, obrigou a comunidade européia (conselho das comunidades européias) assim como a comunidade científica a legislar, investigar e validar métodos alternativos à experimentação animal na indústria dos cosméticos, tentando acima de tudo proteger o consumidor e se possível reduzir o número de animais e eliminar seu sofrimento. São estes os dois fatores principais a ter em conta nas medidas legislativas. Contudo, para que as medidas possam ser efetivas e aplicáveis, é também necessário ter em conta as limitações resultantes do cumprimento das regras aplicáveis ao comércio internacional, nomeadamente as da Organização Mundial do Comércio (OMC)" (Barrela, Roque & Silva, 2000).

O avanço da biotecnologia, põe em pauta como método alternativo a tecnologia transgênica voltada para experimentação animal, incluindo os mais diferentes objetivos e aplicações do experimento, visto que o uso de animais foi sempre a escolha mais desejada para os mais variados fins da experimentação científica, abrangendo diversos campos que não prescindem do método experimental, tais como os campos da farmacologia, cosmética, medicina, tecnologia voltada para produção de alimentos, biologia, entre outros. A crescente crítica a uma secular visão científica apoiada na perspectiva antropocêntrica, favorece a busca de maior integração entre a biotecnologia e a racionalização do uso de animais para experimentação, partindo da realidade que muitas pesquisas altamente relevantes e que se pretendem beneficiadoras da saúde humana não podem ser realizadas adequadamente sem o uso de animais destinados a experimentos fundamentais. Assim, mesmo se propondo a racionalizar o uso de animais, esta alternativa não abdica desse uso, apresentando porém, graus de racionalidade que implicam uma perspectiva mais seletiva e mais adequada que tenta equacionar cientificamente as questões que envolvem a eficiência da utilização animal e os fins da pesquisa.

Esta racionalidade está pautada, sobretudo, na possibilidade da escolha mais próxima da ideal do animal para experimento, construindo uma equalização entre o caráter do experimento e as características desejadas no animal, fato que se credita à criação de um maior campo de eficiência para o experimento e a conseqüente diminuição do número de animais em laboratórios. Outra preocupação volta-se para a questão da preservação de espécies em extinção, ou animais que aumentam o custo da pesquisa. A manipulação genética permite a inserção de características de uma espécie em outra, podendo, assim, oferecer aos laboratórios animais que apresentam características mais desejáveis, segundo os objetivos predefinidos da pesquisa.

No entanto, "um aspecto curioso e talvez mesmo paradoxal a referir é o fato de determinadas investigações associadas à tecnologia transgênica incrementarem o uso de animal. Embora seguidamente seja feita menção ao potencial da transgenia em reduzir o uso animal, há que admitir que esta nova tecnologia abriu novos horizontes em determinadas áreas e está a induzir investigadores a virarem-se pela primeira vez para o uso de animais, obtendo desse modo soluções para seus problemas. Um exemplo óbvio consiste nas experiências para identificar e localizar elementos reguladores que direcionam a expressão dos genes em tecidos específicos em tempos específicos no desenvolvimento. Nestes estudos as culturas de tecidos são inadequadas pois não existem as relações interteciduais nem os fenômenos de indução embrionária que se verificam no desenvolvimento de um organismo completo. Logo a única forma viável consiste em introduzir genes em animais intactos (ou embriões) e seguir o seu desenvolvimento. Olhando o assunto numa perspectiva mais global, é relativamente fácil entender a possibilidade de conferir inúmeras propriedades aos animais, visto que ficamos com um leque vastíssimo de aplicação experimental. Muitos problemas poderão ser ultrapassados e perante esta aliciante novidade tecnológica o objetivo máximo de reduzir a experimentação animal fica consideravelmente comprometido" (Pauleta & Gomes, 2002).

Apesar do andamento dos debates sobre os benefícios e as grandes questões sugeridas e colocadas pela biotecnologia, as técnicas transgênicas atualmente permitem a utilização de alguns métodos que realizam a transformação genética da linha germinativa dos mamíferos. Hoje, alguns laboratórios já processam a microinjeção de DNA, a transferência de genes mediada por retrovírus e a transgenia mediada por células germinativas embrionárias.

Discussões mais pertinentes no interior dos laboratórios retomam as clássicas problemáticas ligadas ao fazer experimental. A maioria dos cientistas enfrentam constantemente a questão que se levanta a cada nova investigação, ou seja: que animal utilizar nos experimentos?

Esta pergunta é um dos pontos centrais do livro de François Jacob, intitulado *La Souris, la Mouche et l'Homme* (o rato, a mosca e o homem). Jacob nos relata questões fundamentais de sua trajetória no interior dos laboratórios do Instituto Pasteur de Paris. Estas questões eram precisamente: "que organismo escolher? Como passar de um tipo de pesquisa para outro? Em biologia, a escolha do organismo a estudar tem uma importância considerável. Primeiro porque a própria natureza de um animal, sua estrutura, sua fisiologia limitam as possibilidades de pesquisa a certos tipos de experimentos. Em seguida porque, ao longo do tempo, à medida que se acumula o conhecimento, nos tornamos como prisioneiros do que fizemos e do que sabemos. Equipamento e objetos diversos, mutantes, enzimas, produtos purificados, todos de grande valor, acumulam-se. O envolvimento com um dado tema, sobre um material particular, representa também um investimento de tempo e trabalho cada dia maior. Se, uma vez empenhados em uma direção, tememos nos desencaminhar, pode tornar-se difícil desviar o movimento.

Como escolher entre os organismos favoritos dos embriologistas: ouriço, rã, mosca, rato, etc.? Cada um deles se prestava a um tipo particular de experimentação, mas pouco ou nada para outras" (Jacob, 1998, p. 58).

A opção de Jacob dirigiu-se para a utilização do rato para o experimento em questão, pois, segundo seus próprios argumentos, "a medida em que refletia sobre o assunto do rato, impunha-se cada vez mais forte a necessidade de operar da maneira que se revelara tão eficaz com as bactérias. Em particular, reunir pesquisadores de disciplinas diferentes sobre um mesmo objeto, ou seja, o rato" (Jacob, 1998, p. 65).

A importância do rato como um dos animais preferenciais no processamento de experimentos constituiu-se em parte integrante e bastante relevante da história da biologia e do aperfeiçoamento de seus métodos voltados para experimentação *in vivo*. A história desse campo científico registra que "durante o século XIX, o camundongo se transformou em um instrumento de laboratório. A partir de 1900 se tornou também um importante modelo experimental para os estudos da nova ciência que estava surgindo, a genética. Novas teorias sobre a herança foram desenvolvidas utilizando-se de animais de laboratório como *Drosophila* e camundongos. Em 1909, Clarence Cook Little iniciou a produção de linhagem geneticamente pura a partir de um casal portador de mutações recessivas para genes responsáveis pela herança da cor da pelagem, através de acasalamentos entre irmãos por 20 gerações consecutivas, foi obtida a primeira linhagem consangüínea (*inbreed*) que foi chamada dba (atualmente DBA)" (Cobea, 2002).

Apesar da construção e do aperfeiçoamento da utilização de camundongos como animais que oferecem vantagens para a construção de experimentos eficazes, um outro animal aparece como preferencialmente indicado para realização de fins científicos que exigem experimentação. Respeitando-se as especificidades das pesquisas, os macacos apresentam-se como animais extremamente valorizados para a pesquisa fundamental, em especial as promovidas pelo campo da Biomedicina. Segundo avaliação do Centro de Criação de Animais de Laboratórios da Fundação Oswaldo Cruz — Fiocruz, a importância desses animais estabelece-se em razão da proximidade evolutiva e características filogenéticas semelhantes ao homem; assim, os primatas não humanos constituem "reagentes biológicos" valiosos nas investigações biomédicas e a sua utilização remonta a Pasteur em 1884. Os primatas constituem animais nobres em pesquisas, sendo o seu uso restrito e, portanto, são utilizados "apenas na impossibilidade de se obter resultados satisfatórios com animais de laboratório tradicionalmente criados para esta finalidade, como os roedores e os lagomorfos. Além disso, por representarem riscos à saúde humana, devido à possibilidade de transmissão de inúmeras doenças, como por exemplo, tuberculose, salmonelose, shigelose e herpes, os primatas requerem técnicas cada vez mais específicas, bem como rigorosas precauções de segurança no seu manejo" (Andrade, 2000).

Essas questões pontuais, elaboradas ao longo da trajetória das atividades laboratoriais ligadas diretamente a experimentação são retomadas atualmente por meio da ótica e das preocupações da tecnologia do DNA/RNA recombinante.

"Uma forma pela qual os ratos transgênicos podem ser uma alternativa à experimentação animal é permitindo que as experiências com animais grandes sejam «transferidas» para os ratos, produzindo nestes modelos doenças humanas e animais com a vantagem de esses ratos estarem geneticamente bem mais caracterizados que outras espécies e sendo sem dúvida mais facilmente mantidos em laboratório, e não correndo o risco, como muitos outros, de estarem em vias de extinção" (Pauleta & Gomes, 2002).

Outro dado relevante que favorece a produção de animais transgênicos para fins experimentais está pautado na construção de crescente eficiência do uso desses animais para resolver problemas relativos a testes de vacina e estudos de doenças. "Até recentemente o único teste válido para avaliar a vacina da poliomielite era administrá-la a macacos e observá-los quanto às paralisias. Os ratos não podiam ser utilizados pois não possuem o receptor para o poliovírus. Clonagem molecular do gene do receptor e a sua introdução nos ratos permite-lhes expressar o receptor e torná-los sensíveis. Quando expostos ao poliovírus estes animais transgênicos exibem sinais da patologia, incluindo paralisia. Os grandes problemas nestes novos testes da pólio são a sua sensibilidade e autenticidade. Quando o vírus é inoculado intracerebralmente nos ratos transgênicos estes não provam ser tão sensíveis quanto o macaco, no entanto, novos protocolos de injeção intra-espinal parecem ser mais fiáveis nesse aspecto. Outra dificuldade que surgiu é a relativa ineficiência na expressão do receptor e é este que define a sensibilidade do vírus. Outro problema relaciona-se com o aparecimento de receptores em todos os tecidos do rato, o que condiciona as extrapolações, embora esta questão esteja a ser ultrapassada com a melhoria das técnicas transgênicas e metodologia associada.

Exemplo relevante é o caso da infecção por vírus da hepatite B que é indiretamente responsável por milhões de casos de carcinoma hepatocelular em todo o mundo. Os ratos não susceptíveis à infecção e como tal a doença apenas podia ser estudada em espécies como o pato de Pequim ou o macaco. No entanto, essa limitação pode ser ultrapassada introduzindo o vírus ou algum dos seus genes no embrião do rato. O vírus pode então ativar os seus genes no fígado ou noutros tecidos do rato e criar um modelo para hepatite B. Verificou-se o desenvolvimento de antígenos associados à doença, tendo esta progredido de hepatite aos quatro meses ao aparecimento de nódulos regenerativos aos seis meses, adenomas aos oito meses e carcinomas aos doze meses, e a totalidade dos animais desenvolveu carcinoma hepatocelular ao vigésimo mês. Estes resultados permitiram aos investigadores utilizar ratos pela primeira vez no estudo de uma das maiores patologias humanas.

Outra doença muito importante para a qual apenas existem modelos primatas é a doença de Alzheimer. Esta neurodegenerescência caracteriza-se clinicamente por perda de memória e alterações comportamentais e histopatologicamente por perda de células nervosas, acumulação de placas protéicas b-amilóide e fibrose. Os ratos não desenvolvem esta doença mas quando o gene precursor da proteína alterada é introduzido nos ratos, estes desenvolvem muitos dos aspectos da doença. Da mesma forma torna-se possível estudar a doença de Alzheimer pela primeira vez em roedores" (Pauleta & Gomes, 2002).

Embora a tecnologia transgênica tenha inicialmente preenchido com maior entusiasmo debates sobre temas que envolvem a busca de métodos alternativos para experimentação *in vivo*, ela também se abre para as possibilidades da criação de novos modelos experimentais *in vitro*. Na Europa, o uso destes modelos tem aumentado nos últimos anos para testes de toxicidade. Em termos práticos, a opção apresenta-se como alternativa adequada, especialmente porque conjuga dois importantes fatores, a viabilidade econômica e a acessibilidade da técnica. No plano ético e científico, sua utilidade está particularmente voltada para eliminação precoce de substâncias, que pela sua toxicidade celular imediata levariam à morte e/ou sofrimento desnecessário a um número significativo de animais.

O advento de novas tecnologias pertence ao campo legítimo do conhecimento e do fazer científico. Embora não se tenha construído uma validação mais abrangente para o uso alternativo das técnicas transgênicas como tecnologia capaz de propor e sustentar a substituição total do uso convencional de animais para fins experimentais, elas apresentam-se hoje como um produto real gerado a partir das questões de grande complexidade desenvolvidas pelo campo da Biologia.

O aumento das propostas direcionadas para a adoção em larga escala das técnicas alternativas visando a diminuição progressiva da vivissecção tem sido um recurso discursivo constante nos fóruns organizados para enfatizar a importância do campo da ética, associada as preocupações de fundamento ecológico projetado como reflexão fundamental para profissionais, laboratórios e instituições que atuam quotidianamente com as práticas técnico-científicas que priorizam a experimentação animal.

Dentre as técnicas alternativas mais discutidas destacam-se: pesquisa epidemiológica, pesquisa clínica, cultura celular, cultura tissular, técnicas de imagens não invasivas, teste "Ames", uso da placenta humana, Farmacologia Quanta, Eyetex, cromatografia, espectroscopia, autopsias, estudos *post-mortem*, estudos microbiológicos, recurso audiovisual, ADM (*Agarose Diffusion Method*), Corrositex e *kits* diversos.

A pesquisa clínica e os estudos epidemiológicos são abordados como recursos tradicionais, visto que eles pertencem ao âmbito da própria formação dos profissionais, mas, por outro lado, eles se caracterizam como extremamente inovadores, pois o aspecto combinatório presente e constante nessas observações e estudos, permite o alargamento da perspectiva do cientista ante as questões postas sobre seu objeto referente às investigações das doenças humanas. As técnicas voltadas para a cultura celular e para a cultura tissular são apresentadas como extremamente eficazes ao favorecerem a qualidade de culturas orgânicas usadas nos campos da bioquímica, oncologia, genética, imunologia, farmacologia, toxologia, virologia, entre outros. Para as técnicas de imagens, os argumentos sobre eficácia das pesquisas estão centradas na utilização de computadores na reconstrução de imagens trimensionais do corpo humano por meio do Raio X (CAT), da utilização do *Magnetic Resonance Imaging* (MRI) que permite a visualização de imagens detalhadas do corpo humano sem a necessidade de injeção de substâncias radioativas. Também os recursos possibilitados pela tecnologia contemplada pelo *Position Emission Tomograph* (PET) e pelo *Single Photon Emission Computerized Tomograph* (Spect) favoreceram as pesquisas clínicas e a validação de diagnóstico precoce de doenças como Alzheimer, Huntington, Parkinson e outras doenças cérebro-vasculares.

O uso de microrganismos, como a bactéria *Salmonella spp*, para verificação de substâncias cancerígenas *in vitro* com a finalidade de estudar diversos cânceres em humanos e outros mamíferos apresentam-se como técnica alternativa possibilitada pelo teste de "Ames", criado por Bruce Ames, cientista da Universidade da Califórnia em Berkerley. Duas grandes vantagens são atribuídas a esta técnica, o baixo custo, menor do que a utilização animal, e a rapidez dos resultados. O uso de materiais orgânicos, geralmente descartados, integram as buscas alternativas para substituição de animais em atividades laboratoriais. A placenta humana tem sido usada e avaliada como bom material para testes de toxicidade química, de drogas e de poluentes. Também a técnica computadorizada disponível pela Farmacologia Quanta tem objetivado estudos da estrutura molecular das drogas visando avaliar os efeitos sobre os órgãos humanos. O uso de coelhos para o teste *Draize Eye Irritancy*, tem sido aos poucos substituído pelo uso de uma proteína líquida capaz de simular a reação do olho humano quando submetido a determinadas substâncias químicas. A cromatografia e a espectroscopia, ao separar ao nível molecular as drogas, têm-se mostrado capazes de identificar propriedades, podendo detectar os possíveis danos causados ao organismo humano por determinadas drogas.

A autópsia, um dos mais antigos recursos de estudos de doenças e da estrutura do corpo humano e animal, tem sido reavaliada como potencial altamente positivo para validação de experiências e aprendizado mais profundo, em especial para pesquisadores e outros profissionais em fase de formação. Para os consagrados estudos microbiológicos, sugere-se hoje, com maior ênfase, a utilização de bactérias para visualização de um grande número de toxinas. Os recursos possibilitados pelos métodos audiovisuais têm sido proposto especialmente para treinamento de profissionais, sobretudo médicos e veterinários, poupando, assim, o uso de animais e a sensível diminuição da prática da dissecação. O *Agarose Diffusion Method* (ADM), criado em 1960, volta-se para determinar a toxicidade de plásticos e outros materiais sintéticos para uso no campo da medicina. No que se refere aos testes químicos, o Corrositex apresenta-se como teste *in vitro* para a avaliação do potencial de corrosividade dérmica de químicas diversas.[4]

Paralelamente às discussões de caráter ético que fundamentam a busca e as proposições de métodos alternativos visando minimizar o uso de animais para experimentação, a legislação específica vem representando um suporte para a efetivação das práticas que primam pela moderação, estabelecendo, assim, percepções éticas mais cuidadosas no que se refere ao uso de animais para fins experimentais. O aparato legal se define mais preciso ou mais específico à medida que surgem novos processos científicos que não prescindem da experimentação.

No Brasil, o Decreto n.º 24.645 de 10 de julho de 1934, baseado no art. 1.º do Decreto n.º 19.398 de 11 de novembro de 1930, determinava que "todos os animais existentes no País são tutelados ao Estado", prevendo que "Aquele que, em lugar público ou privado, aplicar maus-tratos aos animais, incorrerá em multa de 20$000 a 50$000 e na pena de prisão celular de 2 a 15 dias, quer o delinqüente seja ou não respectivo proprietário, sem prejuízo da ação civil que possa caber". Este instrumento legal dispunha ainda de uma lista de 31 itens, especificando pontualmente o que era entendido e tido, segundo a forma da Lei, como maus-tratos.

Já neste decreto de 1934, podemos identificar os itens que poderiam ser estendidos às práticas experimentais relacionadas com a observação da boa manutenção de biotérios, visto que se estabelecia como crueldade praticada contra os animais a seguinte definição:

"Manter animais em lugares anti-higiênicos ou que lhes impeçam a respiração, o movimento ou descanso, ou os privem de ar ou luz."

---

[4] Informações disponíveis por internet: <http://www.geocities.com.Petsburgh/8205/Alternativas.html>.

Outros itens poderiam ser extensivos às práticas laboratoriais com uso animal de forma mais geral. Direta ou indiretamente, dependendo das amplitudes interpretativas das ações, como a manipulação, o sacrifício, o descarte, as advertências do Decreto (n.º 24.645, 10/7/1934) poderiam ser aplicadas ao fazer científico no sentido da permissibilidade, sem, contudo, mesmo admitindo os benefícios do uso animal, negligenciar os aspectos que poderiam minimizar o sofrimento dos seres manipulados. Tais como:

"Golpear, ferir ou mutilar voluntariamente, qualquer órgão ou tecido de economia, exceto a castração, só para animais domésticos, ou operações outras praticadas em benefício exclusivo do animal e as exigidas para defesa do homem, ou no interesse da ciência;

Abandonar animal doente, ferido, extenuado ou mutilado, bem como deixar de ministrar-lhe tudo que humanitariamente se lhe possa prover, inclusive assistência veterinária;

Não dar morte rápida, livre de sofrimentos prolongados, a todo animal cujo extermínio seja necessário para consumo ou não".

Embora este Decreto tenha demonstrado uma preocupação pontual com os aspectos mais gerais da utilização animal, reforçando claramente a questão do uso animal como força de trabalho e como fonte de alimento em benefício do homem, ele, como apontamos, já indicava ou sugeria, em alguns de seus itens, observações extensivas ao uso animal em trabalho científico.

Com o crescimento e o aprimoramento constante, contínuos e às vezes "revolucionários" das áreas do conhecimento científico, em especial a Biologia relacionada diretamente com as inovações apresentadas pelos campos da Medicina e da Medicina Veterinária, a legislação tende a absorver novas demandas de regulação das práticas científicas que envolvem a experimentação humana e animal. A Lei n.º 6.638 de 8 de maio de 1979 estabeleceu normas para a prática didático-científica da vivissecção de animais e determina outras providências.

Embora, em termos gerais, a Lei permita a prática da vivisseção, ela observa enfaticamente que "os biotérios e os centros de experiência e demonstrações com animais vivos deverão ser registrados em órgãos competentes e por ele autorizados a funcionar". Dessa forma, estabeleceu-se um instrumento legal de alcance nacional, capaz de subsidiar monitoramentos e fiscalizações de locais destinados a guarda e a manipulação de animais para fins científicos.

No artigo 3.º, a Lei estabelece os procedimentos a serem observados quando da necessidade da vivissecção, ou seja, esta prática não é permitida:

"1. Sem o emprego de anestesias;

2. Em centros de pesquisas e estudos não registrados em órgão competente;

3. Sem a supervisão de técnico especializado;

4. Com animais que não tenham permanecido mais de quinze dias em biotérios legalmente autorizados;

5. Em estabelecimentos de ensino de primeiro e segundo graus e em quaisquer locais freqüentados por menores de idade."

A Lei condiciona o compromisso da instituição, do laboratório e do pesquisador ao ato responsável da opção pela prática da vivissecção, determinando que esta escolha deve estar amplamente justificada pela pertinência do uso de animais, os benefícios possibilitados pelo experimento e a ineficiência ou a inadequação dos métodos ou técnicas alternativos disponíveis para os fins especificados da pesquisa em questão. Assim, o artigo 4.º estabelece que:

"O animal só poderá ser submetido às intervenções recomendadas nos protocolos das experiências que constituem a pesquisa ou os programas de aprendizado cirúrgico quando, durante ou após a vivissecção, receber cuidados especiais".

— Quando houver indicação, o animal poderá ser sacrificado sob estrita obediência às prescrições científicas;

— Caso não sejam sacrificados, os animais utilizados em experiências ou demonstrações somente poderão sair do biotério trinta dias após a intervenção, desde que destinados a pessoas ou entidades idôneas que por eles queiram responsabilizar-se.

A proposição relativa à constante atualização da legislação que trata, específica e diretamente, da questão do uso de animais para experimentação tem sido objeto de importantes debates, tanto no âmbito acadêmico-científico, quanto em fóruns organizados por Organizações Não-Governamentais voltadas à preservação da vida animal. Essa preocupação vem se tornando ponto essencial no interior dos laboratórios das instituições científicas que contam com critérios de ordem ética para definir a importância das pesquisas que realizam. É certo que o aprofundamento contínuo das áreas de conhecimento científico tem-se revelado com enorme dinâmica, nos últimos dois séculos, no campo da Biologia, da Medicina e da Medicina Veterinária, apresentando para estes domínios científicos novos e complexos desafios reflexivos direcionados com bastante ênfase para a questão do uso de animais para experimentação.

Hoje a reflexão ética estende-se também aos aspectos culturais e econômicos que estabeleceram historicamente inegável dependência da sobrevivência do homem ligada incondicionalmente à utilização de animais para atender às necessidades humanas básicas, como vestuário, nutrição, trabalho, locomoção, não havendo portanto como separar a trajetória da existência do homem, da busca do recurso animal como condição essencial para seu sucesso como espécie.

Considerando esses pontos como basilares para orientar o uso de animais em estudos e pesquisas que não prescindem da experimentação *in vivo*, passou-se a preconizar na comunidade científica a adoção de princípios éticos para experimentação animal, estando estes princípios formulados em documento legal que postula (Cobea, 2002):

"Artigo I — É primordial manter posturas de respeito ao animal, como ser vivo e pela contribuição científica que ele proporciona.

Artigo II — Ter consciência de que a sensibilidade do animal é similar à humana no que se refere a dor, memória, angústia, instinto de sobrevivência, apenas lhe sendo impostas limitações para se salvaguardar das manobras experimentais e da dor que podem causar.

Artigo III — É de responsabilidade moral do experimentador a escolha de métodos e ações de experimentação animal.

Artigo IV — É relevante considerar a importância de estudos realizados através de experimentação animal quanto a sua contribuição para a saúde humana em animal, o desenvolvimento do conhecimento e o bem da sociedade.

Artigo V — Utilizar apenas animais em bom estado de saúde.

Artigo VI — Considerar a possibilidade de desenvolvimento de métodos alternativos, como modelos matemáticos, simulações computadorizadas, sistemas biológicos *in vitro*, utilizando-se o menor número possível de espécimes animais, se caracteriza como única alternativa plausível.

Artigo VII — Utilizar animais através de métodos que previnam desconforto, angústia e dor, considerando que determinariam os mesmos quadros em seres humanos, salvo se demonstrados, cientificamente, resultados contrários.

Artigo VIII — Desenvolver procedimentos com animais, assegurando-lhes sedação, analgesia ou anestesia quando se configurar o desencadeamento de dor ou angústia, rejeitando, sob qualquer argumento ou justificativa, o uso de agentes químicos e/ou físicos paralisantes e não anestésicos.

Artigo IX — Se os procedimentos experimentais determinarem dor ou angústia nos animais, após o uso da pesquisa desenvolvida, aplicar método indolor para sacrifício imediato.

Artigo X — Dispor de alojamentos que propiciem condições adequadas de saúde e conforto, conforme as necessidades das espécies animais mantidas para experimentação ou docência.

Artigo XI — Oferecer assistência de profissional qualificado para orientar e desenvolver atividades de transportes, acomodação, alimentação e atendimento de animais destinados a fins biomédicos.

Artigo XII — Desenvolver trabalhos de capacitação específica de pesquisadores e funcionários envolvidos nos procedimentos com animais de experimentação, salientando aspectos de trato e uso humanitário com animais de laboratório."

Apesar do substancial avanço no sentido da busca de ajustes técnicos e éticos relativos ao uso de animais de experimentação, o tema continua apresentando enorme complexidade, seja pela consolidação das práticas de experimentação a partir do uso sistemático de seres vivos, seja pela resistência dos profissionais em adotarem métodos alternativos, seja pela especificidade das pesquisas. Alguns pesquisadores argumentam, baseados na dinâmica de seus laboratórios, que os testes *in vitro*, apesar de apresentarem clara utilidade, ainda não são capazes de substituir os testes em organismos vivos, visto que estes se caracterizam por maior margem de possibilidades experimentais, propiciando portanto à pesquisa o cumprimento de suas finalidades máximas, favorecendo investigações originais e inovadoras, especialmente porque certas substâncias só são factíveis de serem estudadas *in vivo*.

Por outro lado, argumenta-se também com igual vigor que a preferência pelo método da experimentação *in vivo*, defendida por muitos laboratórios e cientistas, refletem uma real resistência ante a adoção de metodologias emergentes, indicando que pode haver dos profissionais receios relativos à não-validação de suas pesquisas pela ausência da "tradição consagrada" no ato de realizar a ciência.

Referências

Andrade, M. C. R. *A utilização de símios do Gênero Callithrix como modelo experimental.* Fiocruz-Primatologia, Centro de Criação de Animais de Laboratório, 2000 (mimeo).

Barrela, C.; Roque, J. & Silva, T. *Métodos alternativos à experimentação animal na indústria de cosméticos*. Seminário de Toxicologia, 2000. Universidade Técnica de Lisboa. Faculdade de Medicina Veterinária. Acessado em 24/11/2002. Disponível por internet: http://www.fmv.utl.pt/democ/sft/sem0001/G23.html

Brasil. Decreto n.° 24.645. Estabelece medidas de proteção aos animais. *Diário Oficial da União*, suplemento n.° 162 de 14/7/1934.

Canadian Council on Animal Care. *Guide to the Care and Use of Experimental Animals.* Ontario: CCAC, 1984. vol. 1, 2. Acessado em 10/10/2002. Disponível por internet: http://www.ccac.ca/french/gdlines/endpts/open.html

Capra, F. *O ponto de mutação, a ciência, a sociedade e a cultura emergente*. São Paulo: Cultrix, 1997.

CEE. Diretiva 76/768, relativa à aproximação dos Estados membros respeitantes aos produtos cosméticos, 27/7/1976.

Cobea. Colégio Brasileiro de Experimentação Animal. *Princípios éticos na experimentação animal.* Legislação e Ética. Acessado em 11/12/2002. Disponível por internet: http://www.meusite.com.br/COBEA/etica.htm

———. Acessado em 11/12/2002. Disponível por internet: http://www.meusite.com.br/COBEA/animais.htm

Dean, W. *A ferro e fogo. A história e a devastação da Mata Atlântica brasileira.* São Paulo: Companhia das Letras, 2002.

Giner, J. L. La "Astronomía" de los indios iroqueses. *Boletín Huygens*, 62:12-18, 2006.

Jacob, F. *O rato, a mosca e o homem.* São Paulo: Companhia das Letras, 1998.

Morin, E. *O método 2. A vida da vida.* Porto Alegre: Sulina, 2001.

Paixão, R. *Haverá limite? Ciência: entre o possível e o aceitável.* Entrevista. Acesso em 7/11/2002. Disponível por internet: http://www.maishumana.com.br/etica.html

Pauleta, N. & Gomes, I. *Tecnologia transgênica como método alternativo à experimentação animal em toxicologia.* Acesso em 20/11/2002. Disponível por internet: http://www.fmv.utl.pt/democ/sft/sem001/G30.htm

Raichvarg, D. *Louis Pastuer, l'empire des microbes.* Paris: Découvertes Gallimard Sciences, 1995.

Rudacille, D. *The Scalpel and the Butterfly: the War between Animal Research and Animal Protection.* Acesso em 11/12/2002. Livro disponível por internet: http://www.amazonas.com/exec/obidos/tg/stores/detail/-/books/037.../102-6042097-645536 "To learn how men and animals live, we cannot avoid secing great"

Thomas, K. *O homem e o mundo natural. Mudanças de atitude em relação às plantas e aos animais (1500-1800).* São Paulo: Companhia da Letras, 1988.

UMA NOVA ÉTICA PARA OS ANIMAIS

Rita Leal Paixão
Fermin Roland Schramm

Em 1990, quando um dos mais importantes periódicos americanos sobre ética prática, o *Hastings Center Report*, publicou um suplemento especial sobre "Animais, Ciência e Ética", um de seus leitores escreveu uma carta aos editores da revista expressando sua indignação com a matéria (Orlans, 1993, p. 27). Segundo tal leitor, o uso de animais na ciência não era uma questão ética e aquela importância atribuída à questão dos direitos dos animais representava, no mínimo, um desserviço à pesquisa biomédica. Para alguns, o surpreendente nesse episódio não é somente esse tipo de opinião, mas que tal fato tenha ocorrido nos anos 1990, quando desde os anos 1970 a questão do uso de animais já se havia tornado um debate relevante do ponto de vista ético em diversos países, fazendo emergir um importante campo da ética aplicada, chamado bioética. Para outros, não há necessariamente nada de surpreendente na postura do citado leitor, pois certamente entendem, de forma similar ao citado leitor, que o uso de animais em ciência é uma condição indispensável da pesquisa, que não deveria, portanto, ser submetido ao escrutínio ético tal como vem ocorrendo nas últimas décadas. Por outro lado, em maio de 2002, a Alemanha optou por garantir os direitos dos animais em sua constituição[1] e recentemente ainda, em abril de 2003, a Suécia anunciou o fim do uso de grandes primatas em pesquisas invasivas.[2] Novamente as opiniões divergem. Para alguns, trata-se de uma conquista moral importante para a humanidade. Para outros, um exagero que ameaça a ciência.

Divergências, visíveis também em nossa sociedade, que demonstram que ainda há necessidade de um grande debate em torno das nossas interações com os animais e que o círculo da moralidade talvez esteja se expandindo pela inclusão de novos atores, como poderiam ser, por exemplo, os "pacientes animais".

---

[1] A notícia completa sobre essa informação pode ser vista em: http://www.cnn.com/2002/WORLD/europe/05/17/germany.animals/index.html

[2] Maiores informações sobre esse fato podem ser obtidas em: http://www.djurensratt.org

Tais fatos trazem à tona várias questões importantes para o campo das pesquisas científicas e que visam aqui demonstrar especialmente dois aspectos relevantes na atualidade: (1) o surgimento de uma bioética que inclua os animais, ao mesmo tempo que ocorre (2) a manutenção de obstáculos em relação à modificação da nossa forma de tratar os animais. Apontar o surgimento de uma nova bioética e as bases em que ela se fundamenta, assim como possíveis obstáculos para a sua aceitação, exige primeiramente caracterizar o contexto em que isso se dá e o que há exatamente de novo nessa arena. Essas são as questões que se pretende abordar a seguir.

Como surge uma nova ética?

É possível afirmar que desde os anos 70, está em curso um movimento em prol dos animais que tem adquirido cada vez mais visibilidade. Esse surgimento de uma nova bioética que inclua os animais pode ser percebido nas recentes legislações relacionadas ao uso de animais em vários países, tais como Inglaterra, E.U.A., Suíça, Itália, Alemanha, Suécia, Áustria, Bélgica, França, Holanda, Austrália, Nova Zelândia e, mesmo ainda timidamente, no Brasil. Tais legislações visam garantir certos cuidados aos animais, a fim de assegurar-lhes bem-estar, protegendo-os contra práticas humanas consideradas incorretas. Além das leis, o crescimento de grupos sociais e de suas manifestações contra diversas formas de uso de animais, uma grande quantidade de publicações sobre o tema, incentivos à pesquisa sobre bem-estar animal e às alternativas ao uso de animais, assim como um controle cada vez maior de determinadas práticas científicas e não científicas (como o uso de animais em circos, rodeios, zoológicos, entre outros) revelam que a inserção dos animais na esfera moral vem se estabelecendo.

Embora a ética, referindo-se aqui a uma reflexão sobre o comportamento moral, tenha-se iniciado há muito tempo, desde os primórdios do pensamento filosófico, nunca se falou tanto em ética como nas últimas décadas: bioética, ética na política, ética nos negócios, ética ambiental, ética e cidadania, dentre outras variantes. Certamente a ética animal, isto é, o ramo da ética aplicado às nossas diversas formas de interagir com os animais, foi favorecido pela visibilidade pública adquirida com todos esses questionamentos. O desenvolvimento de tecnologias que afetam diretamente os seres vivos fez nascer uma preocupação em especial com a saúde e com o ambiente em que vivemos. Quando os problemas ambientais obrigaram uma revisão no tipo de relacionamento que os seres humanos têm mantido com a natureza, tornou-se importante rever o relacionamento entre seres humanos e seres vivos não humanos. Especialmente, porque esse relacionamento entre seres humanos e não humanos foi se tornando cada vez maior, com um grande crescimento dos chamados animais de companhia nas grandes cidades. A proximidade com esses animais, assim como a proximidade com outros movimentos sociais em defesa dos direitos das minorias, como o movimento feminista e o movimento anti-racista, dentre outros, parece ter exercido influência favorável à causa dos animais. Além desses fatores, cientistas e filósofos contribuíram diretamente com suas pesquisas e reflexões. De um lado, a ciência fez revelações surpreendentes sobre o comportamento animal e abriu as portas para indagações acerca da consciência animal (campo obscuro até então), com novas descobertas e novos desafios relacionados especialmente à questão da percepção da dor nos animais. Enfim, surgiram, nessas últimas décadas, uma série de estudos e questionamentos polêmicos que, além das considerações éticas, favoreceram o desenvolvimento da ciência do bem-estar animal, isto é, uma ciência voltada para melhorar a qualidade de vida dos animais. Com isso, a qualidade de vida dos animais ganhou visibilidade e vem merecendo cada vez mais atenção científica. No campo filosófico, as indagações e reivindicações de alguns filósofos exerceram notável influência no pensamento atual. Peter Singer (1976) e Tom Regan (1983), para citar alguns dos filósofos mais destacados, trouxeram à tona questionamentos, respectivamente, tais como: "os animais merecem ter seus interesses respeitados?", "os animais têm direitos?". É nesse contexto que falamos em "nova ética" para os animais. Ela é "nova" em oposição à postura ética que já era defendida há algum tempo (o que não quer dizer que tenha sido e nem que seja sempre respeitada): a postura minimalista da não-crueldade.

Do minimalismo ético da não-crueldade aos direitos dos animais

A postura minimalista da não-crueldade postula que "não devemos ser cruéis com os animais". Trata-se de afirmativa atraente, da qual muito dificilmente alguém discordará hoje em dia e que, mesmo ao longo dos tempos, se manteve como princípio moral respeitável. De fato, pode-se dizer que esse é o ponto de consenso na arena das intensas discordâncias entre os que se voltam para as discussões sobre "como devemos tratar os animais?", tendo suas origens em tempos remotos. Já no século XIII Santo Tomás de Aquino (1224-1274) expressava que a crueldade com os animais não deveria ocorrer, embora também afirmasse que a única utilidade dos animais era servir aos interesses dos seres humanos (Aquinas, 1989, pp. 6-9). Essa justificativa sobre o propósito dos animais baseava-se no relato da criação, de acordo com o que pode ser encontrado no *Gênesis* (1989, pp. 2-3): "Temam e tremam em vossa presença todos os animais da terra, todas as aves do céu, e tudo o que tem vida e movimento na terra. Em vossas mãos pus todos os peixes do mar. Sustentai-vos de tudo o que tem vida e movimento". O foco da preocupação tomista com a crueldade direcionada ao animal era, na verdade, o próprio ser humano, o qual era visto como indiretamente afetado com isso. Certamente que essa visão ratificava a tradição cristã, na qual apenas os seres humanos foram feitos à imagem e semelhança de Deus e, portanto, animais não possuem "almas". Essa mesma preocupação propriamente antropocêntrica foi posteriormente desenvolvida por Kant (1724-1804), que ilustrou seu pensamento com a obra de arte do inglês William Hogarth (1697-1764), "Os quatro estágios da crueldade" (Dunlop & Williams, 1996, pp. 622-5). Nesta obra, em quatro pinturas, o artista buscava demonstrar a teoria que sustenta que "quem maltrata animais, irá também maltratar seres humanos". Tom Nero, personagem principal na obra de Hogarth, ainda garoto, foi cruel com os animais (primeiro quadro), tornou-se um rapaz também cruel (segundo quadro) e, posteriormente, um assassino (terceiro quadro), comprovando a teoria. Para finalizar, o artista representa no quarto e último quadro a morte de Tom Nero, que é submetido a necropsia, rodeado por "doutores", em clima que inspira frieza e sadismo, em uma sociedade que, na visão do artista, permite a crueldade e, portanto, torna-se cruel. Com essa argumentação, Kant concordava que se deve estimular a benevolência como uma autodefesa moral da espécie humana, e não como um reconhecimento de valores e direitos das outras espécies (Kant, 1989, p. 23). De fato, o princípio kantiano fundamental da benevolência — "nunca utilizar um sujeito humano como mero meio, mas também como um fim em si" (Kant, s.d., p. 79) — aplica-se (como claramente expresso) somente aos seres humanos, pois na argumentação kantiana somente os seres humanos são pessoas, capazes de entender e de agir livremente, querendo o que sua "boa vontade" lhe sugere: o Bem e o Justo. Portanto, se para os seres humanos esse princípio deve estar sempre assegurado, para com os animais haveria um "não ser cruel", de fato dirigido à sociedade em geral, visto que os animais, segundo Kant, são desprovidos de valor em si. O princípio da dignidade humana em Kant baseava-se em certas propriedades dos seres humanos, tal como a racionalidade, e era exatamente essa capacidade que permitiria aos seres humanos agir intencionalmente de maneira correta, isto é, motivados pela razão, os seres humanos seriam capazes de seguir regras morais, logo, para Kant a moralidade é uma questão apenas entre seres humanos, entendidos como os únicos seres racionais. A questão que o postulado "não ser cruel" aliado a uma visão do animal desprovida de valor em si mesmo, isto é, passível de ser utilizado como mero instrumento, ou ainda "apenas como instrumento", nos coloca é saber exatamente em que momento passa a existir a crueldade. Pois o sentido de crueldade, quando se refere aos animais, tem sido tradicionalmente entendido como "algo realizado que não apresenta um propósito legítimo" (Francione, 1998, p. 231). Portanto, para atender a qualquer finalidade humana, qualquer forma de utilização do "animal-objeto" estaria justificada. Em outras palavras, isso explica por que, de modo geral, as leis não proibiam o pesquisador de realizar determinados procedimentos dolorosos e levar à morte os animais sem uso de anestésicos e/ou analgésicos, pois a finalidade "pesquisa" estava dentro das finalidades aprovadas socialmente. De fato, o "não ser cruel" permitiu os mais diferentes comportamentos em direção aos animais, dependendo da concepção individual de cada um, pois os animais não tinham de fato um "*status* moral". Embora vários outros filósofos tenham defendido os animais, reconhecendo-lhe valor extrínseco desde os tempos mais remotos, a postura moral que excluiu os animais da esfera moral e apenas combateu a crueldade como um mal a ser evitado em prol da humanidade, prevaleceu e tornou-se hegemônico até o "surgimento da nova ética". Em outras palavras, desse ponto de vista teria razão o leitor citado no início, pois os seres humanos e seres não humanos encontravam-se completamente distantes quando se falava em moralidade. Se os animais não possuíam um "*status* moral", na prática isso significava que não havia o que se discutir sobre o uso de animais na ciência, a não ser em que medida tal fato afetava os seres humanos.

Ainda no campo da filosofia moral, o utilitarismo, teoria moral antecipada por Hume (1711-1776), proposta por Bentham (1748-1832) e desenvolvida por Mill (1806-1873) acabaria por aproximar seres humanos e não humanos, acarretando, de fato, grande modificação no campo da moralidade. A teoria utilitarista de Bentham baseia-se no "princípio da utilidade", isto é, o princípio moral segundo o qual perante uma escolha entre diversas ações e/ou políticas devemos escolher a que tem as melhores conseqüências para todos os envolvidos, de tal forma que a ação escolhida seja a capaz de promover a maior felicidade para todos os que serão afetados por aquela determinada conduta (Bentham, 1994, p. 307). A abordagem utilitarista modifica radicalmente a idéia da moralidade, visto que não se trata mais de definir o que é moral por meio de um conjunto de regras inflexíveis e nem de se cumprir um código divino, pois a questão fundamental da moralidade passa a ser "diminuir o sofrimento" e "aumentar o bem-estar". No que se refere aos animais, a tradicional justificativa teológica, que excluía os animais da esfera moral, agora não é mais significativa, pois a característica relevante para a consideração moral é a capacidade de sofrer e de experimentar a felicidade. De acordo com a famosa frase de Bentham: "A questão não é, eles raciocinam? Eles podem falar? Mas sim, eles podem sofrer?" (Bentham, 1989, p. 26). Nesse ponto, se seres humanos e não humanos podem sofrer, então ambos merecem consideração moral, ou seja, o que é moralmente errado é causar o sofrimento a quem quer que seja capaz de sofrer. De acordo com a teoria proposta, não significa que seres humanos e não humanos devam sempre ser tratados da mesma maneira, pois existem diferenças entre ambos que justificam diferentes tratamentos; por exemplo, as capacidades humanas que os animais não apresentam, como apreciar literatura, filosofia, dentre outras. Nesse caso, o importante é levar em conta o que é relevante para os animais e, sobretudo, o mais importante é que existe obrigatoriedade moral de se considerar em que medida determinada ação afeta alguém, seja esse alguém ser humano ou não humano.

Porém, se um importante passo para a revolução moral estava dado, havia ainda um outro grande obstáculo para a aplicação do princípio moral que pretendia incluir os animais na esfera moral. Tratava-se, em suma, de reconhecer essa "capacidade de sofrimento" nos animais. No que se refere a esse aspecto, essa capacidade simplesmente não era reconhecida nos animais, que eram considerados autômatos de acordo com o pensamento cartesiano. Descartes (1596-1650), importante filósofo francês, também conhecido como um dos pais da ciência moderna, sobre a qual exerceu grande influência no método científico, estabeleceu um dualismo, de acordo com o qual existiriam dois tipos de substância no universo: a substância mental *(res cogitans)* e a substância corpórea ou material *(res extensa)*. Com isso, seres humanos seriam constituídos de "mente" (alma) e "corpo", ao passo que os animais eram desprovidos de "mente", ou seja, eram vistos como meras "máquinas" não capazes de ter emoções (Descartes, 1989, pp. 13-9). Sem dúvida, esse tipo de pensamento exerceu grande influência no campo científico, onde predominou durante longo tempo a tese de que os animais não têm emoções e, portanto, não se devia falar em "sofrimento" nos laboratórios. No momento em que a experimentação animal emergiu como importante método científico, especialmente no século XIX, com o fisiologista francês Claude Bernard (1813-1878) a visão de que o sofrimento do animal não devia ser levado em consideração vai se institucionalizar, conforme as suas próprias palavras: "A experimentação animal é um direito integral e absoluto. O fisiologista não é um homem do mundo, é um sábio, é um homem que está empenhado e absorto por uma idéia científica que prossegue. Não ouve o grito dos animais, nem vê o sangue que escorre. Só vê a sua vida e só repara nos organismos que lhe escondem problemas que ele quer descobrir" (apud: Bernard, 1994, p. 145).

Será, no entanto, no próprio campo científico que se dará o segundo passo para a revolução moral favorável aos animais: a formulação da teoria da evolução de Darwin em 1859. A revolucionária teoria de Darwin (s.d.), que até hoje suscita controvérsias, terá de fato repercussões no campo científico e filosófico. Pois, ao contrário de Descartes e Kant, Darwin não sustenta o abismo radical resultante da separação entre seres humanos e não humanos quanto as suas capacidades mentais, e indica que existe apenas diferença de grau e não diferença de espécie ou essência. No caso, as características mentais dos seres humanos também viriam de um desenvolvimento gradual. De acordo com Darwin, "os animais, assim como o homem, manifestamente sentem prazer e dor, alegria e tristeza" (Darwin, 1989, p. 27). Sem dúvida que essa conclusão não será facilmente aceita, pois indica no campo moral a necessidade de se demolir a barreira que foi levantada a fim de separar seres humanos e não humanos e, no campo científico, a necessidade de se conhecer melhor os processos cognitivos dos animais e as implicações deles.

O fato é que, ao longo do tempo, o pensamento cartesiano, ou a idéia do animal-máquina, foi aos poucos perdendo força e notadamente a partir da década de 70, quando novos movimentos filosóficos surgem no cenário, a obrigação moral direcionada aos animais passa a ser fortemente incentivada.

"Os animais têm interesses?" Se têm, merecem ter seus interesses considerados na hora de se decidir uma determinada conduta que tenha conseqüências sobre eles. Essa é a idéia central da obra *Animal Liberation*, do filósofo australiano Peter Singer, que em 1975 faz crescer intensa movimentação em torno da questão animal e pode ser considerada a bíblia dos movimentos de libertação animal (Singer, 1977). Ao abordar a questão sobre o tratamento que destinamos aos animais, Peter Singer questiona o que é moralmente relevante a fim de podermos decidir a forma como vamos tratar os animais. Para Singer, o aspecto relevante é a capacidade que alguns seres possuem de "ter interesses". Logo, se são capazes de experimentar o sofrimento, deve-se considerar que está presente o interesse em não sofrer. Com base nisso, o princípio ético que passa a valer é o "princípio da igual consideração de interesses". Isso quer dizer que "os interesses de cada ser afetado por uma ação devem ser levados em conta e ter o mesmo peso, assim como os interesses de qualquer outro ser" (Singer, 1989, p. 77). Dessa forma, a escolha das melhores conseqüências refere-se também aos animais. Do mesmo princípio decorre também que a simples exploração de outras espécies animais deve ser considerada "especismo" – termo cunhado por Richard Ryder em 1970, que é freqüentemente usado em analogia com o racismo (Ryder, 1989, p. 328). Com essa argumentação, Singer indica que as atuais práticas de uso de animais, seja pela ciência, seja em outras atividades, como a criação de animais para obtenção de alimentos, precisam ser em muito modificadas, pois a perspectiva utilitarista que ele mantém implica uma avaliação também do ponto de vista dos interesses dos animais, o que dificulta a realização de vários experimentos e práticas, embora não signifique o fim da experimentação animal. Pois, em última análise, será aplicada uma relação custo-benefício e, dessa forma, experimentos que não envolvam dor e/ou sofrimento, ou envolvam pouco sofrimento e acarretem grandes benefícios para seres humanos e/ou para seres não humanos, seriam defensáveis dentro dessa perspectiva (Singer, 1986, pp. 373-4).

Outra perspectiva que cresce também a partir dos anos 70 é a visão dos "direitos dos animais", e de fato, muitos dos movimentos que defendem melhor tratamento para os animais passaram a usar a linguagem dos "direitos" para defendê-los também em prol dos animais. Embora essa linguagem tenha sido recentemente aplicada aos animais, pelo menos no que se refere a uma tentativa mais organizada de sua fundamentação, historicamente a linguagem dos direitos humanos é bastante antiga, bifurcando-se em direitos legais e direitos morais. A idéia dos direitos legais pode ser associada à Grécia antiga, quando os estóicos já falavam em uma "lei natural", embora não tenham feito explicitamente essa transição para a terminologia dos "direitos". Já em relação aos direitos morais, foi o filósofo britânico John Locke que explicitamente sustentou a idéia de "direito à vida, à liberdade e à propriedade". Noções essas que passaram a ser incluídas em vários movimentos (Revolução Francesa) e declarações (Declaração da Independência Americana) até originar a famosa "Declaração Universal dos Direitos Humanos" em 1948 (Almond, 1997, pp. 259-60). Com a proliferação da noção de direitos, no entanto, o debate foi ampliado e desafios foram lançados em torno de várias questões, tais como: "quem tem direitos?"; "quais são os direitos humanos universais?"; "quais os direitos legais?"; "quais os direitos morais?"; "quais as justificativas para tais direitos?"; e assim por diante, tornando-se um intenso debate na contemporaneidade. É nesse momento também que a idéia de "direitos" passa a perfilar no cenário social e político, incluindo a demanda por vários tipos de "bens", como, por exemplo, educação e saúde. Em nome dos direitos, é quando é incluída também uma demanda pelo respeito aos "direitos dos animais". Na década de 80, o filósofo americano Tom Regan, destacou-se como o principal defensor da idéia de "direitos dos animais" (Regan, 1983). A justificativa para atribuição de direitos aos animais, de acordo com a proposta de Regan, baseia-se no fato de que alguns animais possuem um "valor inerente", isto é, os que são "sujeitos de suas vidas" possuem tal valor, o que implica apresentarem certas capacidades cognitivas, sensoriais e emocionais, tal como se poderia atribuir às aves e aos mamíferos. Em decorrência dessa argumentação, esses "sujeitos de suas vidas" que possuem "valor inerente" apresentam um apelo moral, e, portanto, "um direito" a tratamento de respeito pelo seu valor (Regan, 1983, p. 266). A aplicação desse princípio na prática tem sido desenvolvida por "movimentos dos direitos dos animais" que assumem postura abolicionista, de acordo com a qual, em sua versão mais radical, sustenta-se que qualquer forma de utilização de animais é injusta e não deveria ocorrer. De acordo com essa visão, as pesquisas em animais de um modo geral não devem ocorrer, pois não podem ser justificadas do ponto de vista moral, já que os animais (os que têm valor inerente) não podem ser tratados como meros instrumentos. Certamente que o debate em torno dos direitos dos animais é ainda mais polêmico que o debate geral em torno da idéia dos "direitos", em parte pela complicada definição de certos aspectos conceituais, em parte pelos confrontos que vêm ocorrendo entre os movimentos sociais que reivindicam direitos para os animais e os representantes da comunidade científica. Mas, no contexto geral em que vai sendo reconhecida a insuficiência do princípio da não-crueldade, novas interpretações vão surgindo e muitas vezes com a tentativa de se compatibilizar idéias, como a idéia de que certamente um "direito do animal ao bem-estar" deve estar presente em diferentes contextos, em que os seres humanos interagem com os seres não humanos (Tannenbaum, 1995, p. 173) e ainda de acordo com as palavras de Tannenbaum (1995, p. 152): "Não seria científico e seria intelectualmente suspeito começar qualquer abordagem de bem-estar animal com a visão de que todas as categorias de uso animal são obviamente aceitáveis, e que nós devemos construir uma aprovação delas numa definição maior de bem-estar".

O interesse pelo bem-estar animal, ou ainda, a idéia de que não basta "não ser cruel", mas que é preciso "minimizar o sofrimento" e "promover o bem-estar animal" passa a ser integrada a uma agenda científica e social, certamente não sem conflitos e desafios. Desafios como o que a própria noção de "o que se constitui bem-estar animal?" lançou para a ciência e a noção de "em que medida devemos promover o bem-estar animal?" lançou para o campo moral. Pois, se a primeira questão implica apontar que, de fato, ainda não conhecemos adequadamente os animais e muitas vezes não fazemos avaliação correta das conseqüências de certos procedimentos, a segunda questão implica questionar a legitimidade moral de certos procedimentos.

Na prática, tais questões têm permitido maior questionamento do que ocorre nos laboratórios que envolvem o uso de animais e mudança na interação entre a comunidade científica e a sociedade civil, tal como pode ser visto nas diferentes estratégias de controle da experimentação animal que vêm sendo estabelecidas. A partir dessas estratégias, questões de ordem prática e mais desafios éticos têm surgido, indicando que, longe de terminar, todo esse debate precisa ser ampliado dentro e fora da comunidade científica.

As estratégias de controle da experimentação animal: das questões práticas aos desafios éticos

Atualmente o uso de animais no âmbito científico ocorre em todo o mundo e a expressão *experimentação animal* envolve diferentes formas de utilização, que podem ser agrupadas em sete categorias principais (Rollin, 1998, pp. 414-5):

• Pesquisa básica — biológica, comportamental ou psicológica. Refere-se à formulação e testagem de hipóteses sobre questões teóricas fundamentais, tais como a natureza da duplicação do DNA; a atividade mitocondrial; as funções cerebrais; o mecanismo de aprendizagem; enfim, com pouca consideração para o efeito prático dessa pesquisa.

• Pesquisa aplicada — biomédica e psicológica. Formulação e testes de hipóteses sobre doenças, disfunções, defeitos genéticos, etc., as quais se não têm necessariamente conseqüências imediatas para tratamento de doenças, são pelo menos vistas como diretamente relacionadas a essas conseqüências. Incluem-se nesta categoria os testes de novas terapias: cirúrgicas; terapia gênica; tratamento à base de radiação; tratamento de queimaduras; etc. A distinção entre esta categoria e a categoria 1, muitas vezes, não apresenta um ponto específico de corte.

• O desenvolvimento de substâncias químicas e drogas terapêuticas. A diferença entre essa categoria e as anteriores é que se refere ao objetivo de se encontrar uma substância específica para um determinado propósito, mais do que o conhecimento por si próprio.

• Pesquisas voltadas para aumento da produtividade e eficiência dos animais na prática agropecuária. Isso inclui ensaios alimentares; estudos de metabolismo; estudos na área de reprodução; desenvolvimento de agentes que visam ao aumento da produção leiteira; dentre outros.

• Testes de várias substâncias quanto à sua segurança, potencial de irritação e grau de toxicidade. Dentre essas substâncias incluem-se cosméticos; aditivos alimentares; herbicidas; pesticidas; químicos industriais; drogas. As drogas, que podem ser de uso veterinário ou humano, são testadas quanto à sua toxicidade; carcinogênese (produção de câncer); mutagênese (produção de mutação nos organismos vivos) e teratogênese (ocorrência de anormalidades no desenvolvimento embrionário e produção de "monstros").

• Uso de animais em instituições educacionais para demonstrações; dissecção; treinamento cirúrgico; indução de distúrbios com finalidades demonstrativas; projetos científicos relacionados ao ensino.

• Uso de animais para extração de drogas e produtos biológicos, tais como vacinas; sangue; soro; anticorpos monoclonais; proteínas de animais geneticamente modificados para produzi-las, dentre outros.

De modo geral, é preciso diferenciar ainda duas grandes áreas de aplicações dos conhecimentos obtidos: uma, na qual se pretende que os beneficiados sejam primeiramente os próprios animais, tal como ocorre em pesquisas no campo da clínica veterinária, e outra, na qual os benefícios visam ao seres humanos e os animais são usados apenas como "modelos". Embora os conflitos éticos e os números de animais envolvidos alcancem diferentes dimensões de acordo com essas perspectivas, e também surjam questões científicas relacionadas à adequação do uso de "modelos", o que fica visível, a partir de toda essa movimentação social e filosófica iniciada ao redor dos anos 70, é também uma incorporação obrigatória no campo da ciência de outros conceitos éticos que não apenas uma ética minimalista da não-crueldade. De fato, no âmbito da experimentação animal, o que pode ser caracterizado como "crueldade" animal? Para alguns (não cientistas e principalmente defensores dos animais) quase tudo é "crueldade" quando se fala em experimentação; para outros, quase nada (excetuando-se alguns cientistas sádicos eventuais como existem em qualquer profissão) é crueldade. Pois, em princípio, há uma justificativa geral para a prática da experimentação até mesmo em seres humanos, que se baseia nos benefícios obtidos no campo da saúde em geral, humana e animal. Há também um problema ético em geral: os riscos e os danos aos quais estão submetidos os "sujeitos" da pesquisa, sejam eles seres humanos ou não humanos. Nesse momento, quando se torna evidente a insuficiência de um princípio apenas de não-crueldade e quando ainda há uma grande resistência da comunidade científica a admitir certos limites às suas ambições, a nova estratégia que se desenvolve, não sem conflitos, é a necessidade de se justificar cada protocolo de pesquisa individualmente. Isso demonstra, por um lado, que a sociedade parece não estar mais disposta a aceitar uma justificativa genérica sobre a necessidade da experimentação animal, isto é, um "vale-tudo em nome da ciência". Por outro, surgem os desafios éticos: quais são os limites? Quem estabelece os limites? Como defini-los?

O debate sobre tais questões vai se tornando cada vez mais necessário e ruidoso à medida que se nota crescimento no controle da experimentação animal. As principais formas de controle da experimentação animal que se observam hoje são: leis, comissões de ética no uso de animais, controle das agências de financiamento e políticas editoriais. Considerando que agências de financiamento e periódicos científicos acabam exigindo que, de alguma forma, um determinado protocolo experimental tenha sido avaliado por comissão e que as leis em âmbito internacional, de modo geral, preconizam a avaliação por uma comissão institucional de ética no uso de animais, fica evidente que as comissões de ética no uso de animais (ou algum nome parecido que possam ter, de acordo com o país considerado) têm hoje importante papel no controle da experimentação animal no campo científico. É em decorrência da atuação dessas comissões que se encontra a possibilidade de implementação de uma nova ética ou a manutenção de obstáculos que impedem o seu desenvolvimento como veremos a seguir.

As comissões de ética no uso de animais

Na tentativa de resgatar as origens dessas comissões, observa-se que a primeira comissão envolvida com o uso de animais de que se tem registro data de 1907, na Universidade de Harvard (E.U.A.), e naquele momento o foco da preocupação não era a questão ética, mas sim o problema da escassez de animais. Nesse sentido, muito mais da necessidade de organizar o uso de animais do que considerar questões éticas, outras comissões foram surgindo, notadamente após a Segunda Guerra Mundial, quando o uso de animais aumentou significativamente e eram discutidas questões sobretudo de alocação de espaços e recursos. Já na década de 60, com o início da pressão dos movimentos sociais, algumas revisões do protocolo experimental começaram a ser feitas nos E.U.A., embora ainda não se tenha clareza desse processo (Rowan, 1990, p. 20). É interessante ressaltar que embora o advento das comissões de ética no uso de animais tenha surgido principalmente em resposta às pressões dos movimentos sociais, essa nunca foi de fato uma reivindicação dos movimentos antivivisseccionistas. O estabelecimento dessas comissões acabou sendo uma imposição legal da década de 80 nos E.U.A., a partir da qual todas as instituições relacionadas ao uso de animais se viram obrigadas a constituir suas comissões e avaliar cada um dos protocolos experimentais. No Brasil, esse processo de institucionalização das comissões ocorreu mais tardiamente, tendo-se iniciado propriamente na década de 90, conforme demonstrou Chaves (2000) em seu estudo, e encontrando-se ainda em fase de expansão. A obrigatoriedade legal dessas comissões em âmbito nacional já está prevista em projetos de lei. O papel dessas comissões foi se estabelecendo aos poucos, incluindo particularmente: garantir o bem estar animal; garantir atendimento veterinário aos biotérios; inspeção dos biotérios e salas de experimentação; agir como intermediário entre a ciência e a sociedade; agir como intermediário entre a ciência e a lei e funcionar também como centro de comunicação responsável por atividades educativas. Em relação ao papel dessas comissões, surge um primeiro conflito que ocasiona diferentes percepções entre "pesquisadores" e "defensores dos animais". Pois, se para os primeiros essa é uma forma de "controle" de suas atividades, para os outros se trata na verdade de uma forma de "legitimar" condutas que não deveriam ocorrer muitas vezes. De acordo com essa perspectiva, tais comissões não são de fato "comissões de ética", pois se a comissão não questiona o aspecto principal, isto é, se a pesquisa em animais ou se aquele determinado protocolo submetido à avaliação deve ocorrer ou não, ela não está de fato fazendo uma avaliação ética e sim, apenas, reduzindo custos e avaliando a adequação dos procedimentos (Hampson, 1991,

p. 105). De fato, tais críticas têm levado cada vez mais ao entendimento de que tais comissões têm obrigação de fazer avaliação do mérito científico do protocolo proposto se pretendem de fato uma avaliação ética. Nesse momento surgirá um outro conflito: quem avalia? Isto é, quem deve compor esse tipo de comissão? De acordo com a perspectiva "autonomista", os cientistas devem exercer o papel principal dentro do comitê, pois questões de responsabilidade científica estão em jogo. Por outro lado, de acordo com a perspectiva "heteronomista", a sociedade deve ter influência cada vez maior nas atividades que envolvem a experimentação em animais, pois o que está em jogo são questões de ordem moral em relação a seres vivos sencientes, que merecem ser protegidos contra eventuais abusos humanos por meio de um controle social qualificado. De fato, o que se tem observado em relação à composição dessas comissões em âmbito nacional e internacional é um caráter "autonomista" interdisciplinar, no qual o que compõe a comissão são diferentes áreas profissionais, as quais exercem papel diferenciado, notadamente os cientistas (também consultores *ad hoc*), os veterinários (comprometidos com bem-estar animal) e os "membros comprometidos com as atitudes da sociedade" (protetores, juristas, eticistas. . .), os quais se encontram presentes quase sempre por um único representante, exceto no Brasil onde em sua maioria tal representação ainda nem existe.

Um terceiro conflito diz respeito a "como essas avaliações têm sido feitas". A principal referência para essas comissões, isto é, o que constitui hoje uma espécie de "princípios para a avaliação" são os "3R's" — *replacement, reduction* e *refinement* — propostos por Russel e Burch, um zoólogo e um microbiologista, em 1959, no famoso livro *The Principles of Humane Experimental Technique* (Russel & Burch, 1992).

O primeiro "R", ou *replacement* ("substituição"), indica que se deve procurar substituir a utilização de vertebrados por outros métodos que utilizem outros materiais, não sencientes, o que pode incluir plantas, microorganismos, etc. (Russel & Burch, 1992, p. 69). Portanto, caso haja alternativas ao protocolo proposto, os animais não podem ser utilizados. O segundo "R", ou *reduction* ("redução"), indica que se deve procurar reduzir o número de animais utilizados no experimento, o que é possível com uma "escolha correta das estratégias" (Russel & Burch, 1992, p. 105). Nesse sentido, cabe ao pesquisador com adequado delineamento estatístico fundamentar a necessidade do número de animais proposto. O terceiro "R", ou *refinement* ("refinamento"), indica que se deve procurar minimizar ao máximo a quantidade de desconforto ou sofrimento animal (Russel & Burch, 1992, p. 134). Nesse aspecto é que a promoção do bem-estar animal deve ser observada.

Algumas críticas sobre "o que tem sido avaliado nas comissões" apontam que apenas o terceiro "R", isto é, apenas a idéia de "refinamento" do experimento tem sido observada e, mesmo assim, muitas vezes de forma limitada (Hampson,

1991, p. 105). De acordo com essa análise, as comissões não estariam muito preocupadas em averiguar a possibilidade de existirem alternativas, ou mesmo estariam encontrando dificuldades na obtenção de tais informações, visto que em princípio é ao próprio pesquisador que cabe declarar se existem ou não alternativas. Sem dúvida, que a questão da busca de métodos alternativos implica maior debate, que vai desde o financiamento de pesquisas de métodos alternativos e os custos para adoção desses métodos, passando pela questão da validação de tais métodos, até a divulgação da informação. Alguns desses conflitos sobre a atuação das comissões foi recentemente exposto na revista *Science* em interessante estudo de Plous & Herzog (2001). Nesse estudo, os autores quiseram demonstrar que a estrutura reguladora da pesquisa, seja ela realizada em seres humanos, seja em animais, baseia-se na habilidade das comissões de realizarem julgamentos confiáveis sobre qual pesquisa deve ser aprovada e qual não deve ser aprovada. A proposta do estudo foi comparar duas avaliações de protocolos de pesquisa (n=150), a primeira (original) e a segunda (solicitada pelos pesquisadores), entre as diversas comissões (n=50) que aceitaram participar da pesquisa, de tal forma que um protocolo originalmente avaliado por uma comissão fosse submetido a uma segunda avaliação por outra comissão, sem que esta soubesse o parecer original. Posteriormente, os resultados dessas avaliações foram comparados e revelaram-se surpreendentes. Alguns dos resultados revelam que, na avaliação original, 94% dos protocolos foram "aprovados" ou "aprovados com pequenas modificações", ao passo que, na segunda avaliação, apenas 48% enquadraram-se nessas categorias. Em relação aos "aprovados" (isto é, "tal como escritos") foram 72 originalmente, e na segunda avaliação apenas seis protocolos. Em relação aos "desaprovados", apenas 1 (um) protocolo tinha sido desaprovado originalmente, ao passo que na segunda avaliação um total de dezessete protocolos foram "desaprovados". Tais resultados indicam que essas avaliações não estão sendo confiáveis e, certamente, causaram grande polêmica na esfera científica (Klemfuss *et al.*, 2001). O fato é que, tal como os autores apontam, ficou evidenciada a necessidade do desenvolvimento de procedimentos que aumentem a confiança e a validade do processo de revisão dos protocolos envolvendo uso de animais.

Uma das formas que têm sido propostas com intuito de se obter maior padronização que facilite as avaliações são os chamados "sistemas de classificação de dor" (E.U.A.) ou as "categorias de invasividade" (Orlans, 1993, p. 86). A idéia que sustenta a importância desse procedimento de se classificar o nível de dor, ao qual o animal será submetido, baseia-se no fato de que sem o adequado conhecimento de quanta dor (abrangendo também sofrimento e/ou danos) está envolvida no processo, não se pode adequadamente justificar e nem avaliar o protocolo. Tais sistemas de categorizar o grau de dor surgiram a partir de 1978, e as principais escalas de avaliação oferecem de três (branda, moderada, substancial) a cinco categorias (que vão de A a E, partindo de experimentos em cultura de células, órgãos isolados ou invertebrados na categoria A, aumentando gradativamente o grau de estresse e dor até a categoria E, que envolve procedimentos altamente dolorosos e questionáveis, sendo alguns proibidos), já sendo adotadas oficialmente por alguns países (Orlans, 1990). A partir do uso desses sistemas, os pesquisadores devem indicar no protocolo a ser submetido a avaliação em que categoria os procedimentos que envolvem o uso de animais se encontram. Dessa forma, alguns procedimentos vêm se tornando cada vez mais questionáveis, ocasionando que alguns procedimentos passem a ser eliminados por serem considerados inaceitáveis, como, por exemplo, prevê a legislação canadense para uso de relaxantes musculares como o curare, sem o uso de anestésicos em procedimentos cirúrgicos (Orlans, 1990, p. 44). A partir da adoção dessas escalas têm aumentado os questionamentos sobre que procedimentos devem ser considerados inaceitáveis e, dessa forma, nem poderiam mais ser propostos. Nesse campo, vários conflitos surgem, levando o debate para a definição do que é "inaceitável", para a discussão se o controle da dor está aumentando ou não, para saber se de fato os cientistas estão avaliando adequadamente o sofrimento animal ou não. É também nesse sentido que a avaliação da dor animal se tornou importante tópico na ciência do bem-estar animal, esperando-se que ocorra uma sensível modificação na forma como o animal é visto dentro dos laboratórios. Vários autores apontam que parece haver "uma falta de consciência do sofrimento animal" por parte dos pesquisadores (Balls, 1999, p. 1), ou que "raramente identificam a dor e o sofrimento em seus laboratórios" (Phillips, 1993, p. 14), ou, ainda, que "na prática, geralmente os investigadores subestimam a quantidade de dor animal envolvida nos procedimentos propostos" (Orlans, 1993, p. 89). De fato, a discordância entre a indicação do pesquisador sobre a categoria do procedimento e a avaliação feita pela comissão sobre o mesmo procedimento tem sido freqüentemente relatada, fazendo que uma adequada revisão seja feita a fim de buscar atenuar o sofrimento do animal (Orlans, 1993, p. 89).

De modo geral, um outro aspecto que precisa ser cada vez mais considerado em todo esse processo é a questão da educação e da formação dos profissionais. Geralmente as comissões indagam sobre a competência dos investigadores e de quem vai estar envolvido na manipulação dos animais. Em 1984, quando pesquisadores foram questionados sobre o que achavam de as comissões avaliarem esse aspecto, um em cada cinco entrevistados disse que tal aspecto não tem importância e que a comissão não deveria questionar isso (Orlans, 1987). É evidente que a qualificação profissional pode influenciar tanto no mérito científico quanto na avaliação do bem-estar animal, assim como é também evidente que o processo de formação dos profissionais da área biomédica precisa ser revisitado a fim de promover a nova ética animal. De modo geral, ainda se observa certo distanciamento dos professores, que usam animais em aulas, de todo esse debate ético e, conseqüentemente, muitas vezes não fornecendo aos futuros pesquisadores a idéia necessária do debate ético em torno do uso do animal (Bastos *et al.*, 2002).

Consideração final

Certamente esses são apenas alguns dos conflitos, com os quais principalmente as comissões de ética vêm se deparando, e tantos outros estão presentes nas diversas formas de interação entre os seres humanos e não humanos. A existência de tais conflitos e a visibilidade que vêm assumindo, no entanto, marcam definitivamente a idéia de que não basta "não ser cruel" e que é preciso mais: é preciso uma "nova ética" para os animais, que os inclua como pacientes morais e os proteja, responsabilizando os agentes morais humanos, que são os pesquisadores, pela dor e o sofrimento evitável que proporcionam a seus pacientes.

Referências

Almond, B. Rights. In: *A Companion to Ethics*. Oxford: Blackwell, 1997.

Aquinas, S. T. Differences between Rational and other Creatures. In: *Animal Rights and Human Obligations* (T. Regan & P. Singer, eds.), pp. 6-9, New Jersey: Prentice Hall, 1989.

Balls, M. The Biomedical Sciences and the Need for Less-inhumane Animal Procedures. In: C. F. M. Hendriksen & D. B. Morton (eds.). *Humane Endpoints in Animal Experiments for Biomedical Research*. Proceedings of the International Conference, 22-25 November 1998, Zeist, The Netherlands. Londres: The Royal Society of Medicine Press, pp. 1-4, 1999.

Bastos, J. C., Rangel, A. M.; Paixão, R. L. & Rego, S. Implicações éticas do uso de animais no processo de ensino-aprendizagem nas faculdades de Medicina do Rio de Janeiro e Niterói. *Revista Brasileira de Educação Médica*, 26(3), pp. 162-70, 2002.

Bentham, J. A Utilitarian View. In: *Animal Rights and Human Obligations* (T. Regan & P. Singer, eds.), pp. 25-6, New Jersey: Prentice Hall, 1989.

———. The Principle of Utility. In: *Ethics* (P. Singer, ed.), pp. 306-12, Oxford: Oxford University Press, 1994.

Bernard, J. *Da biologia à ética. Bioética*. São Paulo: Editorial Psy II, 1994.

Chaves, C. C. *Situação atual das comissões de ética no uso de animais (CEUA) em atividade no Brasil*. Relatório da Disciplina de Estágio Supervisionado, apresentado como requisito para conclusão do curso de Medicina Veterinária da UFF. Niterói: UFF, 2000.

Darwin, C. *A origem das espécies*. São Paulo: Hemus, s.d.

———. Comparison of the Mental Powers of Man and the Lower Animals. In: *Animal Rights and Human Obligations* (T. Regan & P. Singer, eds.), pp. 27-31, New Jersey: Prentice Hall, 1989.

Descartes, R. Discurso do método. In: *Os Pensadores. Descartes vol. 1* (Nova Cultural, ed.), pp. 29-71, São Paulo: Nova Cultural, 1987.

———. Animals are Machines. In: *Animal Rights and Human Obligations* (T. Regan & P. Singer, eds.), pp. 13-9, New Jersey: Prentice Hall, 1989.

Dunlop, R. H. & Williams, D. J. *Veterinary Medicine. An Illustrated History*. Missouri: Mosby-Year Book, 1996.

Francione, G. L. Law and Animals. In: *Encyclopedia of Animal Rights and Animal Welfare* (M. Bekoff & C. A. Meaney, eds.), pp. 230-2, Westport: Greenwood Press, 1998.

Genesis. The Bible. In: *Animal Rights and Human Obligations* (T. Regan & P. Singer, eds.), pp. 1-3, New Jersey: Prentice Hall, 1989.

Hampson, J. Animal Experimentation — Practical Dilemmas and Solutions. In: *The Status of Animals. Ethics, Education and Welfare.*. (D. Paterson & M. Palmer, orgs.) pp. 100-10, Wallingford: CAB International, 1991.

Kant, I. *Fundamentos da metafísica dos costumes*. Rio de Janeiro: Ediouro, s.d.

———. Duties in Regard to Animals. In: *Animal Rights and Human Obligations* (T. Regan & P. Singer, eds.), pp. 23-24, New Jersey: Prentice Hall, 1989.

Klemfuss, H.; Dess, N. K.; Brandon, S. E.; Garrison, H. H. & Pitts, M. Assessing the Reviewers of Animal Research. *Science*, 294, pp. 1.831-2, 2001.

Orlans, F. B. Scientists' Attitudes toward Animal Care and Use Committees. *Laboratory Animal Science*, special issue, January, pp. 162-6, 1987.

———. Animal Pain Scales in Public Policy. *ATLA*, 18, pp. 41-50, 1990.

———. *In The Name of Science. Issues in Responsible Animal Experimentation*. Nova York: Oxford University Press, 1993.

Phillips, M. T. Savages, Drunks, and Lab Animals: The Researcher's Perception of Pain. *Society and Animals*, 1, pp. 1-16, 1993.

Plous, S. & Herzog, H. Reliability of Protocol Reviews for Animal Research. *Science*, 293, pp. 608-09, 2001.

Regan, T. *The Case for Animal Rights*. Los Angeles: University of California Press, 1983.

Rollin, B. E. The Moral Status of Animals and their Use as Experimental Subjects. In: *A Companion to Bioethics* (H. Kuhse & P. Singer, eds.), pp. 411-22, Oxford: Blackwell, 1998.

Rowan, A. N. Section IV. Ethical Review and the Animal Care and Use Committee. In: A Special Supplement: Animals, Science and Ethics (S. Donnelley & K. Nolan, eds.), *Hastings Center Report*, 20, pp. 19-24, 1990.

Russel, W. M. S. & Burch, R. L. *The Principles of Humane Experimental Technique*. England: Universities Federation for Animal Welfare, 1992.

Ryder, R. D. *Animal Revolution. Changing Attitudes Towards Speciesism*. Cambridge: Basil Blackwell, 1989.

Singer, P. *Animal Liberation. Towards an End to Man's Inhumanity to Animals*. Granada, 1977.

———. All Animals are Equal. In: *Animal Rights and Humans Obligations* (T. Regan & P. Singer, eds.), pp. 73-86, New Jersey: Prentice-Hall, 1989.

Tannenbaum, J. *Veterinary Ethics. Animal Welfare, Client Relations, Competition and Collegiality*. Missouri: Mosby Year Book, 1995.

LEIS REFERENTES À EXPERIMENTAÇÃO ANIMAL NO BRASIL

Celia Virginia Pereira Cardoso

Ao contrário do que muitas pessoas pensam, o cuidado com o bem-estar animal em nosso país está presente desde longa data. A primeira lei no Brasil referente à experimentação animal é de 1934.

O Decreto-Lei n.º 24.645, de 10 de julho de 1934, estabelece medidas de proteção aos animais e, pela primeira vez, o Estado reconhece como tutelados todos os animais existentes no País (art. 1.º). Apesar de existir, na maioria dos seus artigos, predominância de cuidados voltados para os animais de grande porte (eqüinos e bovinos), que também eram os mais utilizados para o trabalho e o transporte naquela época, ainda assim, a Lei busca um caráter abrangente e, no seu artigo 3.º, várias alíneas consideram como maus-tratos as seguintes condutas:

> I — praticar ato de abuso ou crueldade em qualquer animal;
>
> II — manter animais em lugares anti-higiênicos ou que lhes impeçam a respiração, o movimento ou o descanso, ou os privem de ar ou luz;
>
> . . . .
>
> IV — golpear, ferir ou mutilar, voluntariamente, qualquer órgão ou tecido de economia, exceto a castração, só para animais domésticos, ou operações outras praticadas em benefício exclusivo do animal e as exigidas para defesa do homem ou no interesse da ciência;
>
> V — abandonar animal doente, ferido, extenuado ou mutilado, bem como deixar de ministrar-lhe tudo o que humanitariamente se lhe possa prover, inclusive assistência médica veterinária;
>
> VI — não dar morte rápida, livre de sofrimentos prolongados, a todo animal cujo extermínio seja necessário para consumo *ou não*;
>
> . . . .
>
> XX — encerrar em curral ou outros lugares animais em número tal que não lhes seja possível mover-se livremente, ou deixá-los sem água e alimento mais de 12 horas;

. . . . . .

XXVI — despelar ou depenar animais vivos ou entregá-los vivos à alimentação de outros;

XXVII — ministrar ensino a animais com maus-tratos físicos;

. . . .

Posteriormente, em 1941, o Decreto-Lei n.º 3.688 reforça as medidas da Lei de 1934, tratando da omissão de cautela na guarda ou condução de animais (art. 31) e prevendo pena para a prática da crueldade animal e estendendo-a para quem, embora com fim didático ou científico, realize, em lugar público ou exposto ao público, experiência dolorosa ou cruel em animal vivo (§ 1.º do art. 64).

Somando-se a esta preocupação com o bem-estar dos animais, e de forma geral, cria-se a Lei n.º 5.517, de 23 de outubro de 1968, que dispõe sobre o exercício da profissão de médico-veterinário e cria os Conselhos Federal e Regionais de Medicina Veterinária. Nela fica explícita a regularização da profissão e, no artigo 5.º, a competência privativa do médico-veterinário para a prática da clínica em todas as suas modalidades e a assistência técnica e sanitária dos animais sob qualquer forma, dentre outras funções.

Como se pode observar, todas as legislações, até então, tratavam de questões mais abrangentes, e nada muito específico quanto ao uso dos animais em ensino e pesquisa. Foi então que em maio de 1979, surgiu a primeira tentativa de se estabelecer normas para a prática didático-científica da vivissecção de animais, e a Lei n.º 6.638 entrou em vigor. Porém, esta tentativa frustrou-se: a Lei não encontrou regulamentação e dessa forma perdeu sua "força de lei" já que não há formas de se penalizar quem a desrespeite.

Não se pode, no entanto, deixar de reconhecer-lhe o mérito por ter representado um avanço para a área do ensino e da pesquisa. Observa-se, já nesta ocasião, a tendência dos profissionais envolvidos em preservar a ética no que se refere ao uso dos animais e à necessidade de regulamentação da atividade.

Em 1988, a Constituição brasileira reafirma a necessidade de preservação das espécies animais e de seu bem-estar, quando no artigo 225, § 1.º, alínea VII, incumbe ao Poder Público de proteger a fauna e a flora, vedadas, na forma da lei, as práticas que ponham em risco sua função ecológica, provoquem a extinção de espécies ou submetam os animais a crueldade.

Como essa questão da ética na experimentação animal continuava a ser um tema desconfortável para o meio didático-científico, uma vez que não se dispunha, de fato e/ou de direito, de nenhum preceito legal que regulamentasse essa atividade e resguardasse os seus profissionais, e levando-se em conta, ainda, que o movimento das sociedades protetoras de animais estava crescendo e ameaçando a prática da experimentação animal, também aqui no Brasil, o Colégio Brasileiro de Experimentação Animal/COBEA, em 1991, cria os *Princípios Éticos na Experimentação Animal*, postulando doze artigos que passam a nortear a conduta dos professores e dos pesquisadores na prática do uso de animais.

Dos doze artigos, todos bastante respeitosos e condizentes com a saúde e o bem-estar animal, o último deles, particularmente, expressa o que há de mais importante: *desenvolver trabalhos de capacitação específica de pesquisadores e funcionários envolvidos nos procedimentos com animais de experimentação, salientando aspectos de trato e uso humanitário com animais de laboratório.*

Sem dúvida, a *educação* neste campo é o que se pode esperar de mais salutar para a adoção de princípios éticos.

Em 1993, a Ordem dos Advogados do Brasil (OAB) inicia um debate sobre a regulamentação do uso de animais em experimentação, com base em um documento elaborado por uma sociedade protetora de animais, que nada mais era do que uma tradução — modificada sutilmente — da seção referente aos procedimentos científicos, revisada em 1986, da lei inglesa chamada *Animal's Act.* E da forma como era apresentada, com certeza, inviabilizaria a experimentação animal no Brasil. A OAB, então, convida a Academia Brasileira de Ciência (ABC) para participar do debate, e esta, por sua vez, apreensiva com o destino da Ciência no País, cria uma comissão mista para elaborar um projeto de lei que, finalmente, regulamente a criação e o uso de animais para atividades de ensino e pesquisa.

A comissão foi formada por representantes de cinco instituições científicas de renome no País, a saber: Sociedade Brasileira para o Progresso da Ciência (SBPC); Fundação Oswaldo Cruz (FIOCRUZ); Federação das Sociedades Brasileiras de Biologia Experimental (FESBE); Universidade Federal do Rio de Janeiro (UFRJ) e o COBEA. A comissão contou com a participação da Sociedade Mundial para Proteção dos Animais (WSPA) e com a Sociedade Zoófila Educativa (SOZED) que, como representantes das entidades defensoras dos animais, em muito contribuíram para o texto final do anteprojeto de lei. Após várias consultas às diversas instituições de ensino e pesquisa em todo o País e numerosas discussões de conciliação com outras propostas de anteprojetos ou mesmo seus substitutivos, em 1997, sob o n.º 3.964, o *projeto de lei que dispõe sobre a criação e o uso de animais para atividades de ensino e pesquisa* foi apresentado na Câmara dos Deputados, para apreciação. Dentre os diversos pontos importantes previstos neste projeto de lei destacam-se os seguintes:

- a criação do *Conselho Nacional de Controle de Experimentação Animal* (CONCEA), como órgão normatizador, credenciador, supervisor e controlador das atividades de ensino e de pesquisa com animais, inclusive monitorando e avaliando a introdução de técnicas alternativas que substituam a utilização de animais em ensino e pesquisa;

- criação das *Comissões de Ética no Uso de Animais* (CEUAs), que serão obrigatórias em todas as instituições que pratiquem a experimentação animal e
- a definição das *Penalidades* aplicadas às instituições ou aos profissionais pelo emprego indevido das normas ou mesmo dos próprios animais.

Após dois anos de tramitação no Congresso Nacional, foi criado um novo substitutivo ao projeto de lei que, depois de apreciado pela comissão mista e pelas referidas sociedades protetoras, retornou ao seu relator e a sua aprovação definitiva está sendo aguardada ansiosamente.

Durante este período, em fevereiro de 1998, criou-se a Lei n.º 9.605, sobre condutas e atividades lesivas ao meio ambiente, que prevê como crime contra a fauna, *praticar ato abusivo, maus-tratos, ferir ou mutilar animais silvestres, domésticos ou domesticados, nativos ou exóticos* (art. 32), com pena prevista de detenção de três meses a um ano, e multa. E, no que diz respeito mais especificamente à experimentação animal, há, em seu § 1.º: *incorre nas mesmas penas quem realiza experiência dolorosa ou cruel em animal vivo, ainda que para fins didáticos ou científicos, quando existirem recursos alternativos.* E o § 2.º: *a pena é aumentada de um sexto a um terço, se ocorre morte do animal.*

Em resumo, hoje, na realidade, esta é a única lei vigente no País que pode ser considerada aplicável, *de forma bastante inadequada*, à prática da experimentação animal.

Por conta das "ameaças" de punição aí inseridas, a maioria das instituições de ensino e de pesquisa no Brasil estão criando suas próprias CEUAs, baseadas na estrutura operacional já prevista no projeto de lei em tramitação no Congresso, visando prevenir o uso indevido de animais, além de implantar uma política de adoção dos princípios éticos estabelecidos pelo COBEA e de educação dos profissionais envolvidos nos protocolos experimentais.

Com certeza, só a aprovação do projeto de lei n.º 3.964 poderá estabelecer a regulamentação quanto à criação e uso de animais no País e garantir o pleno respeito à saúde, ao bem-estar, à ética e ao futuro da experimentação animal.

Referências

Animals (Scientific Procedures) Act. *Act Eliz.* II, C.14, Section 21. Home Office, Reino Unido, 1986.

Brasil. Decreto n.º 24.645. Estabelece medidas de proteção aos animais, *art. 1.º e art. 3.º, alíneas I, II, IV, V, VI, XX, XXVI e XXVIII. Diário Oficial da União*, suplemento ao n.º 162, de 14/7/1934, Brasília, DF.

———. Decreto-Lei n.º 3.688. Estabelece a lei das contravenções penais, capítulo III, *Das Contravenções Referentes à Incolumidade Pública,* art. 64, § 1.º e § 2.º. *Diário Oficial da União,* 13/10/1941, Brasília, DF.

———. Lei n.º 5.517 Dispõe sobre o exercício da profissão de Médico-Veterinário e cria os Conselhos Federal e Regionais de Medicina Veterinária, Capítulo II, *Do Exercício Profissional,* art. 5.º. *Diário Oficial da União,* 25/10/1968, seção I, Brasília, DF.

———. Lei n.º 6.638. Estabelece normas para a prática didático-científica da vivissecção de animais e determina outras providências. *Diário Oficial da União*, 10/5/1979, Brasília, DF.

———. Lei n.º 9.605. Dispõe sobre as sanções penais e administrativas derivadas de condutas e atividades lesivas ao meio ambiente, e dá outras providências. Capítulo V, *Dos Crimes Contra o Meio Ambiente,* seção 1, art. 32, § 1.º e § 2.º. *Diário Oficial da União*, 13/2/1998, seção I, p. 1, Brasília, DF.

———. Projeto de Lei n.º 3.964 Dispõe sobre criação e uso de animais para atividades de ensino e pesquisa. Em tramitação na Secretaria de Assuntos Parlamentares, Secretaria-Geral, Presidência da República, Brasília, 1997.

Colégio Brasileiro de Experimentação Animal (COBEA). *Princípios éticos na experimentação animal* — 1991. Acessado em junho de 2002. Disponível na internet: <http://www.meusite.com.br/COBEA/etica.htm>.

Constituição da República Federativa do Brasil. *Capítulo VI: Do Meio Ambiente,* art. 225, § 1.º, alínea VII. Promulgada em 5/10/1988, Brasília, DF.

Anexo 1 — Legislações

Decreto-Lei n.º 24.645, de 14 de julho de 1934

O chefe do Governo Provisório da República dos Estados Unidos do Brasil, usando das atribuições que lhe confere o artigo 1.º do decreto n.º 19.398, de 11 de novembro de 1930,

Decreta:

Art. 1. — Todos os animais existentes no País são tutelados do Estado.

Art. 2. — Aquele que, em lugar público ou privado, aplicar ou fizer aplicar maus-tratos aos animais, incorrerá em multa de Cr$. . . . . . e na pena de prisão celular de 2 a 15 dias, quer o delinqüente seja ou não o respectivo proprietário, sem prejuízo da ação civil que possa caber.

Parágr. 1. — A critério da autoridade que verificar a infração da presente lei, será imposta qualquer das penalidades acima estatuídas, ou ambas.

Parágr. 2. — A pena a aplicar dependerá da gravidade do delito, a juízo da autoridade.

Parágr. 3. — Os animais serão assistidos em juízo pelos representantes do Ministério Público, seus substitutos legais e pelos membros das sociedades protetoras de animais.

Art. 3. — Consideram-se maus-tratos:

I — Praticar ato de abuso ou crueldade em qualquer animal;

II — Manter animais em lugares anti-higiênicos ou que lhes impeçam a respiração, o movimento ou o descanso, ou os privem de ar ou luz;

III — Obrigar animais a trabalhos excessivos ou superiores às suas forças e a todo ato que resulte em sofrimento para deles obter esforços que, razoavelmente não se lhes possam exigir senão com castigo;

IV — Golpear, ferir ou mutilar voluntariamente qualquer órgão ou tecido de economia, exceto a castração, só para animais domésticos, ou operações outras praticadas em benefício exclusivo do animal e as exigidas para defesa do homem, ou no interesse da ciência;

V — Abandonar animal doente, ferido, extenuado ou mutilado, bem como deixar de ministrar-lhe tudo o que humanitariamente se lhe possa prover, inclusive assistência veterinária;

VI — Não dar morte rápida, livre de sofrimento prolongado, a todo animal cujo extermínio seja necessário para consumo ou não;

VII — Abater para o consumo ou fazer trabalhar os animais em período adiantado de gestação;

VIII — Atrelar num mesmo veículo, instrumento agrícola ou industrial, bovinos com suínos, com muares ou com asinos, sendo somente permitido o trabalho em conjunto a animais da mesma espécie;

IX — Atrelar animais a veículos sem os apetrechos indispensáveis, como sejam balancins, ganchos e lanças ou com arreios incompletos;

X — Utilizar em serviço animal cego, ferido, enfermo, extenuado ou desferrado sendo que este último caso somente se aplica a localidades com ruas calçadas;

XI — Açoitar, golpear ou castigar por qualquer forma a um animal caído sob o veículo ou com ele, devendo o condutor desprendê-lo para levantar-se;

XII — Descer ladeiras com veículos de reação animal sem a utilização das respectivas travas, cujo uso é obrigatório;

XIII — Deixar de revestir com couro ou material com idêntica qualidade de proteção as correntes atreladas aos animais de arreio;

XIV — Conduzir veículo de tração animal, dirigido por condutor sentado, sem que o mesmo tenha boléia fixa e arreios apropriados, como tesouras, pontas de guia e retranca;

XV — Prender animais atrás dos veículos ou atados a caudas de outros;

XVI — Fazer viajar um animal a pé mais de dez quilômetros sem lhe dar descanso, ou trabalhar mais de seis horas contínuas, sem água e alimento;

XVII — Conservar animais embarcados por mais de doze horas sem água e alimento, devendo as empresas de transporte providenciar, sobre as necessárias modificações no seu material, dentro de doze meses a partir desta lei;

XVIII — Conduzir animais por qualquer meio de locomoção, colocados de cabeça para baixo, de mãos ou pés atados, ou de qualquer outro modo que lhes produza sofrimento;

XIX — Transportar animais em cestos, gaiolas, ou veículos sem as proporções necessárias ao seu tamanho e número de cabeças, e sem que o meio de condução em que estão encerrados esteja protegido por uma rede metálica ou idêntica que impeça a saída de qualquer membro do animal;

XX — Encerrar em curral ou outros lugares animais em número tal que não lhes seja possível moverem-se livremente, ou deixá-los sem água ou alimento por mais de doze horas;

XXI — Deixar sem ordenhar as vacas por mais de vinte e quatro horas, quando utilizadas na exploração de leite;

XXII — Ter animal encerrado juntamente com outros que os aterrorizem ou molestem;

XXIII — Ter animais destinados à venda em locais que não reúnam as condições de higiene e comodidade relativas;

XXIV — Expor nos mercados e outros locais de venda, por mais de doze horas, aves em gaiolas, sem que se faça nestas a devida limpeza e renovação de água e alimento;

XXV — Engordar aves mecanicamente;

XXVI — Despelar ou depenar animais vivos ou entregá-los vivos à alimentação de outros;

XXVII — Ministrar ensino a animais com maus-tratos físicos;

XXVIII — Exercitar tiro ao alvo sobre pombos, nas sociedades, clubes de caça, inscritos no Serviço de Caça e Pesca;

XXIX — Realizar ou promover lutas entre animais da mesma espécie ou de espécie diferente, touradas e simulacros de touradas, ainda mesmo em lugar privado;

XXX — Arrojar aves e outros animais nas caças e espetáculos exibidos para tirar sorte ou realizar acrobacias;

XXXI — Transportar, negociar ou caçar em qualquer época do ano, aves insetívoras, pássaros canoros, beija-flores e outras aves de pequeno porte, exceção feita das autorizações para fins científicos, consignadas em lei anterior;

Art. 4. — Só é permitida a tração animal de veículo ou instrumentos agrícolas e industriais, por animais das espécies eqüina, bovina, muar e asina;

Art. 5. — Nos veículos de duas rodas de tração animal, é obrigatório o uso de escora ou suporte fixado por dobradiça, tanto na parte dianteira como na parte traseira, por forma a evitar que, quando o veículo esteja parado, o peso da carga recaia sobre o animal e também para os efeitos em sentido contrário, quando o peso da carga for na parte traseira do veículo.

Art. 6. — Nas cidades e povoados, os veículos a tração animal terão tímpano ou outros sinais de alarme e, acionáveis pelo condutor, sendo proibido o uso de guisos, chocalhos ou campainhas ligados aos arreios ou aos veículos para produzirem ruído constante.

Art. 7 — A carga, por veículo, para um determinado número de animais, deverá ser fixada pelas Municipalidades, obedecendo ao estado das vias públicas e declives das mesmas, peso e espécie veículo, fazendo constar nas respectivas licenças a tara e a carga útil.

Art. 8. — Consideram-se castigos violentos, sujeitos ao dobro das penas cominadas na presente lei, castigar o animal na cabeça, baixo ventre ou pernas.

Art. 9. — Tornar-se-á efetiva a penalidade. em qualquer caso sem prejuízo de fazer-se cessar o mau-trato à custa dos declarados responsáveis.

Art.10. — São solidariamente passíveis de multa e prisão, os proprietários de animais e os que tenham sob sua guarda ou uso, desde que consintam a seus prepostos, atos não permitidos na presente lei.

Art. 11. — Em qualquer caso será legítima, para garantia da multa ou multas, a apreensão do veículo ou de ambos.

Art. 12. — As penas pecuniárias serão aplicadas pela polícia ou municipal e as penas de prisão da alçada das autoridades judiciárias.

Art. 13. — As penas desta lei aplicar-se-ão a todo aquele que infligir maus-tratos ou eliminar um animal, sem provar que foi este acometido ou que se trata de animal feroz ou atacado de moléstia perigosa.

Art. 14. — A autoridade que tomar conhecimento de qualquer infração desta lei poderá ordenar o confisco do animal, nos casos de reincidência.

Parágr. 1. — O animal apreendido, se próprio para consumo, será entregue à instituição de beneficência, e, em caso contrário, será promovida a sua venda em benefício de instituições de assistência social;

Parágr. 2. — Se o animal apreendido for impróprio para o consumo e estiver em condições de não mais prestar serviços, será abatido.

Art. 15. — Em todos os casos de reincidência ou quando os maus-tratos venham a determinar a morte do animal, ou produzir mutilação de qualquer de seus órgãos ou membros, tanto a pena de multa como a de prisão serão aplicadas em dobro.

Art. 16. — As autoridades federais, estaduais e municipais prestarão aos membros das sociedades protetoras de animais a cooperação necessária para fazer cumprir a presente lei.

Art. 17 — A palavra animal, da presente lei, compreende todo ser irracional, quadrúpede, ou bípede, doméstico ou selvagem, exceto os daninhos.

Art. 18 — A presente lei entrará em vigor imediatamente, independente de regulamentação.

Art. 19 — Revogam-se as disposições em contrário.

Rio de Janeiro, 10 de julho de 1934, 113.º da Independência e 46.º da República.

Getúlio Vargas

Juarez do Nascimento Fernandes Távora

Publicado no *Diário Oficial*, Suplemento ao número 162, de 14 de julho de 1934.

Decreto-Lei n.º 3.688, de 3 de outubro de 1941
Lei das Contravenções Penais

O Presidente da República, usando das atribuições que lhe confere o art. 180 da Constituição, decreta:

PARTE GERAL

Aplicação das regras gerais do Código Penal

Art. 1.º. Aplicam-se às contravenções as regras gerais do Código Penal, sempre que a presente Lei não disponha de modo diverso.

Territorialidade

Art. 2.º. A lei brasileira só é aplicável à contravenção praticada no território nacional.

Voluntariedade. Dolo e culpa

Art. 3.º. Para a existência da contravenção, basta a ação ou omissão voluntária. Deve-se, todavia, ter em conta o dolo ou a culpa, se a lei faz depender, de um ou de outra, qualquer efeito jurídico.

Tentativa

Art. 4.º. Não é punível a tentativa de contravenção.

Penas principais

Art. 5.º. As penas principais são:

I — prisão simples;

II — multa.

Prisão simples

Art. 6.º. A pena de prisão simples deve ser cumprida, sem rigor penitenciário, em estabelecimento especial ou seção especial de prisão comum, em regime semi-aberto ou aberto.

§ 1.º O condenado à pena de prisão simples fica sempre separado dos condenados à pena de reclusão ou detenção.

§ 2.º O trabalho é facultativo, se a pena aplicada não excede de 15 (quinze) dias.

Reincidência

Art. 7.º. Verifica-se a reincidência quando o agente pratica uma contravenção depois de passar em julgado a sentença que o tenha condenado, no Brasil ou no estrangeiro, por qualquer crime, ou, no Brasil, por motivo de contravenção.

Erro de direito

Art. 8.º. No caso de ignorância ou de errada compreensão da lei, quando escusáveis, a pena pode deixar de ser aplicada.

Conversão da multa em prisão simples

Art. 9.º. A multa converte-se em prisão simples, de acordo com o que dispõe o Código Penal sobre a conversão de multa em detenção.

Parágrafo único. Se a multa é a única pena cominada, a conversão em prisão simples se faz entre os limites de 15 (quinze) dias e 3 (três) meses.

Limites das penas

Art. 10. A duração da pena de prisão simples não pode, em caso algum, ser superior a 5 (cinco) anos, nem a importância das multas ultrapassar cinqüenta contos de réis.

Suspensão condicional da pena de prisão simples

Art. 11. Desde que reunidas as condições legais, o juiz pode suspender, por tempo não inferior a 1 (um) ano nem superior a 3 (três), a execução da pena de prisão simples, bem como conceder livramento condicional.

Penas acessórias

Art. 12. As penas acessórias são a publicação da sentença e as seguintes interdições de direitos:

I — a incapacidade temporária para profissão ou atividade, cujo exercício dependa de habilitação especial, licença ou autorização do poder público;

II — a suspensão dos direitos políticos.

Parágrafo único. Incorrem:

a) na interdição sob n.º I, por 1 (um) mês a 2 (dois) anos, o condenado por motivo de contravenção cometida com abuso de profissão ou atividade ou com infração de dever a ela inerente;

b) na interdição n.º II, o condenado à pena privativa de liberdade, enquanto dure a execução da pena ou a aplicação da medida de segurança detentiva.

Medidas de segurança

Art. 13. Aplicam-se, por motivo de contravenção, as medidas de segurança estabelecidas no Código Penal, à exceção do exílio local.

Presunção de periculosidade

Art. 14. Presumem-se perigosos, além dos indivíduos a que se referem os n.ºs I e II do art. 78 do Código Penal:

I — o condenado por motivo de contravenção cometida em estado de embriaguez pelo álcool ou substância de efeitos análogos, quando habitual a embriaguez;

II — o condenado por vadiagem ou mendicância.

III — Revogado pela Lei n.º 6.416, de 24 de maio de 1977

IV — Revogado pela Lei n.º 6.416, de 24 de maio de 1977

Internação em colônia agrícola ou em instituto de trabalho, de reeducação ou de ensino profissional

Art. 15. São internados em colônia agrícola ou em instituto de trabalho, de reeducação ou de ensino profissional, pelo prazo mínimo de 1 (um) ano:

I — o condenado por vadiagem (art. 59);

II — o condenado por mendicância (art. 60 e seu parágrafo).

III — Inciso revogado pela Lei n.º 6.416, de 24 de maio de 1977

Internação em manicômio judiciário ou em casa de custódia e tratamento

Art. 16. O prazo mínimo de duração da internação em manicômio judiciário ou em casa de custódia e tratamento é de 6 (seis) meses.

Parágrafo único. O juiz, entretanto, pode, ao invés de decretar a internação, submeter o indivíduo a liberdade vigiada.

Ação penal

Art. 17. A ação penal é pública, devendo a autoridade proceder de ofício.

PARTE ESPECIAL

Capítulo I

Das Contravenções Referentes à Pessoa

Fabrico, comércio, ou detenção de armas ou munição

Art. 18. Fabricar, importar, exportar, ter em depósito ou vender, sem permissão da autoridade, arma ou munição:

Pena — prisão simples, de 3 (três) meses a 1 (um) ano, ou multa, ou ambas cumulativamente, se o fato não constitui crime contra a ordem política ou social.

Porte de arma

Art. 19. Trazer consigo arma fora de casa ou de dependência desta, sem licença da autoridade:

Pena — prisão simples, de 15 (quinze) dias a 6 (seis) meses, ou multa, ou ambas cumulativamente.

§ 1.º. A pena é aumentada em um terço até metade, se o agente já foi condenado, em sentença irrecorrível, por violência contra pessoa.

§ 2.º. Incorre na pena de prisão simples, de 15 (quinze) dias a 3 (três meses, ou multa, quem, possuindo) arma ou munição:

a) deixa de fazer comunicação ou entrega à autoridade, quando a lei o determina;

b) permite que alienado, menor de 18 (dezoito) anos ou pessoa inexperiente no manejo de arma a tenha consigo;

c) omite as cautelas necessárias para impedir que dela se apodere facilmente alienado, menor de 18 (dezoito) anos ou pessoa inexperiente em manejá-la.

Anúncio de meio abortivo

Art. 20. Anunciar processo, substância ou objeto destinado a provocar aborto:

Pena — multa.

Vias de fato

Art. 21. Praticar vias de fato contra alguém:

Pena — prisão simples, de 15 (quinze) dias a 3 (três) meses, ou multa, se o fato não constitui crime.

Internação irregular em estabelecimento psiquiátrico

Art. 22. Receber em estabelecimento psiquiátrico, e nele internar, sem as formalidades legais, pessoa apresentada como doente mental.

Pena — multa.

§ 1.º. Aplica-se a mesma pena a quem deixa de comunicar à autoridade competente, no prazo legal, internação que tenha admitido, por motivo de urgência, sem as formalidades legais.

§ 2.º. Incorre na pena de prisão simples, de 15 (quinze) dias a 3 (três) meses, ou multa, aquele que, sem observar as prescrições legais, deixa retirar-se ou despede de estabelecimento psiquiátrico pessoa nele internada.

Indevida custódia de doente mental

Art. 23. Receber e ter sob custódia doente mental, fora do caso previsto no artigo anterior, sem autorização de quem de direito:

Pena — prisão simples, de 15 (quinze) dias a 3 (três) meses, ou multa.

Capítulo II

Das Contravenções Referentes ao Patrimônio

Instrumento de emprego usual na prática de furto

Art. 24. Fabricar, ceder ou vender gazua ou instrumento empregado usualmente na prática de crime de furto:

Pena — prisão simples, de 6 (seis) meses a 2 (dois) anos, e multa.

Posse não justificada de instrumento de emprego usual na prática de furto

Art. 25. Ter alguém em seu poder, depois de condenado por crime de furto ou roubo, ou enquanto sujeito à liberdade vigiada ou quando conhecido como vadio ou mendigo, gazuas, chaves falsas ou alteradas ou instrumentos empregados usualmente na prática de crime de furto, desde que não prove destinação legítima:

Pena — prisão simples, de 2 (dois) meses a 1 (um) ano, e multa.

Violação de lugar ou objeto

Art. 26. Abrir, alguém, no exercício de profissão de serralheiro ou ofício análogo, a pedido ou por incumbência de pessoa de cuja legitimidade não se tenha certificado previamente, fechadura ou qualquer outro aparelho destinado à defesa de lugar ou objeto:

Pena — prisão simples, de 15 (quinze) dias a 3 (três) meses, ou multa.

Exploração da credulidade pública

Art. 27. (Revogado).

* Art. 27, revogado pela Lei n.º 9.521, de 27/11/97.

Capítulo III

Das Contravenções Referentes à Incolumidade Pública

Disparo de arma de fogo

Art. 28. Disparar arma de fogo em lugar habitado ou em suas adjacências, em via pública ou em direção a ela:

Pena — prisão simples, de 1 (um) a 6 (seis) meses, ou multa.

Parágrafo único. Incorre na pena de prisão simples, de 15 (quinze) dias a 2 (dois) meses, ou multa, quem, em lugar habitado ou em suas adjacências, em via pública ou em direção a ela, sem licença da autoridade, causa deflagração perigosa, queima fogo de artifício ou solta balão aceso.

Desabamento de construção

Art. 29. Provocar o desabamento de construção ou, por erro no projeto ou na execução, dar-lhe causa:

Pena — multa, se o fato não constitui crime contra a incolumidade pública.

Perigo de desabamento

Art. 30. Omitir alguém a providência reclamada pelo estado ruinoso de construção que lhe pertence ou cuja conservação lhe incumbe:

Pena — multa.

Omissão de cautela na guarda ou condução de animais

Art. 31. Deixar em liberdade, confiar à guarda de pessoa inexperiente, ou não guardar com a devida cautela animal perigoso:

Pena — prisão simples, de 10 (dez) dias a 2 (dois) meses, ou multa.

Parágrafo único. Incorre na mesma pena quem:

a) na via pública, abandona animal de tiro, carga ou corrida, ou o confia a pessoa inexperiente;

b) excita ou irrita animal, expondo a perigo a segurança alheia;

c) conduz animal, na via pública, pondo em perigo a segurança alheia;

Falta de habilitação para dirigir veículo

Art. 32. Dirigir, sem a devida habilitação, veículo na via pública, ou embarcação a motor em águas públicas:

Pena — multa.

Direção não licenciada de aeronave

Art. 33. Dirigir aeronave sem estar devidamente licenciado:

Pena — prisão simples, de 15 (quinze) dias a 3 (três) meses, e multa.

Direção perigosa de veículo na via pública

Art. 34. Dirigir veículos na via pública, ou embarcações em águas públicas, pondo em perigo a segurança alheia:

Pena — prisão simples, de 15 (quinze) dias a 3 (três) meses, ou multa.

Abuso na prática da aviação

Art. 35. Entregar-se, na prática da aviação, a acrobacias ou vôos baixos, fora da zona em que a lei o permite, ou fazer descer a aeronave fora dos lugares destinados a esse fim:

Pena — prisão simples, de 15 (quinze) dias a 3 (três) meses, ou multa.

Sinais de perigo

Art. 36. Deixar de colocar na via pública sinal ou obstáculo, determinado em lei ou pela autoridade e destinado a evitar perigo a transeuntes:

Pena — prisão simples, de 10 (dez) dias a 2 (dois) meses, ou multa.

Parágrafo único. Incorre na mesma pena quem:

a) apaga sinal luminoso, destrói ou remove sinal de outra natureza ou obstáculo destinado a evitar perigo a transeuntes;

b) remove qualquer outro sinal de serviço público.

Arremesso ou colocação perigosa

Art. 37. Arremessar ou derramar em via pública, ou em lugar de uso comum, ou de uso alheio, coisa que possa ofender, sujar ou molestar alguém:

Pena — multa.

Parágrafo único. Na mesma pena incorre aquele que, sem as devidas cautelas, coloca ou deixa suspensa coisa que, caindo em via pública ou em lugar de uso comum ou de uso alheio, possa ofender, sujar ou molestar alguém.

Emissão de fumaça, vapor ou gás

Art. 38. Provocar, abusivamente, emissão de fumaça, vapor ou gás, que possa ofender ou molestar alguém:

Pena — multa.

Capítulo IV

Das Contravenções Referentes à Paz Pública

Associação secreta

Art. 39. Participar de associação de mais de cinco pessoas, que se reúnem periodicamente, sob compromisso de ocultar à autoridade a existência, objetivo, organização ou administração da associação:

Pena — prisão simples, de 1 (um) a 6 (seis) meses, ou multa.

§ 1.º. Na mesma pena incorre o proprietário ou ocupante de prédio que o cede, no todo ou em parte, para reunião de associação que saiba ser de caráter secreto.

§ 2.º. O juiz pode, tendo em vista as circunstâncias, deixar de aplicar a pena, quando lícito o objeto da associação.

Provocação de tumulto. Conduta inconveniente

Art. 40. Provocar tumulto ou portar-se de modo inconveniente ou desrespeitoso, em solenidade ou ato oficial, em assembléia ou espetáculo público, se o fato não constitui infração penal mais grave:

Pena — prisão simples, de 15 (quinze) dias a 6 (seis) meses, ou multa.

Falso alarma

Art. 41. Provocar alarma, anunciando desastre ou perigo inexistente, ou praticar qualquer ato capaz de produzir pânico ou tumulto:

Pena — prisão simples, de 15 (quinze) dias a 6 (seis) meses, ou multa.

Perturbação do trabalho ou do sossego alheios

Art. 42. Perturbar alguém, o trabalho ou o sossego alheios:

I — com gritaria ou algazarra;

II — exercendo profissão incômoda ou ruidosa, em desacordo com as prescrições legais;

III — abusando de instrumentos sonoros ou sinais acústicos;

IV — provocando ou não procurando impedir barulho produzido por animal de que tem guarda:

Pena — prisão simples, de 15 (quinze) dias ou 3 (três) meses, ou multa.

Capítulo V

Das Contravenções Referentes à Fé Pública

Recusa de moeda de curso legal

Art. 43. Recusar-se a receber, pelo seu valor, moeda de curso legal do País:

Pena — multa.

Imitação de moeda para propaganda

Art. 44. Usar, como propaganda, de impresso ou objeto que pessoa inexperiente ou rústica possa confundir com moeda:

Pena — multa.

Simulação da qualidade de funcionário

Art. 45. Fingir-se funcionário público:

Pena — prisão simples, de 1 (um) a 3 (três) meses, ou multa.

Uso ilegítimo de uniforme ou distintivo

Art. 46. Usar, publicamente, de uniforme, ou distintivo de função pública que não exercer; usar, indevidamente, de sinal, distintivo ou denominação cujo emprego seja regulado por lei.

Pena — multa, se o fato não constitui infração penal mais grave.

Capítulo VI

Das Contravenções Relativas à Organização do Trabalho

Exercício ilegal de profissão ou atividade

Art. 47. Exercer profissão ou atividade econômica ou anunciar que a exerce, sem preencher as condições a que por lei está subordinado o seu exercício:

Pena — prisão simples, de 15 (quinze) dias a 3 (três) meses, ou multa.

Exercício ilegal do comércio de coisas antigas e obras de arte

Art. 48. Exercer, sem observância das prescrições legais, comércio de antigüidades, de obras de arte, ou de manuscritos e livros antigos ou raros:

Pena — prisão simples, de 1 (um) a 6 (seis) meses, ou multa.

Matrícula ou escrituração de indústria e profissão

Art. 49. Infringir determinação legal relativa à matrícula ou à escrituração de indústria, de comércio, ou de outra atividade:

Pena — multa.

Capítulo VII

Das Contravenções Relativas à Polícia de Costumes

Jogo de azar

Art. 50. Estabelecer ou explorar jogo de azar em lugar público ou acessível ao público, mediante o pagamento de entrada ou sem ele:

Pena — prisão simples, de 3 (três) meses a 1 (um) ano, e multa, estendendo-se os efeitos da condenação à perda dos móveis e objetos de decoração do local.

§ 1.º. A pena é aumentada de um terço, se existe entre os empregados ou participa do jogo pessoa menor de 18 (dezoito) anos.

§ 2.º. Incorre na pena de multa, quem é encontrado a participar do jogo, como ponteiro ou apostador.

§ 3.º. Consideram-se jogos de azar:

a) o jogo em que o ganho e a perda dependem exclusiva ou principalmente da sorte;

b) as apostas sobre corrida de cavalos fora de hipódromo ou de local onde sejam autorizadas;

c) as apostas sobre qualquer outra competição esportiva.

§ 4.º. Equiparam-se, para os efeitos penais, a lugar acessível ao público:

a) a casa particular em que se realizam jogos de azar, quando deles habitualmente participam pessoas que não sejam da família de quem a ocupa;

b) o hotel ou casa de habitação coletiva, a cujos hóspedes e moradores se proporciona jogo de azar;

c) a sede ou dependência de sociedade ou associação, em que se realiza jogo de azar;

d) o estabelecimento destinado à exploração de jogo de azar, ainda que se dissimule esse destino.

Loteria não autorizada

Art. 51. Promover ou fazer extrair loteria, sem autorização legal:

Pena — prisão simples, de 6 (seis) meses a 2 (dois) anos, e multa, estendendo-se os efeitos da condenação à perda dos móveis existentes no local.

§ 1.º. Incorre na mesma pena quem guarda, vende ou expõe à venda, tem sob sua guarda, para o fim de venda, introduz ou tenta introduzir na circulação bilhete de loteria não autorizada.

§ 2.º. Considera-se loteria toda ocupação que, mediante a distribuição de bilhetes, listas, cupons, vales, sinais, símbolos ou meios análogos, faz depender de sorteio a obtenção de prêmio em dinheiro ou bens de outra natureza.

§ 3.º. Não se compreendem na definição do parágrafo anterior os sorteios autorizados na legislação especial.

Loteria estrangeira

Art. 52. Introduzir, no País, para o fim de comércio, bilhete de loteria, rifa ou tômbola estrangeiras:

Pena — prisão simples, de 4 (quatro) meses a 1 (um) ano, e multa.

Parágrafo único. Incorre na mesma pena quem vende, expõe à venda, tem sob sua guarda, para o fim de venda, introduz ou tenta introduzir na circulação, bilhete de loteria estrangeira.

Loteria estadual

Art. 53. Introduzir, para o fim de comércio, bilhete de loteria estadual em território onde não possa legalmente circular:

Pena — prisão simples de 2 (dois) a 6 (seis) meses, e multa.

Parágrafo único. Incorre na mesma pena quem vende, expõe à venda, tem sob sua guarda, para o fim de venda, introduz ou tenta introduzir na circulação, bilhete de loteria estadual, em território onde não possa legalmente circular.

Exibição ou guarda de lista de sorteio

Art. 54. Exibir ou ter sob sua guarda lista de sorteio de loteria estrangeira:

Pena — prisão simples, de 1 (um) a 3 (três) meses, e multa.

Parágrafo único. Incorre na mesma pena quem exibe ou tem sob sua guarda lista de sorteio de loteria estadual, em território onde esta não possa legalmente circular.

Impressão de bilhetes, listas ou anúncios

Art. 55. Imprimir ou executar qualquer serviço de feitura de bilhetes, lista de sorteio, avisos ou cartazes relativos a loteria, em lugar onde ela não possa legalmente circular:

Pena — prisão simples, de (um) a 6 (seis) meses, e multa.

Distribuição ou transporte de listas ou avisos

Art. 56. Distribuir ou transportar cartazes, listas de sorteio ou avisos de loteria, onde ela não possa legalmente circular:

Pena — prisão simples, de 1 (um) a 3 (três) meses, e multa.

Publicidade de sorteio

Art. 57. Divulgar, por meio de jornal ou outro impresso, de rádio, cinema, ou qualquer outra forma, ainda que disfarçadamente, anúncio, aviso ou resultado de extração de loteria, onde a circulação dos seus bilhetes não seja legal:

Pena — multa.

Jogo do bicho

Art. 58. Explorar ou realizar a loteria denominada jogo do bicho, ou praticar qualquer ato relativo à sua realização ou exploração:

Pena — prisão simples, de 4 (quatro) meses a 1 (um) ano, e multa.

Parágrafo único. Incorre na pena de multa aquele que participa da loteria, visando à obtenção do prêmio, para si ou para terceiro.

Vadiagem

Art. 59. Entregar-se alguém habitualmente à ociosidade, sendo válido para o trabalho, sem ter renda que lhe assegure meios bastantes de subsistência, ou prover a própria subsistência mediante ocupação ilícita:

Pena — prisão simples, de 15 (quinze) dias a 3 (três) meses.

Parágrafo único. A aquisição superveniente de renda, que assegure ao condenado meios bastantes de subsistência, extingue a pena.

Mendicância

Art. 60. Mendigar, por ociosidade ou cupidez:

Pena — prisão simples, de 15 (quinze) dias a 3 (três) meses.

Parágrafo único. Aumenta-se a pena de um sexto a um terço, se a contravenção é praticada:

a) de modo vexatório, ameaçador ou fraudulento;

b) mediante simulação de moléstia ou deformidade;

c) em companhia de alienado ou de menor de 18 (dezoito) anos.

Importunação ofensiva ao pudor

Art. 61. Importunar alguém, em lugar público ou acessível ao público, de modo ofensivo ao pudor.

Pena — multa.

Embriaguez

Art. 62. Apresentar-se publicamente em estado de embriaguez, de modo que cause escândalo ou ponha em perigo a segurança própria ou alheia:

Pena — prisão simples, de 15 (quinze) dias a 3 (meses), ou multa

Parágrafo único. Se habitual a embriaguez, o contraventor é internado em casa de custódia e tratamento.

Bebidas alcoólicas

Art. 63. Servir bebidas alcoólicas:

I — a menor de 18 (dezoito) anos;

II — a quem se acha em estado de embriaguez;

III — a pessoa que o agente sabe estar judicialmente proibida de freqüentar lugares onde se consome bebida de tal natureza:

Pena — prisão simples, de 2 (dois) meses a 1 (um) ano, ou multa.

Crueldade contra animais

Art. 64. Tratar animal com crueldade ou submetê-lo a trabalho excessivo:

Pena — prisão simples, de 10 (dez) dias a 1 (um) mês, ou multa.

§ 1.°. Na mesma pena incorre aquele que, embora para fins didáticos ou científicos, realiza, em lugar público ou exposto ao público, experiência dolorosa ou cruel em animal vivo.

§ 2.°. Aplica-se a pena com aumento de metade, se o animal é submetido a trabalho excessivo ou tratado com crueldade, em exibição ou espetáculo público.

Perturbação da tranqüilidade

Art. 65. Molestar alguém ou perturbar-lhe a tranqüilidade, por acinte ou por motivo reprovável:

Pena — prisão simples, de 15 (quinze) dias a 2 (dois) meses, ou multa.

Capítulo VIII

Das Contravenções Referentes à Administração Pública

Omissão de comunicação de crime

Art. 66. Deixar de comunicar à autoridade competente:

I — crime de ação pública, de que teve conhecimento no exercício de função pública, desde que a ação penal não dependa de representação;

II — crime de ação pública, de que teve conhecimento no exercício da medicina ou de outra profissão sanitária, desde que a ação penal não dependa de representação e a comunicação não exponha o cliente a procedimento criminal:

Pena — multa.

Inumação ou exumação de cadáver

Art. 67. Inumar ou exumar cadáver, com infração das disposições legais:

Pena - prisão simples, de 1 (um) mês a 1 (um) ano, ou multa.

Recusa de dados sobre própria identidade ou qualificação

Art. 68. Recusar à autoridade, quando por esta justificadamente solicitados ou exigidos, dados ou informações concernentes à própria identidade, estado, profissão, domicílio e residência:

Pena — multa.

Parágrafo único. Incorre na pena de prisão simples, de 1 (um) a 6 (seis) meses, e multa, se o fato não constitui infração penal mais grave, quem, nas mesmas circunstâncias, faz declarações inverídicas a respeito de sua identidade pessoal, estado, profissão, domicílio e residência.

Proibição de atividade remunerada a estrangeiro

Art. 69. Artigo revogado pela Lei n.º 6.815, de 19 de agosto de 1980

Violação do privilégio postal da União

Art. 70. Praticar qualquer ato que importe violação do monopólio postal da União:

Pena — prisão simples, de 3 (três) meses a 1 (um) ano, ou multa, ou ambas cumulativamente

Disposições Finais

Art. 71. Ressalvada a legislação especial sobre florestas, caça e pesca, revogam-se as disposições em contrário.

Art. 72. Esta Lei entrará em vigor no dia 1.º de janeiro de 1942.

Rio de Janeiro, 3 de outubro de 1941; 120.º da Independência e 53.º da República

Getúlio Vargas

Publicado no *Diário Oficial da União* de 13 de outubro de 1941.

Lei n.º 5.517, de 23 de outubro de 1968

Ementa: Dispõe sobre o exercício da profissão de Médico-Veterinário e cria os Conselhos Federal Regionais de Medicina Veterinária.

O Presidente da República, Faço saber que o Congresso Nacional decreta e eu sanciono a seguinte Lei:

Capítulo I — Da Profissão

Art. 1.º O Exercício da profissão de médico-veterinário às disposições da presente lei.

Art. 2.º Só é permitido o exercício da profissão de médico-veterinário:

a) aos portadores de diplomas expedidos por escolas oficiais ou reconhecidas e registradas na Diretoria do Ensino Superior do Ministério da Educação e Cultura;

b) aos profissionais diplomados no estrangeiro que tenham revalidado e registrado seu diploma no Brasil, na forma da legislação em vigor.

Art. 3.° O exercício das atividades profissionais só será permitido aos portadores de carteira profissional expedida pelo Conselho Federal de Medicina Veterinária ou pelos Conselhos Regionais de Medicina Veterinária criados na presente lei.

Art. 4.° Os dispositivos dos artigos anteriores não se aplicam:

a) aos profissionais estrangeiros contratados em caráter provisório pela União, pelos Estados, pelos Municípios ou pelos Territórios, para função específica de competência privativa ou atribuição de médico-veterinário.

b) às pessoas que já exerciam função ou atividade pública de competência privativa de médico-veterinário na data da publicação do Decreto-Lei n.° 23.133, de 9 de setembro de 1933.

Capítulo II — Do Exercício Profissional

Art. 5.° É da competência privativa do médico veterinário o exercício das seguintes atividades e funções a cargo da União, dos Estados, dos Municípios, dos Territórios Federais, entidades autárquicas, paraestatais e de economia mista e particulares:

a) a prática da clínica em todas as suas modalidades;

b) a direção dos hospitais para animais;

c) a assistência técnica e sanitária aos animais sob qualquer forma;

d) o planejamento e a execução da defesa sanitária animal;

e) a direção técnica sanitária dos estabelecimentos industriais e, sempre que possível, dos comerciais ou de finalidades recreativas, desportivas ou de proteção onde estejam, permanentemente, em exposição, em serviço ou para qualquer outro fim animais ou produtos de sua origem;

f) a inspeção e a fiscalização sob o ponto-de-vista sanitário, higiênico e tecnológico dos matadouros, frigoríficos, fábricas de conservas de carne e de pescado, fábricas de banha e gorduras em que se empregam produtos de origem animal, usinas e fábricas de laticínios, entrepostos de carne, leite, peixe, ovos, mel, cera e demais derivados da indústria pecuária e, de um modo geral, quando possível, de todos os produtos de origem animal nos locais de produção, manipulação, armazenagem e comercialização;

g) a peritagem sobre animais, identificação, defeitos, vícios, doenças, acidentes, e exames técnicos em questões judiciais;

h) as perícias, os exames e as pesquisas reveladoras de fraudes ou operação dolosa nos animais inscritos nas competições desportivas ou nas exposições pecuárias;

i) o ensino, a direção, o controle e a orientação dos serviços de inseminação artificial;

j) a regência de cadeiras ou disciplinas especificamente médico-veterinárias, bem como a direção das respectivas seções e laboratórios;

l) a direção e a fiscalização do ensino da medicina veterinária, bem como do ensino agrícola médio, nos estabelecimentos em que a natureza dos trabalhos tenha por objetivo exclusivo a indústria animal;

m) a organização dos congressos, comissões, seminários e outros tipos de reuniões destinados ao estudo da medicina veterinária, bem como a assessoria técnica do Ministério das Relações Exteriores, no país e no estrangeiro, no que diz com os problemas relativos à produção e à indústria animal.

Art. 6.º Constitui, ainda, competência do médico veterinário o exercício de atividades ou funções públicas e particulares, relacionadas com:

a) as pesquisas, o planejamento, a direção técnica, o fomento, a orientação e a execução dos trabalhos de qualquer natureza relativos à produção animal e às indústrias derivadas, inclusive às de caça e pesca;

b) o estudo e a aplicação de medidas de saúde pública no tocante às doenças de animais transmissíveis ao homem;

c) a avaliação e peritagem relativas aos animais para fins administrativos de crédito e de seguro;

d) a padronização e a classificação dos produtos de origem animal;

e) a responsabilidade pelas fórmulas e preparação de rações para animais e a sua fiscalização;

f) a participação nos exames dos animais para efeito de inscrição nas Sociedades de Registros Genealógicos;

g) os exames periciais tecnológicos e sanitários dos subprodutos da indústria animal;

h) as pesquisas e trabalhos ligados à biologia geral, à zoologia, à zootécnica, bem como à bromatologia animal em especial;

i) a defesa da fauna, especialmente a controle da exploração das espécies animais silvestres, bem como dos seus produtos;

j) os estudos e a organização de trabalhos sobre economia e estatística ligados à profissão;

l) a organização da educação rural relativa à pecuária.

Capítulo III — Do Conselho Federal de Medicina Veterinária e dos Conselhos Regionais de Medicina Veterinária

Art. 7.º A fiscalização do exercício da profissão de médico-veterinário será exercida pelo Conselho Federal de Medicina Veterinária, e pelos Conselhos Regionais de Medicina Veterinária, criados por esta Lei.

Parágrafo único A fiscalização do exercício profissional abrange as pessoas referidas no artigo 4.º, inclusive no exercício de suas funções contratuais.

Art. 8.º O Conselho Federal de Medicina Veterinária (CFMV) tem por finalidade, além da fiscalização do exercício profissional, orientar, supervisionar e disciplinar as atividades relativas à profissão de médico-veterinário em todo o território nacional, diretamente ou através dos Conselhos Regionais de Medicina Veterinária (CRMV's).

Art. 9.º O Conselho Federal assim como os Conselhos Regionais de Medicina Veterinária servirão de órgão de consulta dos governos da União, dos Estados, dos Municípios e dos Territórios, em todos os assuntos relativos à profissão de médico-veterinário ou ligados, direta ou indiretamente, à produção ou à indústria animal.

Art. 10 O CFMV e os CRMVs constituem em seu conjunto, uma autarquia, sendo cada um deles dotado de personalidade jurídica de direito público, com autonomia administrativa e financeira.

Art. 11 A Capital da República será a sede do Conselho Federal de Medicina Veterinária com jurisdição em todo o território nacional, a ele subordinados os Conselhos Regionais, sediados nas capitais dos Estados e dos Territórios.

Parágrafo único O Conselho Federal de Medicina Veterinária terá, no Distrito Federal, as atribuições correspondentes às dos Conselhos Regionais.

Art. 12 O CFMV será constituído de brasileiros natos ou naturalizados em pleno gozo de seus direitos civis, cujos diplomas profissionais estejam registrados de acordo com a legislação em vigor e as disposições desta lei.

Parágrafo único Os CRMVís serão organizados nas mesmas condições do CFMV.

Art. 13 O Conselho Federal de Medicina Veterinária compor-se-á de: um presidente, um vice-presidente, um secretário-geral, um tesoureiro e mais seis conselheiros, eleitos em reunião dos delegados dos Conselhos Regionais por escrutínio secreto e maioria absoluta de votos, realizando-se tantos escrutínios quantos necessários à obtenção desse "quorum".

Parágrafo 1.º Na mesma reunião e pela forma prevista no artigo, serão eleitos seis suplentes para o Conselho.

Parágrafo 2.º Cada Conselho Regional terá direito a três delegados à reunião que o artigo prevê.

Art. 14 Os Conselhos Regionais de Medicina Veterinária serão constituídos à semelhança do Conselho Federal, de seis membros, no mínimo, e de dezesseis no máximo, eleitos por escrutínio secreto e maioria absoluta de votos, em assembléia geral dos médicos veterinários inscritos nas respectivas regiões e que estejam em pleno gozo dos seus direitos.

Parágrafo 1.º O voto é pessoal e obrigatório em toda eleição, salvo caso de doença ou de ausência plenamente comprovada.

Parágrafo 2.º Por falta não plenamente justificada à eleição, incorrerá o faltoso em multa correspondente a 20% (vinte por cento) do salário mínimo da respectiva região, dobrada na reincidência.

Parágrafo 3.º O eleitor que se encontrar, por ocasião da eleição, fora da sede em que ela deva realizar-se, poderá dar seu voto em dupla sobrecarta opaca, fechada e remetida por ofício com firma reconhecida ao presidente do Conselho Regional respectivo.

Parágrafo 4.º Serão computadas as cédulas recebidas com as formalidades do parágrafo 3.º até o momento de encerrar-se a votação.

Parágrafo 5.º A sobrecarta maior será aberta pelo presidente do Conselho que depositará a sobrecarta menor na urna, sem violar o sigilo do voto.

Parágrafo 6.º A Assembléia Geral reunir-se-á, em primeira convocação com a presença da maioria absoluta dos médicos veterinários inscritos na respectiva região, e com qualquer número, em segunda convocação.

Art. 15 Os componentes do Conselho Federal e dos Conselhos Regionais de Medicina Veterinária e seus suplentes são eleitos por três anos e o seu mandato exercido a título honorífico.

Parágrafo único O presidente do Conselho terá apenas voto de desempate.

Art. 16 São atribuições do CFMV:

a) organizar o seu regimento interno;

b) aprovar os regimentos internos dos Conselhos Regionais, modificando o que se tornar necessário para manter a unidade de ação;

c) tomar conhecimento de quaisquer dúvidas suscitadas pelos CRMVs e dirimi-las;

d) julgar em última instância os recursos das deliberações dos CRMVs;

e) publicar o relatório anual dos seus trabalhos e, periodicamente, até o prazo de cinco anos, no máximo e relação de todos os profissionais inscritos;

f) expedir as resoluções que se tornarem necessárias à fiel interpretação e execução da presente lei.

g) propor ao Governo Federal as alterações desta Lei que se tornarem necessárias, principalmente as que, visem a melhorar a regulamentação do exercício da profissão de médico veterinário;

h) deliberar sobre as questões oriundas do exercício das atividades afins às de médico veterinário;

i) realizar periodicamente reuniões de conselheiros federais e regionais para fixar diretrizes sobre assuntos da profissão;

j) organizar o Código de Deontologia Médico-Veterinária.

Parágrafo único As questões referentes às atividades afins com as outras profissões, serão resolvidas através de entendimentos com as entidades reguladoras dessas profissões.

Art. 17 A responsabilidade administrativa no CFMV cabe ao seu presidente, inclusive para o efeito da prestação de contas.

Art. 18 As atribuições dos CRMVs são as seguintes:

a) organizar o seu regimento interno, submetendo-o à aprovação do CFMV;

b) inscrever os profissionais registrados residentes em sua jurisdição e expedir as respectivas carteiras profissionais;

c) examinar as reclamações e representações escritas acerca dos serviços de registro e das infrações desta Lei e decidir, com recursos para o CFMV;

d) solicitar ao CFMV as medidas necessárias ao melhor rendimento das tarefas sob a sua alçada e sugerir-lhe que proponha à autoridade competente as alterações desta Lei, que julgar convenientes, principalmente as que visem a melhorar a regulamentação do exercício da profissão de médico veterinário.

e) fiscalizar o exercício da profissão, punindo os seus infratores, bem como representando as autoridades competentes acerca de fatos que apurar e cuja solução não seja de sua alçada;

f) funcionar como Tribunal de Honra dos profissionais, zelando pelo prestígio e bom nome da profissão;

g) aplicar as sanções disciplinares, estabelecidas nesta Lei;

h) promover perante o juízo da Fazenda Pública e mediante processo de executivo fiscal, a cobrança das penalidades previstas para execução da presente Lei;

i) contratar pessoal administrativo necessário ao funcionamento do Conselho;

j) eleger delegado-eleitor, para a reunião a que se refere o artigo 13.

Art. 19 A responsabilidade administrativa de cada CRMV cabe ao respectivo presidente, inclusive a prestação de contas perante o órgão federal competente.

Art. 20 O exercício da função de conselheiro federal ou regional por espaço de três anos será considerado serviço relevante.

Parágrafo único O CFMV concederá aos que se acharem nas condições deste artigo, certificado de serviço relevante, independentemente de requerimento do interessado, até 60 dias após a conclusão do mandato.

Art. 21 O Conselheiro Federal ou Regional que faltar, no decorrer de um ano, sem licença prévia do respectivo Conselho, a 6 (seis) reuniões, perderá automaticamente o mandato, sendo sucedido por um dos suplentes.

Art. 22 O exercício do cargo de Conselheiro Regional é incompatível com o de membro do Conselho Federal.

Art. 23 O médico-veterinário que, inscrito no Conselho Regional de um Estado, passar a exercer a atividade profissional em outro Estado, em caráter permanente, assim entendido o exercício da profissão por mais de 90 (noventa) dias, ficará obrigado a requerer inscrição secundária no quadro respectivo ou para ele transferir-se.

Art. 24 O Conselho Federal e os Conselhos Regionais de Medicina Veterinária não poderão deliberar senão a presença da maioria absoluta de seus membros.

Capítulo IV — Das Anuidades e Taxas

Art. 25 O médico-veterinário para o exercício de sua profissão é obrigado a se inscrever no Conselho de Medicina Veterinária a cuja jurisdição estiver sujeito e pagará uma anuidade ao respectivo Conselho até o dia 31 de março de cada ano, acrescido de 20% quando fora desse prazo.

Parágrafo único O médico-veterinário ausente do País não fica isento do pagamento da anuidade, que poderá ser paga, no seu regresso, sem o acréscimo dos 20% referido neste artigo.

Art. 26 O Conselho Federal ou Conselho Regional de Medicina Veterinária cobrará taxa pela expedição ou substituição de carteira profissional pela certidão referente à anotação de função técnica ou registro de firma.

Art. 27 As firmas, associadas, companhias, cooperativas, empresas de economia mista e outras que exercem atividades peculiares à medicina veterinária previstas pelos artigos 5.º e 6.º da Lei n.º 5.517, de 23 de outubro de 1968, estão obrigadas a registro nos Conselhos de Medicina Veterinária das regiões onde funcionarem.

Parágrafo 1.º As entidades indicadas neste artigo pagarão aos Conselhos de Medicina Veterinária onde se registarem, taxa de inscrição e anuidade.

Parágrafo 2.º O valor das referidas obrigações será estabelecido através de ato do Poder Executivo.

Art. 28 As firmas de profissionais da Medicina Veterinária, as associações, empresas ou quaisquer estabelecimentos cuja atividade seja passível da ação de médico-veterinário, deverão, sempre que se tornar necessário, fazer prova de que, para esse efeito, têm a seu serviço profissional habilitado na forma desta Lei.

Parágrafo único Aos infratores deste artigo será aplicada, pelo Conselho Regional de Medicina Veterinária a que estiverem subordinados, multa que variará de 20% a 100% do valor do salário-mínimo regional, independentemente de outras sanções legais. A redação do artigo 27 está de acordo com a que lhe deu a Lei n.º 5634 — de 2 de dezembro de 1970 (Publicada no *DOU* — 11/12/1970).

Art. 29 — Constitui renda do CFMV o seguinte:

a) a taxa de expedição da carteira profissional dos médicos veterinários sujeitos à sua jurisdição no Distrito Federal;

b) a renda das certidões solicitadas pelos profissionais ou firmas situadas no Distrito Federal;

c) as multas aplicadas no Distrito Federal a firmas sob sua jurisdição;

d) a anuidade de renovação de inscrição dos médicos veterinários sob sua jurisdição, do Distrito Federal;

e) 3/4 da taxa de expedição da carteira profissional expedida pelos CRMVs;

f) 3/4 das anuidades de renovação de inscrição arrecadada pelos CRMVs;

g) 3/4 das multas aplicadas pelos CRMVs;

h) 3/4 da renda de certidões expedidas pelos CRMVs;

i) doações; e

j) subvenções.

Art. 30 A renda de cada Conselho Regional de Medicina Veterinária será constituída do seguinte:

a) 3/4 da renda proveniente da expedição de carteiras profissionais;

b) 3/4 das anuidades de renovação de inscrição;

c) 3/4 das multas aplicadas de conformidade com a presente Lei;

d) 3/4 da renda das certidões que houver expedido;

e) doações; e

f) subvenções.

Art. 31 As taxas, anuidades ou quaisquer emolumentos, cuja cobrança esta Lei autoriza, serão fixados pelo CFMV.

Capítulo V — Das Penalidades

Art. 32 O poder de disciplinar e aplicar penalidades aos médicos veterinários compete exclusivamente ao Conselho Regional, em que estejam inscritos ao tempo do fato punível.

Parágrafo único A jurisdição disciplinar estabelecida neste artigo não derroga a jurisdição comum, quando o fato constitua crime punido em lei.

Art. 33 As penas disciplinares aplicáveis pelos Conselhos Regionais são as seguintes:

a) advertência confidencial, em aviso reservado;

b) censura confidencial, em aviso reservado;

c) censura pública, em publicação oficial;

d) suspensão do exercício profissional até 3 (três) meses;

e) cassação do exercício profissional, “ad referendum” do Conselho Federal de Medicina Veterinária.

Parágrafo 1.º Salvo os casos de gravidade manifesta que exijam aplicação imediata de penalidade mais alta, a imposição das penas obedecerá à graduação deste artigo.

Parágrafo 2.º Em matéria disciplinar, o Conselho Regional deliberará de ofício ou em consequência de representação de autoridade, de qualquer membro do Conselho ou de pessoa estranha a ele, interessada no caso.

Parágrafo 3.º A deliberação do Conselho, precederá, sempre, audiência do acusado, sendo-lhe dado defensor no caso de não ser encontrado, ou for revel.

Parágrafo 4.º Da imposição de qualquer penalidade, caberá recurso, no prazo de 30 (trinta) dias, contados da ciência, para o Conselho Federal, com efeito suspensivo nos casos das alíneas "d" e "e".

Parágrafo 5.º Além do recurso previsto no parágrafo anterior, não caberá qualquer outro de natureza administrativa, salvo aos interessados, a via judiciária.

Parágrafo 6.º As denúncias contra membros dos Conselhos Regionais só serão recebidas quando devidamente assinadas e acompanhadas da indicação de elementos comprobatórios do alegado.

Capítulo VI — Disposições Gerais

Art. 34 São equivalentes, para todos os efeitos, os títulos de veterinário e médico-veterinário, quando expedidos por escolas oficiais ou reconhecidas, de acordo com a legislação em vigor.

Art. 35 A apresentação da carteira profissional prevista nesta Lei será obrigatoriamente exigida pelas autoridades civis ou militares, federais, estaduais ou municipais, pelas respectivas autarquias, empresas paraestatais ou sociedades de economia mista, bem como pelas associações cooperativas, estabelecimentos de crédito em geral, para inscrição em concurso, assinatura de termo de posse ou de qualquer documento, sempre que se tratar de prestação de serviço ou desempenho de função privativa da profissão de médico-veterinário.

Parágrafo único A carteira de identidade profissional expedida pelos Conselhos de Medicina Veterinária servirá como documento de identidade e terá fé pública.(1)

Art. 36 As repartições públicas, civis e militares, federais, estaduais ou municipais, as autarquias, empresas paraestatais ou sociedades de economia mista exigirão, nos casos de concorrência pública, coleta de preços ou prestação de serviço de qualquer natureza, que as entidades a que se refere o artigo 28 façam prova de estarem quites com as exigências desta Lei, mediante documento expedido pelo CRMV a que estiverem subordinadas.

Parágrafo único As infrações do presente artigo serão punidas com processo administrativo regular, mediante denúncia do CFMV ou CRMV, ficando a autoridade responsável sujeita à multa pelo valor da rescisão do contrato firmado com as firmas ou suspensão de serviços, independentemente de outras medidas prescritas nesta Lei.

Art. 37 A prestação das contas será feita anualmente ao Conselho Federal de Medicina Veterinária e aos Conselhos Regionais pelos respectivos presidentes.

Parágrafo único Após sua aprovação, as contas dos presidentes dos Conselhos Regionais serão submetidas à homologação do Conselho Federal.

Art. 38 Os casos omissos verificados na execução desta Lei serão resolvidos pelo CFMV. A redação do artigo 35 está de acordo com a que lhe deu a Lei n.º 5.634 — de 2 de dezembro de 1970 (Publicada no *DOU* — 11/12/1970).

Capítulo VII — Disposições Transitórias

Art. 39 A escolha dos primeiros membros efetivos do Conselho Federal de Medicina Veterinária e de seus suplentes será feita por assembléia convocada pela Sociedade Brasileira de Medicina Veterinária.

Parágrafo único A assembléia de que trata este artigo será realizada dentro de 90 (noventa) dias contados a partir da data de publicação desta Lei, estando presente um representante do Ministério da Agricultura.

Art. 40 Durante o período de organização do Conselho Federal de Medicina Veterinária e dos Conselhos Regionais, o Ministro da Agricultura ceder-lhes-à locais para as respectivas sedes e, à requisição do presidente do Conselho Federal, fornecerá o material e o pessoal necessário ao serviço.

Art. 41 O Conselho Federal de Medicina Veterinária elaborará o projeto de decreto de regulamentação desta Lei, apresentado-o ao Poder Executivo dentro de 150 (cento e cinqüenta) dias, a contar da data de sua publicação.

Art. 42 Esta Lei entra em vigor na data de sua publicação.

Art. 43 Revogam-se as disposições em contrário.

Brasília, 23 de outubro de 1968; 147º da Independência e 80ª da República.

Costa e Silva, José de Magalhães Pinto, Ivo Arzua Pereira, Jarbas G. Passarinho.

Lei n.º 6.638, de 8 de maio de 1979

Estabelece normas para a prática didática-científica da vivissecção de animais e determina outras providências.

O Presidente da República

Faço saber que Congresso Nacional decreta e eu sanciono a seguinte Lei:

Artigo 1.º — Fica permitida, em todo o território-nacional, vivissecção de animais, nos termos desta Lei.

Artigo 2.º — Os biotérios e os centros de experiências e demonstrações com animais vivos deverão ser registrados em órgão competente e por ele autorizado a funcionar.

Artigo 3.º — A vivissecção não será permitida:

I — sem o emprego de anestesia;

II — em centros de pesquisas e estudo não, registrados em órgão competente;

III — sem a supervisão de técnico especializado;

IV — com animais que não tenham permanecido mais de quinze dias em biotérios legalmente autorizados;

V — em estabelecimentos de ensino de primeiro e segundo graus e em quaisquer locais freqüentemente por menores de idade.

Artigo 4.º — O animal só poderá ser submetido às intervenções recomendadas nos protocolos das experiências de constituem a pesquisa ou programas de aprendizado cirúrgico, quando, durante ou após a vivissecção, receber cuidados especiais.

§ 1.º — Quando houver indicação, o animal poderá ser sacrificado sob escrita obediência às prescrições científicas.

§ 2.º — Caso não sejam sacrificados, os animais utilizados em experiências ou demonstrações, somente poderão sair do biotério trinta dias após a intervenção, desde que destinados a pessoas ou entidades idôneas que por eles queiram responsabilizar-se.

Artigo 5.º — Os infratores desta Lei estarão sujeitos:

I — às penalidades cominadas no artigo 64, caput, do Decreto-Lei n.º 3.688, de 3 de outubro de 1941, no caso de ser primeira infração;

II — à interdição e cancelamento do registro do biotério ou do centro de pesquisa, no caso de reincidência.

Artigo 6.° — O Poder Executivo, no prazo de noventa dias, regulamentará a presente Lei, especificando:

I — o órgão competente para o registro e a expedição de autorização dos biotérios e centros de experiências e demonstração com animais vivos;

II — as condições gerais exigíveis para o registro e o funcionamento dos biotérios;

III — órgão e autoridades competentes para a fiscalização dos biotérios e centros mencionados no Inciso I.

Artigo 7.° — Esta Lei entrará em vigor na data de sua publicação.

Artigo 8.° — Revogam-se as disposições em contrário.

Assinado: João Figueiredo, Petrônio Portella, E. Portella e Ernani Guilherme Fernandes da Motta.

Princípios Éticos na Experimentação Animal

Cobea — Colégio Brasileiro de Experimentação Animal

A evolução contínua das áreas de conhecimento humano, com especial ênfase àquelas de biologia, medicinas humana e veterinária, e a obtenção de recursos de origem animal para atender necessidades humanas básicas, como nutrição, trabalho e vestuário, repercutem no desenvolvimento de ações de experimentação animal, razão pela qual se preconizam posturas éticas concernentes aos diferentes momentos de desenvolvimento de estudos com animais de experimentação.

Postula-se:

Artigo I — É primordial manter posturas de respeito ao animal, como ser vivo e pela contribuição científica que ele proporciona.

Artigo II — Ter consciência de que a sensibilidade do animal é similar à humana no que se refere a dor, memória, angústia, instinto de sobrevivência, apenas lhe sendo impostas limitações para se salvaguardar das manobras experimentais e da dor que possam causar.

Artigo III — É de responsabilidade moral do experimentador a escolha de métodos e ações de experimentação animal.

Artigo IV — É relevante considerar a importância dos estudos realizados através de experimentação animal quanto a sua contribuição para a saúde humana em animal, o desenvolvimento do conhecimento e o bem da sociedade.

Artigo V — Utilizar apenas animais em bom estado de saúde.

Artigo VI — Considerar a possibilidade de desenvolvimento de métodos alternativos, como modelos matemáticos, simulações computadorizadas, sistemas biológicos "in vitro", utilizando-se o menor número possível de espécimes animais, se caracterizada como única alternativa plausível.

Artigo VII — Utilizar animais através de métodos que previnam desconforto, angústia e dor, considerando que determinariam os mesmos quadros em seres humanos, salvo se demonstrados, cientificamente, resultados contrários.

Artigo VIII — Desenvolver procedimentos com animais, assegurando-lhes sedação, analgesia ou anestesia quando se configurar o desencadeamento de dor ou angústia, rejeitando, sob qualquer argumento ou justificativa, o uso de agentes químicos e/ou físicos paralizantes e não anestésicos.

Artigo IX — Se os procedimentos experimentais determinarem dor ou angústia nos animais, após o uso da pesquisa desenvolvida, aplicar método indolor para sacrifício imediato.

Artigo X — Dispor de alojamentos que propiciem condições adequadas de saúde e conforto, conforme as necessidades das espécies animais mantidas para experimentação ou docência.

Artigo XI — Oferecer assistência de profissional qualificado para orientar e desenvolver atividades de transportes, acomodação, alimentação e atendimento de animais destinados a fins biomédicos.

Artigo XII — Desenvolver trabalhos de capacitação específica de pesquisadores e funcionários envolvidos nos procedimentos com animais de experimentação, salientando aspectos de trato e uso humanitário com animais de laboratório.

Projeto de Lei 3.964
Dispõe sobre criação e uso de animais para atividades de ensino e pesquisa.

O Congresso Nacional decreta:

Capítulo I: Das Disposições Preliminares

Art. 1.º. Esta Lei estabelece critérios para a criação e a utilização de animais em atividades de ensino e pesquisa científica, em todo o território nacional.

§ 1.º. A utilização de animais em atividades de ensino fica restrita a estabelecimentos de ensino superior ou técnico de 2.º grau.

§ 2.º. São consideradas como atividades de pesquisa científica todas aquelas relacionadas com ciência básica, ciência aplicada, desenvolvimento tecnológico, produção e controle da qualidade de drogas, medicamentos, alimentos, imunobiológicos, instrumentos, ou quaisquer outros testados em animais, conforme definido em regulamento próprio.

§ 3.º. Não são consideradas como atividades de pesquisa as práticas zootécnicas relacionadas à agropecuária.

Art. 2.º. O disposto nesta Lei aplica-se aos animais das espécies classificadas como Filo Chordata, subfilo Vertebrata, observada a legislação ambiental.

Art. 3.º. Para as finalidades desta lei, entende-se por:

I. Filo Chordata: animais que possuem como características exclusivas um eixo dorsal de sustentação, um sistema respiratório derivado da faringe, um sistema nervoso tubular oco e dorsal e um coração localizado ventralmente em relação ao tubo digestivo;

II. Subfilo Vertebrata: animais que possuem notocorda na fase embrionária, substituída gradativamente pela coluna vertebral cartilaginosa ou óssea, encéfalo e esqueleto interno cartilaginoso ou ósseo;

III. Ciência básica: domínio do saber científico cujas prioridades residem na expansão das fronteiras do conhecimento independentemente de suas aplicações;

IV. Ciência aplicada: domínio do saber científico cujas prioridades residem no atendimento das necessidades impostas pelo desenvolvimento social, econômico e tecnológico;

V. Imunobiológicos: derivados biológicos destinados a imunizações ou reações imunitárias;

VI. Experimentos: procedimentos efetuados em animais vivos, visando à elucidação de fenômenos fisiológicos ou patológicos, mediante técnicas específicas e preestabelecidas;

VII. Eutanásia: prática que acarreta a morte do animal, sem provocar dor ou ansiedade, visando a evitar sofrimento, mediante técnicas específicas e preestabelecidas;

VIII. Centro de criação: local onde são mantidos os reprodutores das diversas espécies animais, dentro de padrões genéticos e sanitários preestabelecidos, para utilização em atividades de ensino e pesquisa;

IX. Biotério: local dotado de características próprias onde são criados ou mantidos animais de qualquer espécie, destinados ao campo da ciência e tecnologia voltado à saúde humana e animal;

X. Laboratório de experimentação animal: local provido de condições ambientais adequadas, bem como de equipamentos e materiais indispensáveis à realização de experimentos em animais, que não podem ser deslocados para um biotério.

Capítulo II Do Conselho Nacional de Controle de Experimentação Animal (CONCEA)

Art. 4.º. Fica criado o Conselho Nacional de Controle de Experimentação Animal (CONCEA).

Art. 5.º. Compete ao CONCEA:

I. expedir e fazer cumprir normas relativas à utilização humanitária de animais com finalidade de ensino e pesquisa científica;

II. credenciar instituições para criação ou utilização de animais em ensino e pesquisa científica;

III. monitorar e avaliar a introdução de técnicas alternativas que substituem a utilização de animais em ensino e pesquisa;

IV. estabelecer e rever, periodicamente, as normas para uso e cuidados com animais para ensino e pesquisa, em consonância com as convenções internacionais das quais o Brasil seja signatário;

V. estabelecer e rever, periodicamente, normas técnicas para instalação e funcionamento de centros de criação, de biotérios e de laboratórios de experimentação animal, bem como sobre as condições de trabalho em tais instalações;

VI. estabelecer e rever, periodicamente, normas para credenciamento de instituições que criem ou utilizem animais para ensino e pesquisa;

VII. manter cadastro atualizado dos procedimentos de ensino e pesquisa realizados ou em andamento no País, assim como dos pesquisadores, a partir de informações remetidas pelas Comissões de Ética no Uso de Animais, de que trata o artigo 8 o desta Lei;

VIII. apreciar e decidir recursos interpostos contra decisões das CEUAs;

IX. elaborar e submeter ao Ministro de Estado da Ciência e Tecnologia, para aprovação, o seu regimento interno;

X. assessorar o Poder Executivo a respeito das atividades de ensino e pesquisa tratadas nesta Lei.

Art. 6.º. O CONCEA é constituído por:

1. Plenário;

2. Câmaras Permanentes e Temporárias;

3. Secretaria-Executiva.

§ 1.º. São Câmaras Permanentes do CONCEA, a de Ética, a de Legislação e Normas e a de Técnica, conforme definido no regimento interno.

§ 2.º. A Secretaria-Executiva é responsável pelo expediente do CONCEA e terá o apoio administrativo do Ministério da Ciência e Tecnologia.

§ 3.º. O CONCEA poderá valer-se de consultores "ad-hoc" de reconhecida competência técnica e científica, para instruir quaisquer processos de sua pauta de trabalhos.

Art. 7.º. O CONCEA será presidido pelo Ministro de Estado da Ciência e Tecnologia e integrado por:

I. um representante de cada órgão e entidade a seguir indicados:

a. Ministério da Ciência e Tecnologia;

b. Conselho Nacional de Desenvolvimento Científico e Tecnológico (CNPq);

c. Ministério da Educação e do Desporto;

d. Ministério do Meio Ambiente, dos Recursos Hídricos e da Amazônia Legal;

e. Ministério da Saúde;

f. Ministério da Agricultura e do Abastecimento;

g. Universidades Federais;

h. Academia Brasileira de Ciências;

i. Sociedade Brasileira para o Progresso da Ciência;

j. Federação das Sociedades de Biologia Experimental;

k. Colégio Brasileiro de Experimentação Animal;

l. Federação Nacional da Indústria Farmacêutica;

II. dois representantes das Sociedades Protetoras de Animais legalmente estabelecidas no País.

§ 1.º. Nos seus impedimentos, o Ministro de Estado da Ciência e Tecnologia será substituído, na presidência do CONCEA, pelo Secretário-Executivo do respectivo Ministério.

§ 2.º. O presidente do CONCEA terá o voto de qualidade.

§ 3.º. Os membros do CONCEA não serão remunerados, sendo os serviços por eles prestados considerados, para todos os efeitos, de relevante serviço público.

Capítulo III Das Comissões de Ética no Uso de Animais (CEUA)

Art. 8.º. É condição indispensável, para o credenciamento das instituições com atividades de ensino e pesquisa com animais, a constituição prévia de Comissões de Ética no Uso de Animais (CEUA), prevista no art. 13.

Art. 9.º. As Ceuas são integradas por:

I. médicos veterinários e biólogos;

II. docentes e pesquisadores na área específica; e

III. um representante de sociedades protetoras de animais legalmente estabelecidas no País.

Art. 10.º. Compete à CEUA:

I — cumprir e fazer cumprir, no âmbito de suas atribuições, o disposto nesta Lei e nas demais normas aplicáveis à utilização de animais para ensino e pesquisa, especialmente nas resoluções do CONCEA;

II — examinar previamente os procedimentos de ensino e pesquisa a serem realizados na instituição à qual esteja vinculada, para determinar sua compatibilidade com a legislação aplicável;

III — manter cadastro atualizado dos procedimentos de ensino e pesquisa realizados, ou em andamento, na instituição, enviando cópia ao CONCEA;

IV — manter cadastro dos pesquisadores que realizem procedimentos de ensino e pesquisa, enviando cópia ao CONCEA;

V — expedir, no âmbito de suas atribuições, certificados que se fizerem necessários junto a órgãos de financiamento de pesquisa, periódicos científicos ou outros.

VI — notificar imediatamente ao CONCEA e às autoridades sanitárias a ocorrência de qualquer acidente com os animais nas instituições credenciadas, fornecendo informações que permitam ações saneadoras.

§ 1.º. Constatado qualquer procedimento em descumprimento às disposições desta Lei, na execução de atividade de ensino e pesquisa, a respectiva CEUA determinará a paralisação de sua execução, até que a irregularidade seja sanada, sem prejuízo da aplicação de outras sanções cabíveis.

§ 2.º. Quando se configurar a hipótese prevista no parágrafo anterior, a omissão da CEUA acarretará sanções à instituição, nos termos dos arts 17 e 20 desta Lei.

§ 3.º. Das decisões proferidas pela Ceua cabe recurso, sem efeito suspensivo, ao CONCEA.

§ 4.º. Os membros da CEUA responderão pelos prejuízos que, por dolo, causarem às pesquisas em andamento.

§ 5.º. Os membros da CEUA estão obrigados a resguardar o segredo industrial, sob pena de responsabilidade.

Capítulo IV Das Condições de Criação e Uso de Animais para Ensino e Pesquisa Científica

Art. 11.º. Compete ao Ministério da Ciência e Tecnologia licenciar as atividades destinadas ao ensino e à pesquisa científica de que trata esta Lei, observado o disposto no artigo seguinte.

Art. 12.º. A criação ou a utilização de animais para ensino e pesquisa ficam restritas, exclusivamente, às instituições credenciadas pelo CONCEA.

Art. 13.º. Qualquer instituição legalmente estabelecida em território nacional que crie ou utilize animais para ensino e pesquisa deverá requerer credenciamento junto ao CONCEA, para uso de animais, desde que, previamente, crie a CEUA.

§ 1.º. A critério da instituição, e mediante autorização do CONCEA, é admitida a criação de mais de uma CEUA por instituição.

§ 2.º. Na hipótese prevista no parágrafo anterior, cada CEUA definirá os laboratórios de experimentação animal, biotérios e centros de criação sob o seu controle.

Art. 14.º. O animal só poderá ser submetido às intervenções recomendadas nos protocolos dos experimentos que constituem a pesquisa ou programa de aprendizado quando, antes, durante e após o experimento, receber cuidados especiais, conforme estabelecido pelo CONCEA.

§ 1.º. O animal será submetido à eutanásia, sob estrita obediência às prescrições pertinentes a cada espécie, preferencialmente com aplicação de dose letal de substância depressora do sistema nervoso central, sempre que, encerrado o experimento, ou em qualquer de suas fases, for tecnicamente recomendado aquele procedimento, ou quando ocorrer intenso sofrimento.

§ 2.º. Excepcionalmente, quando os animais utilizados em experiências ou demonstrações não forem submetidos à eutanásia, poderão sair do biotério após a intervenção, ouvida a respectiva CEUA quanto aos critérios de segurança, desde que destinados a pessoas idôneas ou entidades protetoras de animais devidamente legalizadas, que por eles queiram responsabilizar-se.

§ 3.º. Sempre que possível, as práticas de ensino deverão ser fotografadas, filmadas ou gravadas, de forma a permitir sua reprodução para ilustração de práticas futuras, evitando-se a repetição desnecessária de procedimentos didáticos com animais.

§ 4.º Os projetos de pesquisa devem demonstrar a relevância de seus resultados para o progresso da ciência.

§ 5.º. O número de animais a serem utilizados para a execução de um projeto e o tempo de duração de cada experimento será o mínimo indispensável para produzir o resultado conclusivo, poupando-se, ao máximo, o animal de sofrimento.

§ 6.º. Experimentos que possam causar dor ou angústia desenvolver-se-ão sob sedação, analgesia ou anestesia adequadas.

§ 7.º. É vedado o uso de bloqueadores neuromusculares, ou de relaxantes musculares, em substituição a substâncias sedativas, analgésicas ou anestésicas.

§ 8.º. É vedada a reutilização do mesmo animal depois de alcançado.o objetivo principal do projeto de pesquisa.

§ 9.º. Em programa de ensino, sempre que for necessário anestesiar o animal, vários procedimentos poderão ser realizados num mesmo animal, desde que todos sejam executados durante a vigência de um único período anestésico e que, se necessário, o animal seja sacrificado antes de recobrar a consciência.

§ 10.º. Para a realização de trabalhos de criação e experimentação de animais em sistemas fechados, serão consideradas as condições e normas de segurança recomendadas pela Organização Mundial de Saúde ou pela Organização Pan-Americana de Saúde.

Art. 15.º. O CONCEA, levando em conta a relação entre o nível de sofrimento para o animal e os resultados práticos que se esperam obter, poderá restringir ou proibir experimentos que importem em elevado grau de agressão.

Art. 16.º. Todo projeto de pesquisa científica ou atividade de ensino será supervisionado por profissional de nível superior, graduado ou pós-graduado na área biomédica, vinculado a entidade de ensino ou pesquisa credenciada pelo CONCEA.

Capítulo V Das Penalidades

Art. 17.º. As instituições que executem atividades reguladas por esta Lei estão sujeitas, em caso de transgressão às suas disposições e ao seu regulamento, às penalidades administrativas de:

I. advertência;

II. multa de R$5.000,00 (cinco mil reais) a R$20.000,00 (vinte mil reais);

III. interdição temporária;

IV. suspensão de financiamentos provenientes de fontes oficiais de crédito e fomento científico;

V. interdição definitiva.

Parágrafo único. A interdição por prazo superior a trinta dias somente poderá ser determinada em ato do Ministro de Estado da Ciência e Tecnologia, ouvidos os órgãos competentes mencionados no art. 21 desta Lei.

Art. 18.º. Qualquer pessoa, que execute de forma indevida atividades reguladas por esta Lei ou participe de procedimentos não autorizados pelo CONCEA, será passível das seguintes penalidades administrativas:

I. advertência;

II. multa de R$1.000,00 (mil reais) a R$5.000,00 (cinco mil reais);

III. suspensão temporária;

IV. interdição definitiva para o exercício da atividade regulada nesta Lei.

Art. 19.º. As penalidades previstas nos artigos 17 e 18 desta Lei, serão aplicadas de acordo com a gravidade da infração, os danos que dela provierem, as circunstâncias agravantes ou atenuantes e os antecedentes do infrator.

Art. 20.º. As sanções previstas nos artigos 17 e 18 desta Lei serão aplicadas pelo CONCEA, sem prejuízo de correspondente responsabilidade penal.

Capítulo VI Disposições Gerais e Transitórias

Art. 21.º. A fiscalização das atividades reguladas por esta Lei fica a cargo dos órgãos competentes dos Ministérios da Agricultura e do Abastecimento, da Saúde e do Meio Ambiente, dos Recursos Hídricos e da Amazônia Legal, nas suas respectivas áreas de competência.

Art. 22.º. Qualquer pessoa que, por ação ou omissão, interferir nos centros de criação, biotérios e laboratórios de experimentação animal, de forma a colocar em risco a saúde pública e o meio ambiente, estará sujeita às correspondentes responsabilidades civil e penal.

Art. 23.º. As instituições que criem ou utilizem animais para ensino e pesquisa existentes no País antes da data de vigência desta Lei, deverão:

I. criar a CEUA, no prazo máximo de noventa dias, após a regulamentação referida no art. 27 desta Lei;

II. compatibilizar suas instalações fisicas, no prazo máximo de cinco anos, a partir da entrada em vigor das normas técnicas estabelecidas pelo CONCEA, com base no art. 5.º, inciso V, desta Lei.

Art. 24.º. O CONCEA, mediante resolução, recomendará às agências de amparo e fomento à pesquisa científica o indeferimento de projetos, por qualquer dos seguintes motivos:

I. que estejam sendo realizados, ou propostos para realização, em instituições por ele não credenciadas;

II. que estejam sendo realizados sem a aprovação da CEUA;

III. cuja realização tenha sido suspensa pela CEUA.

Art. 25.º. O CONCEA solicitará aos editores de periódicos científicos nacionais que não publiquem os resultados de projetos por qualquer dos seguintes motivos:

I. realizados em instituições por ele não credenciadas;

II. realizados sem a aprovação da CEUA;

III. cuja realização tenha sido suspensa pela CEUA.

Art. 26.º. Os recursos orçamentários necessários ao funcionamento do CONCEA serão previstos nas dotações do Ministério da Ciência e Tecnologia.

Art. 27.º. Esta Lei será regulamentada no prazo de 180 dias.
Art. 28.º. Esta Lei entra em vigor na data de sua publicação.
Art. 29.º. Revoga-se a Lei n.º 6.638, de 8 de maio de 1979.
Brasília, Câmara dos Deputados, 5 de fevereiro de 1998.

Lei n.º 9.605, 12 de fevereiro de 1998
Dispõe sobre as sanções penais e administrativas derivadas de condutas e atividades lesivas ao meio ambiente, e dá outras providências

O Presidente da República, faço saber que o Congresso Nacional decreta e eu sanciono a seguinte Lei:

Capítulo I
Disposições Gerais
Art. 1.º — (vetado)

Art. 2.º — Quem, de qualquer forma, concorre para a prática dos crimes previstos nesta Lei, incide nas penas a estes cominadas, na medida da sua culpabilidade, bem como o diretor, o administrador, o membro de conselho e de órgão técnico, o auditor, o gerente, o preposto ou mandatário de pessoa jurídica, que, sabendo da conduta criminosa de outrem, deixar de impedir a sua prática, quando podia agir para evitá-la.

Art. 3.º — As pessoas jurídicas serão responsabilizadas administrativa, civil e penalmente conforme o disposto nesta Lei, os casos em que a infração seja cometida por decisão de seu representante legal ou contratual, ou de seu órgão colegiado, no interesse ou benefício da sua entidade.

Parágrafo único — A responsabilidade das pessoas jurídicas não exclui a das pessoas físicas, autoras, co-autoras ou partícipes do mesmo fato.

Art. 4.º — Poderá ser desconsiderada a pessoa jurídica sempre que sua personalidade for obstáculo ao ressarcimento de prejuízos causados à qualidade do meio ambiente.

Art. 5.º — (vetado)
Capítulo II
Da Aplicação da Pena

Art. 6.º — Para imposição e graduação da penalidade, a autoridade competente observará:

I — a gravidade do fato, tendo em vista os motivos da infração e suas conseqüências para a saúde pública e para o meio ambiente;

II — os antecedentes do infrator quanto ao cumprimento da legislação de interesse ambiental;

III — a situação econômica do infrator, no caso de multa.

Art. 7.º — As penas restritivas de direitos são autônomas e substituem as privativas de liberdade quando:

I — tratar-se de crime culposo ou for aplicada a pena privativa de liberdade inferior a quatro anos;

II — a culpabilidade, os antecedentes, a conduta social e a personalidade do condenado, bem como os motivos e as circunstâncias do crime indicarem que a substituição seja suficiente para efeitos de reprovação e prevenção do crime.

Parágrafo único — As penas restritivas de direitos a que se refere este artigo terão a mesma duração da pena privativa de liberdade substituída.

Art. 8.º — As penas restritivas de direito são:

I — prestação de serviços à comunidade;

II — interdição temporária de direitos;

III — suspensão parcial ou total de atividades;

IV — prestação pecuniária;

V — recolhimento domiciliar

Art. 9.º — A prestação de serviços à comunidade consiste na atribuição ao condenado de tarefas gratuitas junto a parques e jardins públicos e unidades de conservação, e, no caso de dano da coisa particular, pública ou tombada, na restauração desta, se possível.

Art. 10 — As penas de interdição temporária de direito são proibição de o condenado contratar com o Poder Público, de receber incentivos fiscais ou quaisquer outros benefícios, bem como de participar de licitações, pelo prazo de cinco anos, no caso de crimes dolosos, e de três anos, no de crimes culposos.

Art. 11 — A suspensão de atividades será aplicada quando estas não estiverem obedecendo às prescrições legais.

Art. 12 — A prestação pecuniária consiste no pagamento em dinheiro à vitima ou à entidade pública ou privada com fim social, de importância, fixada pelo juiz, não inferior a um salário mínimo nem superior a trezentos e sessenta salários mínimos. O valor pago será deduzido do montante de eventual reparação civil a que for condenado o infrator.

Art. 13 — O recolhimento domiciliar baseia-se na autodisciplina e senso de responsabilidade do condenado, que deverá, sem vigilância, trabalhar, freqüentar curso ou exercer atividade autorizada, permanecendo recolhido nos dias e horários de folga em residência ou em qualquer local destinado a sua moradia habitual, conforme estabelecido na sentença condenatória.

Art. 14 — São circunstâncias que atenuam a pena:

I — baixo grau de instrução ou escolaridade do agente;

II — arrependimento do infrator, manifestado pela espontânea reparação do dano, ou limitação significativa da degradação ambiental causada;

III — comunicação prévia pelo agente, do perigo iminente de degradação ambiental;

IV — colaboração com os agentes encarregados da vigilância e do controle ambiental.

Art. 15 — São circunstâncias que agravam a pena, quando não constituem ou qualificam o crime:

I — reincidência nos crimes de natureza ambiental;

II — ter o agente cometido a infração;

a) para obter vantagem pecuniária;

b) coagindo outrem para a execução material da infração;

c) afetando ou expondo a perigo, de maneira grave, a saúde pública ou o meio ambiente;

d) concorrendo para danos à propriedade alheia;

e) atingindo áreas de unidades de conservação ou áreas sujeitas, por ato do Poder Público, a regime especial de uso;

f) atingindo áreas urbanas ou quaisquer assentamentos humanos;

g) em período de defeso à fauna;

h) em domingos ou feriados;

i) à noite;

j) em épocas de seca ou inundações;

l) no interior do espaço territorial especialmente protegido;

m) com o emprego de métodos cruéis para abate ou captura de animais;

n) mediante fraude ao abuso de confiança;

o) mediante abuso do direito de licença, permissão ou autorização ambiental;

p) no interesse de pessoa jurídica mantida, total ou parcialmente, por verbas públicas ou beneficiada por incentivos fiscais;

q) atingindo espécies ameaçadas, listadas em relatórios oficiais das autoridades competentes;

r) facilitada por funcionário público no exercício de suas funções.

Art. 16 — Nos crimes previstos nesta Lei, a suspensão condicional da pena pode ser aplicada nos casos de condenação a pena privativa de liberdade não superior a três anos.

Art. 17 — A verificação da reparação a que se refere o Parágrafo 2.º do art. 78 do Código Penal será feita mediante laudo de reparação do dano ambiental, e as condições a serem impostas pelo juiz deverão relacionar-se com a proteção ao meio ambiente.

Art. 18 — A multa será calculada segundo os critérios do Código Penal; se revelar-se ineficaz, ainda que aplicada no valor máximo, poderá ser aumentada até três vezes, tendo em vista o valor da vantagem econômica auferida.

Art. 19 — A perícia da constatação do dano ambiental, sempre que possível fixará o montante do prejuízo causado para efeitos de prestação de fiança e cálculo de multa.

Parágrafo único — A perícia produzida no inquérito civil ou no juízo cível poderá ser aproveitada no processo penal, instaurando-se o contraditório.

Art. 20 — A sentença penal condenatória, sempre que possível, fixará o valor mínimo para reparação dos danos causados pela infração, considerando os prejuízos sofridos pelo ofendido ou pelo meio ambiente.

Parágrafo único — Transitada em julgado a sentença condenatória, a execução poderá efetuar-se pelo valor fixado nos termos do caput, sem prejuízo da liquidação para apuração do dano efetivamente sofrido.

Art. 21 — As penas aplicáveis isolada, cumulativa ou alternativamente às pessoas jurídicas, de acordo com o disposto no art. 3.º, são:

I — multa;

II — restritivas de direitos;

III — prestação de serviços à comunidade.

Art. 22 — As penas restritivas de direitos da pessoa jurídica são:

I — suspensão parcial ou total de atividades;

II — interdição temporária de estabelecimento, obra ou atividade;

III — proibição de contratar com o Poder Público, bem como dele obter subsídios, subvenções ou doações.

Parágrafo 1.º — A suspensão de atividades será aplicada quando estas não estiverem obedecendo às disposições legais ou regulamentares, relativas à proteção do meio ambiente.

Parágrafo 2.º — A interdição será aplicada quando o estabelecimento, obra ou atividade estiver funcionando sem a devida autorização, ou em desacordo com a concedida, ou com violação de disposição legal ou regulamentar.

Parágrafo 3.º — A proibição de contratar com o Poder Público e dele obter subsídios, subvenções ou doações não poderá exceder o prazo de dez anos.

Art. 23 — A prestação de serviços à comunidade pela pessoa jurídica consistirá em:

I— custeio de programas e de projetos ambientais;

II — execução de obras de recuperação de áreas degradadas;

III — manutenção de espaços públicos;

IV — contribuições a entidades ambientais ou culturais públicas.

Art. 24 — A pessoa jurídica constituída ou utilizada, preponderantemente, com o fim de permitir, facilitar ou ocultar a prática de crime definido nesta Lei terá decretada sua liquidação forçada, seu patrimônio será considerado instrumento do crime e como tal perdido em favor do Fundo Penitenciário Nacional.

Capítulo III

Da Apreensão do Produto e do Instrumento de Infração Administrativa ou de Crime

Art. 25 — Verificada a infração, serão apreendidos seus produtos e instrumentos, lavrando-se os respectivos autos.

Parágrafo 1.º — Os animais serão libertados em seu habitat ou entregues a jardins zoológicos, fundações ou entidades assemelhadas, desde que fiquem sob a responsabilidade de técnicos habilitados.

Parágrafo 2.º — Tratando-se de produtos perecíveis ou madeiras, serão estes avaliados e doados a instituições científicas, hospitalares, penais e outras com fins beneficentes.

Parágrafo 3.º — Os produtos e subprodutos da fauna não perecíveis serão destruídos ou doados a instituições científicas, culturais ou educacionais.

Parágrafo 4.º — Os instrumentos utilizados na prática da infração serão vendidos, garantida a sua descaracterização por meio de reciclagem.

Capítulo IV

Da Ação e do Processo Penal

Art. 26 — Nas infrações penais previstas nesta Lei, a ação penal é pública incondicionada.

Parágrafo único — (vetado)

Art. 27 — Nos crimes ambientais de menor potencial ofensivo, a proposta de aplicação imediata de pena de direitos ou multa, prevista no art. 76 da Lei n.º 9.099, de 26 de setembro de 1995, somente poderá ser formulada desde que tenha havido a prévia composição do dano ambiental, de que trata o art. 74 da mesma Lei, salvo em caso de comprovada impossibilidade.

Art. 28 — As disposições do art. 89 da Lei n.º 9.099, de 26 de setembro de 1995, aplicam-se aos crimes de menor potencial ofensivo definidos nesta Lei, com as seguintes modificações:

I — a declaração de extinção de punibilidade , de que trata o Parágrafo 5.º do artigo referido no caput, dependerá de laudo de constatação de reparação do dano ambiental, ressalvada a impossibilidade prevista no inciso I do Parágrafo 1.º do mesmo artigo;

II — na hipótese de o laudo de constatação comprovar não ter sido completa a reparação, o prazo de suspensão do processo será prorrogado, até o período máximo previsto no artigo referido no caput, acrescido de mais um ano, com suspensão do prazo de prescrição;

III — no período de prorrogação, não se aplicarão as condições dos incisos II, III e IV do Parágrafo 1.º do artigo mencionado no caput;

IV — findo o prazo de prorrogação, proceder-se-á à lavratura de novo laudo de constatação de reparação do dano ambiental, podendo, conforme seu resultado, ser novamente prorrogado o período de suspensão, até o máximo previsto no inciso II deste artigo, observado o disposto no inciso III;

V — esgotado o prazo máximo de prorrogação, a declaração de extinção de punibilidade dependerá de laudo de constatação que comprove ter o acusado tomado as providências necessárias à reparação integral do dano.

Capítulo V

Dos Crimes contra o Meio Ambiente

Seção I

Dos Crimes contra a Fauna

Art. 29 — Matar, perseguir, caçar, apanhar, utilizar espécimes da fauna silvestre, nativos ou em rota migratória, sem a devida permissão, licença ou autorização da autoridade competente, ou em desacordo com a obtida:

Pena — detenção de seis meses a um ano, e multa.

Parágrafo 1.º — Incorre nas mesmas penas:

I — quem impede a procriação da fauna, sem licença, autorização ou em desacordo com a obtida;

II — quem modifica, danifica ou destrói ninho, abrigo ou criadouro natural;

III — quem vende, expõe à venda, exporta ou adquire, guarda, tem em cativeiro ou depósito, utiliza ou transporta ovos, larvas ou espécimes da fauna silvestre, nativa ou em rota migratória, bem como produtos e objetos dela oriundos, provenientes de criadouros não autorizados ou sem a devida permissão, licença ou autorização da autoridade competente.

Parágrafo 2.º — No caso de guarda doméstica de espécie silvestre não considerada ameaçada de extinção, pode o juiz, considerando as circunstâncias, deixar de aplicar a pena.

Parágrafo 3.º — São espécimes da fauna silvestre todos aqueles pertencentes às espécies nativas, migratórias e quaisquer outras, aquáticas ou terrestres, que tenham todo ou parte de seu ciclo de vida ocorrendo dentro dos limites do território brasileiro, ou águas jurisdicionais brasileiras.

Parágrafo 4.º — A pena é aumentada de metade, se o crime é praticado:

I — contra espécie rara ou considerada ameaçada de extinção, ainda que somente no local da infração;

II — em período proibido à caça;

III — durante à noite;

IV — com abuso de licença;

V — em unidade de conservação;

VI — com emprego de métodos ou instrumentos capazes de provocar destruição em massa.

Parágrafo 5.º — A pena é aumentada até o triplo, se o crime decorre do exercício de caça profissional.

Parágrafo 6.º — As disposições deste artigo não se aplicam aos atos de pesca.

Art. 30 — Exportar para o exterior peles e couros de anfíbios e répteis em bruto, sem a autorização da autoridade ambiental competente:

Pena — reclusão, de um a três anos, e multa.

Art. 31 — Introduzir espécime animal no País, sem parecer técnico oficial favorável e licença expedida por autoridade competente:

Pena — detenção, de três meses a um ano, e multa.

Art. 32 — Praticar ato de abuso, maus-tratos, ferir ou mutilar animais silvestres, domésticos ou domesticados, nativos ou exóticos:

Pena — detenção, de três meses a um ano, e multa.

Parágrafo 1.º — Incorre nas mesmas penas quem realiza experiência dolorosa ou cruel em animal vivo, ainda que para fins didáticos ou científicos, quando existirem recursos alternativos.

Parágrafo 2.º — A pena é aumentada de um sexto a um terço, se ocorre morte do animal.

Art. 33 — Provocar, pela emissão de efluentes ou carreamento de materiais, o perecimento de espécimes da fauna aquática existentes em rios, lagos, açudes, lagoas, baías ou águas jurisdicionais brasileiras:

Pena — detenção, de um a três anos, ou multa, ou ambas cumulativamente.

Parágrafo único — Incorre nas mesmas penas:

I — quem causa degradação em viveiros, açudes ou estações de aqüicultura de domínio público;

II — quem explora campos naturais de invertebrados aquáticos e algas, sem licença, permissão ou autorização da autoridade competente;

III — quem fundeia embarcações ou lança detritos de qualquer natureza sobre bancos de moluscos ou corais, devidamente demarcados em carta náutica.

Art. 34 — Pescar em período no qual a pesca seja proibida ou em lugares interditados por órgão competente:

Pena — detenção, de um a três anos, ou multa, ou ambas as penas cumulativamente.

Parágrafo único — Incorre nas mesmas penas quem:

I — pesca espécies que devam ser preservadas ou espécimes com tamanhos inferiores aos permitidos;

II — pesca quantidades superiores às permitidas, ou mediante a utilização de aparelhos, petrechos, técnicas e métodos não permitidos;

III — transporta, comercializa, beneficia ou industrializa espécimes provenientes da coleta, apanha e pesca proibidas.

Art. 35 — Pescar mediante a utilização de:

I — explosivos ou substâncias que, em contato com a água, produzam efeito semelhante;

II — substâncias tóxicas, ou outro meio proibido pela autoridade competente:

Pena — reclusão de um ano a cinco anos.

Art. 36 — Para os efeitos desta Lei, considera-se pesca todo ato tendente a retirar, extrair, coletar, apanhar, apreender ou capturar espécimes dos grupos dos peixes, crustáceos, moluscos e vegetais hidróbios, suscetíveis ou não de aproveitamento econômico, ressalvadas as espécies ameaçadas de extinção, constantes nas listas oficiais da fauna e da flora.

Art. 37 — Não é crime o abate de animal, quando realizado:

I — em estado de necessidade, para saciar a fome do agente ou de sua família;

II — para proteger lavouras, pomares e rebanhos da ação predatória ou destruidora de animais, desde que legal e expressamente autorizado pela autoridade competente;

III — (vetado)

IV — por ser nocivo o animal, desde que assim caracterizado pelo órgão competente.

Seção II

Dos Crimes contra a Flora

Art. 38 — Destruir ou danificar floresta considerada de preservação permanente, mesmo que em formação, ou utilizá-la com infringência das normas de proteção:

Pena — detenção, de um a três anos, ou multa, ou ambas as penas cumulativamente.

Parágrafo único — Se o crime for culposo, a pena será reduzida à metade.

Art. 39 — Cortar árvores em floresta considerada de preservação permanente, sem permissão da autoridade competente:

Pena — detenção, de um a três anos, ou multa, ou ambas as penas cumulativamente.

Art. 40 — Causar dano direto ou indireto às Unidades de Conservação e às áreas de que trata o art. 27 do Decreto n.º 99.274, de 6 de junho de 1990, independentemente de sua localização:

Pena — reclusão, de um a cinco anos.

Parágrafo 1.º — Entende-se por Unidades de Conservação as Reservas Biológicas, Reservas Ecológicas, Estações Ecológicas, Parques Nacionais, Estaduais e Municipais, Florestas Nacionais, Estaduais e Municipais, Áreas de Proteção Ambiental, Áreas de Relevante Interesse Ecológico e Reservas Extrativistas ou outras a serem criadas pelo Poder Público.

Parágrafo 2.º — A ocorrência de dano afetando espécies ameaçadas de extinção no interior das Unidades de Conservação será considerada agravante para a fixação da pena.

Parágrafo 3.º — Se o crime for culposo, a pena será reduzida à metade.

Art. 41 — Provocar incêndio em mata ou floresta:

Pena — reclusão, de dois a quatro anos, e multa.

Parágrafo único — Se o crime for culposo, a pena é de detenção de seis meses a um ano, e multa.

Art. 42 — Fabricar, vender, transportar ou soltar balões que possam provocar incêndios nas florestas e demais formas de vegetação, em áreas urbanas ou qualquer tipo de assentamento humano:

Pena — detenção, de um a três anos, ou multa, ou ambas as penas cumulativamente.

Art. 43 — (vetado)

Art. 44 — Extrair de florestas de domínio público ou consideradas de preservação permanente, sem prévia autorização, pedra, areia, cal ou qualquer espécie de minerais:

Pena — detenção, de seis meses a um ano, e multa.

Art. 45 — Cortar ou transformar em carvão madeira de lei, assim classificada por ato do Poder Público, para fins industriais, energéticos ou para qualquer outra exploração, econômica ou não, em desacordo com as determinações legais:

Pena — reclusão, de um a dois anos, e multa.

Art. 46 — Receber ou adquirir, para fins comerciais ou industriais, madeira, lenha, carvão e outros produtos de origem vegetal, sem exigir a exibição de licença do vendedor, outorgada pela autoridade competente, e sem munir-se da via que deverá acompanhar o produto até o final beneficiamento:

Pena — detenção, de seis meses a um ano, e multa.

Parágrafo único — Incorre nas mesmas penas quem vende, expõe à venda, tem em depósito, transporta ou guarda madeira, lenha, carvão e outros produtos de origem vegetal, sem licença válida para todo o tempo da viagem ou do armazenamento, outorgada pela autoridade competente.

Art. 47 — (vetado)

Art. 48 — Impedir ou dificultar a regeneração natural de florestas e demais formas de vegetação:

Pena — detenção, de seis meses a um ano, e multa.

Art. 49 — Destruir, danificar, lesar ou maltratar, por qualquer modo ou meio, plantas de ornamentação de logradouros públicos ou em propriedade privada alheia:

Pena — detenção, de três meses a um ano, ou multa, ou ambas as penas cumulativamente.

Parágrafo único — No crime culposo, a pena é de seis meses, ou multa.

Art. 50 — Destruir ou danificar florestas nativas ou plantadas ou vegetação fixadora de dunas, protetora de mangues, objeto de especial preservação:

Pena — detenção, de três meses a um ano, e multa.

Art. 51 — Comercializar motoserra ou utilizá-la em florestas e nas demais formas de vegetação, sem licença ou registro da autoridade competente:

Pena — detenção, de três meses a um ano, e multa.

Art. 52 — Penetrar em Unidades de Conservação conduzindo substâncias ou instrumentos próprios para caça ou para exploração de produtos ou subprodutos florestais, sem licença da autoridade competente:

Pena — detenção, de seis meses a um ano, e multa.

Art. 53 — Nos crimes previstos nesta Seção, a pena é aumentada de um sexto a um terço se:

I — do fato resulta a diminuição de águas naturais, a erosão do solo ou a modificação do regime climático;

II — o crime é cometido:

a) no período de queda das sementes;

b) no período de formação de vegetações;

c) contra espécies raras ou ameaçadas de extinção, ainda que a ameaça ocorra somente no local da infração;

d) em época de seca ou inundação;

e) durante a noite, em domingo ou feriado.

Seção III

Da Poluição e outros Crimes Ambientais

Art. 54 — Causar poluição de qualquer natureza em níveis tais que resultem ou possam resultar em danos à saúde humana, ou que provoquem a mortalidade de animais ou a destruição significativa da flora:

Pena — reclusão, de um a quatro anos, e multa.

Parágrafo 1.º — Se o crime é culposo:

Pena — detenção, de seis meses a um ano, e multa.

Parágrafo 2.º — Se o crime:

I — tornar um área, urbana ou rural, imprópria para a ocupação humana;

II — causar poluição atmosférica que provoque a retirada, ainda que momentânea, dos habitantes das áreas afetadas, ou que cause danos diretos à saúde da população;

III — causar poluição hídrica que torne necessária a interrupção do abastecimento público de água de uma comunidade;

IV — dificultar ou impedir o uso público das praias;

V — ocorrer por lançamento de resíduos sólidos, líquidos ou gasosos, ou detritos, óleos ou substâncias oleosas, em desacordo com as exigências estabelecidas em leis ou regulamentos:

Pena — reclusão, de um a cinco anos.

Parágrafo 3.º — Incorre nas mesmas penas previstas no parágrafo anterior quem deixar de adotar, quando assim o exigir a autoridade competente, medidas de precaução em caso de risco de dano ambiental grave ou irreversível.

Art. 55 — Executar pesquisa, lavra ou extração de recursos minerais sem a competente autorização, permissão concessão ou licença, ou em desacordo com a obtida:

Pena — detenção, de seis meses a um ano, e multa.

Parágrafo único — Nas mesmas penas incorre quem deixa de recuperar a área pesquisada ou explorada, nos termos da autorização, permissão, licença, concessão ou determinação do órgão competente.

Art. 56 — Produzir, processar, embalar, importar, exportar, comercializar, fornecer, transportar, armazenar, guardar, ter em depósito ou usar produto ou substância tóxica, perigosa ou nociva à saúde humana ou ao meio ambiente, em desacordo com as exigências estabelecidas em leis ou nos seus regulamentos:

Pena — reclusão, de um a quatro anos, e multa.

Parágrafo 1.º — Nas mesmas penas incorre quem abandona os produtos ou substâncias referidos no caput, ou os utiliza em desacordo com as normas de segurança.

Parágrafo 2.º — Se o produto ou a substância for nuclear ou radioativa, a pena é aumentada de um sexto a um terço.

Parágrafo 3.º — Se o crime é culposo:

Pena — detenção, de seis meses a um ano, e multa.

Art. 57 — (vetado)

Art. 58 — Nos crimes dolosos previstos nesta Seção, as penas serão aumentadas:

I — de um sexto a um terço, se resulta dano irreversível à flora ou ao meio ambiente em geral;

II — de um terço até a metade, se resulta lesão corporal de natureza grave em outrem;

III — até o dobro, se resultar a morte de outrem.

Parágrafo único — As penalidades previstas neste artigo somente serão aplicadas se do fato não resultar crime mais grave.

Art. 59 — (vetado)

Art. 60 — Construir, reformar, ampliar, instalar ou fazer funcionar, em qualquer parte do território nacional, estabelecimentos, obras ou serviços potencialmente poluidores, sem licença ou autorização dos órgãos ambientais competentes, ou contrariando as normas legais e regulamentares pertinentes:

Pena — detenção, de um a seis meses, ou multa, ou ambas as penas cumulativamente.

Art. 61 — Disseminar doença ou praga ou espécies que possam causar dano à agricultura, à pecuária, à fauna, à flora ou aos ecossistemas:

Pena — reclusão, de um a quatro anos, e multa.

Seção IV

Dos Crimes contra o Ordenamento Urbano e o Patrimônio Cultural

Art. 62 — Destruir, inutilizar ou deteriorar:

I — bem especialmente protegido por lei, ato administrativo ou decisão judicial;

II — arquivo, registro, museu, biblioteca, pinacoteca, instalação científica ou similar protegido por lei, ato administrativo ou decisão judicial:

Pena — reclusão, de um a três anos, e multa.

Parágrafo único — Se o crime for culposo, a pena é de seis meses a um ano de detenção, sem prejuízo da multa.

Art. 63 — Alterar o aspecto ou estrutura de edificação ou local especialmente protegido por lei, ato administrativo ou decisão judicial, em razão de seu valor paisagístico, ecológico, turístico, artístico, histórico, cultural, religioso, arqueológico, etnográfico ou monumental, sem autorização da autoridade competente ou em desacordo com a concedida:

Pena — reclusão, de um a três anos, e multa.

Art. 64 — Promover construção em solo não edificável, ou no seu entorno, assim considerado em razão de seu valor paisagístico, ecológico, turístico, histórico, cultural, religioso, arqueológico, etnográfico ou monumental, sem autorização da autoridade competente ou em desacordo com a concedida:

Pena — detenção, de seis meses a um ano, e multa.

Art. 65 — Pichar, grafitar ou por outro meio conspurcar edificação ou monumento urbano:

Pena — detenção, de três meses a um ano, e multa.

Parágrafo único — Se o ato for realizado em monumento ou coisa tombada em virtude do seu valor artístico, arqueológico ou histórico, a pena é de seis meses a um ano de detenção, e multa.

Seção V

Dos Crimes contra a Administração Ambiental

Art. 66 — Fazer o funcionário público afirmação falsa ou enganosa, omitir a verdade, sonegar informações ou dados técnico-científicos em procedimentos de autorização ou de licenciamento ambiental:

Pena — reclusão, de um a três anos, e multa.

Art. 67 — Conceder o funcionário público licença, autorização ou permissão em desacordo com as normas ambientais, para as atividades, obras ou serviços cuja realização depende de ato autorizativo do Poder Público:

Pena — detenção, de um a três anos, e multa.

Parágrafo único — Se o crime é culposo, a pena é de três meses a um ano de detenção, sem prejuízo da multa.

Art. 68 — Deixar, aquele que tiver o dever legal ou contratual de fazê-lo, de cumprir obrigação de relevante interesse ambiental:

Pena — detenção, de um a três anos, e multa.

Parágrafo único — Se o crime é culposo, a pena é de três meses a um ano, sem prejuízo de multa.

Art. 69 — Obstar ou dificultar a ação fiscalizadora do Poder Público no trato de questões ambientais:

Pena — detenção, de um a três anos, e multa.

Capítulo VI

Da Infração Administrativa

Art. 70 — Considera-se infração administrativa ambiental toda ação ou omissão que viole as regras jurídicas de uso, gozo, promoção, proteção e recuperação do meio ambiente.

Parágrafo 1.° — São autoridades competentes para lavrar auto de infração ambiental e instaurar processo administrativo os funcionários de órgãos ambientais integrantes do Sistema Nacional de Meio Ambiente — SISNAMA, designados para as atividades de fiscalização, bem como os agentes das Capitanias dos Portos, do Ministério da Marinha.

Parágrafo 2.° — Qualquer pessoa, constatando infração ambiental, poderá dirigir representação às autoridades relacionadas no parágrafo anterior, para efeito do exercício do seu poder de polícia.

Parágrafo 3.° — A autoridade ambiental que tiver conhecimento de infração ambiental é obrigada a promover a sua apuração imediata, mediante processo administrativo próprio, sob pena de co-responsabilidade.

Parágrafo 4.° — As infrações ambientais são apuradas em processo administrativo próprio, assegurado o direito de ampla defesa e o contraditório, observadas as disposições desta Lei.

Art. 71 — O processo administrativo para apuração de infração ambiental deve observar os seguintes prazos máximos:

I — vinte dias para o infrator oferecer defesa ou impugnação contra o auto de infração, contados da data da ciência da autuação;

II — trinta dias para a autoridade competente julgar o auto de infração, contados da data de sua lavratura, apresentada ou não a defesa ou impugnação;

III — vinte dias para o infrator recorrer da decisão condenatória à instância superior do Sistema Nacional do Meio Ambiente — SISNAMA, ou à Diretoria de Portos e Costas, do Ministério da Marinha, de acordo com o tipo de autuação;

IV — cinco dias para o pagamento de multa, contados da data do recebimento na notificação.

Art. 72 — As infrações administrativas são punidas com as seguintes sanções, observado o disposto no art. 6.°:

I — advertência;

II — multa simples;

III — multa diária;

IV — apreensão dos animais, produtos e subprodutos da fauna e flora, instrumentos, petrechos, equipamentos ou veículos de qualquer natureza utilizados na infração;

V — destruição ou inutilização do produto;

VI — suspensão de venda e fabricação do produto;

VII — embargo de obra ou atividade;

VIII — demolição de obra;

IX — suspensão parcial ou total de atividades;

X — (vetado)

XI — restritiva de direitos.

Parágrafo 1.º — Se o infrator cometer, simultaneamente, duas ou mais, infrações, ser-lhe-ão aplicadas, cumulativamente, as sanções a elas cominadas.

Parágrafo 2.º — A advertência será aplicada pela inobservância das disposições desta Lei e da legislação em vigor, ou de preceitos regulamentares, sem prejuízo das demais sanções previstas neste artigo.

Parágrafo 3.º — A multa simples será aplicada sempre que o agente, por negligência ou dolo:

I — advertido por irregularidades que tenham sido praticadas, deixar de saná-las, no prazo assinalado por órgão competente do SISNAMA ou pela Capitania dos Portos, do Ministério da Marinha;

II — opuser embaraço à fiscalização dos órgãos do SISNAMA ou da Capitania dos Portos, do Ministério da Marinha.

Parágrafo 4.º — A multa simples pode ser convertida em serviços de preservação, melhoria e recuperação da qualidade do meio ambiente.

Parágrafo 5.º — A multa diária será aplicada sempre que o cometimento da infração se prolongar no tempo.

Parágrafo 6.º — A apreensão e destruição referidas nos incisos IV e V do caput obedecerão ao disposto no art. 25 desta Lei.

Parágrafo 7.º — As sanções indicadas nos incisos VI a IX do caput serão aplicadas quando o produto, a obra, a atividade ou o estabelecimento não estiverem obedecendo às prescrições legais ou regulamentares.

Parágrafo 8.º — As sanções restritivas de direito são:

I — suspensão de registro, licença ou autorização;

II — cancelamento de registro, licença ou autorização;

III — perda ou restrição de incentivos e benefícios fiscais;

IV — perda ou suspensão da participação em linhas de financiamento em estabelecimentos oficiais de crédito;

V — proibição de contratar com as Administração Pública, pelo período de até três anos.

Art. 73 — Os valores arrecadados em pagamento de multas por infração ambiental serão revertidos ao Fundo Nacional do Meio Ambiente, criado pela Lei n.º 7.797, de 10 de julho de 1989, Fundo Naval, criado pelo Decreto n.º 20.923, de 8 de janeiro de 1932, fundos estaduais ou municipais de meio ambiente, ou correlatos, conforme dispuser o órgão arrecadador.

Art. 74 — A multa terá por base a unidade, hectare, metro cúbico, quilograma ou outra medida pertinente, de acordo com o objeto jurídico lesado.

Art. 75 — O valor da multa de que trata este Capítulo será fixado no regulamento desta Lei e corrigido periodicamente, com base nos índices estabelecidos na legislação pertinente, sendo o mínimo de R$ 50,00 (cinqüenta reais) e o máximo de R$ 50.000.000,00 (cinqüenta milhões de reais).

Art. 76 — O pagamento de multa imposta pelos Estados, Municípios, Distrito Federal ou Territórios substitui a multa federal na mesma hipótese de incidência.

Capítulo VII

Da Cooperação Internacional para a Preservação do Meio Ambiente

Art. 77 — Resguardados a soberania nacional, a ordem pública e os bons costumes, o Governo brasileiro prestará, no que concerne ao meio ambiente, a necessária cooperação a outro país, sem qualquer ônus, quando solicitado para:

I — produção de prova;

II — exame de objetos e lugares;

III — informações sobre pessoas e coisas;

IV — presença temporária da pessoa presa, cujas declarações tenham relevância para a decisão de uma causa;

V — outras formas de assistência permitidas pela legislação em vigor ou pelos tratados de que o Brasil seja parte.

Parágrafo 1.º — A solicitação de que trata este artigo será dirigida ao Ministério da Justiça, que a remeterá, quando necessário, ao órgão judiciário capaz de atendê-la.

Parágrafo 2.º — A solicitação deverá conter:

I — o nome e a qualificação da autoridade solicitante;

II — o objeto e o motivo de sua formulação;

III — a descrição sumária do procedimento em curso no país solicitante;

IV — a especificação da assistência solicitada;

V — a documentação indispensável ao seu esclarecimento, quando for o caso.

Art. 78 — Para a consecução dos fins visados nesta Lei e especialmente para a reciprocidade da cooperação internacional, deve ser mantido sistema de comunicações apto a facilitar o intercâmbio rápido e seguro de informações com órgãos de outros países.

Capítulo VIII

Disposições Finais

Art. 79 — Aplicam-se subsidiariamente a esta Lei as disposições do Código Penal e do Código de Processo Penal.

Art. 80 — O Poder Executivo regulamentará esta Lei no prazo de noventa dias a contar de sua publicação.

Art. 81 — (vetado)

Art. 82 — Revogam-se as disposições em contrário.

SISTEMAS DE GESTÃO DA QUALIDADE EM BIOTÉRIOS DE CRIAÇÃO E EXPERIMENTAÇÃO

Felix Julio Rosenberg

Alguns conceitos gerais sobre qualidade

A noção de "qualidade de um produto" esteve sempre associada com o entendimento do produto ser "apropriado para seu uso" (Juran, 1989). Desta forma, a noção de qualidade é tão antiga quanto a existência do primeiro produto que o homem teve a sua disposição para consumir.

Entretanto, é apenas a partir da década de 30, que o conceito de "Sistema da Qualidade" é aplicado como um conjunto sistemático de ações destinadas a verificar se um determinado produto ou serviço cumpre com especificações preestabelecidas, dentro de parâmetros de variação conhecidos. Este primeiro Sistema da Qualidade, foi implementado pela empresa telefônica norte-americana Bell, e é conhecido na literatura especializada como "Controle Estatístico da Qualidade".

A experiência desta empresa foi transferida às Forças Armadas dos E.U.A., a partir do início da década de 40, como importante elemento estratégico para a indústria bélica desse país. Os elementos da qualidade foram inicialmente baseados nos procedimentos estatísticos para avaliação da variação das especificações do instrumental de guerra fabricado. Durante os vinte anos seguintes, as estratégias do sistema globalmente conhecido como de "Garantia da Qualidade", foram sendo desenvolvidas por diversos grupos e empresas, que incluíram objetivos de redução dos custos de peças ou produtos defeituosos ("Custos da Qualidade"); de controle da qualidade em todo o processo de produção, desde a compra e recebimento dos insumos e matérias-primas até a embalagem e distribuição do produto final ("Controle Total da Qualidade"); de confiabilidade no produto durante toda sua vida útil após sua liberação ao mercado, criando, de fato, o conceito de "validade" ("Engenharia de Confiabilidade") e do envolvimento de todo o pessoal com o compromisso de evitar qualquer falha ou defeito nos produtos fabricados ("Zero Defeitos").

Até esse momento, os sistemas de Controle Estatístico da Qualidade e de Garantia da Qualidade estavam vinculados, conceitualmente, à eliminação de custos na produção defeituosa e a garantir que os produtos mantivessem especificações predeterminadas, dentro de uma margem de variação estabelecida.

A partir da década de 80 e em função da agressiva inserção dos produtos japoneses no mercado mundial, os sistemas de controle e garantia da qualidade passaram a ser gradualmente direcionados para o produto em si, visando a satisfação do cliente ou usuário. Inicia-se assim um processo, em permanente desenvolvimento até os nossos dias, voltado para o uso estratégico do sistema da qualidade como instrumento gerencial de competitividade e conquista de mercados. A gestão da excelência baseada nos critérios dos prêmios nacionais e regionais da qualidade e programas tais como "Total Quality Management — TQM" (Gerenciamento Total da Qualidade — GTQ) e "Total Production Management — TPM" (Gerenciamento Total da Produção — GTP), são exemplos atuais desta tendência.

Paralelamente a este desenvolvimento, os países industrializados perceberam a importância dos sistemas da qualidade como mecanismos para favorecer o intercâmbio internacional de produtos e serviços mediante o reconhecimento mútuo da aplicação de critérios padronizados de qualidade. Dessa forma, e tomando como base os Padrões de Qualidade da Indústria de Defesa Britânica ("British Standards"), surgem, em 1987, os primeiros documentos da "International Organization for Standardization" (Organização Internacional de Padrões) ISO série 9000, com a finalidade de padronizar critérios básicos para a implementação de sistemas de garantia da qualidade para a produção de bens e serviços cuja aplicação, devidamente certificada por organismos oficiais, permitiria seu reconhecimento por clientes e usuários em âmbito internacional.

Percebe-se, assim, que a preocupação com o desenvolvimento dos sistemas da qualidade teve, desde o início, duas grandes vertentes conceituais: uma fundamentada no objetivo de liberar ao mercado produtos sem defeitos (focada no produto) e a outra direcionada a satisfazer as necessidades dos clientes (focada no usuário).

De acordo com a terminologia da gestão da qualidade estabelecida na Norma NBR ISO 9000:2000, o termo *qualidade* é definido como o "grau no qual um conjunto de características (inerentes a um produto, processo ou sistema) satisfaz a requisitos (necessidades ou expectativas expressas de forma implícitas ou obrigatórias)". Com base nesta terminologia, o termo *qualidade* pode ser aplicado tanto ao "grau" de qualidade ou excelência (por exemplo, má, boa ou excelente qualidade) quanto à "satisfação (conformidade) com os requisitos". Observe-se que o uso do "grau de qualidade/excelência" gera uma estratégia gradativa (quantitativa) de gestão da qualidade, que poderia ser expressa no objetivo de aumentar o grau de excelência da entidade (produto, processo ou sistema), ao passo que, para a "satisfação/conformidade com os requisitos", a qualidade é atingida em um processo de tudo ou nada: ou a entidade (produto, processo ou sistema) satisfaz ou não satisfaz os requisitos.

Baseado no desenvolvimento histórico da qualidade, Garvin apresenta quatro conceitos utilitários de qualidade, cada um deles apresentando um enfoque estratégico próprio. Da hegemonia, predominância ou equilíbrio decorrentes da combinação destes conceitos, surgiriam os modelos concretos de gerenciamento dos sistemas da qualidade em organizações específicas (Garvin, 1988):

- *Com base no produto*, em que a quantidade de um determinado insumo ou componente de um produto ou serviço define sua qualidade, por exemplo o maior conteúdo em vitaminas e minerais de um determinado alimento; o menor conteúdo em colesterol; o melhor serviço de hotelaria como componente da assistência hospitalar, etc.;
- *Com base no cliente*, isto é, nas preferências dos consumidores, geralmente estabelecidas por meio de estudos de mercado;
- *Com base na fabricação*, em que a qualidade é definida pela conformidade do produto ou serviço com suas especificações preestabelecidas; e
- *Com base no valor*, em que o mesmo nível de qualidade é oferecido a preços mais baixos.

Cada um destes enfoques responde aos papéis que especificamente desempenham os setores de *marketing*, pesquisa e desenvolvimento, engenharia e fabricação em toda organização de produção ou de prestação de serviços.

Dessa forma, os sistemas da qualidade variam, fundamentalmente, de acordo com o conceito de qualidade que mais interessa ou melhor convém à estratégia mercadológica da empresa.

Principais sistemas de gestão da qualidade implementados no Brasil

Atualmente os sistemas de gestão da qualidade no mundo inteiro tendem a convergir em critérios e requisitos comuns. O que os diferencia, em termos gerais, é o foco do sistema e os aspectos específicos complementares aplicáveis a determinados processos.

Além de inúmeros programas e normas setoriais de gestão da qualidade, de índole privada e/ou específica para áreas de conhecimento industrial determinado, os principais sistemas de gestão da qualidade, aplicados hoje no Brasil, são resumidos a seguir:

- **Prêmios da qualidade/gestão da excelência**

Os prêmios da qualidade estão baseados em princípios e requisitos de aplicação nos principais países industrializados do mundo, visando a gestão de excelência das instituições com fins de inovação e competitividade.

Em permanente revisão dos seus critérios e renovação, os prêmios da qualidade são outorgados por instituições públicas, geralmente não-governamentais, gerenciadoras destes prêmios em âmbitos estadual ou federal, a instituições públicas e privadas, incluindo todo tipo e magnitude de empresas e organizações, desde os grandes conglomerados industriais até as microempresas, de produção ou de serviços, em âmbitos estadual e nacional. A premiação está baseada em avaliações quantitativas (pontuação de acordo com o grau e amplitude de atendimento aos critérios do prêmio, por parte da organização candidata).

Os critérios de avaliação dos prêmios da qualidade abrangem, dentre outros, a totalidade de aspectos organizacionais, do planejamento estratégico e gestão dos recursos, da inovação tecnológica e científica, das comunicações, do atendimento aos clientes, de sua contribuição ao bem social, de sua melhoria constante e, particularmente, da avaliação dos seus resultados sob um prisma tendencial e comparativo.

Os prêmios atualmente outorgados no Brasil incluem o Prêmio Nacional da Qualidade — PNQ, o Prêmio Qualidade do Governo Federal — PQGF e diversos prêmios estaduais, considerados, geralmente, como preliminares ao PNQ.

- **As normas da família ISO 9000:2000**

Publicadas em dezembro de 2000 pela Associação Brasileira de Normas Técnicas — ABNT, as Normas NBR ISO 9000, 9001 e 9004 contêm as definições e terminologia (ISO 9000), um conjunto organizado de requisitos para a implantação e implementação de sistemas de gestão da qualidade (ISO 9001) e diretrizes para melhoria do desempenho (ISO 9004) que, no seu conjunto, aproximam-se significativamente, dos conceitos e critérios dos prêmios da qualidade.

Diferentemente das normas da série ISO 9000 de 1994, que priorizavam a garantia da qualidade dos produtos ou serviços oferecidos, a Norma NBR ISO 9001:2000 está principalmente focalizada na eficácia dos processos estabelecidos pelas organizações com a finalidade de atender os requisitos explícitos e potenciais dos clientes.

A avaliação do atendimento aos requisitos da NBR ISO 9001:2000 é realizada por empresas certificadoras que são credenciadas para tanto pelo Instituto Nacional de Metrologia, Normalização e Qualidade Industrial (Inmetro) e sua aplicação é pertinente a qualquer tipo de organização, seja de produção de insumos ou produtos, seja de prestação de serviços.

A Norma ISO 9001:2000 está composta por cinco elementos que agrupam requisitos relativos a:

— Sistema de gestão da qualidade;
— Responsabilidade da direção;
— Gestão de recursos;
— Realização do produto e
— Redição, análise e melhoria.

• A Norma NBR ISO 14001

Publicada em 1996, a NBR 14001 é de aplicação específica para a gestão ambiental das organizações. Ela é complementar à ISO 9001:2000 e, como ela, objeto de certificação por organizações credenciadas pelo Inmetro para tanto.

Os requisitos da gestão ambiental estão enquadrados em seis elementos que incluem:

— Requisitos gerais, referidos a aspectos organizacionais;
— Política ambiental;
— Planejamento;
— Implementação e operação;
— Verificação e ação corretiva e
— Análise crítica pela administração.

A NBR 14001 se aplica, especificamente, a todas as organizações cuja operação envolva qualquer grau de impacto ambiental e seus requisitos estão direcionados a minimizar os riscos ambientais decorrentes das suas atividades ou processos.

• A Norma NBR ISO 17025

Especificamente referida à competência técnica de laboratórios de ensaios e calibração, a Norma NBR ISO/IEC 17025 substituiu, a partir do ano 2000, a antiga NBR ISO/IEC guia 25.

Esta norma é aplicada a todos os tipos de laboratórios de ensaios e calibrações, em qualquer área de conhecimento, incluindo exames físicos, químicos e biológicos referidos às industrias metalúrgicas, de plásticos, da borracha, automobilística, eletroeletrônica, química, de análise ambiental, etc.

Contendo, em geral, critérios e requisitos muito semelhantes aos da ISO 9001:2000, a ISO 17025 se diferencia pelos seus critérios de avaliação da competência técnica do laboratório para implementar ensaios ou calibrações específicas. Dessa forma, seus critérios estão agrupados em 24 elementos, catorze dos quais referidos a requisitos gerenciais, incluindo os vinculados especificamente a aspectos de gestão administrativa e do sistema da qualidade e dez a requisitos técnicos, dentre os quais pessoal, equipamentos, ambiente e instalações, métodos analíticos, garantia da qualidade dos resultados de ensaios/calibrações e apresentação de resultados.

A adesão dos laboratórios aos critérios da NBR ISO/IEC 17025 é avaliada diretamente pela Divisão de Credenciamento do Inmetro, cujo reconhecimento da competência técnica é traduzido no credenciamento do laboratório como integrante da Rede Brasileira de Laboratórios de Ensaios — RBLE ou Rede Brasileira de Calibração — RBC, para execução dos ensaios ou calibrações constantes no seu escopo específico.

- **Requisitos de competência para laboratórios clínicos**

A Norma ISO 15189, que foi publicada em fevereiro de 2003, estabelece requisitos específicos para qualidade e competência de laboratórios médicos (clínicos).

Enquanto a ABNT procede a sua tradução e publicação como NBR (Norma Brasileira), o Inmetro utiliza, para o procedimento de credenciamento dos laboratórios clínicos, a Norma NIT-DICLA-083, elaborada e publicada pelo Inmetro com base na última versão em rascunho final ("final *draft* — FDIS") da ISO 15189.

A ISO 15189 (e a NIT-DICLA 083) seguem o mesmo formato e conteúdo da NBR ISO/IEC 17025, incorporando, apenas, alguns requisitos específicos dos laboratórios clínicos, destacando-se os vinculados aos procedimentos que antecedem e que seguem aos processos analíticos em si: atendimento e cadastro de pacientes, à coleta e identificação de amostras biológicas e ao contato com os médicos para analisar/comunicar resultados de exames (procedimentos pré e pós-exames).

O único credenciamento oficial de laboratórios com respeito à sua competência técnica na gestão de laboratórios clínicos é dado pelo Inmetro por intermédio de sua Divisão de Credenciamento. Existem, porém, ações de acreditação ou reconhecimento por organismos de regulação (Agência Nacional de Vigilância Sanitária — Anvisa) ou de instituições privadas, estas últimas utilizando requisitos próprios.

- **As Boas Práticas de Laboratório — BPL**

Tendo por base a necessidade de assegurar a qualidade dos resultados analíticos relativos aos riscos associados aos produtos químicos, a Organização para a Cooperação Econômica e o Desenvolvimento (OECD) publicou, pela primeira vez em 1982, os princípios das boas práticas laboratoriais no documento denominado "Boas Práticas de Laboratório no Teste de Produtos Químicos". A partir de então, a aplicação destes princípios e de diretrizes complementares da OECD com a finalidade de se obterem dados laboratoriais sobre as propriedades de produtos químicos e/ou sobre sua segurança com relação à saúde humana e animal, assim como à proteção ambiental, passou a ser mutuamente reconhecida pelos países membros da Organização.

Em 1989, entraram em vigor, nos E.U.A., os critérios normativos das boas práticas de laboratório a serem aplicados, em forma compulsória, pelos laboratórios produtores de agrotóxicos ao submeterem seus dados para aprovação e registro pela Agência de Proteção Ambiental (EPA) desse país.

No Brasil, as BPL aplicam-se, de forma compulsória, aos laboratórios que trabalham nas áreas de toxicologia, ecotoxicologia e ecossistemas no contexto da legislação ambiental do IBAMA, sendo de aplicação cada vez maior em laboratórios de pesquisa, particularmente, mas não apenas, os que trabalham com pesquisas pré-clínicas. As diretrizes e os princípios das Boas Práticas de Laboratório foram publicados pela primeira vez pelo Inmetro em 1995 e revisados através da Norma Inmetro n.º NIG-DINQP-093, versão 00, de novembro de 1998. Esta Norma foi substituída pela Norma NIT-DICLA 028, cuja revisão 00 foi publicada em dezembro de 2000. Os critérios desta Norma estão baseados em documentos originais da OECD.

A principal característica destes documentos reside na avaliação detalhada da competência técnica de um laboratório de ensaios para planejar, organizar, executar, controlar, registrar e relatar um estudo laboratorial específico destinado a avaliar o risco físico, físico-químico, químico ou biológico associado a produtos químicos. Neste sentido, as BPL não estabelecem diretrizes ou requisitos quanto à organização do sistema da qualidade do laboratório, exceto as necessárias para a organização e desenvolvimento do estudo em particular, mas são muito detalhadas quanto aos requerimentos da avaliação técnica da pertinência da metodologia analítica proposta com relação aos objetivos do estudo, quanto à competência técnica do pessoal para conduzir e executar os procedimentos corretamente e quanto ao conteúdo do relatório de estudo que descreverá todos os particulares da preparação, execução e conclusão do estudo.

Requisitos da qualidade aplicáveis aos biotérios

Apesar de ser objeto freqüente de discussões no âmbito de organismos de regulação, nas áreas da saúde pública, da saúde animal e do ambiente, assim como nos de credenciamento de sistemas de gestão da qualidade e associações vinculadas a criação e manejo de animais de experimentação, não existe, até hoje, uma norma brasileira ou internacional que padronize requisitos da qualidade específicos para biotérios. Neste campo, existem apenas diretrizes *(guidelines)* recentemente publicadas pelo Conselho Nacional de Pesquisa dos E.U.A. e utilizadas pela Associação Americana de Credenciamento de Biotérios de Animais de Laboratório (AAALC) como critério de avaliação dos biotérios. O guia para o cuidado e uso de animais de laboratório, que descreve estas diretrizes, está atualmente disponível em inglês e em espanhol (National Research Council, 1996).

Em princípio, todos os critérios de qualidade expostos nos documentos oficiais aqui referenciados são aplicáveis à criação e uso experimental de animais de laboratório. Para a criação, os requisitos da qualidade são aplicados a um processo de produção (animal de experimentação). Para a experimentação, os requisitos da qualidade são aplicados a um insumo crítico para estudos ou ensaios laboratoriais (prestação de serviços).

Entretanto, diferentemente dos produtos ou serviços vinculados às ciências exatas, como a física e a química, onde as variáveis são, relativamente, de fácil controle; a aplicação nas ciências biológicas, na produção e nos serviços, envolve conhecimentos e práticas muito particulares para poder lidar com variáveis genéticas e ambientais, cujo impacto na variação dos resultados esperados é logaritmicamente maior, quanto maior for a complexidade genética do organismo utilizado.

Ao tratarmos da experimentação animal, devemos considerar que o produto "animal de experimentação" será necessariamente utilizado como insumo para a pesquisa experimental ou o diagnóstico. Dessa forma, sua qualidade inicial é imprescindível para o prestador de serviços. Dito de outra maneira, não adianta o biotério de experimentação animal implementar um sistema de gestão da qualidade se o biotério de criação não garantir a qualidade inicial do animal que será utilizado na experimentação.

Já ao biotério de experimentação cabe a responsabilidade de gerir um sistema de qualidade que garanta a manutenção das características genotípicas e fenotípicas obtidas pelo biotério de criação, isto é, a de manter a uniformidade e sanidade do grupo experimental, de forma tal que a(s) única(s) variável(is) de impacto no resultado seja(m) a(s) introduzida(s) com fins experimentais (também denominadas por alguns autores como "características dramatípicas").

Independentemente dos critérios mais gerais da gestão pela excelência, para atender estes requisitos, podem ser aplicados, complementarmente entre si, os seguintes critérios de gestão da qualidade:

- a NBR ISO 9001:2001, cujo objetivo principal é o de atender os requisitos do cliente, neste caso, os dos usuários dos animais de experimentação. Esta norma é de aplicação básica aos biotérios de criação, assumidos como processos de produção. Já para biotérios de experimentação, os critérios da ISO 9001:2000 são muito gerais e de aplicabilidade reduzida.
- as Boas Práticas de Laboratório — sejam estas publicadas pela OECD ou pelo FDA — prioritariamente fundamentadas na confiabilidade dos resultados de estudos laboratoriais e, conseqüentemente, aplicáveis principalmente aos biotérios de experimentação; e
- os requisitos de credenciamento da AAALAC ou recomendações específicas de associações de bioteristas (ex. FELASA), cujo foco reside nos processos específicos para criação, manejo e controle animal, sendo de aplicação específica e complementar a ambos os tipos de biotérios.

- **Requisitos do cliente: condições do "sistema-teste"**

Entendendo-se a gestão da qualidade como um sistema voltado para garantir o atendimento aos requisitos do cliente/usuário, o objetivo principal de qualquer sistema de gestão da qualidade aplicado a biotérios de criação deve compreender especificações críticas para assegurar a obtenção das respostas experimentais desejadas e reduzir a incerteza das medições a serem realizadas mediante o uso de animais.

As Boas Práticas de Laboratório — BPL constituem os critérios de eleição, no mundo inteiro, para reconhecimento oficial de estudos laboratoriais, particularmente os que utilizam animais de experimentação.

A Norma Inmetro NIT-DICLA 028, que estabelece os critérios para credenciamento de laboratórios de ensaio, segundo as BPL, no Brasil, define seu elemento n.º 5, denominado "Sistema Teste", os requisitos que os usuários dos animais de experimentação devem cumprir para atender aos critérios das BPL.

Os principais requisitos, neste sentido, são descritos no item referente ao sistema-teste biológico, incluindo:

"Condições apropriadas devem ser estabelecidas e mantidas para cultivo, guarda, manuseio e cuidados de sistemas biológicos, no intuito de assegurar a qualidade dos dados".

Muito tem sido escrito, nos últimos anos, com relação às "condições apropriadas para a criação e manejo de animais de laboratório, no intuito de assegurar a confiabilidade dos resultados experimentais". Dentre os principais aspectos, podemos destacar os seguintes:

Definição genética: considerada por alguns autores como "padronização qualitativa", a definição das características genéticas da população animal dizem respeito às características de sensibilidade/especificidade requeridas para a realização de experimentos determinados. Nesse sentido, cabe ao biotério de criação garantir os requisitos genéticos demandados, assegurando, a maior uniformidade genética possível nos lotes experimentais.

Estado fisiológico: o estado particular de resposta homeostática a estímulos ambientais, tais como temperatura, umidade, luminosidade, ruídos, manejo, maravalhas, etc., pode fazer com que dois animais de idêntica origem genética e condição sanitária tenham respostas quantitativas diferentes, não apenas metabólicas ou terapêuticas, mas também imunológicas. Um exemplo comumente apresentado desta situação, descreve o papel de ajustes hipotálamo-hipofisiários destinados a alterar o metabolismo animal para adaptar a temperatura corporal do indivíduo a mudanças ambientais. Observe-se, neste exemplo, que animais que estão no mesmo ambiente podem ter respostas diferenciadas em função da estabilidade ou instabilidade das condições ambientais prévias. Também é digna de menção, a este respeito, a influência do tipo de eutanásia nos resultados *post mortem*, para determinados tipos de experimentos.

Estado de saúde: de todos os fatores que possuem influência crítica em resultados experimentais, a existência de patologias preexistentes constitui a mais conhecida e evidente.

Assim, é bastante óbvio que uma pesquisa microbiológica deverá ser realizada em animais certificadamente isentos de anticorpos contra a patologia ou infecção pesquisada; estudos metabólicos deverão ser realizados em animais comprovadamente isentos de patologias que alterem o metabolismo normal da espécie, raça e idade e estudos de biodisponibilidade de fármacos e de toxicidade a substâncias químicas devem ser realizados em animais sadios, isto é, que não padeçam de nenhuma sintomatologia, aparente ou não, que possa alterar a absorção, metabolização e eliminação dos produtos testados, assim como, mascarar os efeitos farmacológicos ou tóxicos, objeto da pesquisa.

Entretanto, há conseqüências patogênicas de diversas infecções que não são tão óbvias e cujo impacto em um determinado estudo experimental pode não ser bem conhecido previamente ao estudo.

Neste sentido, a NIT-DICLA 028 estabelece, que "o diagnóstico e tratamento de qualquer doença, antes ou durante o estudo, devem sem ser registrados" com o intuito de poder interpretar resultados aberrantes ou que não coincidem com a hipótese preliminar do estudo.

Podemos, assim, sintetizar os possíveis requisitos do cliente quanto à qualidade dos animais de experimentação, nas seguintes condições:

- Genótipo (espécie, raça, cepa ou condições de *inbreeding* particulares, recombinantes genéticos, clones);
- Ciclo de vida (idade, maturidade sexual, ciclo sexual, gravidez, lactação, etc.);
- Condições ambientais (temperatura, umidade, ventilação, luminosidade, pressão atmosférica, freqüências sonoras, etc.);
- Dieta (composição, quantidade, palatabilidade, sistema de alimentação);
- Água (qualidade, quantidade, disponibilização, etc.);
- Gaiolas (tamanho, material, forma);
- Camas (tipo, quantidade, taxa de renovação);
- Ambiente microbiológico (livre de germes patogênicos (SPF), gnotobióticos, ambientes controlados);
- Ambiente social/manejo (número de animais por gaiola, agrupação/segregação, transporte, etc.).

• Interpretação prática da aplicabilidade da ISO 9001 aos biotérios de criação

A) Sistema de Gestão da Qualidade

A ISO 9001:2000 define dois requisitos vinculados à gestão da qualidade: os requisitos da organização e os de documentação

ORGANIZAÇÃO DO BIOTÉRIO:

O biotério deve estar organizado de maneira tal que garanta a identificação e definição de todos os processos envolvidos no seu objetivo institucional, incluindo a gestão do biotério, adequação e inserção dos recursos humanos, físicos e financeiros necessários, procedimentos de criação e manejo, de acordo com os requisitos do cliente e os de monitoramento de sua eficácia e de sua melhoria contínua.

Para a ISO 9001 o elemento prioritário do sistema de gestão da qualidade reside na definição clara de todos os processos envolvidos, tanto de produção quanto de infra-estrutura, a interação entre eles e o monitoramento de sua eficácia. Já, como será analisado depois, as BPL não estão referidas a um sistema institucional de gestão da qualidade e sim à garantia da qualidade particular de cada um dos estudos.

DOCUMENTAÇÃO:

O requisito da ISO 9001, referente à documentação é similar, conceitualmente, quanto ao seu conteúdo, a todas as normas de gestão da qualidade, exceção feita às BPL, que não requerem da organização a elaboração de um manual da qualidade.

Basicamente, é requerido que o biotério mantenha os seguintes documentos mínimos:

- declaração da *política e dos objetivos específicos da qualidade*, fundamentalmente quanto aos requisitos acima discutidos,
- *manual da qualidade* onde poderão ser incluídos a política e objetivos específicos da qualidade, a definição dos principais aspectos organizacionais e o escopo do biotério (exemplo, tipo de animais fornecidos), e a descrição ou referência aos processos específicos para criação e cuidado com os animais, para os processos de apoio/gestão de recursos e para o monitoramento e melhoria contínua da eficácia do processo, assim como a interação entre os diferentes processos.
- *procedimentos críticos*, claramente identificados, além dos procedimentos técnicos para planejamento, operação e controle dos principais processos do biotério. Estes procedimentos, como será visto depois, estarão baseados em normas nacionais ou internacionais, geralmente disponibilizados pelas associações de bioteristas. É necessário que os principais procedimentos técnicos e gerenciais sejam documentados para assegurar que estejam padronizados no biotério, isto é, que qualquer pessoa que assuma qualquer responsabilidade na sua execução o faça exatamente da mesma maneira. Dessa forma, além de uniformizar procedimentos internos, será possível rastrear ou reproduzir todos os processos.
- *registros* constituem, no biotério, a história clínica e de vida da colônia animal e a principal evidência do cumprimento aos requisitos do cliente. Seu conteúdo mínimo será descrito detalhadamente nas normas e procedimentos complementares, mais abaixo.

Os requisitos de controle de documentos são basicamente iguais aos estabelecidos por todas as normas, inclusive as da BPL e as diretrizes da AAALAC.

Essencialmente, o biotério deve elaborar um procedimento documentado que defina ações para:

- aprovação de todos os documentos elaborados no biotério, antes da sua emissão. Para isso, é de praxe que todos os procedimentos documentados, sejam técnicos de gerenciais, elaborados pelos técnicos diretamente responsáveis pela ação descrita, revisados por um par, ou por um supervisor ou superior hierárquico imediato e, finalmente, aprovados pelo responsável máximo do biotério, que, dessa forma assume total responsabilidade e torna oficial a aplicação do seu conteúdo;
- análise crítica periódica, geralmente de ano em ano, de todos os documentos para verificar se o seu conteúdo ainda é válido e a emissão de versões atualizadas (revisadas) sempre que necessário. Estas revisões também seguem a rotina de aprovação descrita acima.
- sistema de controle da identificação e distribuição de documentos internos e externos, assegurando que as versões válidas destes documentos estejam acessíveis a todo o pessoal pertinente e da remoção de versões obsoletas, assegurando que, por engano, não sejam seguidas instruções que já não vigoram no biotério.

Por outro lado, o biotério deve dispor de um ou mais procedimentos documentados que definam os registros necessários para acompanhar e evidenciar a eficácia da sua operação, assim como os sistemas usados para a identificação, armazenamento, proteção, recuperação e tempo de retenção dos registros. Geralmente, cada procedimento técnico ou gerencial inclui as necessidades de registros e os formatos específicos utilizados (por exemplo, para registrar acasalamentos e nascimentos, curvas de crescimento, controles de doenças, aquisições de alimentos ou de insumos permanentes, etc.).

B) Responsabilidade da Direção

Sob este enunciado, a ISO 9001:2000 descreve requisitos relativos ao comprometimento da direção com o desenvolvimento, implementação e avaliação do sistema de gestão da qualidade da instituição; ao foco nos requisitos do cliente; à política da qualidade; ao planejamento do sistema de gestão da qualidade; à definição das responsabilidades, autoridades e mecanismos internos de comunicação; e à análise crítica do sistema pela direção.

Estes elementos são próprios das normas de gestão de sistemas da qualidade e deixam aberto para que a instituição determine os mecanismos mais apropriados à sua missão e porte. Como tais, não são encontrados nas normas específicas que serão descritas mais abaixo, exceto no que diz respeito às atribuições especificamente determinadas pelas BPL, quanto às responsabilidades do gerente da unidade operacional, do diretor de estudos e pesquisadores principais e da organização e missão da unidade de garantia da qualidade.

C) Gestão de Recursos

Esta seção inclui os requisitos gerais relativos ao pessoal (competência, conscientização e treinamento); infra-estrutura (instalações, equipamentos, serviços de apoio) e ambiente de trabalho. Estes critérios serão analisados à luz das exigências particulares das BPL e das normas específicas para gestão de biotérios.

D) Realização do Produto

Descreve, em particular, os requisitos relativos às ações vinculadas diretamente ao planejamento, execução e avaliação dos processos finalísticos da instituição, isto é, a produção de animais para uso experimental em laboratórios. Estes requisitos, são agrupados nas seguintes seções:

- *O planejamento da realização do processo de criação*, incluindo a determinação dos objetivos da qualidade e requisitos para os animais; processos, documentos e recursos requeridos; procedimentos e critérios para a aceitação dos animais e registros necessários.
- *Processos relacionados a clientes*, que incluem determinação e análise crítica dos requisitos explícitos e implícitos dos usuários, assim como requisitos éticos e legais, vinculados à produção dos animais e os procedimentos de comunicação com o cliente relativos a informações, consultas ou reclamações.
- *O Projeto e Desenvolvimento*: a Norma ISO 9001:2000 descreve os requisitos para planejar e controlar o processo de criação em si; determinar as entradas do processo, incluindo os requisitos do cliente, insumos e outros recursos e requisitos regulamentares; estabelecer as saídas do processo, contendo todos os requisitos de aceitação (por exemplo, estar isentos de determinadas infecções, faixas de idade/peso, etc.); realizar análises críticas, em diversas fases do processo, que permitam avaliar sua pertinência com relação aos requisitos e identificar eventuais problemas propondo as ações corretivas correspondentes; verificar o processo instalando controles que permitam assegurar que as saídas do processo atendem aos requisitos; validar o processo, assegurando que o produto seja capaz de atender aos requisitos

de uso; e procedimentos para cuidar que qualquer alteração ao projeto originalmente estabelecido seja verificado, validado e aprovado antes de sua implementação.

• *Aquisições*, que inclui a definição dos requisitos de compra de insumos, produtos e serviços; a seleção e avaliação dos fornecedores e a avaliação dos produtos, insumos e serviços adquiridos.

• *Produção e fornecimento de serviço*. Este elemento é referente a todas as informações e condições pós-fornecimento, incluindo o recebimento e manejo dos animais pelos laboratórios de experimentação, sua rastreabilidade e a definição das responsabilidades do biotério de criação e do laboratório de experimentação.

• *Controle de dispositivos de medição e monitoramento*, isto é, a definição de quais são as medições e monitoramentos necessários para evidenciar o cumprimento com os requisitos dos clientes e quais os procedimentos ou dispositivos necessários para implementá-los. Estes aspectos são bem explicitados pelas diretrizes da AAALAC e recomendações da FELASA, dentre outros.

E) Medição, análise e melhoria

O capítulo da NBR ISO 9001:2000 descreve requisitos para demonstrar a conformidade do produto (animais fornecidos); assegurar que o sistema de gestão da qualidade cumpre com a política institucional da qualidade e com todos os seus objetivos e melhorar continuamente a eficácia do sistema de gestão da qualidade do biotério.

O desempenho do sistema de gestão da qualidade é medido e monitorado por meio de:

• a percepção do cliente sobre seu grau de satisfação quanto ao cumprimento dos seus requisitos por parte do biotério de criação;

• a execução de auditorias internas, de forma periódica;

• a aplicação de métodos adequados para a medição e o monitoramento dos processos; e

• a medição e o monitoramento do produto, antes de sua liberação.

Os requisitos para o controle de produtos não-conformes estabelecem a necessidade de que o biotério assegure a identificação e o controle de animais que não cumpram com as especificações do processo e/ou com os requisitos do cliente, para evitar sua entrega ou uso não intencional pelos laboratórios de experimentação animal.

O requisito de análise de dados, incorporado também neste capítulo, inclui os dados gerados pelo biotério como resultado da medição e o monitoramento de sua produção, relativos a: satisfação dos clientes; conformidade com os requisitos do produto; características e tendências dos processos, por meio de indicadores apropriados (taxas de procriação, taxas de mortalidade, ganho de peso médio, uniformidade genética, etc.) e fornecedores.

Os últimos critérios são referentes às necessidades de assegurar a melhoria contínua do sistema de gestão da qualidade da organização. Adicionalmente aos requisitos e oportunidades antes mencionados, incluem-se aqui os relativos à execução das ações corretivas necessárias para corrigir eventuais não-conformidades no sistema ou no produto, evitando-se assim sua reincidência e à definição de um procedimento para evidenciar e implementar ações preventivas, direcionadas a evitar a ocorrência de não-conformidades potenciais.

· Interpretação prática da aplicabilidade das BPL aos laboratórios de experimentação animal

Como foi mencionado acima, existem três normas específicas, internacionalmente recomendadas, para reconhecimento externo da competência em laboratórios de ensaios (credenciamento):

— A ISO/IEC 17025, editada no Brasil pela ABNT como NBR ISO/IEC 17025, é de aplicação geral aos laboratórios de ensaio e calibração. Seus elementos relativos à gestão do sistema da qualidade são compatíveis com os requisitos já descritos, relacionados com a NBR ISO 9001:2000.

— A ISO/IEC 15189, editada em 2002 e em processo de tradução oficial pela ABNT no Brasil, é de aplicação específica para os laboratórios clínicos. Seus critérios para a gestão do sistema da qualidade são muito semelhantes com os da ISO 17025 e compatíveis com a ISO9001:2000.

— As Boas Práticas de Laboratório (BPL). Os critérios estabelecidos pelas BPL são os mais adequados às necessidades dos laboratórios de experimentação animal, particularmente quando complementados pela ISO 9001:2000 ou pela ISO 17025, no que diz respeito aos elementos de gestão do sistema da qualidade. Nesta seção faremos referência específica à aplicabilidade prática dos critérios da Norma Inmetro NIT-DICLA 028, reconhecida oficialmente como Norma de Boas Práticas de Laboratório, no Brasil.

Os critérios da qualidade da NIT-DICLA 028 estão agrupados em dez elementos que são descritos a seguir:

A) Organização e pessoal da unidade operacional

Este elemento descreve as responsabilidades das categorias de pessoal que compõem uma organização estruturada de acordo com as BPL, incluindo as responsabilidades da:

— gerência da unidade operacional (no caso o laboratório de experimentação animal), correspondendo, em termos gerais às da alta direção ou gerência técnica nas normas de gestão de sistemas da qualidade;

— diretor de estudos, específicas das BPL, correspondem ao investigador responsável pelo planejamento, execução, controle e relato dos resultados de estudos que envolvam, no caso que nos ocupa, experimentação animal.

— pesquisador principal, também específicas das BPL, correspondem a pesquisadores que, eventualmente, possam ser responsabilizados por uma parte do experimento. No caso que nos ocupa é comum a designação de um pesquisador principal como responsável pela manutenção e controle dos animais de laboratório.

— restante do pessoal, incluindo analistas, técnicos, auxiliares, etc.

Convêm que estes requisitos sejam aplicados pelos laboratórios de experimentação animal como complemento aos requisitos da gestão do sistema da qualidade, por exemplo, aquelas contidas na NBR ISO 9001:2000.

B) Unidade de garantia da qualidade

Este elemento descreve a organização e responsabilidades da unidade de garantia da qualidade em estudos realizados de acordo com as BPL, incluindo as auditorias de estudos e de processos, assim como das inspeções nas instalações, equipamentos e demais recursos de uso permanente. Convêm que a unidade de garantia da qualidade, em biotérios de experimentação, seja estruturada de forma a atender estes requisitos em substituição de elementos semelhantes, porém de caráter menos específico, descritos na NBR ISO 9001:2000 ou na NBR ISO 17025.

C) Unidades operacionais

Aqui são descritos, com bastante detalhamento, requisitos de infra-estrutura que são apresentados de maneira muito genérica na ISO 9001:2000.

Assim, a NIT-DICLA 028 descreve requisitos para as instalações de manutenção dos animais de experimentação, sob o título de "unidades operacionais do sistema-teste". Destacamos os seguintes aspectos:

— Dispor de número adequado de salas ou áreas para assegurar o isolamento dos animais, isto é, a ausência de risco de contaminação cruzada entre animais ou de exposição destes a riscos: químicos, físicos ou biológicos.

— Dispor de instalações adequadas para diagnóstico, tratamento e controle de doenças.

— Manter áreas adequadas de suprimentos e equipamentos, separadas das áreas de manutenção dos animais, com a finalidade de prevenir infestação, infecção e contaminação. As áreas de suprimento devem assegurar a manutenção de materiais perecíveis sob refrigeração ou congelamento, de acordo com as especificações do plano de estudo.

Este elemento das BPL descreve também as condições gerais das instalações, os requisitos das instalações para manuseio de amostras (substâncias-teste) e de materiais de referência e os requisitos para descarte de resíduos.

D) Equipamentos, materiais e reagentes

Sob este título são descritos requisitos relativos a:

— Configuração, capacidade e localização dos equipamentos;

— Manutenção e calibração;

— Disponibilidade de procedimentos operacionais-padrão;

— Registros de uso, manutenção e calibração;

— Requisitos e procedimentos de controle de fornecedores de equipamentos, materiais e reagentes (vide também, ISO 9001:2000, a este respeito);

— Controle da qualidade de ração, água, maravalhas e demais insumos utilizados no biotério;

— Controle de esterilização;

— Especificações e controle de detergentes, desinfetantes e outros materiais de limpeza;

— Especificações, requisitos de informação e de qualificação dos animais e de outro material biológico;

— Especificações, requisitos de identificação e controle de reagentes e solventes.

E) Sistema-teste/Amostras de sistema-teste

As normas de BPL definem o sistema-teste como objeto de estudo qualquer animal, planta, organismo biológico, sistema químico ou físico, sistemas ecológicos complexos, etc.

No caso que nos ocupa, o sistema-teste é claramente identificado como um conjunto de animais de laboratório e/ou amostras destes (sangue, órgãos, excreções, etc.).

Para os sistemas-teste constituídos por animais de laboratório, a NIT-DICLA-028 estabelece, dentre outros, os seguintes requisitos:

— Estabelecimento de condições apropriadas para o manejo dos animais de experimentação, para assegurar a qualidade dos dados e o atendimento a disposições éticas e legais em vigor;

— Isolamento (quarentena), avaliação das condições de saúde dos animais recebidos e procedimentos a serem tomados em casos de morbidade ou mortalidade anormais;

— Registros de procedência, condições e data de chegada dos animais;

— Aclimatação dos animais ao ambiente experimental, antes do início dos estudos;

— Identificação apropriada dos animais e de suas amostras;

— Registro de diagnósticos e tratamentos de quaisquer doenças, durante a execução dos estudos.

F) Substância-teste e substância de referência

Esta seção estabelece critérios de qualidade para recebimento, manuseio, amostragem, armazenamento e caracterização da substância-teste, isto é, das amostras cujas características ou efeitos serão testadas nos animais e das respectivas substâncias de referência, utilizadas como garantia dos resultados analíticos.

Como as BPL possuem aplicação diferenciada muito maior para pesquisas de relativa complexidade, também para evidenciar aderência de insumos e produtos a requisitos legais de registro, do que para ensaios laboratoriais de rotina, os requisitos denominados de "cadeia de custódia" e de caracterização das amostras (substâncias-teste) e dos seus respectivos padrões de referência, são bem mais específicos e rigorosos do que os descritos, por exemplo, na ISO 17025, para as amostras (itens de ensaio), em laboratórios de ensaio em geral.

G) Procedimentos operacionais padrão (POP)

Os requisitos gerais para elaboração, revisão e aprovação de procedimentos são bem similares e plenamente compatíveis com os descritos em quaisquer normas de gestão de sistemas da qualidade, incluindo a ISO 9001:2000 e a ISO 17025. As BPL indicam, com muito detalhamento, as áreas de aplicação que requerem elaboração de POP.

H) Execução do estudo

A seção referida à execução do estudo é característica e particular das BPL e equivale, em forma bem mais específica, aos requisitos gerais de planejamento e realização do produto, descritos na ISO 9001:2000. Ela inclui critérios para elaboração do plano de estudos e para a condução dos estudos:

- Plano de Estudos

Para a realização de um ensaio, estudo ou pesquisa, de acordo com as BPL, o laboratório deve elaborar, previamente, um plano de estudos que descreva seus objetivos e sua condução. Este plano deve ser aprovado pelo diretor de estudos, o gerente do laboratório e o cliente/requerente, quando pertinente. O plano de estudos é distribuído ao pessoal-chave, envolvido na execução do estudo, inclusive para a unidade de garantia da qualidade.

O plano de estudos deve conter, pelo menos, as seguintes informações:

— Identificação do estudo, da substância-teste e da substância de referência, incluindo o título, a natureza e o propósito do estudo.

— Informações referentes ao patrocinador (cliente/requerente) e à unidade laboratorial.

— Principais datas previstas para a execução do estudo.

— Referência aos métodos oficiais ou validados a serem utilizados, incluindo os procedimentos de confirmação dos resultados obtidos (garantia da qualidade).

— Justificativa para a seleção e caracterização do sistema-teste (espécie, raça, linhagem, sexo, idade, peso, outras características).

— Justificativa e método de administração da substância-teste (via de inoculação, concentração, freqüência, etc).

— Informações detalhadas do delineamento experimental, incluindo a cronologia do estudo, os métodos e freqüência de exames/análises a serem realizados, etc.

— Dados/informações a serem registrados.

• Condução do estudo

Para a realização do estudo, a NIT-DICLA-028 estabelece, dentre outros, requisitos referidos aos seguintes assuntos:

— Identificação unívoca do estudo e de todos os elementos vinculados a ele.

— Aderência do estudo ao plano de estudos.

— Registros e eventuais alterações de registros, de todos os dados gerados durante o estudo.

— Comunicação entre o diretor de estudos e a unidade de garantia da qualidade.

I) Relatório de Estudo

A forma de relatar os resultados de ensaios, testes ou estudos laboratoriais varia significativamente segundo os critérios de gestão da qualidade utilizados. Para as Normas ISO 17025 e 15189 os laudos, relatórios ou certificados de resultados, devem conter, além dos resultados dos ensaios, a descrição do laboratório, do cliente e das amostras recebidas e uma referência do método utilizado e dos valores de referência para o método.

Já os relatórios de estudos em BPL devem ser redigidos como documentos científicos detalhados, devendo conter, pelo menos, as seguintes informações:

— Identificação do estudo, da substância-teste e da substância de referência, incluindo características de pureza, estabilidade e homogeneidade da substância-teste utilizada.

— Informações referentes ao patrocinador (cliente/requerente) e à unidade laboratorial, incluindo os nomes dos principais investigadores envolvidos.

— Datas nas quais os estudos e ensaios foram realizados.

— Declarações do diretor de estudos e da unidade de garantia da qualidade, quanto ao grau de aderência às BPL e as datas em que foram realizadas as auditorias/inspeções.

— A descrição do material e métodos utilizados.

— Resultados, incluindo um resumo de todas as informações e dados requeridos no plano de estudos; resultados com seus respectivos cálculos, avaliação e discussão.

— O local onde todos os dados e informações, incluindo as respectivas amostras, estão arquivados ou armazenados.

J) Arquivo de registro e armazenamento de material

O décimo e último capítulo da Norma NIT-DICLA-028 estabelece requisitos para o arquivo, armazenamento e recuperação de documentação e material relativo ao planejamento e execução de estudos. Pela própria característica da maioria dos estudos feitos segundo critérios das BPL, sistematização e padronização dos arquivos relativos a toda a informação gerada, antes e durante os estudos, são atividade de alta relevância científica e legal. Nesse sentido, o conteúdo deste capítulo é de aplicação específica para estudos conduzidos segundo as BPL incluindo, particularmente, todos os estudos fundamentados na experimentação animal.

• Os critérios do Guia para a Assistência e Uso de Animais de Laboratório

O *Guia para Cuidado e Uso de Animais de Laboratório*, cuja sétima edição foi publicada pelo Conselho Nacional de Pesquisas dos E.U.A., em 1996 e sua versão em espanhol, editada pela Academia Nacional de Medicina do México, em 2002, contém os requisitos de gestão da qualidade aplicados pela AAALAC para credenciamento de biotérios nesse país e em diversos outros países do mundo. Estes requisitos dizem respeito a procedimentos específicos para a assistência e uso de animais, não fazendo referência às condições de gestão do sistema da qualidade.

Os critérios deste guia, assim como as informações sobre as condições de manejo e de saúde das colônias de animais, estabelecidos, por exemplo, pela FELASA, devem ser utilizados como procedimentos específicos complementares para atender os requisitos estabelecidos pelas Normas ISO 9001:2000 (em biotérios de criação), e pelas BPL (para a condução de estudos na experimentação animal).

O guia apresenta em quatro capítulos requisitos relativos a:

A) Políticas e Responsabilidades Institucionais

Compreende os seguintes itens:

— Monitoramento da assistência e uso dos animais: deve ser realizado por intermédio de um Comitê Institucional de Cuidados e Uso de Animais cuja composição e responsabilidades são detalhadas e incluem a elaboração de protocolos (procedimentos) de cuidados e uso dos animais e requisitos para contenção, cirurgias e restrições de comida ou bebida.

— Assistência veterinária.

— Qualificações e treinamento do pessoal.

— Saúde ocupacional e Biossegurança (que estão contemplados em capítulos específicos neste livro).

B) *Ambiente, instalações e manejo animal*

— Ambiente físico. Descreve condições micro e macroambientais, especifica requisitos de instalações para manutenção de animais e fixa recomendações de espaço, temperatura, umidade, ventilação e luminosidade para a manutenção de animais.

— Manejo comportamental. Inclui aspectos dos ambientes estrutural e social do biotério e das atividades dos animais.

— Manejo. Compreende requisitos de qualidade dos alimentos, água de bebida, camas, higiene e desinfecção, descarte do lixo, controle de insetos, cuidados emergenciais e cuidados durante feriados e finais de semana.

— Manejo populacional. Entendendo como tal a identificação e registros dos animais, genética e denominação das colônias.

C) *Assistência médico-veterinária*

Este capítulo define requisitos e critérios para:

— Aquisição e transporte de animais.

— Medicina preventiva, incluindo quarentena, aclimatação e separação de ambientes e vigilância, diagnóstico, tratamento e controle de doenças.

— Procedimentos cirúrgicos.

— Dor, redução da dor e anestesia.

— Eutanásia.

D) *Planta Física*

O quarto e último capítulo do guia contém recomendações e critérios que devem ser observados no projeto de construção de um biotério, incluindo a relação das áreas funcionais necessárias e requisitos de construção quanto aos corredores, portas e janelas, pisos, drenagem, paredes, tetos, controles ambientais, força e luz, controle de ruídos, armazenamento de produtos de limpeza e desinfecção, assim como as instalações para cirurgias assépticas.

Considerações finais

O principal critério de confiabilidade dos resultados de qualquer estudo, pesquisa científica ou tecnológica é sua reprodutibilidade, isto é, a garantia de que, em condições de variação conhecidas, a reprodução do estudo ou pesquisa no mesmo ou em qualquer outro laboratório do mundo, levará a resultados semelhantes.

Esta asseveração não é diferente para estudos ou pesquisas que utilizam animais de laboratório. Todavia, em virtude de sua elevada variabilidade biológica, a garantia da qualidade dos animais utilizados assume papel preponderante na reprodutibilidade deste tipo de estudos ou pesquisas.

Neste capítulo do livro foram descritos diversos requisitos e critérios da qualidade que têm por objetivo permitir reduzir ao máximo possível a incerteza associada a resultados de estudos e pesquisas que utilizam animais de laboratório. A maneira como as diversas normas analisadas serão combinadas e a forma de implementação dos seus respectivos requisitos, para cada biotério em particular, será uma decisão que deverá partir da sua unidade ou comitê de gestão da qualidade. Não cabe nenhuma dúvida que, qualquer que seja a decisão, seu impacto surpreenderá tanto os usuários dos animais como toda a população que haverá de se beneficiar dos resultados dos estudos ou pesquisas realizados.

Referências

Associação Brasileira de Normas Técnicas (Brasil). NBR ISO 9000. *Sistemas de gestão da qualidade — fundamentos e vocabulário*, 26 p., dez. 2000.

———. NBR ISO 9001. *Sistemas de gestão da qualidade — Requisitos*, 21 p., dez. 2000.

———. NBR ISO 9004. *Sistemas de gestão da qualidade — Diretrizes para melhoria de desempenho*, 48 p., dez. 2000.

———. NBR ISO 14001. *Sistemas de gestão ambiental — Especificação e diretrizes para uso*, 48 p., out. 1996.

———. NBR ISO/IEC 17025. *Requisitos gerais para competência de laboratórios de ensaio e calibração*, 20 p., jan 2001.

FELASA Working Group on Animal Health. Recommendations for the Health Monitoring of Mouse, Rat, Hamster, Guineapig and Rabbit Breeding Colonies. *Lab. Animals*, 28, pp. 1-12, 1994.

———. Monitoring of Rodent and Rabbit Colonies in Breeding and Experimental Units. *Lab. Animals*, 36, pp. 20-42, 2002.

Garner, W. Y.; Barge, M. S. & Ussary, J. P. *Boas práticas de laboratório. Aplicações em estudos de campo e de laboratórios*. Rio de J aneiro: Qualitymark, 551 p., 1996.

Garvin, D. A. *Managing Quality: the Estrategic and Competitive Edge*. E.U.A.: Ed. The Free Press, 319 p., 1988.

Instituto Nacional de Metrologia, Normalização e Qualidade Industrial. Inmetro. Norma NIT-DICLA-028. *Critérios para credenciamento de laboratórios de ensaio segundo os princípios das Boas Práticas de Laboratórios — BPL* 27 p., dez. 2000.

ISO. International Standard ISO 15189:2003(E). *Medical Laboratories — Particular Requirements for Quality and Competence*, 39 pp., 2003.

Juran, J. M. *Juran on Leadership for Quality: an Executive Handbook*. Nova York: The Free Press, Nova York, USA, 376 pp., 1989.

National Research Council. *Guide for the Care and Use of Laboratory Animals*. Washington: National Academy Press, Washington DC, 125 p., 1996.

———. *Guía para el cuidado y u so de los animales de laboratorio*. México: Ed. Academia Nacional de Medicina, 148 p., 2002.

OECD Series on Principles of Good Laboratory Practice and Compliance Monitoring. Number 1: The OECD principles of Good Laboratory Practice. Environment Monograph n.° 45. Paris, 29 p., 1992.

PLANEJAMENTO ARQUITETÔNICO DE INSTALAÇÕES LABORATORIAIS DE EXPERIMENTAÇÃO ANIMAL. REQUISITOS FÍSICOS E OPERACIONAIS DE BIOSSEGURANÇA

Christina Simas

Introdução

O projeto de uma edificação para instalações laboratoriais para animais pode ser dividido em três grandes etapas: o planejamento da edificação, a programação arquitetônica e o projeto arquitetônico, abrangendo os requisitos físicos e operacionais de biossegurança que devem ser observados no detalhamento dos projetos de arquitetura e de instalações prediais.

Na fase de planejamento algumas considerações importantes, tais como o perfil da instalação, o porte, a complexidade e a flexibilidade da edificação, devem ser definidas pelo supervisor-geral de projeto e pelas equipes técnicas internas (usuários), responsáveis pela qualidade e segurança das instalações.

Após a coleta e organização dessas informações, iniciam-se os contatos entre os projetistas e a equipe de gestores e usuários para elaboração de um programa arquitetônico, onde serão identificadas, visualizadas e classificadas as várias atribuições propostas, suas inter-relações funcionais, e as alternativas no arranjo físico do projeto.

Cada conjunto de atribuições, isto é, de atividades e subatividades específicas identificadas na programação arquitetônica, corresponde a uma organização técnica do trabalho e a uma quantificação, qualificação e classificação dos ambientes inseridos nesta estrutura, que deverão ser levantadas e organizadas, por exemplo, em fichas técnicas contendo informações relativas à caracterização do conjunto de componentes espaciais, às características físico-funcionais (dimensionamento e inter-relações) e às características construtivas e ambientais (diretrizes de projeto e outros requisitos de Biossegurança necessários).

Qualquer profissional da área biomédica — dirigente de empresas privadas ou de instituições públicas; veterinários e/ou outros técnicos responsáveis pela operacionalização da instalação —, em algum momento da carreira, pode ser chamado a participar do planejamento e da programação arquitetônica, com a equipe técnica executora do projeto de construção ou reforma de uma instalação laboratorial para animais, seja de uma sala ou de uma edificação inteira.

Algumas sugestões aqui apresentadas poderão auxiliar estes profissionais — os que realmente se importam com o desenvolvimento do projeto, e que serão, provavelmente, os verdadeiros usuários da edificação —, tanto na definição dos parâmetros construtivos e de biossegurança que deverão ser adotados, como na compreensão e no acompanhamento das várias fases do projeto.

Planejamento de instalações laboratoriais para animais

Perfil da instalação

As instalações propostas podem ser para criação de espécies animais[1] — biotérios de produção —, destinados a servirem como reagentes biológicos em diversos tipos de ensaios controlados e de eficácia, e/ou para manutenção destes animais em instalações laboratoriais para serem inoculados experimentalmente com um microrganismo infectante ou com um produto a ser testado – biotérios de experimentação animal[2] —, de acordo com os objetivos a serem alcançados no projeto a ser desenvolvido, que poderá atender tanto os programas de pes-

---

[1] Classificação dos animais de criação quanto ao padrão sanitário (Simas & Cardoso, 1999):

• Animais convencionais — de padrão sanitário convencional, isto é, os que possuem microbiota indefinida por serem mantidos em ambiente desprovido de barreiras sanitárias rigorosas.

• Animais livres de patógenos específicos (Specific Pathogenic Free — SPF) — animais que não apresentam microbiota capaz de lhes determinar doenças, ou seja, albergam somente microrganismos não patogênicos.

• Animais gnotobióticos — são os que possuem microbiota associada definida e devem ser criados em ambientes dotados de barreiras sanitárias absolutas. Em função da quantidade de microbiotas associadas ao animal, podemos classificá-lo da seguinte forma:

• Germfree ou axênico — animal totalmente livre de microbiota.

• Monoxênico — é o que foi contaminado deliberadamente com apenas um tipo de microbiota, ou seja, o animal só possui um microbiota associado.

• Dixênico — é o que foi deliberadamente contaminado por dois tipos de microbiota.

• Polixênico — é o que foi deliberadamente contaminado com vários microbiotas.

[2] Classificação dos animais de experimentação quanto ao padrão sanitário (Simas & Cardoso, 1999):

• Animais infectados com agentes etiológicos da classe de risco 1 — são o animais infectados experimentalmente ou naturalmente com microrganismos classificados como microrganismos do Nível de Biossegurança 1.

• Animais infectados com agentes etiológicos da classe de risco 2 — são os animais infectados experimentalmente ou naturalmente com microrganismos classificados como microrganismos do Nível de Biossegurança 2.

quisa e/ou ensino, das áreas biomédicas e tecnológicas, como os programas de controle de qualidade de produtos farmacêuticos, cosméticos, químicos, saneantes, imunobiológicos, alimentos, sangue e hemoderivados, dentre outros.

A classificação das instalações para animais varia de acordo com o sistema de barreira a ser adotado no biotério; quanto às finalidades ou quanto ao destino final dos animais.

Quanto ao sistema de barreira, os biotérios podem ser classificados em três categorias,[3] dependendo das espécies animais a serem criadas e da forma como os animais externos são introduzidos no biotério — Biotério em sistema fechado, Biotério em sistema misto ou Biotérios em sistema aberto.

O sistema aberto para biotérios só será utilizado quando não houver instalações em sistema fechado, apropriadas.

Nos biotérios em sistema fechado, podemos adicionar outros sistemas de barreira como, por exemplo, a instalação de um sistema de tratamento do ar que permita alto controle quanto à pureza do ar, ou seja, à "classe de empoeiramento"[4] das "áreas limpas", requerida para os ensaios de pirogênio e controle de qualidade de alguns medicamentos, dentre outras atividades, ou que permita a proteção do ambiente externo e controle interno de micropropagação dos agentes pato-

---

• Animais infectados com agentes etiológicos da classe de risco 3 — são os animais infectados experimentalmente ou naturalmente com microrganismos classificados como microrganismos do Nível de Biossegurança 3.

• Animais infectados com agentes etiológicos da classe de risco 4 — são o animais infectados experimentalmente ou naturalmente com microrganismos classificados como microrganismos do Nível de Biossegurança 4.

[3] Classificação dos Biotérios quanto ao sistema de Barreira (Farias França & Porto Farias, 1986):

• Biotério em sistema fechado: onde os animais são criados internamente ou adquiridos de fornecedor confiável. Só no sistema fechado, ou seja, num sistema de barreira de alto controle, podem ser criados animais em condições SPF (Specific Pathogenic Free — livres de germes patogênicos específicos);

• Biotério em sistema misto, onde há, ocasionalmente, introdução de animais externos sujeitos a quarentena;

• Biotérios em sistema aberto, onde as barreiras físicas são atenuadas.

[4] Conforme NEU Aerodinâmica no artigo "A Tecnologia das Salas Brancas nas Indústrias de Ponta" o Federal Standard 209B, dos Estados Unidos, define três classes principais de pureza do ar de salas brancas e/ou áreas limpas: 100, 10.000, 100.000, que exprimem o número máximo de partículas superiores a 0,5 mícron toleradas dentro de uma amostra de um pé cúbico de ar.

Equipamentos, materiais, tipo do ensaio, pessoas e a própria atividade animal produzem partículas/aerossóis, que devem ser eliminadas do ambiente antes que se depositem. Quanto mais o escoamento do ar no interior da sala se aproxima de um escoamento laminar, melhor é a eliminação das partículas e menor é a quantidade de partículas por unidade de volume, que caracteriza a noção de "classe de empoeiramento".

gênicos presentes naturalmente nos animais ou inoculados experimentalmente nos ambientes laboratoriais.

Quanto à finalidade podemos classificar os biotérios como de produção ou de experimentação animal,[5] destinados às atividades de pesquisa, ensino ou de diagnóstico.

Quanto ao destino dos animais podemos tomar como parâmetro o biotério de uma instituição de ensino, por exemplo, com as seguintes taxas aproximadamente:

- para atividades de investigação/pesquisa — 85%;
- para atividades de ensino — 10%;
- para atividades de diagnóstico — 5%.

Outro parâmetro que podemos utilizar é a distribuição dos animais de uma instituição de saúde pública, como, por exemplo, a Fundação Oswaldo Cruz, que tem, em taxas aproximadas, o seguinte destino:

- para atividades de investigação/pesquisa — 60%;
- para atividades de controle de qualidade — 37%;
- para atividades de ensino — 2%;
- para atividades de diagnóstico — 1%.

Porte e complexidade

Alguns demonstrativos quanto ao porte desejado à instalação, podem ser analisados e avaliados ainda na etapa de planejamento como, por exemplo, o somatório dos espaços requeridos para a manutenção dos animais *versus* os custos por metro quadrado.[6]

Não subestime os espaços necessários para as atividades laboratoriais e de suporte técnico (laboratórios, salas de animais e de procedimentos), de suporte logístico e operacional (sala de lavagem, preparo e descontaminação, almoxarifado e outras áreas de apoio), de suporte administrativo e recursos humanos (salas e

---

[5] Classificação dos Biotérios quanto à finalidade (Farias França & Porto Farias, 1986):

- Biotério de produção: cria animais a partir de matrizes selecionadas segundo as finalidades da instituição e que são introduzidos no biotério segundo critérios e técnicas adequadas a cada sistema de criação.
- Biotério de experimentação animal: recebe os animais criados no biotério de produção e os utiliza para finalidades experimentais, mantendo as medidas sanitárias e profiláticas de controle, adequadas às espécies animais — em sistema fechado, preferencialmente.

[6] Segundo Brent C. Morse, do Walter Reed Army Institute of Research, podemos considerar aproximadamente U$ 175-275 por pé quadrado — ou seja, aproximadamente U$ 1,700-2,700 por metro quadrado —, para os custos de construção de instalações para manutenção de animais de laboratório.

outras estações de trabalho, áreas de formação, desenvolvimento e informação técnica e áreas de circulação pública), de suporte de construção (circulações e outros componentes construtivos, instalações prediais, barreiras físicas e outras instalações especiais), assim como, para as áreas de crescimento e desenvolvimento futuro descritas no programa arquitetônico.

De acordo com a literatura (Farias & França, 1986; Merusse, 1996) é recomendado a seguinte distribuição de áreas em instalações de biotérios, que deve, entretanto, estar sujeita a adaptações caso a caso:

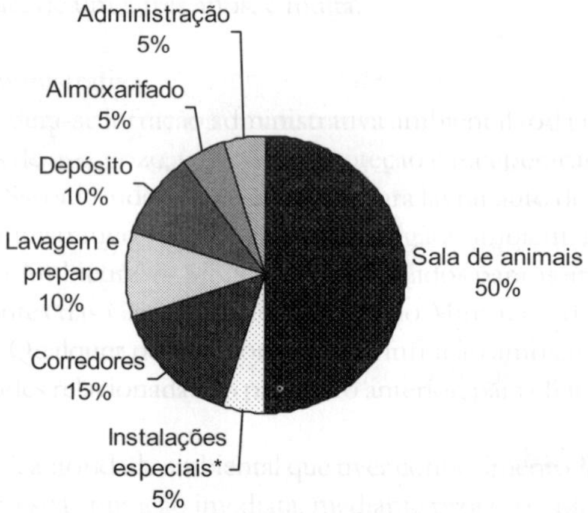

As instalações prediais e físicas (barreiras e outras instalações especiais) de um biotério devem garantir a qualidade do animal de laboratório,[7] que pode ser alterada de acordo com as condições ambientais a que estejam expostos, como estresse, procedimentos ou equipamentos inadequados, dentre outros fatores.

Os animais de laboratório, os insumos e as condições ambientais das salas onde são mantidos esses animais devem ser avaliados e os laudos incluídos aos resultados finais de Controle de Qualidade do ensaio e/ou produto testado.

A tipologia arquitetônica[8] a ser adotada num biotério de produção deve

[7] "Animais de laboratório diferem substancialmente de um reagente, embora ambos sejam matéria-prima. Reagentes podem ser comprados e recebidos mediante uma especificação que exija dentre outros pontos, a definição do prazo de validade, procedimentos de manipulação e de estocagem. Animais de laboratório não têm prazo de validade, não podem ser estocados em simples almoxarifados e manter seu padrão de qualidade. Animais de laboratório são matéria-prima cuja qualidade final é também função de como são alojados, alimentados, manipulados e mantidos" (Cardoso, 1996).

[8] Entende-se, neste trabalho, por tipo arquitetônico um objeto a partir do qual podem ser concebidas obras totalmente diferentes e por tipologia o estudo da classificação dos tipos bem como das regras/requisitos de projeto para sua elaboração (Farias França & Porto Farias, 1986).

promover o aumento e a estabilidade da taxa de fertilidade; prevenir o risco de contaminação e estabelecer fluxos adequados aos critérios e técnicas de cada sistema de criação. Já a tipologia de um biotério de experimentação animal deve assegurar níveis apropriados para segurança laboratorial e cuidados com o meio ambiente.

A segurança para as instalações laboratoriais, práticas e requisitos operacionais está relacionada com os níveis de contenção física estabelecidos para cada nível de Biossegurança[9] indicado para o trabalho envolvendo agentes infecciosos *in vivo* e *in vitro* com base no risco apresentado.

Os cuidados com o ambiente envolvem, dentre outros fatores, a contenção dos aerossóis em suspensão, sua eliminação ou tratamento antes de descarregá-los ao meio externo, e o tratamento dos resíduos, do seu recolhimento ao seu destino final, ambos gerados pelos ensaios, pelos equipamentos, pelas manipulações com animais infectados na instalação e/ou pela própria atividade animal.

Nas instalações laboratoriais para criação e/ou manutenção, quando previstas atividades com animais geneticamente modificados — AnGM[10] deve-se observar a classificação dos AnGMs quanto ao grupo de risco[11] e seu nível de Biossegurança.[12] O mesmo procedimento deve ser adotado com animais não

---

[9] Como princípio geral, os níveis de Biossegurança (as instalações laboratoriais, as práticas e os requisitos operacionais) indicado para o trabalho envolvendo agentes infecciosos *in vivo* e *in vitro* são similares.

Existem quatro níveis de Biossegurança (NB-A1 a NB-A4) para o trabalho laboratorial com animais infectados de acordo com a classificação de risco do microrganismo infectante, que pode estar presente naturalmente ou ser inoculado experimentalmente.

A classificação dos agentes etiológicos humanos e animais com base no risco apresentado é estabelecida pela Comissão de Biossegurança em Saúde — CBS, do Ministério da Saúde, na Classificação de Risco dos Agentes Biológicos (M.S., 2006).

[10] Conforme a Instrução Normativa n.º 12 da Comissão Técnica Nacional de Biossegurança/CTNBio, animal geneticamente modificado (AnGM) é todo aquele que tenha ácido nucléico exógeno intencionalmente incorporado no genoma de suas células germinativas ou somáticas.

[11] A classificação dos AnGMs quanto ao grupo de risco, conforme a Instrução Normativa nº 12 da Comissão Técnica Nacional de Biossegurança/CTNBio:

AnGM do grupo I: são considerados AnGMs do Grupo I os animais geneticamente modificados de Nível de Biossegurança 1.

AnGM do grupo II: são considerados AnGMs do Grupo II os animais geneticamente modificados de nível de biossegurança 2, 3 ou 4.

[12] A Comissão Técnica Nacional de Biossegurança — CTNBio, pela Instrução Normativa n.º 12, classifica os AnGMs quanto ao Nível de Biossegurança em:

AnGM de Nível de Biossegurança 1 — são os animais que, após manipulações genéticas sofridas, não tiverem alteradas suas características de transmissibilidade de doenças para outras espécies vegetais ou animais, incluindo seres humanos, ou que não apresentarem vantagens seletivas quando liberados no meio ambiente. Animais que passem a conter genoma, ainda que completo, de geneticamente modificados onde organismos geneticamente modificados (OGMs) são manipulados — ensaios realizados em animais com produtos compostos ou modificados pela engenharia genética.

Flexibilidade

Caso sejam previstas, nas instalações animais, modificações futuras nos próximos dez anos, decorrentes de possíveis mudanças nos programas inicialmente adotados, deve-se propor uma edificação desenhada para ser flexível, capaz de se adequar prontamente às atividades não previstas inicialmente e/ou aos requisitos adicionais de contenção, recomendados para cada nível de Biossegurança desejado.

Instalações animais flexíveis, adaptáveis, são as que antecipam as mudanças futuras e prevêem, nos sistemas da edificação, esta mudança.

Steven W. Purdon, no livro *Sellecting the Rigth Design for the Future* apresenta algumas informações que podem ajudar no traçado do planejamento de instalações laboratoriais de experimentação animal, como, por exemplo, conceitos quanto a capacidade e localização dos sistemas construtivos usualmente adotados *versus* o tempo médio de duração para ocorrência de danos ou avarias nos componentes destes sistemas em instalações para fins científicos.

---

vírus que não levam à doenças infecciosas transmissíveis, são considerados como de Nível de Biossegurança 1.

AnGM de Nível de Biossegurança 2 — animais que, após manipulação genética, passem a expressar substâncias sabidamente tóxicas para animais, incluindo o homem, ou vegetais, e que, para tais toxinas, existam formas efetivas de prevenção ou tratamento. Os animais que contenham mais de 75% do genoma de vírus manipulados em instalações NB1, capazes de levar a doenças infecciosas transmissíveis. São considerados animais geneticamente modificados de Nível de Biossegurança 2 os que, após manipulação genética, possam ser suscetíveis a infecções que normalmente não ocorram na espécie equivalente (possibilidade de quebra de barreira entre espécies).

AnGM de Nível de Biossegurança 3 — são considerados animais geneticamente modificados do Nível de Biossegurança 3 os que, após manipulação genética, contenham mais de 75% do genoma de vírus manipulados em Nível de Biossegurança 2 ou 3. Também são considerados animais geneticamente modificados de Nível de Biossegurança 3 os que, após manipulação genética, passem a ser considerados mais aptos à sobrevivência no meio ambiente que os equivalentes não geneticamente modificados.

AnGM de Nível de Biossegurança 4 — são considerados animais geneticamente modificados do Nível de Biossegurança 4 os que, após manipulações genéticas, contenham mais de 75% do genoma de vírus manipulados em Nível de Biossegurança 4. São também considerados animais geneticamente modificados de Nível de Biossegurança 4 os que, após manipulação genética, passem a expressar substâncias sabidamente tóxicas para animais, incluindo seres humanos, ou vegetais, e que, para tais toxinas, não existam formas efetivas de prevenção ou tratamento.

• sistema estrutural (fundações, pilares, vigas e lajes de piso): cinqüenta anos ou mais de média de vida;[13]

• sistemas construtivos (circulações verticais e horizontais, paredes externas e outros componentes construtivos): média de vida aproximada de vinte anos ou mais;[14]

• equipamentos e instalações mecânicas essenciais (sistemas de geração de energia de emergência, sistemas de tratamento de ar, sistemas de tratamento de efluentes e de resíduos, dentre outros): média de vida aproximada de vinte anos ou mais;[15]

• redes de distribuição dos serviços de abastecimento de água, esgotamento sanitário e de águas pluviais, fornecimento de energia elétrica, gás, gases especiais e outras instalações prediais: média de vida entre sete a dez anos;

• ambientes destinados à atividades científicas (laboratórios, salas de animais e de procedimentos, dentre outros):[16]

— características construtivas: média de vida aproximada de dois anos;

— painéis divisórios: média de vida entre sete a dez anos;

— mobiliário e pequenos equipamentos: média de vida entre zero a cinco anos.

— linhas internas de serviço e pontos de consumo: média de vida entre zero a cinco anos.

Inerente a complexidade de uma instalação para animais e de seus sistemas

---

[13] Os pilares devem ser localizados segundo uma modulação que permita a flexibilidade, uma vez que pode ser necessária a modificação das paredes ou painéis divisórios internos, assim como das linhas de serviço e pontos de consumo, a cada sete-dez anos.

[14] As escadas, elevadores e/ou monta-cargas, quando existentes, devem ser localizados de modo que não interfiram com futuras expansões ou modificações internas de *layout*, uma vez que permanecerão intactas por cinqüenta anos ou mais.

[15] Equipamentos e instalações mecânicas essenciais devem ser localizados estrategicamente para não restringir modificações nas redes de distribuição dos serviços, linhas internas e pontos de consumo — os projetos devem, conceitualmente, prever espaços técnicos (intermediários, entre lajes de piso, em nível superior e inferior à instalação), corredores/passarelas de serviço e *shafts* verticais; as características dos materiais e métodos construtivos dos elementos fixos (paredes, pisos e tetos) assim como os zoneamentos da edificação para a distribuição do ar condicionado e controle mecânico devem ser observados de modo que o conforto ambiental e os requisitos de contenção possam ser implantados.

[16] As linhas internas de serviço, os pontos de consumo, o mobiliário e os pequenos equipamentos, são os sistemas mais prováveis de mudanças, não sendo necessário construir a edificação com base nesses elementos, entretanto, é importante a maneira como eles serão executados e/ou montados dentro do fluxograma previsto no *layout*.

prediais e de suporte laboratorial estão os custos financeiros,[17] o compromisso funcional e a flexibilidade, que deverão ser avaliados e balanceados (Figura 1) durante o planejamento do projeto.

Figura. 1. Balanceamento dos custos *versus* flexibilidade *versus* compromisso funcional.

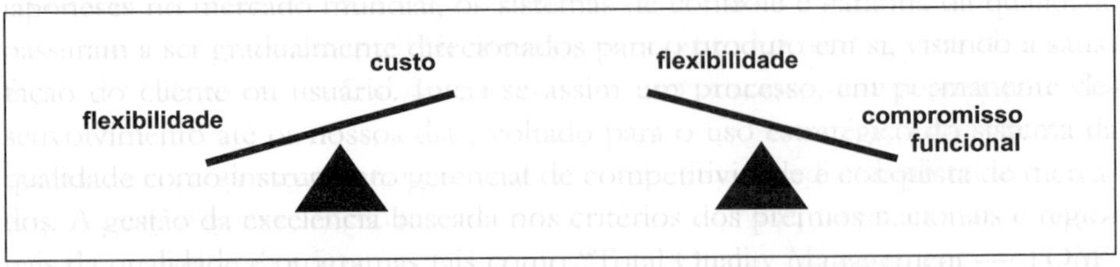

Fonte: Adaptado de *Animal Facilities: Planning for Flexibility*, de Robert G. Graves.

Alguns requisitos de flexibilidade podem ser perdidos em contrapartida às questões orçamentárias. O fato é que edificações laboratoriais, especialmente instalações para animais, tendem a ser extremamente inflexíveis face aos materiais utilizados, padrões de fluxo de ar, redes de utilidades, riscos e procedimentos de segurança a serem adotados.

A flexibilidade no projeto de uma instalação laboratorial para animais pode ser vista a nível macro e micro. O perfil da instalação, o porte, a complexidade e a flexibilidade são decisões que interferem no conceito de "macroflexibilidade" e devem ser estabelecidas na concepção do projeto, isto é, na base do programa arquitetônico e nos critérios a serem adotados.

As questões de "microflexibilidade" envolvem o olhar a instalação a ser projetada numa escala bem menor e devem ser tratadas pelos usuários cotidianos da instalação.

Os fatores estabelecidos devem ser complementares e diretamente relacionados aos da macroflexibilidade, caso contrário, questões como características e localização das linhas internas e pontos de consumo, mobiliário, pequenos equipamentos específicos de uma atividade e outros conceitos podem vir a ser sem efeito ou falhos, acarretando modificações indesejáveis durante o projeto ou na ocupação futura.

---

[17] Numa típica distribuição de custos, a arquitetura da instalação (tipologia e características do sistema construtivo) e as instalações mecânicas essenciais são os fatores que apresentam maiores índices — 24,8% e 41,0%, respectivamente — ao passo que as demais instalações, apresentam índices menores — sistema estrutural — 16,3%, instalações prediais e redes de distribuição — 10,3%, mobiliário e pequenos equipamentos — 7,6%. Brent C. Morse, do "Walter Reed Army Institute of Research".

A filosofia estabelecida pelos gestores do projeto (perfil da instalação, porte, complexidade e flexibilidade) afetará diretamente outros importantes fatores de macroflexibilidade tais como, por exemplo, a programação arquitetônica, o desenho do biotério e as barreiras de contenção a serem adotadas no projeto.[18]

Programação Arquitetônica

Identificação, visualização e classificação das atribuições

O objetivo, nesta fase, é fornecer ao arquiteto e outros profissionais envolvidos no projeto as informações contidas no planejamento das instalações laboratoriais para biotérios de produção ou de experimentação animal, isto é, a definição do perfil, porte e complexidade da instalação estabelecida pelos gestores.

Na identificação, visualização e classificação das várias atribuições propostas, as necessidades gerenciais serão avaliadas, não por decisões baseadas nas políticas acadêmicas ou intra-institucionais, mas por fatores que levem em consideração o desenho do biotério e sua operacionalização.

A lista das atribuições de um biotério pode variar segundo características loco-regionais ou por opções específicas de cada projeto — de acordo com a finalidade do biotério —, portanto, nenhuma tipologia-padrão deve ser estabelecida.

Por outro lado, os ambientes identificados para um biotério não necessariamente estarão inseridos na solução programática de outro biotério, e, dentro do conjunto de atividades previstas, alguns componentes espaciais podem mesmo não existir como tal, podendo ser substituídos por simples ou sofisticados equipamentos.

Podemos estabelecer, por exemplo, um Biotério de Produção e/ou de Experimentação Animal com as seguintes atribuições, atividades e sub-atividades decorrentes das atividades principais.

---

[18] O termo *contenção* é aqui adotado para descrever os métodos de segurança utilizados na manipulação de materiais infecciosos em um meio laboratorial onde estão sendo manipulados ou mantidos. O objetivo da contenção é o de reduzir ou eliminar a exposição das pessoas, animais e o ambiente em geral aos agentes potencialmente de risco.

Biotério de Produção

Atribuição 1	Atividades Laboratoriais
	Prestação de serviço técnico especializado – profissionais graduados na área de criação de animais de laboratório e técnicas laboratoriais.
atividade 1.1	higienização corporal e colocação de EPIs para acesso às áreas de animais.
atividade 1.2	supervisão e acompanhamento de todas as atividades desenvolvidas no biotério.
atividade 1.3	realização do controle da qualidade dos animais e insumos, preferencialmente no próprio biotério.

Atribuição 2	Suporte Técnico
	Prestação de serviços de apoio técnico-profissionais com capacitação para atividades de manutenção de animais e de suporte laboratorial.
atividade 1.1	higienização corporal e colocação de EPIs para acesso às áreas de animais — apoio laboratorial e operacional correspondente.
atividade 2.1	recepção dos animais a serem introduzidos na instalação e manter em quarentena os animais — novas matrizes —, procedentes de outros biotérios.
atividade 2.2	recepção de animais para procedimentos cirúrgicos (cesariana) — introdução de novas matrizes.
atividade 2.3	manutenção e cuidados dos animais SPF com procedimentos operacionais para áreas "limpas".
atividade 2.4	manutenção e cuidados dos animais convencionais — com microbiota indefinida — com procedimentos operacionais para ambientes desprovidos de barreiras sanitárias rigorosas.
atividade 2.5	manutenção e cuidados dos animais gnotobióticos — com microbiota associada definida — com procedimentos operacionais para ambientes dotados de barreiras sanitárias absolutas.
atividade 2.6	procedimentos laboratoriais de controle da qualidade dos animais e insumos, quando realizado no biotério.
subatividade 2a	procedimentos de lavagem e desinfecção das estantes, caixas e outros materiais utilizados e procedimentos de esterilização dos materiais a serem reutilizados.
subatividade 2b	procedimentos de descarte dos resíduos, após descontaminação, se necessária.
subatividade 2c	limpeza e higienização das áreas de animais.

Biotério de Experimentação Animal

Atribuição 1	Atividades Laboratoriais
	Prestação de serviços técnicos especializados em ensaios controlados utilizando animais como reagentes – profissionais graduados na área de técnicas laboratoriais.
atividade 1.1	troca de roupa, higienização das mãos e colocação de EPIs para acesso às áreas laboratoriais e higienização corporal obrigatória na saída da instalação NB-A3 e 4.

atividade 1.2	inoculação experimental de animais com produtos estéreis, a serem testados, como por exemplo: ensaio de pirogênio e outros testes em animais em áreas laboratoriais "limpas".
atividade 1.3	inoculação experimental de animais com produtos (imunobiológicos, medicamentos, dentre outros), a serem testados em áreas laboratoriais dotadas de barreiras de contenção com níveis de Biossegurança adequados.
atividade 1.4	inoculação experimental de animais com agentes etiológicos da classe de risco 1, 2, 3 ou 4, ou com OGMs do grupo I ou II, em áreas laboratoriais dotadas de barreiras de contenção para níveis de Biossegurança NB-A1, NB-A2, NB-A3 e NB-A4.
atividade 1.5	supervisão e acompanhamento de todas as atividades desenvolvidas no biotério.
atividade 1.6	realizar o controle da qualidade dos animais e insumos utilizados, preferencialmente no biotério.
atividade 1.7	limpeza e higienização das áreas de animais.

Atribuição 2	**Suporte Técnico** Prestação de serviços de apoio técnico-profissionais com capacitação para atividades de manutenção de animais e de suporte laboratorial.
atividade 2.1	troca de roupa, higienização das mãos e colocação de EPIs para acesso às áreas de apoio laboratorial e operacional correspondentes e banho obrigatório na saída da instalação NB-A3 e 4.
atividade 2.2	recepção e manutenção, em quarentena, dos animais procedentes de outros biotérios e/ou captura.
atividade 2.3	manutenção e cuidados dos animais com procedimentos operacionais de áreas "limpas".
atividade 2.4	manutenção e cuidados dos animais com procedimentos operacionais para áreas com risco biológico – NB-A1, NB-A2, NB-A3 e NB-A4.
atividade 2.5	descontaminação de estantes, caixas e outros materiais utilizados, a serem reutilizados.
subatividade 2.5a	descarte dos resíduos provenientes das áreas NB-A1, NB-A2, NB-A3 e NB-A4, áreas de suporte laboratorial e operacional (espaços técnicos), passíveis de contaminação, após tratamento por descontaminação (preferencialmente em autoclave), e neutralização dos resíduos químicos, e decaimento da radioatividade dos rejeitos radioativos e eliminação através de incineração ou trituração.
subatividade 2.5b	descarte dos resíduos provenientes das áreas limpas, áreas administrativas e outras áreas não laboratoriais.

Nos biotérios de experimentação animal as atribuições 1 e 2, relativas às atividades laboratoriais e de suporte laboratorial, diferem das descritas para um biotério de produção, mas, para as atribuições 3 e 4, relativas às atividades de apoio logístico e operacional, e de apoio administrativo com formação e de desenvolvimento de recursos humanos e de pesquisa, podemos adotar atividades e subatividades iguais às antes previstas.

Atribuição 3	**Suporte Logístico e Operacional** Prestação de serviços de apoio logístico – profissionais com capacitação para atividades de armazenamento, transporte e de apoio operacional.
atividade 3.1	recepção de estantes, caixas e insumos a serem introduzidos na instalação.
atividade 3.2	higienização corporal e colocação de EPIs para acesso às áreas de apoio logístico.
atividade 3.3	esterilização do material laboratorial, estantes, caixas e insumos, jalecos e outros equipamentos de proteção individual, a serem introduzidos ou reutilizados.
atividade 3.4	transporte dos resíduos tratados, das áreas de apoio técnico aos depósitos externos, separados por tipo de resíduo, para o seu recolhimento e destino final.
atividade 3.5	limpeza e higienização das áreas laboratoriais e demais dependências da instalação.
atividade 3.6	vigilância, segurança — edificação e áreas externas —, e controle dos acessos às instalações animais.
atividade 3.7	manutenção predial e operacional — preventiva e corretiva.
subatividade 3.7a	manutenção das redes de serviços prediais, gerais e/ou pontuais, de abastecimento de água e de distribuição de energia elétrica, vapor e ar comprimido, gases combustíveis (GLP e outros) e gases especiais.
subatividade 3.7b	manutenção de equipamentos e outros componentes de sistemas, gerais e/ou pontuais, de climatização, de comunicação e segurança da instalação e de geração de água gelada, energia de emergência, vapor e ar comprimido.
atividade 3.8	armazenamento de caixas/estantes específicas para animais e insumos.
atividade 3.9	transporte de pessoas, animais, insumos e/ou materiais e guarda de veículos.
	outros serviços.

Atribuição 4	**Suporte Administrativo e Recursos Humanos** Prestação de serviços de apoio administratio e de formação e desenvolvimento de recursos humanos.
atividade 4.1	direção.
atividade 4.2	administração.
subatividade 4.2a	suporte administrativo às áreas de manutenção dos animais e das áreas laboratoriais.

subatividade 4.2b	suporte administrativo às áreas de manutenção predial e operacional.
subatividade 4.2c	suporte administrativo às áreas de circulação de público em geral e *break spaces*.
atividade 4.3	serviços de planejamento, secretaria, tesouraria e outras atividades administrativas.
atividade 4.4	suporte técnico da rede de informática e processamento de dados.
atividade 4.5	serviços de documentação e informação técnica.
atividade 4.6	capacitação e treinamento de funcionários.
subatividade 4.6a	boas práticas laboratoriais.
subatividade 4.6b	cursos técnicos.
subatividade 4.6c	cursos de graduação e de pós-graduação.
subatividade 4.6d	desenvolvimento de pesquisas.
	outros serviços.

Quantificação, qualificação e classificação dos ambientes

De posse dessas informações, podemos então proceder à quantificação, qualificação e classificação dos ambientes[19] correspondentes a cada conjunto de atividades e subatividades previstas e construir, por exemplo, uma lista dos ambientes e dos recursos humanos envolvidos.

[19] A qualificação é obtida por meio de Certificado de Qualidade em Biossegurança — CQB e/ou outro certificado de qualidade expedido pela própria Instituição e/ou por outro órgão credenciador.

Já a classificação de um ambiente é obtida em função da "classe de empoeiramento" das áreas limpas — classe 100, 10.000, 100.000 —; ou em função da classificação dos riscos presentes nas atividades desenvolvidas — Lei n.º 6.514/77 — e/ou do nível de Biossegurança estabelecido para as áreas com risco biológico.

código	grupo	setor	ambiente
A1a	serviço técnico	administrativo	escritórios técnicos
A1b	especializado	suporte laboratorial	sanitário/vestiário de barreira área de procedimentos de descontaminação depósito material limpo
A1c		laboratorial	laboratórios – controle da qualidade
A1d			salas de cirurgia, raios-X e outras
A2a	apoio técnico	suporte laboratorial	sanitário/vestiário de barreira recepção de animais e insumos
A2b			sala de quarentena câmara de passagem ou guichê depósito de insumo (ração e cama) área de esterilização de materiais, sala de preparo de caixas, bebedouros e alimentação dos animais, depósito material limpo salas de armazenamento temporário de resíduos (áreas de expurgo) sala de procedimentos de descontaminação, salas de armazenamento temporário de resíduos (áreas de expurgo)
A2c		"áreas limpas"	sanitário/vestiário de barreira salas de animais salas de procedimentos
		áreas dotadas de barreiras de contenção	sanitário/vestiário de barreira salas de animais NB-A1, NB-A2, NB-A3 e NB-A4 salas de procedimentos
A3a	apoio logístico	administrativo	recepção e controle de materiais almoxarifado e zeladoria portarias externa e internas — balcão de recepção/controle de acessos sanitário/vestiário
A3b		suporte laboratorial	depósito/balcão de distribuição de EPIs
A3c		suporte logístico	oficinas, garagens e pátios de manobras espaços técnicos e casas de máquinas — no mesmo nível da edificação, no nível superior e/ou no nível inferior depósitos de armazenamento temporário, externos, separados por tipo de resíduos depósitos de materiais
A4a	administrativo	direção	sala do diretor sala de reuniões secretaria e sala de espera arquivo administrativo sanitário diretoria
A4b		técnico/administrativo	sala de laudos, sala de técnicos laboratoriais e salas de estagiários sala de repouso e primeiros socorros

código	grupo	setor	ambiente
		administrativo suporte laboratorial	copas e refeitórios para o pessoal administrativo e técnico sanitários/vestiários
A4c		comunicação e informação	central de computação — sala de servidores — e salas de técnicos de informática biblioteca/arquivo técnico/salas de estudo videoteca/salas de vídeo e de vídeo-conferência, outras
A4d		áreas de circulação pública e "break spaces"	salão de exposições cantinas e/ou restaurantes para o público em geral auditório, outros
A4e	formação e desenvolvimento de recursos humanos	capacitação em técnicas laboratoriais	laboratórios de ensino — NB1 laboratórios de capacitação NB2 e NB3
A4f		graduação e pós-graduação	salas de aula e miniauditórios cabines de estudo individual e em grupo
A4g		desenvolvimento de pesquisas	cabines de estudo individual e em grupo

Caracterização dos ambientes

Levantamento e organização

Para efeito de levantamento, propomos a organização das infomações obtidas, não só com o grupo gestor do projeto, mas também com os usuários da instalação.

Estas informações baseadas nos critérios a serem adotados para minimizar a exposição dos técnicos, animais e do ambiente em geral, aos agentes de risco, principalmente aos agentes biológicos infecciosos ou potencialmente infecciosos manipulados, devem ser listadas e organizadas em fichas individuais, uma para cada unidade de espaço codificado, mencionando-se: as atividades desenvolvidas; as áreas úteis correspondentes, o grau de flexibilidade desejado; as relações funcionais de cada unidade de espaço com as demais áreas; a listagem do mobiliário e dos principais equipamentos fixos e/ou portáteis; os requisitos construtivos e ambientais — revestimentos de piso, paredes e tetos, exigências térmicas ambientais, exigências de movimentação e pureza do ar, de iluminação e conforto acústico —, os requisitos para os sistemas de comunicação e de segurança predial — telefonia, interfonia, rede de dados, sistemas de prevenção e combate a incêndios, catástrofes naturais e outros danos à instalação; os equipamentos de proteção coletiva — cabines de segurança biológica, câmaras de exaustão química, chuveiros e lava-olhos de emergência e outros dispositivos de segurança — e os requisitos das redes de serviço predial e linhas de distribuição — eletricidade, água, gases e líquidos especiais, esgotamento sanitário e outras.

Apresentamos, como exemplo, um modelo de ficha técnica que poderá ser adotado para as informações coletadas, relativas a cada unidade de espaço prevista, Anexo 1, e outro modelo para as informações coletadas relativas aos requisitos de Biossegurança do sistema de tratamento do ar, Anexo 2, ou de outros sistemas a serem adotados pelos projetistas, onde são mencionadas as exigências ou recomendações térmicas ambientais, de iluminação e de conforto acústico, dentre outras —, tantos quantos forem necessários, para melhor compreensão dos requisitos físicos requeridos para o perfeito funcionamento da instalação.

Características físico-funcionais

Os requisitos físico-funcionais recomendados para que biotérios de criação ou de experimentação animal sejam construídos dentro de padrões de higiene, assepsia e segurança, adequados à obtenção ou utilização de diferentes espécies animais segundo a contenção dos animais ou o seu padrão sanitário, também devem ser estabelecidos na Programação Arquitetônica.

Podemos iniciar o levantamento das informações, relativas às características físico-funcionais do biotério a ser projetado, perguntando questões que desenvolverão os critérios a serem adotados no projeto, como por exemplo:

1 — Gerenciamento

1a Quais são as atividades propostas e como a edificação poderá ajudar?

1b Qual o tipo de biotério a ser adotado? Centralizado ou descentralizado?

1c Quais as normas governamentais e institucionais a serem adotadas?

1d Quais as normas e diretrizes necessárias para alcançar a qualidade desejada ou para acomodar futuros usos? Qual o grau de flexibilidade e o tipo de desenho de biotério a ser adotado?

1e Quais são as exigências da área de localização do projeto?

1 f Qual o perfil dos profissionais de pesquisa e de administração? Outras necessidades? Quais?

2 — Animais

2a Quais as espécies e quantitativos de animais utilizados nos programas atuais e, caso sejam implementadas novas pesquisas, quais as espécies e qual o quantitativo de animais previsto?

2b Os animais a serem introduzidos na instalação serão criados na própria Instituição ou podem ser adquiridos de biotérios externos?

2c Qual a definição do padrão sanitário do animal a ser utilizado? Animais convencionais, SPF, gnotobióticos (germfree, monoxênico, dixênico ou polixênico), ou animais infectados com agentes etiológicos da classe de risco 1; da classe de risco 2; da classe de risco 3 ou da classe de risco 4?

2d O biotério utilizará animais geneticamente modificados? Qual o grupo de risco dos OGMs, grupo I ou do grupo II?
Outras espécies? Quais?

3 — Densidade de ocupação animal *versus* Tipo de caixas e de estantes

3a Qual a previsão de crescimento, para os próximos 10 (dez) anos, dos recursos humanos/pesquisas que podem aumentar a necessidade atual de salas/ número de animais?

3b Qual o sistema de estantes/gaiolas utilizadas hoje para as salas de animais? O sistema adotado permanecerá nos próximos 2 (dois) anos? Há intenções de substituir e/ou implantar outros sistemas, tais como estantes ventiladas?

3c Quais as prioridades a serem tomadas caso o desenho das salas de animais ou do sistema de estantes para caixas/gaiolas, proposto pelos pesquisadores, e as especificações normativas conflitarem?

4 — Tipo de separação por sala

4a Quantas salas serão destinadas para criação por espécie animal?

4b Como será feita a separação das salas destinadas à experimentação? Por espécie animal? Por tipo de ensaio realizado? Por nível de biossegurança?

4c Outro tipo de separação a ser proposto? Qual?

4d Quantas salas serão necessárias para cada tipo de separação prevista?

5 — Isolamento e outros espaços auxiliares

5a Haverá necessidade de áreas isoladas para quarentena?

5b Haverá necessidade de áreas diferenciadas por função, tais como áreas de apoio técnico e áreas de apoio logístico? Quais?

5c Haverá necessidade de áreas com variabilidade da função, tais como áreas para procedimentos de descontaminação química ou física? Esterilização? Quais?

5d Haverá necessidade de áreas baseadas nas técnicas de gerenciamento das atividades, tais como centralização ou descentralização do biotério? Quais?

5e Haverá necessidade de áreas baseadas em instrumentação tecnológica, tais como áreas para autoclaves, estufas e/ou outros equipamentos? Quais?

6 — Ensaios e procedimentos adotados e fluxograma das operações

6a Quais os ensaios previstos? Pesquisa experimental? Controle de qualidade de imunobiológicos e medicamentos? Outros? Quais?

6b Quais os ensaios de controle da qualidade previstos para os animais, insumos e condições ambientais?

6c O pesquisador terá acesso a todas as instalações animais ou somente à salas de procedimentos?

6d Qual o fluxograma dos animais na área de experimentação entre as salas de quarentena, salas de animais e salas de procedimentos? Quais as contenções adotadas para a transferência dos animais de uma sala à outra?.

6e Qual o fluxograma dos pesquisadores e técnicos — do acesso às áreas laboratoriais e de suporte técnico (manutenção e tratamento de animais)? Quais serão os controles de acesso adotados?

6f Qual o fluxograma dos técnicos de suporte logístico? Quais serão os controles de acesso adotados?

6g Qual o fluxograma dos técnicos de suporte operacional (manutenção predial preventiva e corretiva e monitoramento da instalação, dentre outras)? Quais serão os controles de acesso adotados?

6h Qual o fluxograma dos materiais e insumos, do recebimento à distribuição (suprimentos, estantes e/ou caixas, material de consumo — ração e cama —, e animais)? Quais serão os controles de acesso adotados?

6i Qual o fluxograma das amostras de produtos a serem testados?

6j Qual o fluxograma dos resíduos — da coleta aos depósitos temporários internos e/ou externos?

6k Por quem os ensaios serão conduzidos? Pelos pesquisadores e pela equipe de suporte técnico do biotério? Pelo responsável pela manutenção dos animais? Ou somente por técnicos especializados do próprio biotério?

7 — Avaliação de risco

7a O levantamento de risco já foi realizado?

7b Quais os agentes de risco encontrados?

7c Quais os agentes etiológicos manipulados?

7d Qual o nível de biossegurança a ser adotado?

Características construtivas e ambientais

As características construtivas e ambientais, tanto para os biotérios de criação como para os de experimentação animal, também irão auxiliar na obtenção de padrões de higiene, assepsia e segurança, portanto, elas também devem ser estabelecidas na Programação Arquitetônica por meio das questões levantadas e dos critérios a serem estabelecidos, como por exemplo:

8 — Interelações e alternativas envolvidas no arranjo físico do projeto

8a Quais as atividades propostas? Quais são os ambientes previstos em projeto, ou existentes na edificação a ser reformada, em termos dos objetivos e metas de produção/pesquisa/ensaio a serem alcançadas?

8b O controle de qualidade — de animais, insumos e condições ambientais —, será realizado no próprio biotério ou em outra instituição?

8c Qual o zoneamento a ser estabelecido? Por área de uso, por grupamento de espécie animal ou por atividade?

8d Qual a tipologia arquitetônica a ser adotada?

8e Está previsto o planejamento de futuras expansões?

9 — Arranjo interno dos espaços

9a Qual o sistema de mobiliário (painéis divisórios, mesas, cadeiras, prateleiras, armários e *racks,* dentre outros) a ser adotado no biotério? O sistema deverá ser fixo ou flexível?

9b Qual o arranjo das estantes nas salas de animais? Complexo ou linear?

9c Quais são os padrões sanitários requeridos aos animais em manutenção e/ou em experimentação?

9d Quais os equipamento que deverão ser adotados para o desenvolvimento das atividades previstas?

9e Quais os equipamentos de segurança utilizados na manutenção dos animais?

9f Quais os equipamentos de segurança coletiva a serem adotados nas áreas laboratoriais e nas áreas de suporte técnico?

9g Quais são as associações interativas entre departamentos, grupos, equipes e laboratórios que devem ser observadas? Haverá redes de informação entre ambientes internos de um mesmo pavimento ou entre pavimentos, edificações, ou mesmo entre diversas localizações?
Outras observações? Quais?

10 — Barreiras físicas de contenção

10a Quais as barreiras físicas de contenção requiridas para as áreas laboratoriais e de suporte técnico (manutenção dos animais e salas de procedimentos, dentre outras)?

10b Qual o sistema de barreira a ser adotado, nos acessos e circulações horizontais, para monitoramento do fluxo de técnicos, amostras e insumos, nas áreas laboratoriais e de suporte técnico? Sistemas duplos de circulação ou sistemas de circulação única?

10c Qual o sistema de barreira a ser adotado, nas circulações verticais — escadas, elevadores e monta-cargas, dentre outros — devem ser adotados para acesso aos diversos níveis da instalação?

10d Os acessos previstos são diferenciados para técnicos, pesquisadores, animais e insumos? Quais são as rotas de saída em casos de emergência?

10e Quais as barreiras de contenção a serem adotadas para acesso às instalações animais? Qual o sistema de identificação para acesso de técnicos às áreas restritas?

10f Existe previsão de rota de saída dos resíduos?

10g Quais são os equipamentos de proteção coletiva a serem adotados? Cabines de segurança biológica, câmaras de exaustão química, equipamentos de combate a incêndio, chuveiros e lava-olhos de emergência? Outros? Quais?

10h Quais as barreiras de contenção a serem adotadas entre ambientes com diferentes níveis de biossegurança? Barreiras físicas ou sistemas mecânicos? Pressão do ar diferenciada entre ambientes adjacentes? Qual o fluxo de ar estabelecido? Outros sistemas? Quais?

10i Quais as barreiras físicas para passagem de técnicos entre ambientes com diferentes níveis de biossegurança? Câmaras de passagem? Sanitários e/ou vestiários de barreira? Portas com dispositivos de intertravamento (sistema de abertura de uma das portas acionado somente após o fechamento da outra) ou outro sistema de segurança de acionamento? Outros sistemas? Quais?

10j Quais as barreiras físicas adotadas para passagem de materiais e insumos, entre ambientes com diferentes níveis de biossegurança? Câmaras de passagens com *air lock*? Autoclaves? Guichês? Outros sistemas? Quais?

10k Quais os sistemas de comunicação a serem adotados entre ambientes com diferentes níveis de biossegurança? Visores? Sistema de interfonia? Sistema de vídeo e/ou audio? Outros? Quais?

10l Quais os sistemas a serem adotados no tratamento do ar? Sistema de climatização e/ou sistemas de ventilação? Pontual ou geral?

10m Qual o sistema de barreira a ser adotado, no tratamento do ar, para manter a qualidade ambiental requerida? Tomada do ar para o ambiente e grelhas de insuflação com filtragem absoluta? Fluxo de ar no sentido das áreas de menor risco para as áreas de maior risco? Grelhas de exaustão com filtragem absoluta e exaustão do ar para o exterior dotado de sistemas de filtragem, esterilização ou incineração do ar? Outros dispositivos de segurança? Quais?

10n Qual o sistema de monitoramento ambiental a ser adotado? Controle de temperatura, umidade e fluxo do ar dos ambientes climatizados? Controle e/ou contenção de aerossóis e outros contaminantes — partículas aéreas de origem física ou química? Tratamento de resíduos? Tratamento de efluentes/esgotamento sanitário? Outros sistemas de monitoramento da instalação? Outros sistemas? Quais? Local ou remoto?

11 — Infraestrutura predial

11a Há previsão de portarias, estacionamentos e pátios de manobra de veículos externos, para carga e descarga de animais e suprimentos?

11b Quais os serviços prediais que devem estar disponíveis no biotério? Redes de abastecimento de água? Redes de esgotamento sanitário e de águas pluviais? Redes de fornecimento de energia elétrica e de geração de emergência? Outros serviços? Quais? Gerais ou pontuais?

11c Quais são os requisitos técnicos e de biossegurança das linhas de serviço necessários aos ambientes em função da atividade desenvolvida e dos equipamentos previstos, tais como: tratamento da água a ser utilizada nas áreas laboratoriais? Depósito externo, em local próximo, para os cilindros de gases especiais? Rede elétrica de emergência? Sistema de interfonia entre os ambientes em contenção? Outros? Quais?

11d Qual é o dimensionamento; capacidade e qualidade das linhas de serviço requeridas? Quais os pontos de consumo que devem estar disponíveis para realização das atividades previstas?

11e Qual a localização dos pontos de fornecimento/ consumo? Outras observações? Quais?

12 — Características construtivas

12a Quais são as características construtivas e ambientais requeridas para as áreas laboratoriais e de suporte técnico?

12b Quais são as características construtivas e ambientais requeridas para as áreas de suporte administrativo, circulação pública e *break spaces*?

12c Quais são as características construtivas e ambientais requeridas para as áreas de suporte logístico e operacional?

12d Qual o dimensionamento das salas, incluindo altura, largura e comprimento?

12e Os revestimentos de piso, paredes e tetos a serem adotados são de fácil limpeza, resistentes aos produtos utilizados na descontaminação das superfícies e/ou do ambiente? O acabamento previsto é liso, uniforme, sem fissuras ou reentrâncias e executado com cantos arredondados — piso/ parede, parede/parede, parede/teto?

12f Qual o sistema de mobiliário (painéis divisórios, mesas, cadeiras, prateleiras, armários e *racks,* dentre outros) a ser adotado no biotério? O sistema deverá ser fixo ou flexível?

12g O sistema de mobiliário adotado é ergonômico, adequado ao uso previsto, resistente aos produtos utilizados e de manutenção simples? As superfícies são lisas, uniformes, sem fissuras ou reentrâncias? Possuem acabamento com cantos arredondados?
Outras observações? Quais?

Requisitos Físicos e Operacionais de Biossegurança

Os requisitos físicos de projeto serão definidos com base no estabelecimento do padrão de desenho do biotério, que poderá ser de forma centralizada ou descentralizada; convencional ou dotado de barreiras de contenção.

Os esquemas de biotérios centralizados, abaixo representados, oferecem no tocante a flexibilidade a possibilidade de salas de procedimentos compartilhadas, que podem ser utilizadas por diversos pesquisadores em horários programados, com menor duplicação de serviços de suporte e maior eficiência de uso das salas de animais.

Desenho do biotério

No biotério centralizado (Figura 2), os pesquisadores deslocam-se até aos animais para trabalhar e conduzir seus estudos/ensaios em ambientes específicos e controlados, ao passo que os animais são cuidados, tratados e mantidos pela equipe técnica do biotério, sob supervisão de um médico veterinário especializado.

Os biotérios centralizados são necessários face às exigências atuais de segurança - quanto ao controle dos acessos às instalações animais, flexibilidade e versatilidade da instalação; localização central para as redes de serviços prediais, áreas para atividades laboratoriais de suporte técnico —, e por apresentarem menores custos de construção e operacionalização.

Outra proposta para o desenho de um biotério centralizado seria a implantação das áreas de suporte técnico (salas de animais e de procedimentos) associadas a uma estrutura laboratorial de avaliação da qualidade dos animais, de modo a estabelecer um programa de controle de qualidade dos animais de laboratório.

Figura 2. Planta esquemática, sem escala, de um biotério centralizado

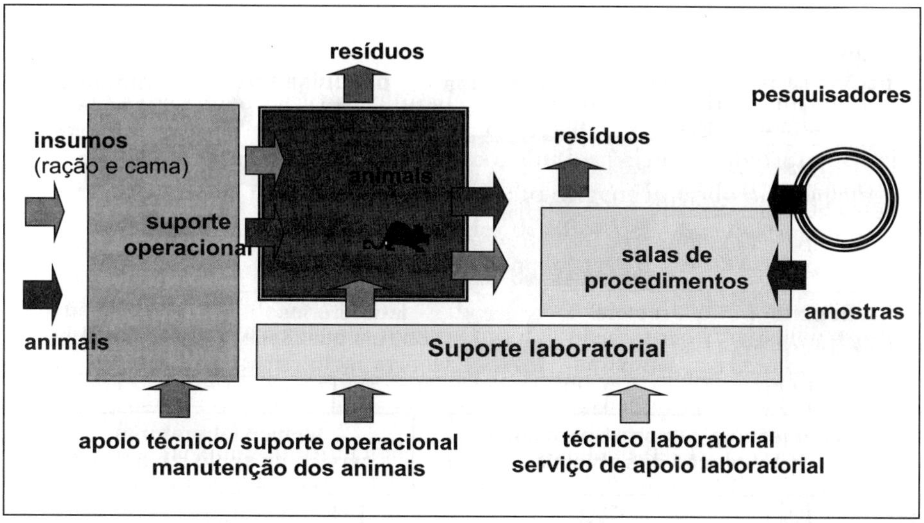

Fonte: Adaptado de Graves, s/a.

O gerenciamento desse programa pressupõe que para a credibilidade dos ensaios e/ou testes realizados no biotério é necessária à confiabilidade na qualidade dos animais de laboratório, nos insumos consumidos pelos animais (ração e água) e nas condições ambientais das instalações onde são mantidos e/ou testados os animais (Cardoso, 1996).

Neste caso, os técnicos internos do biotério procederiam à coleta de amostras, por lote de animais e insumos recebidos, e ao envio desse material aos diversos laboratórios (microbiologia, imunologia, química, farmacologia e toxicologia), pertencentes ou não a estrutura do biotério, para serem avaliados. Todos os laudos emitidos seriam incluídos ao laudo de qualidade dos animais de laboratório a serem utilizados como reagentes biológicos (Figura 3).

Tanto a estrutura gerencial como a de suporte técnico laboratorial, poderiam também ser responsáveis por todos os ensaios *in vivo* executados, assim os resultados desses ensaios seriam enviados aos pesquisadores — junto com toda a documentação referente aos resultados dos ensaios de controle de qualidade dos animais, controle de qualidade de insumos e controle ambiental —, evitando o acesso de pessoas externas ao biotério, aumentando assim a segurança das instalações e a qualidade final dos ensaios e/ou testes realizados.

Já nos biotérios descentralizados os animais vivem em múltiplas áreas localizadas próximas ou adjacentes, aos laboratórios dos pesquisadores.

Figura 3. Planta esquemática, sem escala, de um biotério centralizado voltado para o programa de qualidade de animais

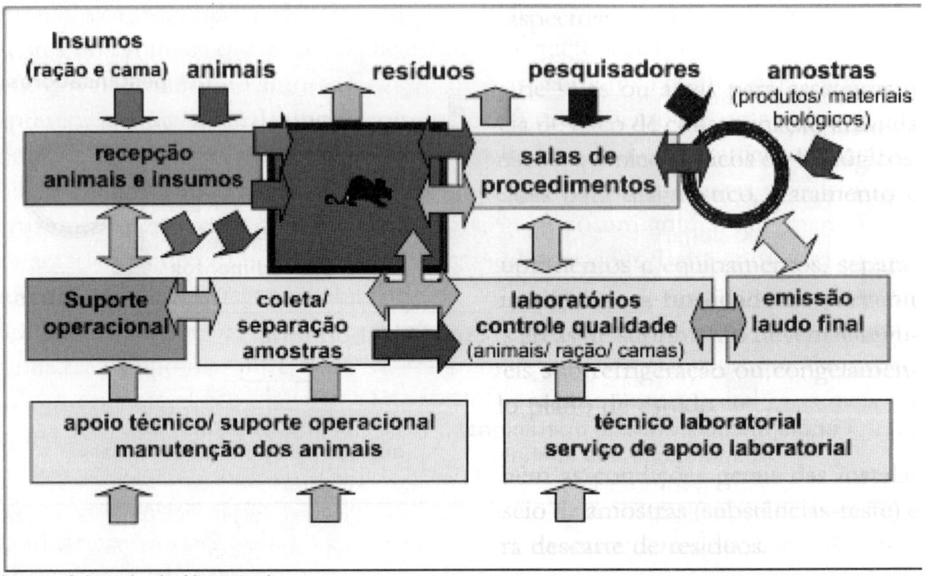

Fonte: Adaptado de Graves, s/a.

Em instalações desta natureza, as áreas de suporte e de procedimentos podem adotar diferentes configurações no *lay-out* obrigando a implantação de um rígido monitoramento de fluxo, uma vez que o acesso livre de técnicos, animais e suprimentos, podem afetar a eficiência, os custos, e a validação das pesquisas e ensaios realizados.

No esquema apresentado (Figura 4) as salas de procedimento e de suporte operacional estão localizadas em áreas adjacentes às salas de manutenção de animais de modo que permita a observação de todas as etapas da pesquisa/ensaio.

Existem algumas razões para se adotar o desenho de um biotério descentralizado tais como: funções do biotério (no biotério de criação, por exemplo, separação por tipo de colônias), separação dos animais (por espécie animal) ou nos biotérios de experimentação, separação por agente de risco, separação de animais de pequeno e de grande porte, dentre outras.

Instalações descentralizadas possuem, entretanto, um desenho que permite ambientes diferenciados, únicos, que tendem a ser utilizados somente para ensaios de um único pesquisador, não se preocupando com a habilitação de uma equipe técnica específica (gerenciadora do biotério) para conduzir as pesquisas/ensaios, beneficiando profissionais que desejam ter completo controle sobre suas pesquisas e/ou ensaios em andamento.

Figura 4. Planta esquemática, sem escala, de um biotério descentralizado

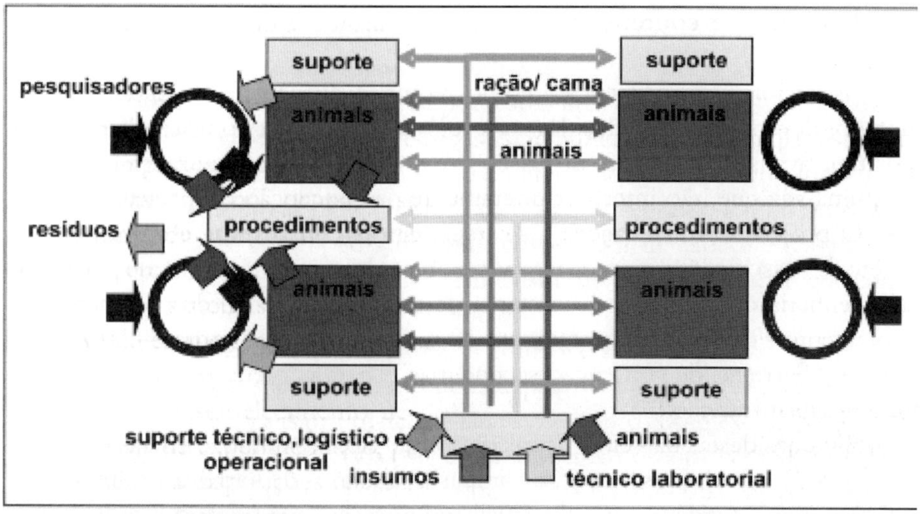

Fonte: Adaptado de Graves, s/a.

Brent C. Morse, do "Walter Reed Army Institute of Research", apresenta no seu livro sobre desenho de instalações laboratoriais de experimentação animal interessante comparativo entre a construção de um biotério centralizado ou descentralizado, e também quanto à adoção de circulação simples ou múltipla — fluxo de animais, insumos e pessoal técnico, através de corredores "sujos" e "limpos".[20]

Centralização *versus* Descentralização

Centralizado	Descentralizado
o Grande flexibilidade;	o Animais próximos aos laboratórios;
o Utilização eficiente do espaço;	o Transportação de animais;
o Animais próximos às instalações de suporte;	o Alto custo de construção;
o Previsão para futuras instalações de equipamentos especiais;	o Maior custo de manutenção predial;
o Custos baixos de construção;	o Equipamentos específicos por sala;
o Controle de acesso (técnicos, insumos e materiais);	o Separação por agente de risco;
o Aumento no controle da segurança.	o Menor controle dos acessos;
	o Menor controle da segurança.

Circulação simples *versus* circulação múltipla

Simples	Múltiplo
o Menor custo de construção;	o Maior custo construtivo;
o Menor custo de manutenção;	o Maior custo de manutenção;
o Pouco controle de contaminação;	o Maior controle na contaminação cruzada;
o Adoção de procedimentos que possam compensar o controle de contaminação.	o Mais de 20% de espaço perdido, freqüentemente, sem manutenção;
	o Espaços perdidos transformam-se em depósitos.

[20] Harry Rozmiarek (apud Morse, s/a.) propõe aos planejadores não se referirem às circulações como "sujas e limpas", pois podem se tornar uma realidade, e sim adotar o nome de "circulação de ar de insuflação e de ar de retorno".

Barreiras de contenção

As barreiras de contenção, como requisito de projeto do biotério a ser adotado, devem ser estabelecidas na programação arquitetônica da instalação, após uma avaliação criteriosa dos riscos[21] e do nível de Biossegurança a ser adotado, uma vez que irão interferir diretamente na concepção do projeto.

O projeto das instalações — características construtivas e ambientais de projeto — associadas às práticas operacionais de monitoramento dos sistemas da engenharia de segurança — sistema de tratamento do ar, de tratamento do esgotamento sanitário e de tratamento de resíduos, dentre outros —, são denominados "barreiras de contenção secundárias"[22] para contenção física dos riscos presentes na instalação.

Algumas destas barreiras físicas de contenção, tais como, câmaras de passagem (*air lock*), circulações "sujas" e "limpas", sanitários de barreira e outros espaços específicos, tendem a ser de difícil modificação por sua localização e, freqüentemente, não se adaptam prontamente a outros usos, podendo permanecer vazias ou pouco utilizadas. Portanto, devem ser avaliadas de acordo com o custo-benefício de sua implantação em relação ao padrão de desenho do biotério e ao nível de Biossegurança preestabelecido.

A construção de barreiras físicas de contenção para acesso a salas de manutenção dos animais, por exemplo, podem limitar sua flexibilidade, no caso, a adoção de equipamentos para manutenção dos animais, em caixas ventiladas ou em unidades isoladoras, deve ser considerada uma opção às salas convencionais de animais.

---

[21] Os riscos no ambiente, e também no laboratório, podem ser classificados em cinco tipos: riscos de acidentes, ergonômicos, físicos, químicos e biológicos (Portaria n.º 3.214, do Ministério do Trabalho do Brasil, 1978).

A avaliação do risco é um parâmetro de essencial importância para determinação dos níveis de Biossegurança e dos requisitos de contenção (instalações, equipamentos, procedimentos e informação) que deverão ser adotados para minimizar os eventuais riscos inerentes às atividades de pesquisas e suas aplicações nas áreas laboratoriais.

[22] A **contenção primária** é a proteção da equipe do laboratório e do meio de trabalho à exposição de agentes infecciosos proporcionada por uma boa técnica de microbiologia e pelo uso de equipamentos de segurança adequados — jalecos, luvas, gorros e protetores faciais, dentre outros equipamentos de proteção individual — EPIs, e cabines de segurança biológica — CSB, autoclaves, chuveiros e lava-olhos de emergência, dentre outros equipamentos de proteção coletiva— EPCs.

Já a **contenção secundária** é proporcionada pela combinação do projeto das instalações e das práticas operacionais, que além de proteger a equipe técnica e o meio de trabalho, é utilizada para a proteção do meio ambiente externo ao laboratório contra a exposição aos materiais infecciosos.

Dessa forma, os três elementos de contenção incluem a prática e a técnica laboratorial, o equipamento de segurança e o projeto das instalações (CDC, 1999).

Embora signifique maior custo, os equipamentos móveis/transportáveis, tornam as instalações mais flexíveis, reduzem o risco de infecções veiculadas por partículas em suspensão no ambiente e que podem interferir nos resultados experimentais, eliminam odores provenientes das excretas dos animais, reduzem o nível de ruído e otimizam os espaços físicos, permitindo uma fácil instalação e menor custo-benefício em função da atividade a ser exercida.

No caso de instalações para criação de animais devem-se adotar barreiras de contenção secundária no sistema de tratamento do ar, tais como a instalação de filtros HEPA no sistema de insuflação de ar e de um sistema de controle do fluxo de ar que mantenha pressões diferenciadas e direcionadas das áreas de menor risco para as de maior risco.

Outras barreiras também devem ser adotadas tanto para o acesso de técnicos às áreas de animais — sanitário de barreira —, como para acesso dos animais à instalação, através de câmaras de passagem, guichês ou tanques de imersão.

No tocante a procedimentos de segurança, os insumos e materiais devem ser esterilizados em autoclaves antes de serem introduzidos na área de animais, sem que haja, entretanto, necessidade de tratamento para descarte dos resíduos.

No esquema abaixo representado (Figura 5), por exemplo, as salas de animais são mantidas com pressão do ar positiva em relação às áreas adjacentes.

O acesso dos técnicos às instalações é realizado através de um sanitário de barreira com higienização corporal e, os insumos e materiais são introduzidos através de uma autoclave.

Figura 5. Planta esquemática, sem escala, de instalações laboratoriais com pressão positiva para criação de animais

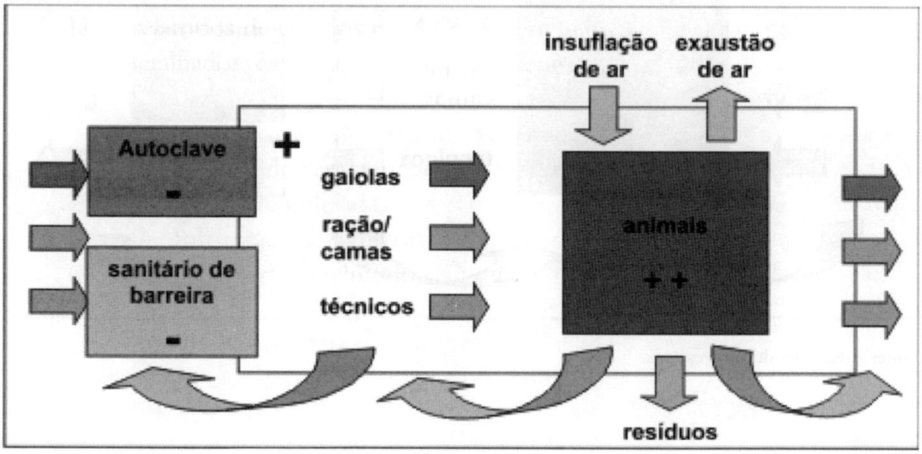

Fonte: Adaptado de Graves, s/a.

Os ensaios realizados em biotérios de experimentação animal que necessitem de salas brancas e áreas "limpas", devem também ser conduzidos em ambientes dotados de barreiras de contenção secundárias, tais como:

- Sistema de tratamento do ar que possa garantir os requisitos de qualidade e de monitoramento do fluxo, isto é, pressão positiva do ar, nas áreas de procedimentos e de manutenção dos animais, direcionada às outras áreas do biotério;
- Barreiras de controle para acesso de técnicos, animais, insumos e materiais.

Os ensaios realizados nas áreas de experimentação animal com risco biológico devem ser conduzidos em áreas com um sistema de filtragem do ar de exaustão e um sistema de monitoramento do fluxo de ar, que mantenha pressão negativa nas salas de procedimentos e de manutenção de animais em relação às áreas adjacentes.

Neste caso, os procedimentos de segurança adotados, recomendados ou obrigatórios, devem estar de acordo com o nível de biossegurança estabelecido para a instalação, como por exemplo, para o acesso às áreas de manutenção de animais e/ou laboratoriais (Figura 6), todos os técnicos devem colocar os EPIs necessários, que, após o uso, devem ser descontaminados antes de descartados ou reutilizados.

Figura 6. Planta esquemática, sem escala, de instalações laboratoriais com pressão negativa para área de experimentação animal

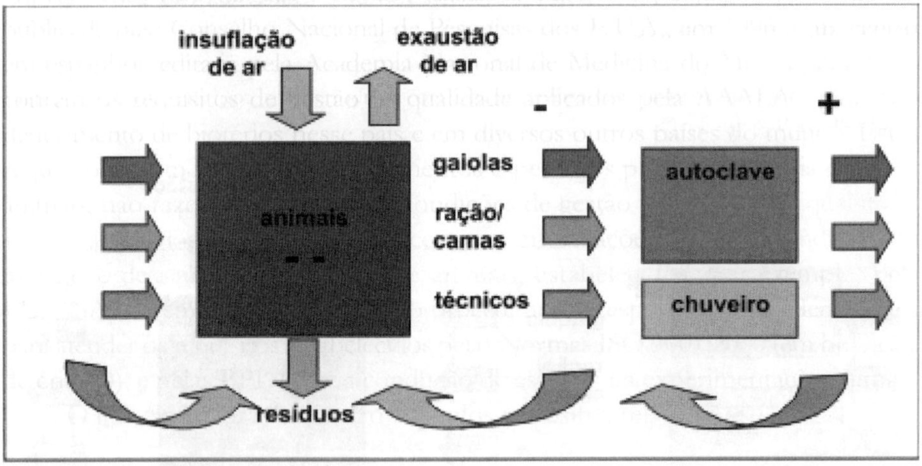

Fonte: Adaptado de Graves, s/a.

Na saída das instalações NB-A3, obrigatoriamente, deve-se proceder a uma higienização corporal através de uma ducha abundante, e nas instalações NB-A4 através de ducha química e ducha abundante de água.

Todos os resíduos procedentes das áreas de animais devem receber tratamento adequado antes de descartados — sistemas de esterilização em autoclaves —, mas, caso seja conveniente, alguns materiais e EPIs utilizados podem ser descontaminados para reutilização.

Os sistemas de trituração/esterilização são adotados para o descarte final dos resíduos provenientes das áreas NB-A2 e NB-A3, entretanto, nas áreas NB-A4 deve-se adotar o sistema de incineração dos resíduos e carcaças de animais após sua descontaminação.

Os resíduos sanitários e efluentes provenientes da instalação devem passar através de um sistema de descontaminação/esterilização antes de descarregados na rede de esgotamento sanitário da edificação.

Níveis de Biossegurança

Do ponto de vista histórico, a busca pelo conforto e qualidade ambiental de uma instalação, para criação, manutenção e experimentação animal, sempre foram preconizados por instituições como a Fiocruz, entretanto, novas diretrizes na área de arquitetura têm sido introduzidas — modificando concepções de espaços, materiais de acabamento, mobiliário e sistemas de tratamento do ar, efluentes e resíduos, para a implementação da biossegurança nos projetos de instalações laboratoriais e nas práticas operacionais de controle dos riscos e contenção dos agentes de riscos inerentes às atividades desenvolvidas.

Nos projetos arquitetônicos para Instalações Laboratoriais de Experimentação Animal, os requisitos de projeto correspondem ao Nível de Biossegurança Animal de 1 a 4,[23] crescentes no maior grau de contenção e complexidade no nível de segurança estabelecido para a instalação.

---

[23] **Nível de Biossegurança Animal 1 (NB-A1),** recomendado para o trabalho com animais infectados que envolva agentes bem caracterizados, conhecidos por não provocarem doenças em humanos sadios e que representem risco potencial mínimo para a equipe laboratorial e para o meio ambiente;

Nível de Biossegurança Animal 2 (NB-A2), envolve práticas para o trabalho com animais infectados por agentes associados a doenças humanas;

Nível de Biossegurança Animal 3 (NB-A3), envolve práticas adequadas para o trabalho com animais infectados por agentes nativos ou exóticos que apresentem potencial elevado de transmissão por aerossóis e risco de provocar doenças fatais ou sérias;

Nível de Biossegurança Animal 4 (NB-A4), envolve práticas adequadas para o trabalho com animais infectados por agentes perigosos, exóticos ou relacionados com um risco de transmis-

Os níveis de Biossegurança correspondem à instalação — biotério de criação ou biotério de experimentação animal — como um todo ou para ambientes laboratoriais específicos e abrangem questões de localização, organização funcional, características de construção, infra-estrutura, sistemas de segurança e procedimentos operacionais, apresentadas usualmente nos manuais de Biossegurança, como requisitos, recomendados ou obrigatórios, que devem ser adotados de acordo com o risco apresentado pelo agente manipulado e o nível de Biossegurança estabelecido.

Conclusão

O projeto arquitetônico é diferente de qualquer outra experiência. Projetar é prever, planejar de modo quase visionário. Uma percepção contínua de que a realidade se move por si mesma, de que os objetivos se modificam, de que as informações mudam e suas regras se alteram, de que nada é permanente ou absoluto em tais movimentos e de que uma explicação mecânica para todas as coisas só pode funcionar dentro de limites precisos. Uma vez que as fronteiras de tais limites sejam rompidas, as velhas explicações se desmancham, destruídas e arrastadas pelos novos movimentos.

Uma edificação que projetamos pode permanecer ativa durante quase cinqüenta anos, mas, freqüentemente, poderá ser reformada, ampliada, alterada em seus propósitos ou até demolida. A arte de projetar exige um esforço total, um desejo de que a edificação permaneça intacta, viva, mas, para que não seja destroçada, é necessário pensar, projetar um futuro, um sistema que possa adequar-se a todas as inovações tecnológicas. Aos leitores desejamos apenas que leiam, pensem e discutam as poucas informações que foi possível aqui reunir, e assim mudar, inovar, recriar. Boa sorte!

Referências

Alesco Indústria e Comércio Ltda. *Alta Tecnologia em Manutenção de Animais de Laboratório.* S/a. Não paginado (folheto comercial).

Associação Brasileira de Normas Técnicas. NBR 6493. *Emprego de Cores Fundamentais para Tubulações Industriais.* Rio de Janeiro, 1992.

são desconhecido, que exponha o indivíduo a um alto risco de infecções que podem ser fatais, além de representarem potencial elevado de transmissão por aerossóis (CDC, 1999).

No caso de animais geneticamente modificados, estas instalações devem ser credenciadas pela Comissão Técnica Nacional de Biossegurança — CTNBio e devem possuir as características descritas na Instrução Normativa n.º 12.

———. NBR 7195. *Cor na Segurança do Trabalho.* Rio de Janeiro, 1997.

Barker, J. H. *Planejamento e projeção das instalações laboratoriais.* Atlanta: U.S Department of Health and Human Services, 74 p., 1982.

Brasil. Ministério da Ciência e Tecnologia. Lei n.º 8.974 de 5 de janeiro de 1995. Estabelece o uso das normas técnicas de engenharia genética e liberação no meio ambiente de organismos geneticamente modificados, autoriza o Poder Executivo a criar, no âmbito da Presidência da República, a Comissão Técnica Nacional de Biossegurança, e dá outras providências. *Diário Oficial [da República Federativa Brasil]*, Brasília, vol. 133, n.º 5, pp. 337-46, Seção I.

———. Comissão Técnica Nacional de Biossegurança. *Cadernos de Biossegurança.* Lex — Coletânea de Legislação. Brasília, 230 p., março, 2001.

Brasil. Ministério da Saúde. Portaria n.º 1.884, de 11 de novembro de 1994. In: *Normas para projetos Físicos de Estabelecimentos Assistenciais de Saúde.* Brasília: Imprensa Nacional, 140 p., 1995.

———. Portaria n.º 3.523, de 28 de agosto de 1998; estabelece normas e periodicidade para a limpeza, manutenção, operação e controle dos sistemas.

———. Agência Nacional de Vigilância Sanitária. Anvisa. Resolução RDC n.º 50. Dispõe sobre o Regulamento Técnico para planejamento, programação, elaboração e avaliação de projetos físicos de estabelecimentos assistenciais de saúde. 2002.

———. Secretaria de Ciência, Tecnologia e Insumos Estratégicos. Diretrizes gerais para o trabalho em contenção com material biológico. Brasília: Ed. M.S., 50 p., 2006.

———. Secretaria de Ciência, Tecnologia e Insumos Estratégicos. Classificação de Risco dos Agentes Biológicos. Brasília: Ed. M.S., 34 p., 2006.

Brasil. Ministério do Trabalho. Lei n.º 6.514 de 22 de dezembro de 1977. Altera o Capítulo V do Título II, da Consolidação das Leis do Trabalho, relativo à Segurança e Medicina do Trabalho. In: *Segurança e Medicina do Trabalho.* 29.ª ed. São Paulo: Atlas, 489 p., 1995.

———. Portaria n.º 3.214 de 8 de junho de 1978. Aprova as Normas Regulamentadoras — NR — do Capítulo V do Título II, da Consolidação das Leis do Trabalho, relativas à Segurança e Medicina do Trabalho. In: *Segurança e Medicina do Trabalho.* 29.ª ed. São Paulo: Atlas, 489 p., 1995.

Cardoso, T. A. O. *Programa de Qualidade de Animais de Laboratório.* Documento Interno do Serviço de Animais de Laboratório, Instituto Nacional de Controle de Qualidade em Saúde. Rio de Janeiro: Fundação Oswaldo Cruz, Fiocruz, 20 p., 1996.

———. Limpeza, desinfecção e esterilização. In: L. M. Oda & S. M. Ávila (orgs.). *Biossegurança em laboratório de saúde pública*, Brasília: Ed. M. S., ISBN-85-85471-11-5, pp. 57-75, 1998.

Cardoso, T. A. O.; B. E. C. Soares & L. M. Oda. *Biossegurança no manejo de animais em experimentação.* Cad. Téc. Esc. Vet. UFMG, n.º 20, pp. 43-58, 1997.

Centers for Disease Control and Prevention (CDC). *Laboratory Biosafety Guidelines.* 2.ª ed. Laboratoire de Lutte contre la Maladie, Ottawa, Canada, 66 p., 1996.

Centers for Disease Control and Prevention and National Institute of Health (CDC-NIH). *Biosafety in Microbiological and Biomedical Laboratories*, Washington: CDC, 250 p., 1999.

Farias França, M. B. & P. Porto Farias (coords). *Programação arquitetônica de biotérios.* Brasília: Ministério da Educação: Cedate, 225 p., 1986.

Guibert, J. (dir.). *La securité dans les laboratoires; de analyse des risques aux reglés d'explotation.* Paris: CNPP-AFNOR, 274 p., 1993.

Graves, R. G. *Animal Facilities: Planning for Flexibility.* S/a. Mimeo.

Ibam/CPU, PCR/SMU. *Manual para elaboração de projetos de edifícios de saúde na Cidade do Rio de Janeiro; posto de saúde; centro de saúde e unidade mista.* Rio de Janeiro, 1996.

Inmetro, Instituto Nacional de Metrologia, Normalização e Qualidade Industrial. *Quadro Geral de Unidades de Medida*: Resolução n.º 12/1988, 19 p., 1989.

Lima e Silva, F. H. A. Barreiras de contenção. In: L. M. Oda & S. M. Ávila (orgs.). *Biossegurança em laboratório de saúde pública*, Brasília: Ed. M. S., ISBN-85-85471-11-5, pp. 31-56, 1998.

Longhi, P. R. & S. Valle. *Fatores físicos no ambiente de trabalho.* Rio de Janeiro: UFF, 1992. Trabalho apresentado no Curso de Arquivologia da Universidade Federal Fluminense (Mimeo).

Minister of Sapply and Services. *Containment Standards for Veterinary Facilities.* Canadá, 71 p., 1996.

Morse, B. C. *Facility Design, Construction, Renovation and Problem Solving.* S/a., 17 p. Mimeo.

Merusse, J. L. B. & V. B. V. Lapichick Instalações e equipamentos. In: *Manual para técnicos em bioterismo.* Cobea, pp. 15-25, 1996.

Neu Aerodinâmica. *A tecnologia das salas brancas nas indústrias de ponta.* São José dos Campos, SP, 1991. Não paginado (folheto comercial).

Paul, J. & J. Simons. *Le risque biologique.* Paris: Inserm, 15 p., 1991.

Purdon, S. W. *Selecting the Right Design for the Future.* New Fashions for Animal Facilities. University of Cincinnati, 24 pp., 1989.

Sheriff, M. P. *Guia de programación y diseño de centros de salud.* Madrid: Ministério de Sanidad y Consumo. Secretaría General Técnica, vol. 2 (Atención primaria de salud, 2), 164 p., 1984.

Simas, C. Biossegurança e arquitetura. In: P. Teixeira & S. Valle (orgs.). *Biossegurança uma abordagem multidisciplinar.* Rio de Janeiro: Ed. Fiocruz, pp. 75-110, 1996.

Simas, C. M. & T. A. O. Cardoso. *Arquitetura e Biossegurança.* Curso de Biossegurança *On Line* da Escola Nacional de Saúde Pública da Fundação Oswaldo Cruz. P. Teixeira (coord.), Rio de Janeiro: Fundação Oswaldo Cruz, 2000.

World Health Organization. *Manual de Biossegurança para Laboratório.* 2.ª ed. São Paulo: Santos, WHO, Genebra, 133 p., 1995.

Anexo 1

Modelo Ficha Técnica – Caracterização dos Ambientes

Código Atribuição:

❒ Identifica a atribuição correspondente a um conjunto de atividades e subatividades do biotério em estudo, existente ou a ser projetado.

Grupo funcional:

❒ Identifica o grupo de atividades de cada atribuição, que formam uma unidade funcional sem conotação espacial.

Setor:

❒ Identifica a unidade espacial na qual o ambiente em estudo, existente ou a ser projetado, se insere.

Ambiente:

❒ Identifica o ambiente caracterizado na ficha.

Atividades desenvolvidas:

❒ Descreve a(s) função(ões) ou atividade(s) desenvolvida(s) no ambiente e identifica.

Localização:

❒ Informa a proposta de localização do ambiente no biotério e suas inter-relações funcionais (flexibilidade, articulação e contigüidade desejadas).

Fluxo:

❒ Representa graficamente as inter-relações funcionais requeridas.

Ambiente Simulado:

❒ Representa graficamente, através de leiaute, as informações contidas nos outros campos:
- ❒ Área útil estimada,
- ❒ Detalhes ergométricos.

Usuários:

❒ Identifica e quantifica os usuários do ambiente.
- ❒ Técnicos especializados,
- ❒ Apoio técnico,
- ❒ Apoio logístico,
- ❒ Suporte administrativo,
- ❒ Público em geral.

Ocupação com animais:

❒ Identifica e quantifica as espécies animais de criação ou de experimentação:
- ❒ Animais convencionais,
- ❒ Animais SPF,
- ❒ Animais gnotobióticos:
  - ❒ *Germfree* ou axênico,
  - ❒ Monoxênico,
  - ❒ Dixênico,
  - ❒ Polixênico.
- ❒ Animais geneticamente modificados,
- ❒ Animais infectados com agentes etiológicos:
  - ❒ classe de risco 1,
  - ❒ classe de risco 2,
  - ❒ classe de risco 3,
  - ❒ classe de risco 4.

Revestimentos:

❒ Caracteriza o tipo de revestimento adequado ao ambiente:
- ❒ Piso, paredes e teto,
- ❒ Bancadas,
- ❒ Mobiliário em geral,
- ❒ Outros. Especificar.

Mobiliário:

❒ Identifica, quantifica e dimensiona:
- ❒ Balcões, bancadas e mesas,
- ❒ Armários e arquivos,
- ❒ Cadeiras e poltronas,
- ❒ Outros. Especificar.

Equipamentos:

❒ Identifica e quantifica os equipamentos utilizados:
- ❒ Micros, impressoras, *scaners, ploters, xerox* e outros,
- ❒ Som, TV, vídeo e outros,
- ❒ Estantes, gaiolas,
- ❒ Caixas ventiladas,
- ❒ Estantes ventiladas,
- ❒ Cabines de segurança biológica:
  - ❒ Casse I,
  - ❒ Classe II,
  - ❒ Classe III.
- ❒ Geladeiras e *freezers*,
- ❒ Autoclaves, fornos e/ou estufas,
- ❒ Incineradores,
- ❒ Outros. Especificar.

Condicionantes ambientais:

❒ Identifica as condições relativas ao ambiente, de qualquer ordem, constante em leis, normas e requisitos de Biossegurança:
- ❒ Área mínima do ambiente e altura piso/teto,
- ❒ Esquadrias e/ou visores:
  - ❒ Vão livre mínimo para passagem de equipamentos e especificações construtivas das portas,
  - ❒ Área mínima ventilaçãoiluminação e especificações construtivas das janelas e/ou visores,
  - ❒ Altura piso/peitoril das janelas e/ou visores,
- ❒ Iluminação:
  - ❒ Luz natural desejável? ❒ sim ❒ não,
  - ❒ Penetração solar desejável? ❒ sim ❒ não,
  - ❒ Obscurecimento desejável? ❒ sim ❒ não indiferente
  - ❒ Luz artificial — nível de iluminamento, fidelidade cromática e tipo de luz (incandescente, fluorescente e outras)
- ❒ Temperatura e umidade relativa do ar,
- ❒ Conforto acústico (fontes de ruído interno e ruído máximo admissível).

Recomendações:

Modelo Ficha Técnica — Sistemas de Tratamento do Ar

Ambiente/Setor:

❑ Identifica o ambiente caracterizado na ficha.

❑ Identifica a unidade espacial na qual o ambiente se insere.

Localização:

❑ Informa a localização do ambiente no biotério e os espaços técnicos para instalações dos equipamentos principais e outros componentes dos sistemas do tratamento de ar (ventilação e/ou climatização do ar).

Ocupação com animais:

❑ Especifica e quantifica as espécies de animais de criação e/ou de experimentação no biotério.

Ambiente/Usuários:

❑ Informa as atividades desenvolvidas no ambiente levantado na caracterização do ambiente.

❑ Quantifica os usuários do ambiente levantados na caracterização do ambiente.

Ambiente simulado, atividades e fluxo do ar:

❑ Representa graficamente, por meio de *lay-out*, as informações contidas nos outros campos,

❑ Informa a área estimada e a altura piso/teto,

❑ Informa a localização preferencial para as grelhas de ventilação e de insuflação do ar.

❑ Representa graficamente o fluxo de ar requerido no ambiente.

Condicionantes ambientais:

❑ Temperatura interna do ambiente (ºC),

❑ Umidade relativa do ar (%),

❑ Renovação do ar? ❑não ❑sim. Qual? ❑100% ar externo ❑25 trocas/h ❑Menor? Informar.

❑ Filtragem do ar? ❑não ❑sim. Qual? ❑filtros absolutos de alta eficiência — HEPA ❑Outro? Informar.

❑ Diferencial de pressão entre o ambiente e as áreas adjacentes? não sim.
positiva (+) ❑negativa (–)? Especificar.

❑ Requisitos operacionais especiais? ❑não ❑sim. Quais?

❑ controle individual da temperatura? ❑normal ❑ininterupto (24 horas)

❑ controle individual da umidade do ar? ❑normal ❑ininterupto (24 horas)

❑ operação ininterrupta (24 horas) do(s) equipamento(s) de ventilação e/ou de climatização?
❑não ❑sim

Equipamentos que podem gerar modificações na temperatura e/ou no equilíbrio do ar ambiente:

❑ Câmara de exaustão química?
❑não ❑sim, quantas?
Qual a vazão de ar prevista?

❑ Cabines de Segurança Biológica — CSB?
❑não ❑sim, quantas?
Qual o tipo da CSB?
Qual a vazão de ar e o número de trocas com o ambiente?

❑ Equipamento(s) de ventilação geral?
❑não ❑sim — exaustores Quantos?
Qual a vazão de ar prevista?

❑ Equipamento(s) de ventilação pontual?
❑não ❑sim — coifas ❑mangueiras flexíveis Quantas? Qual a vazão de ar prevista?

❑ Equipamentos de iluminação? ❑não ❑sim — Quantos? Qual o tipo de lâmpada?
❑incandescente ❑fluorescente ❑outras
Qual a potência térmica dissipada?
(número de lâmpadas e potência unitária em watts)

❑ Outro(s). Especificar.

MEDIDAS SANITÁRIAS EMPREGADAS NA CRIAÇÃO DE ANIMAIS

Neide Hiromi Tokumaru Miyazaki
Maria Helena Simões Villas Bôas

Introdução

O processo que caracteriza a evolução do homem na pré-história evidenciou-se não somente pela capacidade de confeccionar utensílios de caça mas também pelo início da domesticação e criação de animais, levando ao surgimento de povoados com atividades pastoris. Tempos depois, núcleos de criações de várias espécies de animais foram desenvolvidos porém freqüentemente dizimados por doenças contagiosas.

Atualmente, apesar dos avanços no desenvolvimento de quimioterápicos e de vacinas eficazes, o controle das doenças infecciosas continua a representar o maior obstáculo para os criadores de animais.

A criação intensiva de animais, para fins de pesquisa ou de caráter econômico, e o uso contínuo dos estabelecimentos de criação favorece a sobrevivência de organismos potencialmente patogênicos contribuindo para que o local torne-se contaminado, além de aumentar o risco da transmissão de doenças.

Prevenir as doenças é mais fácil, mais barato e mais eficaz do que tentar tratar qualquer tipo de surto que venha a ocorrer. Portanto, a adoção de um programa preventivo de controle de doenças e infecções é essencial para a manutenção da saúde dos animais, validação dos dados de uma pesquisa e segurança das pessoas que cuidam dos animais.

A disseminação das doenças pode ocorrer através de três fatores: pelo próprio animal, por fatores externos como comida, água e pessoas, e pela limpeza e desinfecção ineficazes.

A desinfecção dos estabelecimentos de criação de animais tem como objetivo eliminar os patógenos, especialmente aqueles de importância para a saúde pública e que possam representar grandes perdas econômicas. Agentes físicos e químicos têm sido utilizados por muitos anos com o objetivo de destruir os microrganismos. Agentes físicos como calor úmido ou seco, são preferencialmente empregados, porém muitas vezes o material a ser descontaminado e ou esterilizado não suporta esses processos, necessitando a utilização de agentes químicos.

Aspectos relacionados à limpeza e a desinfecção através do uso de produtos químicos são os temas abordados neste capítulo.

Definição de termos

Alguns termos pertinentes ao assunto abordado são freqüentemente utilizados de forma equivocada. Por isso, é fundamental o entendimento desses termos para garantir a escolha de uma ação apropriada para a eliminação dos microrganismos. Os principais são:

• *Limpeza*:

Processo de remoção completa da sujidade de objetos e superfícies através da utilização de água, sabão ou detergente e ação mecânica.

• *Descontaminação*:

Processo físico ou químico preliminar de desinfecção ou esterilização de objetos e superfícies contaminados, com o objetivo de torná-los seguros para manipulação.

• *Desinfecção*:

Processo físico ou químico que destrói os microrganismos sobre superfícies e objetos inanimados, mas não necessariamente os esporos bacterianos.

• *Esterilização*:

Processo físico ou químico que destrói todas as formas microbianas, inclusive os esporos bacterianos.

• *Antissepsia*:

Processo através do qual ocorre a destruição ou a inibição dos microrganismos presentes sobre o tecido vivo.

• *Biocida*:

Agente químico ou físico que destrói os organismos vivos porém, é normalmente usado para se referir a destruição dos microrganismos.

Procedimentos gerais para o controle de agentes infecciosos

Os procedimentos básicos constantes do programa de controle de doenças e infecções são a descontaminação, limpeza e desinfecção. Esses procedimentos são usados em conjunto, de acordo com as finalidades desejadas:

• Descontaminação, limpeza e desinfecção: cuidados quando há envolvimento de zoonoses (doenças infecciosas ou parasitárias que se transmitem dos animais ao homem)

• Limpeza e desinfecção: cuidados de rotina

Descontaminação

A descontaminação, além de minimizar o risco de infecções cruzadas é uma etapa determinante da eficácia do procedimento de desinfecção.

Locais que abrigam animais portadores de zoonoses devem inicialmente, ser descontaminados utilizando-se biocidas adequados, sejam os desinfetantes ou os esterilizantes químicos, que pertencem a categoria de produtos denominados saneantes com ação antimicrobiana e estão sujeitos ao regime de vigilância sanitária através das Leis n.ºs 6.360/76, 6.437/77, 9.782/00 e do Decreto n.º 79.094/77.

A comercialização desses produtos no nosso país é realizada após o registro junto a Agência Nacional de Vigilância Sanitária/ Ministério da Saúde (ANVISA/ MS), conforme Resolução-RDC n.º 184/01 e a Portaria DISAD n.º 15/88.

O registro dos saneantes com ação antimicrobiana possui a validade de cinco anos, após o qual o produto deve ser novamente avaliado através de ensaios laboratoriais, e a revalidação de registro é solicitada pelo fabricante apresentando, entre outras exigências, laudo de um laboratório oficial a ANVISA/MS, comprovando a eficácia, o teor do princípio ativo do produto, e de outras substâncias importantes na formulação.

Portanto, para efetuar a aquisição de produtos passíveis de registro como os desinfetantes, aconselha-se verificar no rótulo, no mínimo, o número de registro junto a ANVISA/ MS assim como o número do lote e a data de validade.

O sucesso do alcance da meta desejada, ou seja, a destruição de microrganismos, muitas vezes conhecidos, depende da seleção correta do biocida. Para isso é necessário ter conhecimento do espectro de ação exercido por esses agentes e de suas principais características, que serão posteriormente discutidos.

Limpeza

Seguida a descontaminação, o local deve ser limpo de forma eficaz.

Os agentes infecciosos oriundos de excreções, secreções e do próprio animal podem permanecer viáveis por longos períodos no ambiente. Essa sobrevivência depende: do número inicial de agentes infecciosos, da competição com outro microrganismo e de fatores do micro-ambiente (natureza, quantidade de matéria orgânica presente, temperatura, pH e umidade).

Uma limpeza apropriada garante a remoção da sujidade, da matéria orgânica e da grande maioria dos microrganismos. É extremamente importante remover todo o tipo de matéria orgânica (fezes, urina, exsudato, sangue, comida e restos de animais mortos) já que o tempo de sobrevivência de muitos agentes infecciosos fora do hospedeiro é prolongado pela presença desse tipo de material. A limpeza da área deve ser realizada antes da desinfecção.

Quando a limpeza e a desinfecção estão sendo realizadas rotineiramente, são requeridos procedimentos menos rigorosos porém, ainda assim é necessária uma supervisão adequada.

Um programa de limpeza inclui basicamente:

- remoção dos animais da área de criação
- escovação ou raspagem das superfícies fixas e de objetos, e aqueles que são removíveis devem ser mergulhados em soluções de detergente ou sabão
- remoção de toda a matéria orgânica
- lavagem da área com água e sabão ou detergente
- secagem da área

A escovação, raspagem, remoção da sujidade e da matéria orgânica são concernentes à limpeza seca. É uma etapa recomendada como procedimento anterior à limpeza úmida, a qual envolve a lavagem do local. Essa lavagem deve ser iniciada a partir de níveis mais altos (paredes) para os níveis mais baixos (chão). A utilização de água sob pressão adicionada de detergentes ou sabão é, provavelmente, o método mais eficaz de remoção de material solidificado e gordura, além de facilitar a limpeza em depressões e cantos que seriam inacessíveis sem esse tipo de equipamento.

É importante retirar o resíduo dos detergentes ou sabão utilizados e secar a área. A inobservância desses procedimentos acarretaria na inativação do desinfetante que poderia ocorrer pela incompatibilidade com os tensoativos, ou pela maior diluição conferida na presença da água.

Desinfecção

Após a etapa de limpeza cuidadosa e secagem do local e equipamentos, segue-se o procedimento de desinfecção. Tais procedimentos são importantes para a manutenção da saúde dos animais e por isso, é essencial que sejam realizados por pessoas treinadas para esse fim e com supervisão adequada.

Independentemente da espécie do animal e do objetivo para a sua criação, a desinfecção representa uma etapa primordial para prevenir e controlar as doenças infecciosas.

O sucesso do programa de descontaminação/desinfecção depende da escolha do agente químico para um determinado propósito, no qual devem ser considerados aspectos tais como: espectro de atividade do produto químico, suscetibilidade a inativação pela presença de matéria orgânica, compatibilidade com sabões e detergentes, atividade residual, corrosividade, toxicidade para pessoas e animais, efeitos no ambiente e custo.

A fumigação é a opção de preferência para a desinfecção de ambientes, porém desinfetantes na forma líquida também são utilizados. Em um ambiente amplo o desinfetante na forma líquida pode ser aplicado sob alta pressão, e em áreas menores, com borrifador. Böhm (1998) recomenda a aplicação do biocida na proporção de 0,4 l/m^2.

Veículos de transportes também devem ser lavados com água e detergente sob pressão, enxaguados, secos e desinfetados, inclusive internamente. Se o veículo foi envolvido no transporte de animais infectados com um determinado patógeno, o desinfetante a ser utilizado precisa ser eficaz contra o agente que causou a infecção.

Além dos aspectos relativos ao produto, os fatores ambientais e do microrganismo são críticos no controle de doenças e infecções.

Procedimentos específicos de limpeza e desinfecção

Aviários

Jaenisch (1998, 1999) recomenda, no caso de aviários com aves alojadas, remover a poeira de telas, ninhos e lâmpadas pelo menos uma vez por semana e promover a limpeza e desinfecção dos bebedouros diariamente.

Recomenda ainda, após a saída do lote, limpar imediatamente o local, desmontar os equipamentos e retirar a maravalha utilizada como cama, umidecendo-a antes da sua retirada para diminuir a formação de poeira. Os equipamentos móveis devem ser retirados, lavados e desinfetados. Comedouros e silos devem ser esvaziados e as sobras de ração eliminadas.

Jaenisch preconiza também varrer o aviário, limpar os equipamentos, passar lança chamas no piso e muretas para queimar as penas restantes, lavar teto, paredes, vigas e piso com água sob pressão e detergente. Nesse momento limpar as calçadas externas, o silo, a caixa d´água e as tubulações. Após a secagem desinfetar esses locais e o aviário. Recolocar os equipamentos e a maravalha. Fumigar o aviário fechando-o por 24 horas, e deixando-o vazio sem utilizar (vazio sanitário) por pelo menos 15 dias, antes de colocar outro lote de aves.

Ovos e incubadoras

A contaminação dos ovos pode ocorrer durante a postura, por utensílios de coleta sujos, por aerossóis de microrganismos produzidos por ovos em decomposição que quebraram na incubadora e pela manipulação sem os cuidados higiênicos requeridos.

Segundo Jaenisch (1998), a coleta dos ovos deve ser feita utilizando-se bandejas de plásticos, com a freqüência mínima de sete vezes ao dia e desinfetados, através de fumigação.

A desinfecção deve ser realizada logo após a postura a fim de eliminar os microrganismos, evitando que penetrem através da casca e da membrana diminuindo assim, as chances de contaminação. Cabines de fumigação podem ser utilizadas para a execução desse procedimento onde o gás formaldeído é gerado aquecendo-se pastilhas de formaldeído de forma a produzir uma concentração que atinja 600 mg/m^3 por 20 minutos à temperatura de 20°C a 25°C. Alternativamente, o gás formaldeído pode ser gerado adicionando-se 35 ml de formalina a 40% em 10 g de cristais de permanganato de potássio, sendo essa a proporção utilizada para um metro cúbico.

Alguns produtores preferem lavar os ovos fecundados em solução contendo desinfetante. Entretanto, a lavagem pode causar contaminação dos ovos se a temperatura recomendada para a água não for observada ou, quando a quantidade de ovos excede a capacidade de desinfecção do produto. É recomendado que a temperatura da água varie de 43°C a 49°C (mais quente do que a temperatura dos ovos) e seja acrescida de desinfetante, dos quais os mais utilizados são os compostos liberadores de cloro ativo (Ernst, 1999).

Segundo Ernst (1999), pesquisas realizadas na Universidade da Califórnia mostraram que as soluções de quaternários de amônio a 250 ppm podem ser utilizadas para desinfetar ovos fecundados, imergindo-os por no máximo 3 minutos e secando-os a seguir.

A incubadora também deve ser higienizada para acondicionar os ovos fecundados. De acordo com as recomendações do Serviço de Extensão da Universidade do Estado do Mississipi, em *Sanitation — Cleanind and Disinfectants*, a limpeza deve ser realizada usando água morna e detergente apropriado. Após essa higienização, rinsar com água em abundância, secar e desinfetar.

Animais de laboratório

Os materiais usados como cama (como por exemplo, maravalha e serragem) em gaiolas ou outros sistemas de confinamento devem ser trocados periodicamente para manter os animais secos e limpos. O *Laboratory Animal Husbandry* da Universidade Thomas Jefferson, nos Estados Unidos da América, recomenda de uma a três trocas semanais para a manutenção rotineira de pequenos roedores como o rato, o camundongo e o hamster. No caso de animais maiores como cães, gatos e macacos, o manual recomenda trocar a cama diariamente.

As gaiolas e equipamentos acessórios tais como bebedouros e comedouros devem ser lavados e desinfetados freqüentemente, o que pode ser feito através do uso de máquinas com ciclos de lavagens e enxágües a temperaturas altas (82°C) de modo a assegurar a desinfecção. A desinfecção sem esse tipo de máquina pode ser realizada com agentes químicos apropriados, como hipocloritos, e após o tempo de exposição correto ao produto, serem enxaguados abundantemente com água potável para retirar o agente químico antes da utilização.

O material usado como cama, restos de comida e carcaças de animais devem ser devidamente acondicionados e autoclavados antes de serem descartados.

Desinfecção de calçados (pedilúvio)

Calçados contaminados podem se tornar focos de agentes infecciosos nos núcleos de criação de animais. Para evitar a propagação de patógenos é comum a utilização de pedilúvio, que consiste em um recipiente contendo o desinfetante, através do qual as pessoas pisam com seus calçados ou mergulham-nos durante pelo menos 1 minuto antes de entrar nos núcleos de criação.

O desinfetante deve ser trocado todos os dias ou mais freqüentemente quando há evidências de sujidades. Quinn & Markey (2001) sugerem que em pequenas unidades de criação a troca seja realizada em intervalos de 3 dias. Os agentes químicos comumente utilizados em pedilúvios são os compostos fenólicos, iodóforos e, ocasionalmente, a formalina. Quando um determinado microrganismo é identificado em um surto de doença, deve-se empregar um desinfetante com atividade conhecida contra esse patógeno.

No caso de ser inevitável que os calçados tornem-se sujos com o solo, utilizar um pedilúvio primário contendo água e detergente (compatível com o desinfetante contido no pedilúvio próximo à entrada da área de criação) no qual se pisa para limpar os calçados antes de passar pelo pedilúvio contendo o desinfetante.

Desinfecção de pneus (rodolúvio)

Veículos utilizados nos estabelecimentos de criação de animais ou aqueles que freqüentemente transportam os animais podem, eventualmente, ter a carroceria e os pneus contaminados por agentes infecciosos e tornarem-se meios de transferência desses microrganismos patogênicos.

O programa de controle de doenças e infecções em fazendas ou granjas contempla a utilização de rodolúvio para desinfecção dos pneus. O rodolúvio deve ter uma estrutura impermeável, sem válvulas ou aberturas que permitam poluição acidental dos cursos de água e ser provido de sistema para enchimento e esvaziamento de grandes volumes de desinfetante. O rodolúvio deve ser construído em local protegido da chuva.

Os iodóforos são recomendados para uso em rodolúvios por serem mais seguros para o ambiente do que os compostos fenólicos e mais estáveis do que os hipocloritos. Quando o microrganismo causador de um surto de doença é identificado, deve se empregar um desinfetante com atividade conhecida contra esse patógeno. Os pneus devem ficar imersos na solução desinfetante durante 30 minutos (Quinn & Markey, 2001).

Principais agentes químicos utilizados como desinfetantes/antissépticos

Álcoois

Apesar de vários álcoois possuírem atividade antimicrobiana, o álcool isopropílico e o álcool etílico são os mais amplamente utilizados, sendo que esse último é o mais empregado no país em função do baixo custo. A concentração mais efetiva do álcool etílico é de aproximadamente 70%. Atualmente no Brasil, através da Resolução-RDC n.° 46/02, os álcoois com concentrações acima de 54°GL devem ser comercializados somente na forma de gel, entretanto não existe ainda um consenso sobre a eficácia desse tipo de produto em concentrações utilizadas como biocidas.

Atividade antimicrobiana: exercem a sua atividade contra bactérias na forma vegetativa, incluindo as micobactérias, fungos e vírus envelopados. Não são eficazes contra vírus não envelopados e esporos bacterianos.

Características: não penetram através da matéria seca sobre a superfície e não possuem efeito residual pois evaporam facilmente. Por serem inflamáveis devem ser manipulados com cuidado e estocados longe de fontes de calor. O uso prolongado ou de contatos repetidos podem danificar borrachas e alguns tipos de plásticos. Causa irritação e dessecação da pele e é irritante para os olhos.

Aplicações: são empregados na descontaminação e desinfecção de vários tipos de superfícies, incluindo as metálicas e em artigos médico-cirúrgicos. São também utilizadas na antissepsia das mãos.

Aldeídos

Dentre os aldeídos, são utilizados como antimicrobianos o formaldeído e o glutaraldeído.

• Formaldeído

Disponível comercialmente em solução aquosa, formalina, contendo 37-40% p/v de formaldeído e na forma sólida, polimerizada em paraformaldeído.

Atividade antimicrobiana: exerce atividade sobre bactérias na forma vegetativa inclusive as micobactérias, esporos de fungos, endosporos bacterianos e vírus envelopados e não envelopados.

Características: formaldeído é ativo tanto em pH ácido como alcalino e na presença de matéria orgânica. Pouco inativado por detergentes e material natural e sintético. A utilização na forma gasosa requer umidade relativa próxima de

70%. O vapor de formaldeído é extremamente irritante para os olhos e o trato respiratório a baixas concentrações (2-5 ppm). Irritações da pele e dermatites alérgicas podem resultar do uso de soluções contendo formaldeído. É tóxico e potencialmente carcinogênico. Devido a esses efeitos a sua utilização como antimicrobiano de largo espectro está declinando.

Aplicações: para fumigação de ambientes fechados o gás pode ser gerado ou por aquecimento do paraformaldeído ou através de adição de cristais de permanganato de potássio: a formalina. Para desinfecção o formaldeído a 4% durante 30 minutos é eficaz; para esterilização utilizam-se soluções aquosas a 10% ou alcoólicas a 8% ou produtos disponíveis no comércio para esse fim, por um período de exposição de 18 horas.

Além de seu uso como desinfetante e esterilizante, o formaldeído é também empregado como preservante, na preparação de vacinas veterinárias e humanas.

• Glutaraldeído

Disponível comercialmente em solução aquosa a 2% em pH ácido, que torna o produto mais estável porém, com a atividade antimicrobiana mais baixa do que a da solução alcalina. Pelo fato da solução alcalina ser menos estável, pois polimeriza-se rapidamente levando a perda da atividade antimicrobiana, as soluções ácidas de glutaraldeído são acompanhadas de um líquido ou um pó alcalinizante, cujo objetivo é ativar o produto antes da sua utilização. Após a ativação do produto a atividade antimicrobiana se mantém durante 14 ou 28 dias, conforme a formulação.

Atividade antimicrobiana: exerce atividade sobre bactérias na forma vegetativa inclusive as micobactérias, esporos de fungos, endosporos bacterianos e vírus envelopados e não envelopados.

Características: é ativo na presença de matéria orgânica, pouco inativado por detergentes e material natural e sintético. Sua eficácia aumenta quando o pH e a temperatura são aumentados. Não é corrosivo para metais e não causa danos a materiais de borracha, lentes ou plásticos. Pode causar dermatite, conjuntivites e problemas respiratórios.

Aplicações: no campo da veterinária tem sido usado na antissepsia de tetas para controlar mastites. São também utilizados na descontaminação e esterilização de artigos médicos e cirúrgicos que não podem sofrer a ação do calor.

Compostos liberadores de cloro ativo

Existem, comercialmente, uma grande variedade de compostos liberadores de cloro com atividade antimicrobiana. Esses compostos apresentam-se sob a forma inorgânica, como hipoclorito de sódio e de cálcio, e orgânica como por exemplo, o ácido dicloroisocianúrico e seus sais sódico e potássico, que são encontrados sob a forma de pó. Dentre esses, os hipocloritos são os mais utilizados.

O hipoclorito de sódio é um produto disponível comercialmente na forma líquida, em concentrações de 5% como reagente químico e de 2%, denominado água sanitária.

Atividade antimicrobiana: possuem amplo espectro de ação, exercendo sua atividade sobre bactérias vegetativas inclusive as micobactérias, esporos bacterianos, fungos e vírus envelopados e não envelopados. A atividade biocida deve-se ao ácido hipocloroso (HOCl) que é formado em soluções aquosas em pH 5-8. Os íons hiploclorito (OCl^{-}) predominam em soluções alcalinas fortes e são menos eficazes.

Características: a estabilidade depende da concentração de cloro disponível, pH, presença de matéria orgânica, temperatura e luz. Em formas concentradas os desinfetantes a base de cloro são normalmente instáveis; altas temperaturas reduzem a estabilidade. A luz leva a decomposição química do produto sendo necessário portanto, armazená-los em frascos opacos , protegidos da luminosidade. O aumento do pH diminui a atividade biocida; a matéria orgânica consome o cloro disponível e reduz a sua atividade. Causam irritação da pele, olhos e trato respiratório. A ingestão corroi as membranas mucosas.

Os hipocloritos são corrosivos para metais (prata, alumínio, aço inoxidável), inativados por material natural não protéico e pelo plástico, incompatíveis com detergentes catiônicos. É também inativado na presença de matéria orgânica, sendo que a inativação é proporcional à quantidade de material orgânico. Esse fato deve ser observado quando tal tipo de composto químico é utilizado na descontaminação e na desinfecção de superfícies e objetos com matéria orgânica, de forma que a concentração de cloro disponível seja alta para satisfazer a demanda de cloro (consumo do cloro) da matéria orgânica e poder fornecer cloro residual suficiente para destruir os microrganismos.

Aplicações: pode ser utilizado na descontaminação/ desinfecção de superfícies e objetos não metálicos, na presença de matéria orgânica, na concentração de 10.000 ppm durante 10 minutos, ou durante 30 minutos quando se tratar de artigos médicos utilizados em exploração de mucosas íntegras.

Fenóis sintéticos

São compostos obtidos através de substituições dos átomos de hidrogênio localizados no anel benzênico do fenol. Esses substituintes podem ser grupos alquilas (metil, etil), átomos de halogênio (Cl, Br, F) ou estruturas aromáticas (fenil, benzil) a fim de aumentar a atividade antimicrobiana e diminuir a natureza irritante do fenol.

Os produtos a base de fenóis sintéticos são comercializados geralmente em formulações concentradas, contendo dois ou mais princípios ativos.

Atividade antimicrobiana: as concentrações acima de 5% exercem atividade sobre fungos e bactérias na forma vegetativas inclusive as micobactérias. As publicações relativas à atividade virucida são conflitantes, porém de uma forma geral, são considerados ativos para vírus envelopados. Não possuem atividade sobre esporos bacterianos e vírus não envelopados.

Características: são pouco afetados pela presença de matéria orgânica, materiais naturais e plásticos. São incompatíveis com detergentes catiônicos e detergentes não iônicos. O contato com a pele deve ser evitado pois causa irritação e despigmentação. Entre os animais, porcos e gatos são particularmente susceptíveis aos efeitos tóxicos desses desinfetantes.

Aplicações: são utilizados principalmente em desinfecção de biotérios, desinfecções em fazendas e para desinfecção de superfícies com matéria orgânica.

Compostos quaternários de amônio

São agentes surfactantes que possuem forte atividade bactericida e alguma ação de detergência.

Atividade antimicrobiana: possuem eficácia sobre vírus não envelopados, alguns fungos e bactérias vegetativas, sendo mais eficazes contra as bactérias gram-positivas do que as gram-negativas (principalmente as bactérias do gênero *Pseudomonas* e a *Serratia marcescens*). Não tem atividade sobre esporos bacterianos e vírus não envelopados.

Características: são fortemente afetados pela presença de matéria orgânica, materiais naturais e sintéticos, por detergentes aniônicos e sabões, pela presença de íons cálcio e magnésio presentes na água dura. São mais efetivos a valores de pH neutro a levemente alcalinos, perdendo sua atividade a pH abaixo de 3,5. Possuem efeito residual. São compostos que apresentam baixa toxicidade porém, causam irritação e sensibilização da pele.

Aplicações: na veterinária são utilizados na desinfecção de comedouros para bezerros e filhotes de outros animais e, alguns tipos de quaternários de amônio são incorporados na lavagem de carneiros e ovelhas para controlar o crescimento de microrganismos no pêlo e na lã. Nas áreas relacionadas com os alimentos, são recomendados para desinfecção das superfícies e dos equipamentos.

Biguanidas

São compostos catiônicos amplamente usados para lavagem de mãos e na pele, em preparações pré-operatórias. A clorhexidina é o mais utilizado desse grupo.

Atividade antimicrobiana: são eficazes contra vírus envelopados e bactérias na forma vegetativa, sendo mais ativas contra bactérias gram-positivas do que gram-negativas. A atividade sobre fungos varia de acordo com a espécie fúngica – por exemplo, em estudos de DeBoer *et al.* (1995) a clorhexidina não foi eficaz contra o dermatófito *Microsporum canis*.

Características: a atividade das soluções alcoólicas são superiores às aquosas. É incompatível com detergentes aniônicos e compostos inorgânicos aniônicos, tais como fosfatos, citratos, carbonatos, bicarbonatos e sais clorados, que precipitam a clorhexidina.

Aplicações: por possuir ação residual prolongada são utilizadas para antissepsia de tetas e nos programas de controle de mastites em gado leiteiro.

Iodóforos

Esse termo significa, literalmente, carreador de iodo. São compostos nos quais o iodo encontra-se solubilizado por um carreador, normalmente um surfactante não iônico. Em solução aquosa o iodo é liberado em pequenas quantidades. Um dos iodóforos mais amplamente utilizado é o iodo complexado com polivinilpirrolidona, conhecido como PVP-I.

Apresentam-se na forma líquida, como antissépticos, comercializados normalmente em solução aquosa ou alcoólica a 1%. Produtos para escovação cirúrgica das mãos são geralmente comercializadas a 0,75%.

Atividade antimicrobiana: em diluições apropriadas os iodóforos possuem amplo espectro de atividade antimicrobiana. São bactericidas, micobactericidas, fungicidas. Apesar de possuir atividade virucida esse aspecto não está ainda elucidado. A atividade esporocida requer tempo de exposição prolongado.

Características: retém sua atividade na presença de matéria orgânica e são ativos tanto a baixas como altas temperaturas. Por ser mais ativo em pH ácido do que alcalino não deve ser utilizado em condições alcalinas ou misturados com outros desinfetantes. O iodo mancha a pele e objetos que absorvem o iodo como os plásticos, e podem causar irritação da pele.

Aplicações: os iodóforos são amplamente utilizados na antissepsia de tetas dos animais em muitos países. São utilizados em superfícies e equipamentos nas áreas relacionadas a alimentos.

Agentes oxidantes

- Peróxido de hidrogênio

Atividade antimicrobiana: possui atividade contra bactérias, fungos e, em altas concentrações podem ser esporocidas. Sua ação sobre micobactéria é questionável e a atividade fungicida pode não ser uniforme para as espécies de fungos (Quinn & Markey, 2001). Segundo Maillard & Russel (1997) esse agente ainda não foi muito estudado como virucida porém, alguns experimentos indicam que não tem ação antimicrobiana para vírus não envelopados.

• Ácido peracético

Atividade antimicrobiana: destrói bactérias, inclusive as micobactérias, fungos, algas, endósporos e vírus. Possui ação antimicrobiana mesmo a baixas concentrações e é estável na presença de matéria orgânica. Pode corroer aço, cobre e outros metais, além de reagir com borrachas natural e sintética. Sattar & Springthorpe (1999) relataram sobre a possibilidade desse agente desenvolver tumores e atuar como um possível agente carcinogênico.

Fatores relacionados à eficácia dos agentes antimicrobianos

A atividade antimicrobiana exercida por um determinado agente químico depende de fatores relativos às variações do ambiente, da suscetibilidade do microrganismo e da própria natureza química do biocida, dos quais os mais importantes serão discutidos a seguir.

Temperatura

Os desinfetantes são normalmente utilizados a temperatura ambiente sendo que a taxa de inativação do microrganismo aumenta quando ocorre elevação da temperatura. A mudança de temperatura pode afetar a estabilidade de um produto. Por exemplo, uma diminuição na temperatura, no caso do hipoclorito de sódio, pode resultar no aumento da solubilidade do agente antimicrobiano e, o gás ozônio pode ter a sua decomposição acelerada quando ocorre aumento da temperatura.

Umidade relativa

É um determinante crítico quando se trata da promoção da atividade biocida de produtos utilizados na forma de gás, como o formaldeído e o óxido de etileno. Por exemplo, na utilização de óxido de etileno a 55° C recomenda-se umidade relativa de 70%.

Matéria orgânica

A presença de matéria orgânica pode afetar desfavoravelmente a atividade antimicrobiana dos desinfetantes. Esse material apresenta-se sob várias formas como soro, sangue, exsudatos, solo, fezes, resíduos de comida e leite e, podem interferir através da reação com o biocida reduzindo a concentração do agente antimicrobiano ou, formando uma barreira em volta do microrganismo, dificultando a ação do biocida.

Potencial hidrogeniônico (pH)

A ação do pH sobre o efeito bactericida pode ocorrer, por exemplo:

• sobre o desinfetante provocando modificações na molécula, como no caso do glutaraldeído que é mais estável em pH ácido, porém o pH alcalino favorece a atividade biocida.

• sobre a superfície da célula, quando se trata dos compostos quaternários de amônio que são carregados positivamente e, o aumento do pH eleva o número de grupamentos com carga negativa na superfície do microrganismo, possibilitando o aumento de ligações com as moléculas do biocida.

Concentração do desinfetante e tempo de exposição

De uma forma geral, a taxa de morte do microrganismo aumenta com a concentração do agente antimicrobiano enquanto que o tempo de exposição necessário para que ocorra essa destruição, diminui.

Os tempos de exposição recomendados são:

• desinfecção de superfícies: esse tempo pode variar de 10 a 30 minutos de acordo com a natureza do microrganismo;

• desinfecção de artigos: 30 minutos;

• esterilização de artigos: 10-18 horas, conforme a recomendação do fabricante.

Suscetibilidade do microrganismo

Os agentes infecciosos variam em sua suscetibilidade aos desinfetantes químicos e isso pode ser melhor visualizado na Tabela 1.

A maioria das formas vegetativas de bactérias e vírus envelopados são inativados pelos desinfetantes porém, os esporos de fungos e os vírus não envelopados são menos suscetíveis a esses produtos. As micobactérias, os esporos bacterianos e os oocistos de protozoários são resistentes a muitos desinfetantes. Os prions, agentes etiológicos da encefalopatia espongiforme bovina (BSE) e do *scrapie* em ovelhas são excepcionalmente resistentes à inativação química.

Tabela 1. Padrão de suscetibilidade dos microrganismos e tipos de agentes químicos

Suscetibilidade aos agentes químicos	Microrganismos	Tipo de agente químico
Altamente suscetíveis	Micoplasmas	Álcoois, aldeídos, biguanidas, óxido de etileno, fenóis sintéticos, compostos quaternários de amônio.
Suscetíveis	Bactérias gram-positivas, gram-negativas e vírus envelopados	Álcoois, aldeídos, biguanidas, óxido de etileno, fenóis sintéticos, compostos quaternários de amônio.
	Esporos de fungos	Álcoois, aldeídos, biguanidas, óxido de etileno, fenóis sintéticos.
Resistentes	Vírus não envelopados	Aldeídos, compostos halogenados, óxido de etileno.
	Micobactérias	Álcoois, aldeídos, fenóis sintéticos, peróxidos.
Altamente resistentes	Endosporos bacterianos	Aldeídos, compostos halogenados em altas concentrações, peróxidos.
	Oocistos de protozoários	Fenóis sintéticos e compostos halogenados em altas concentrações.
Extremamente resistentes	Prions	Normalmente resistentes aos desinfetantes químicos. Altas concentrações de hipoclorito de sódio ou aquecimento com soluções fortes de hidróxido de sódio foram publicados como sendo eficazes.

Fonte: Adaptado de Quinn & Markey, 2001

Condições, quantidade da população bacteriana e localização dos microrganismos

O agente antimicrobiano exerce mais facilmente a sua atividade quando o número de microrganismos é pequeno, o que pode ser garantido com a pré-limpeza adequada. Além disso, essa limpeza é um requisito importante no processo de desinfecção, a fim de evitar problemas como a produção de biofilme sobre uma superfície sólida, no qual os microrganismos se associam através da produção de um exopolímero.

Dentro do biofilme a taxa de crescimento é praticamente reduzida em conseqüência da limitação de nutrientes, o que pode alterar a superfície da célula bacteriana e conseqüentemente modificar a sensibilidade aos agentes antimicrobianos. Uma outra razão para a baixa sensibilidade das células encontradas em biofilmes, seria devido à reação química com o exopolímero e a prevenção do acesso do biocida às células bacterianas.

A localização do microrganismo também é outro aspecto a ser considerado, já que o desinfetante deve alcançar todas as superfícies, permitindo assim, um contato direto com as células microbianas a fim de exercer a sua atividade.

Descontaminações especiais para alguns agentes etiológicos

Prions

Prions são agentes das encefalopatias espongiformes transmissíveis. São patogênicos e causam várias doenças neurodegenerativas, incluindo *scrapie* em ovelhas e cabras, BSE em gados e a doença de Creutzfeldt-Jakob (CJD) em humanos. Seu período de incubação é longo, variando de dois meses a mais de vinte anos.

Os prions são excepcionalmente resistentes à inativação. Muitas pesquisas são realizadas sobre inativação de BSE e *scrapie* por métodos físicos, devido à necessidade de descarte seguro de carcaças e, à possibilidade de alimentos a base de carnes e ossos atuarem como fonte de infecção.

Experimentos em tecidos do cérebro infectado com prions demonstraram que hipoclorito de sódio a 2,5% (25.000 ppm de cloro ativo) por uma hora é capaz de inativar o *scrapie*, enquanto que 16.500 ppm de cloro ativo por mais de duas horas foi eficaz para BSE. Entretanto, apesar dos pesquisadores terem obtido algum sucesso nos experimentos para a destruição dos prions utilizando método químico, a extrapolação dos resultados de estudos *in vitro* para aplicação prática requer cuidados extremos, já que se tratam de partículas infecciosas com altíssima resistência.

Febre aftosa

O agente etiológico é um picornavirus do gênero *Aphtovirus*, o qual ataca várias espécies de animais como bovinos, ovinos, suínos e caprinos. Dentre eles o bovino é a espécie mais suscetível. É considerada uma doença extremamente contagiosa e é endêmica em países como a África, partes da Europa, Ásia e grande parte da América do Sul (Cavalcante, 2000).

O vírus é extremamente resistente aos desinfetantes, porém é facilmente destruído por soluções altamente alcalinas ou ácidas, como carbonato de sódio (soda cáustica) a 4% e o ácido orto-fosfórico a 0,3%.

O *Department for Environment, Food & Rural Affairs* (DEFRA) do Reino Unido (2001) recomenda a utilização dessas soluções nos pátios das fazendas e em locais de aglomeração dos animais como tinas de água, comedouros e porteiras. Faz também a indicação para desinfetar veículos, utensílios, botas, sapatos e todos os objetos que entrarem em contato com os animais infectados além da lavagem das mãos com essa solução. Para a desinfecção de locais barrentos o

DEFRA indica espalhar cristais de carbonato de sódio sobre a superfície e misturá-los com o barro.

Cavalcante (2000) recomenda, para o processo de desinfecção de instalações e equipamentos, o uso de hidróxido de sódio ou formalina a 1% ou 2%, ou uma solução de carbonato de cálcio a 4%. Recomenda ainda que após a destruição de todas as fontes de infecção o local seja inativado por pelo menos seis meses.

As pessoas devem usar roupas e calçados protetores adequados e óculos de proteção ao manipular os animais e os locais infectados.

Bacillus anthracis

O *Bacillus anthracis*, agente etiológico do anthrax, é formador de endosporos que são muito mais resistentes às condições adversas do ambiente, ao calor e aos desinfetantes químicos do que a célula vegetativa correspondente e podem causar contaminação ambiental séria ao se manipular inadvertidamente as carcaças dos animais mortos por essa doença.

Após a ocorrência de anthrax, o local deve ser lacrado e todos os drenos bloqueados com segurança. Quinn (1991) recomenda que a descontaminação do local, onde ocorreu a morte dos animais, deve ser realizada embebendo em formalina a 5% durante pelo menos quatro horas antes de remover o comedouro, utensílios, forragem e fezes e antes de desbloquear os drenos. Lensing e Oei (1984) observaram que o ácido peracético a 0,25% e compostos liberadores de cloro ativo a 2.400 ppm por trinta minutos foram eficazes assim como o glutaraldeído a 2% e o formaldeído a 4% por duas horas.

Deve-se atentar ao fato de que os compostos liberadores de cloro são inativados na presença de matéria orgânica e, o peróxido de hidrogênio e ácido peracético não são apropriados ao uso quando existe sangue sobre a superfície.

Após a descontaminação todo o local e os objetos devem ser limpos e desinfetados. As carcaças devem ser incineradas e o material contaminado, quando possível, ser autoclavado.

A manipulação dos animais e de todo o material contaminado deve ser realizada usando roupas e calçados adequados, máscaras e luvas.

Aspectos da Biossegurança nos processos de limpeza e desinfecção

Como anteriormente descrito, a limpeza das áreas de criação de animais envolve etapas de limpeza seca e úmida. Esses procedimentos devem ser realizados de forma a garantir segurança aos responsáveis por tal tarefa, através da utilização de equipamentos de proteção individual (EPI) tais como botas, roupas adequadas e máscaras, para evitar a inalação de patógenos do ambiente.

Em relação aos desinfetantes, muitos deles são corrosivos, tóxicos ou irritantes e alguns, como o formaldeído são carcinogênicos e nesse caso preconiza-se a utilização, entre outros, de máscaras com filtro, para evitar a inalação dos gases. Portanto, ao se manipular os biocidas deve-se utilizar sempre os EPIs como óculos de segurança, luvas de borracha, roupas adequadas, jalecos, botas e máscaras.

Apesar da problemática envolvendo o formaldeído, a fumigação continua sendo bastante empregada por ser eficaz na desinfecção de ambientes e de ovos. Requer muito cuidado, mesmo quando realizado por pessoas experientes, já que envolve procedimentos perigosos e a manipulação de um agente químico carcinogênico.

Cuidados devem ser tomados em relação ao fato de que diferentes produtos não devem ser misturados pois produzem compostos químicos insalubres como no caso dos compostos liberadores de cloro ativo e formalina, que nunca devem ser empregados juntos ou imediatamente um após o outro, pois podem levar a formação de um composto carcinogênico quando os dois produtos químicos interagem.

A fim de evitar a degradação dos desinfetantes, o que acarretaria na falha do programa de controle de doenças e infecções, o armazenamento desses produtos químicos deve ser feito em locais frescos e ao abrigo da luz.

Conclusão

O controle e prevenção dos agentes infecciosos causadores de doenças em animais e humanos depende principalmente da escolha correta dos procedimentos de limpeza e desinfecção, e da utilização de produtos adequados, os quais devem ser selecionados de forma criteriosa considerando os fatores interferentes e as características dos agentes químicos.

A inobservância de qualquer desses fatores e a utilização de produtos ineficazes implicam na persistência da sobrevivência dos patógenos e, conseqüentemente, o aumento do risco de transmissão das doenças de importância na saúde pública.

A integração dos procedimentos de limpeza e de desinfecção são essenciais em um programa de controle de doenças e infecções em animais. Tais processos devem ser realizados por pessoas treinadas para essas finalidades e com supervisão apropriada.

Através de todos os aspectos abordados neste capítulo esperamos que o leitor seja capaz de elaborar um programa de limpeza/ desinfecção adequado e racional, totalmente aplicado às suas necessidades, nunca se esquecendo de que parte do seu sucesso depende da escolha de produtos que possuam qualidade, o que pode ser observado através de parâmetros contidos no rótulo como o número de registro e data de validade, minimizando dessa forma a utilização de produtos ineficazes.

Referências

Block, S. S. Definition of terms. In: Block, S. S. (ed.). *Disinfection, sterilization, and preservation.* Filadélfia: Lippincott, Williams & Wilkins, 2001, pp. 1419-39.

Böhn, R. Disinfection and hygiene in the veterinary field and disinfection of animal houses and transport vehicles. *International Biodeterioration and Biodegradation*, 41, pp. 217-24, 1998.

Brasil. Decreto n.º 79.094 de 5 de janeiro de 1977. Regulamenta a Lei n.º 6.360 de 23 de setembro de 1976 que submete a sistema de vigilância sanitária os medicamentos, insumos farmacêuticos, drogas, correlatos, cosméticos, produtos de higiene, saneantes e outros. *Diário Oficial* [da República Federativa do Brasil]. Brasília, pp. 114-141, 5 jan. 1977.

———. Lei n.º 6.360 de 23 de setembro de 1976. Dispõe sobre a vigilância a que ficam submetidos os medicamentos, as drogas, os insumos farmacêuticos e correlatos, cosméticos, saneantes e outros produtos. *Diário Oficial* [da República Federativa do Brasil]. Brasília, pp. 90-102, 24 set. 1976.

———. Lei n.º 6.437 de 20 de agosto de 1977. Configura as infrações à legislação sanitária federal, estabelece as sanções respectivas. *Diário Oficial* [da República Federativa do Brasil]. Brasília, pp. 193-200, 24 ago. 1977.

———. Lei n.º 9.782 de 26 de janeiro de 1999. Define o Sistema Nacional de Vigilância Sanitária e cria a Agência Nacional de Vigilância Sanitária, configura infrações à legislação sanitária federal e estabelece as sanções respectivas. *Diário Oficial* [da República Federativa do Brasil]. Brasília, pp. 1-6, 27 jan. 1999.

———. Portaria n.º 15 de 23 de agosto de 1988. Determina que o registro de produtos saneantes domissanitários com finalidade antimicrobiana seja procedido de acordo com as normas regulamentares anexas à presente. Estabelecer o prazo até as respectivas revalidações dos registros para que os produtos aqui abrangidos e anteriormente registrados se adequem ao novo regulamento. *Diário Oficial* [da República Federativa do Brasil]. Brasília, pp. 17.041-3, 5 set. 1988, Seção I.

———. Portaria n.º 159 de 19 de junho de 1992. Aprova as normas para licenciamento e renovação de licença dos antimicrobianos de uso veterinário. *Diário Oficial* [da República Federativa do Brasil]. Brasília, pp. 7.942-4, 23 jun. 1992.

———. Portaria n.º 121 de 29 de março de 1993. Aprova as normas para o combate à febre aftosa. *Diário Oficial* [da República Federativa do Brasil]. Brasília. Acessado em setembro de 2002. Disponível na internet: http://www.abordo.com.br/cfmv/port121.htm

———. Resolução-RDC n.º 184 de 22 de outubro de 2001. O registro de produtos saneantes domissanitários e afins, de uso domiciliar, institucional e profissional é efetuado levando-se em conta a avaliação e o gerenciamento do risco. *Diário Oficial* [da República Federativa do Brasil]. Brasília, 23 out. 2001, Seção I.

———. Resolução-RDC n.º 46 de de 20 de fevereiro de 2002. Aprova regulamento técnico para o álcool etílico hidratado em todas as graduações e álcool etílico anidro comercializado por atacadistas e varejistas. *Diário Oficial* [da República Federativa do Brasil]. Brasília, 21 fev. 2002, Seção I.

Buckle, A. E.; Cooper, A. W.; Lyne, A. R. & Ewart, J. M. Formaldehyde fumigation in animal housing and hatcheries. In: Collins, C. H.; Allwood, D. M. C; Bloomfield, S. F. & Fox, A. (eds.). *Disinfectants: their use and evaluation of effectiveness*. New York: Academic Press, 1981, pp. 213-229.

Cavalcante, F. A. Como combater a febre aftosa. In: *Instrução técnica n.º 27*. Embrapa, 2000.

DeBoer, D. J.; Moriello, K. A. & Cairns, R. Clinical update on feline dermatophytosis: part II. *Compendium on continuing education for the practicing veterinarian*, 17, 1995, pp. 1417-80.

Department for Environment, Food & Rural Affairs (DEFRA)/ UK. Adjusting the pH as a means of disinfection against food and mouth virus. 001. Acessado em setembro de 2002. Disponível na internet: http://www.defra.gov.uk/footandmouth/disease/disinfection/ph.asp

Ernst, R. A. Hatching-egg production, storage and sanitation. In: *Poultry fact sheet nº 22*. Cooperative extension. University of California. USA, 1999. Acessado em setembro de 2002. Disponível na internet: http://www.animalscience.ucdavis.edu/Avian/pfs22.htm

Gardner, J. F. B. & Peel, M. M. Chemical disinfectants. In: Gardner, J. F. B. & Peel, M. M. (ed.). *Introduction to sterilization, disinfection and infection control*. Londres: Churchill Livingstone, 1991, pp. 153-264.

Jaenisch, F. R. F. Biossegurança em plantéis de matrizes de corte. In: *Instrução Normativa nº 4*. Embrapa, 1998.

———. Aspectos de biosseguridade para plantéis de matrizes de corte.. In: *Instrução técnica para o avicultor n.º 11*. Embrapa, 1999.

Lensing, H. H. & Oei, H. L. A study on the efficiency of disinfectants against anthrax spores. *Tijdschr Diergeneeskd*, 109, pp. 557-63, 1984.

Maillard, J.-Y. & Russell, A. D. Viricidal action and mechanism of action of biocides. *Science Progress*, 80, pp. 287-315, 1997.

Mississippi State University. Sanitation-cleaning and disinfection. In: *Extension service*. Acessado em setembro de 2002. Disponível na internet: http://www.msstate.edu/dept/poultry/sanit.htm

Quinn, P. J. Disinfection and disease prevention in veterinary medicine. In: Block, S. S. (ed.). *Disinfection, sterilization, and preservation*. Filadélfia: Lea & Febiger, 1991, pp. 842-1162.

Quinn, P. J. & Markey, B. K. Disinfection and disease prevention in veterinary medicine. In: Block, S. S. (ed.). *Disinfection, sterilization, and preservation*. Filadélfia: Lippincott Williams & Wilkms, pp. 1.069 p.

Russell, A. D. Factors influencing the efficacy of antimicrobial agents. In: Russell, A. D.; Hugo, W. B. & Ayliffe, G. A. J. (eds.) *Principles and practice of disinfection, preservation and sterilization*. Oxford: Blackwell Science, 1992, p. 89-639.

Sattar, S. A. & Springthorpe, S. Viricidal action and mechanism of action of biocides: activity against viruses. In: Russell, A. D.; Hugo, W. B. & Ayliffe, G. A. J. (eds.) *Principles and practice of disinfection, preservation and sterilization.* Oxford: Blackwell Science, 1992, 168 p.

Thomas Jefferson University. USA. Laboratory animal husbandry. In: *Institutional administrator's manual for laboratory animal care and use.* Appendix E (E.2). Acessado em setembro de 2002. Disponível na internet: http://www.jeffline.tju.edu/cwis/University_Services/OAR/Guide/part2

EQUIPAMENTOS DE PROTEÇÃO PARA O TRABALHO ENVOLVENDO ANIMAIS DE LABORATÓRIO

Francelina Helena Alvarenga Lima e Silva

Introdução

Desde a consolidação da Biossegurança como campo de conhecimento capaz de refletir, tratar, monitorar e muitas vezes controlar situações de risco, que as doenças infecciosas são observadas com especial importância, tanto nas investigações em ambientes confinados como no ambiente natural, destacando-se atenções específicas com o manejo de animais. Sendo assim, doenças infecciosas constituem um risco significante para os profissionais envolvidos na experimentação animal e outras atividades que envolvam sua manipulação. O risco é diretamente dependente da espécie e do estado de saúde do animal e do nível de exposição dos profissionais. Os profissionais envolvidos no trabalho com animais estão expostos, por exemplo, a doenças virais infecciosas tais como: raiva originária do trabalho envolvendo cães, coriomeningite linfocítica transmitida por hamsters e camundongos. As infecções podem ser adquiridas de animais vivos, culturas celulares, tecidos animais, excretas e fomites que servem como fonte de zoonoses. Dentre as doenças que podem causar riscos de infecção ao homem destacamos a Brucelose, a Salmonelose, a Shiguelose, a Pasteurelose, a Taluremia, a Tuberculose, as Hepatites virais e a Febre Q.

O monitoramento, a quarentena, o uso de equipamentos de proteção individual (EPI) e coletiva (EPC), as boas práticas de manuseio são elementos decisivos na segurança e qualidade dos animais utilizados nos experimentos. Cuidados especiais e procedimentos normatizados devem ser seguidos nas instalações onde são mantidos os primatas. Estes, podem ser causa de sérias doenças em humanos como, por exemplo, *Herpesvirus simiae* (Herpes B), encefalite e tuberculose.

Mordidas e arranhões são os acidentes mais comuns que ocorrem com os profissionais que trabalham com animais. Todo acidente deve ser documentado por meio de relatório interno que deve ser encaminhado pelo responsável do Biotério ao setor competente, imediatamente após atendimento do acidentado, efetivando assim o acompanhamento médico e outras providências cabíveis.

Os agentes infecciosos que podem ser transmitidos dos animais para o homem ou do homem para os animais (zoonoses) devem ser manipulados de acordo com os quatro níveis de Biossegurança, aplicados às práticas de Biossegurança específica para animais. As instalações e equipamentos utilizados para o trabalho com animais consistem em um tipo particular de laboratório, no qual a equipe deve estabelecer práticas que assegurem um nível adequado de qualidade, segurança e preocupação com o ambiente. Como princípio geral, os níveis de Biossegurança que incluem as instalações laboratoriais, as práticas e os requisitos operacionais recomendados para o trabalho envolvendo agentes infecciosos *in vitro* e *in vivo* são análogos. A classificação dos microrganismos no Brasil é norteada pela "Classificação de Risco dos Agentes Biológicos", de Comissão de Biossegurança em Saúde (CBS), do Ministério da Saúde (2006). Os quatro níveis que envolvem as combinações de práticas, os equipamentos de segurança e as instalações são designados como Níveis de Biossegurança Animal (NB-A) 1, 2, 3 e 4. A contenção específica, gerenciamento de práticas e capacitação de pessoal devem ser desenvolvidos de acordo com os procedimentos estabelecidos pela instituição e serão baseados nas normas nacionais.

Para o trabalho em contenção com animais geneticamente modificados (AnGM), a Instrução Normativa n.º 02, de 27 de novembro de 2006, da Comissão Técnica Nacional de Biossegurança (CTNBio), normatiza o trabalho em pesquisa, produção e desenvolvimento tecnológico, ensino e controle de qualidade que utilizem animais geneticamente modificados, em regime de contenção. Os experimentos e criação de AnGM exigem instalações, equipamentos de contenção individual e coletiva, treinamento na manipulação dos animais e boas práticas laboratoriais, além da aprovação pelo Comitê de Ética e Comissão Interna de Biossegurança da instituição. Regulamentos éticos, assim como o trabalho do Comitê de Ética, são aplicáveis à criação e trabalhos de pesquisa com todos os animais de laboratório que não pertençam aos AnGM.

Riscos indiretos ocorrem quando a pesquisa que envolve animais demanda que estes sejam intencionalmente expostos a agentes de risco biológico, químico e radioativo. As caixas de contenção, cama dos animais, equipamentos utilizados no experimento e a atmosfera que envolve o ambiente, além dos resíduos produzidos são fontes complexas de contaminação, determinando uma seleção apurada dos equipamentos de proteção individual (EPI) e coletiva (EPC).

Equipamentos de Proteção Coletiva: Equipamentos de segurança apropriados para a contenção laboratorial

Os equipamentos de proteção coletiva são elementos de apoio na segurança pessoal e na proteção ambiental. A correta seleção, uso e manutenção do equipamento de segurança garantem ao trabalhador a possibilidade de defesa contra os inúmeros riscos aos quais está envolvido no seu dia-a-dia.

· Caixa de animal

É uma contenção parcial e, em algumas situações contenção total, em relação aos aerossóis. São plásticas ou de polipropileno, autoclaváveis, com fechamento através de grades de aço inoxidável. Existem sistemas de fechamento com filtros que formam um micro ambiente no interior da caixa, protegendo o animal, o laboratorista e o ambiente. A caixa com sistema de micro ambiente deve ser manipulada e mantida em Cabine de Segurança Biológica adaptada.

· Gaiolas

Estruturas em aço inoxidável com barras circulares. Podem conter suporte para caixa de animais, em PVC ou Polipropileno, com piso perfurado removível em material resistente ao processo de descontaminação que facilita a limpeza, sistema automático de fornecimento de água e alimento, rodízios que facilitam o deslocamento da gaiola, alarme contra fuga, etc. São utilizadas para animais como coelhos, primatas, cobaias e outros.

· Autoclaves

Promovem a esterilização de equipamentos e materiais termorresistentes e insumos através de calor úmido (vapor) e pressão. Sua instalação é obrigatória no interior dos laboratórios NB-A3 e NB-A4, sendo que, no laboratório NB-A4 é obrigatório a instalação de autoclave de porta dupla e no NB-A3 este tipo de autoclave é recomendado. No NB-A2 e NB-A1 é obrigatório que a autoclave esteja no edifício onde o laboratório está instalado. O monitoramento exige registro de pressão e temperatura a cada ciclo de esterilização, testes biológicos com o *Bacillus stearothermophylus* e um marcador químico (por exemplo, fita) em todos os materiais.

· Forno Pasteur

Atua em superfícies que não são penetradas pelo calor úmido. É um processo demorado pode ser usado em tampas de gaiolas, gaiolas de metal, caixa de metal, etc. O monitoramento exige registro de temperatura nas esterilizações, testes biológicos com o *Bacillus subtillus*, marcadores químicos (por exemplo, fita) em todos os materiais.

· Cabines de Segurança Biológica (CSB)

O princípio fundamental é a proteção do operador, do ambiente e do experimento através de fluxo laminar de ar, filtrado por filtro absoluto ou filtro HEPA (*High Efficiency Particulate Air*). As Cabines de Segurança Biológica estão dividas em Classe I, Classe II (tipo A ou A1, B1, B2 e B3ou A2) e Classe III.

· Filtro HEPA

É confeccionado em papel de microfibra de vidro plissado, possui separadores em cordões contínuos de resina sintética, sustentada por lâminas de alumínio e moldura em aço galvanizado. As fibras do filtro são constituídas por uma trama tridimensional que remove partículas do ar que o atravessa. O filtro HEPA tem capacidade para filtrar partículas com eficiência de 99,99%. Cuidados e higiene com o ambiente, troca programada do pré-filtro, aumentam a expectativa de vida útil do filtro HEPA.

· Cabines de Segurança Biológica (CSB) da Classe I

O tipo de ventilação da cabine protege o trabalhador e o ambiente, com velocidade do ar unidirecional e sem recirculação. É uma modificação da capela usada em laboratório químico. É a forma mais simples de cabine, pode ser construída com o painel frontal aberto ou com o painel frontal fechado com luvas de borracha adaptadas. Na CSB Classe I não há proteção para o experimento, somente para o operador e o meio ambiente. É recomendada para o trabalho com agentes biológicos da classe de risco 1, 2 e 3. Cuidados especiais devem ser tomados quando uma CSB deste tipo é usada, como por exemplo: circulação de pessoas em frente à cabine; retirada rápida as mãos do espaço de trabalho; abertura e fechamento de portas durante o tempo em que a cabine estiver funcionando. As CSB Classe I que possuem painel com luvas de borracha, proporcionam maior proteção ao operador. Podem ser utilizadas nos laboratórios NB-A1, NB-A2 e NB-A3. A Figura 1 apresenta esquematicamente este tipo de cabine.

Figura 1. Cabine de Segurança Biológica Classe I — dois tipos

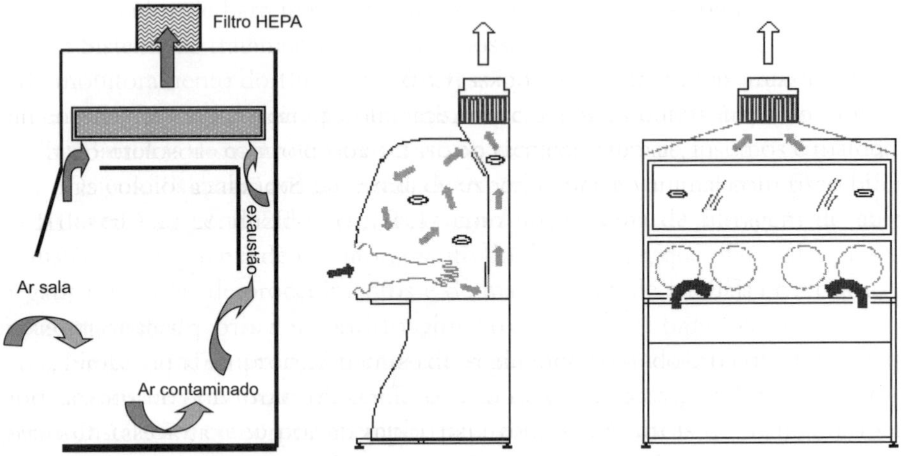

Fonte: adaptado do *The Laboratory Biosafety Guidelines*, 2004.

· Cabines de Segurança Biológica (CSB) da Classe II

A CBS Classe II é conhecida com o nome de Cabine de Segurança Biológica de Fluxo Laminar de Ar. O princípio fundamental é a proteção do operador, do ambiente e do experimento ou produto. Possui uma abertura frontal que permite acesso a superfície de trabalho. Alguns modelos possuem alarme que previne quando o painel frontal corrediço não está na altura de segurança de 20 cm, para execução do trabalho. Outros modelos são construídos com painel frontal duplo que poderá ser fechado ao término do trabalho. Uma cortina de ar formada por ar não filtrado que passa da sala para a cabine e fluxo de ar que atravessa um filtro absoluto (HEPA) situado na parte superior da cabine, evita que os contaminantes que circulam no ar dentro da cabine escapem pela abertura frontal. As CSB Classe II possuem equipamentos como: ventilador, motor, filtros HEPA de suprimento e exaustão de ar, luz, gás, luz UV, câmaras laterais, alarme, dentre outros. Podem ser utilizadas nos laboratórios NB-A1, NB-A2, NB-A3 e no laboratório NB-A4, são utilizadas somente as que possuem exaustão total e com traje de pressão positiva e sistema de sustentação de vida. As CSB Classe II estão divididas em: II A ou A1, II B1, II B2, II B3 ou A2, segundo suas funções e estruturas. As Figuras 2, 3, 4 e 5 apresentam esquematicamente estes tipos de cabines.

Figura 2. Cabines de Segurança Biológica Classe II A ou A1

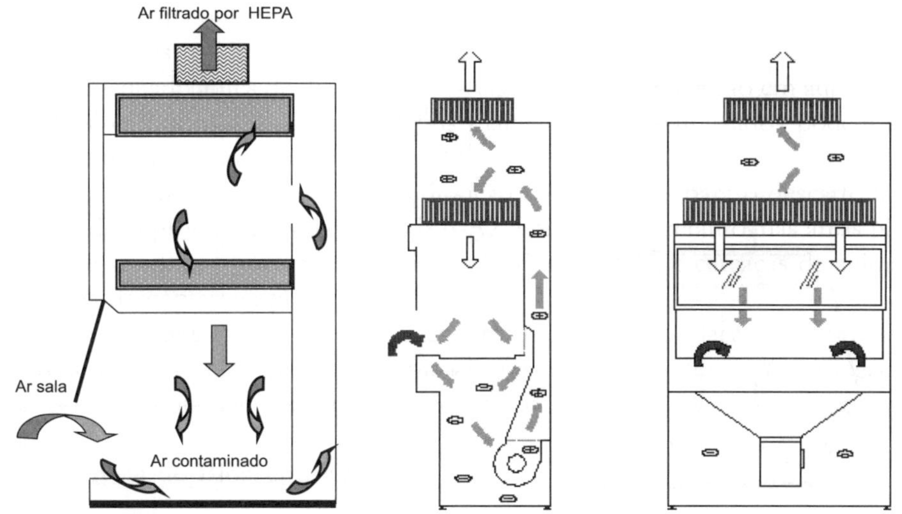

Fonte: adaptado do *The Laboratory Biosafety Guidelines*, 2004.

Figura 3. Cabines de Segurança Biológica Classe II B1

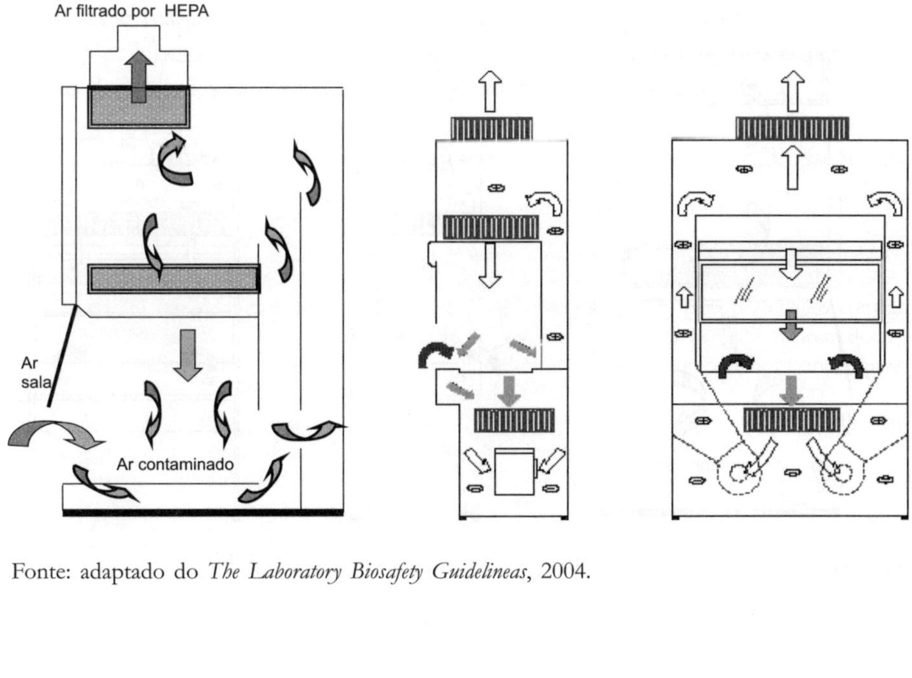

Fonte: adaptado do *The Laboratory Biosafety Guidelineas*, 2004.

Figura 4. Cabines de Segurança Biológica Classe II B2

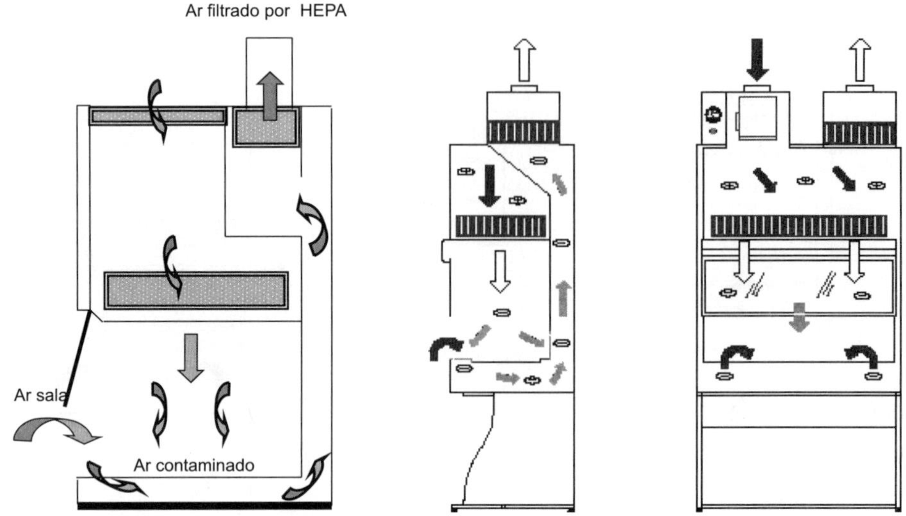

Fonte: adaptado do *The Laboratory Biosafety Guidelines*, 2004.

Figura 5. Cabine de Segurança Biológica Classe II B3 ou A2

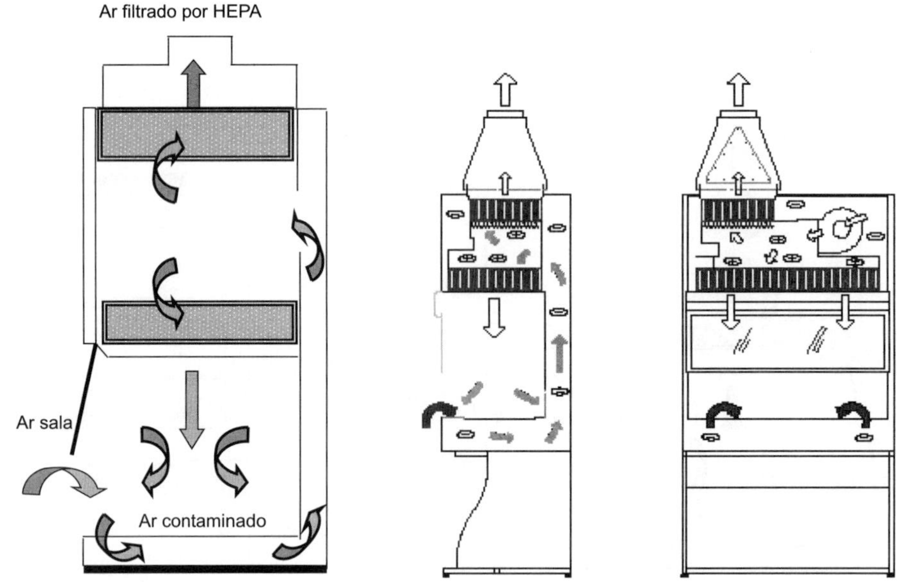

Fonte: adaptado do *The Laboratory Biosafety Guidelines*, 2004.

· Cabines de Segurança Biológica (CSB) da Classe III

São construídas em aço inoxidável com vidros blindados, absolutamente herméticos com ventilação própria. O trabalho é conduzido através de luvas de borracha presas à cabine. A temperatura deve ser controlada em um nível constante, impedindo sua elevação excessiva. O fluxo de ar penetra na CSB Classe III através de filtros absolutos (HEPA) em série. O fluxo de ar circula com trocas de pelo menos dez vezes por hora. É operada com pressão negativa em relação ao laboratório, proporcionando absoluta contenção ao agente de risco biológico. Para purificar o ar contaminado, este é esgotado através da instalação de dois filtros absolutos em série no duto de exaustão ou um filtro absoluto e um incinerador com exposição do ar de 6 segundos a 300°C. A introdução e retirada de materiais se efetuam por meio de câmaras de passagem com intertravamento nas portas ou autoclaves de porta dupla com sistema hidráulico ou elétrico para abertura e fechamento. A descontaminação de todo material utilizado e dos resíduos sólidos é feita através da autoclave de porta dupla, câmaras de fumigação ou por recipientes de imersão com desinfetantes (*dunk tank*). Os resíduos líquidos são recolhidos em depósito e descontaminados antes de serem lançados ao sistema de esgotamento sanitário. Possuem no seu interior todos os equipamentos e serviços como: refrigerador, freezer, centrífuga, microscópio e sistema para experimentação e criação de animais. Podem ser adaptadas para trabalhos que utilizem radioisótopos de vida longa. Não devem conter sistema de gás GLP ou outro gás que seja inflamável ou explosivo. Este tipo de CSB é utilizado no laboratório NB-A4. A Figura 6 apresenta este tipo de cabine de forma esquemática.

Figura 6. Cabine de Segurança Biológica Classe III

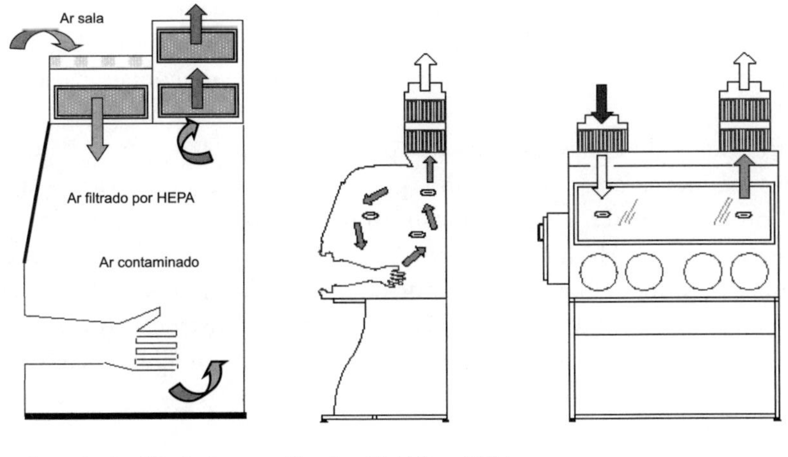

Fonte: adaptado do *The Laboratory Biosafety Guidelines*, 2004.

· Bio Bolha

É portátil e consiste em uma estrutura em forma de bolha plástica transparente e flexível, com fluxo laminar de ar filtrado por filtro absoluto. Serve como contenção ou ambiente limpo para os animais (White, 2002).

· Isolador Flexível

É um equipamento que possui ar filtrado por filtro absoluto, contem luvas e *air lock*. São versáteis na manutenção de pequenos animais. Pode ser usado como biocontenção ou bio-exclusão, em pesquisas que envolvem agentes de risco biológico ou químico. Pode ser usado, também, para subdividir grandes espaços em espaços menores de contenção. Sob pressão negativa, tem sido usado para isolar ou transportar animais contaminados com agentes de risco biológico. Possui pré-filtro, filtro absoluto e filtros de carvão.

· Cabine para Troca de Caixas

Algumas Cabines de Segurança Biológica (CSB) da Classe II tipo A ou A1, possuem área de acesso e de trabalho maiores e abertura ajustável à dinâmica do trabalho, além de local para colocação das caixas estéreis e coletor de resíduos sob a bancada de trabalho. Possuem pré-filtro para grandes partículas, filtro absoluto para pequenas partículas e filtro de carvão para vapores (odores).

· Sala Limpa

É uma área na qual se limita e/ou se controla a quantidade de partículas presentes no ambiente. Com o uso de filtros absolutos (HEPA) se consegue ar com nível de limpeza superior aos encontrados normalmente nas salas convencionais. A sala limpa é projetada para ser capaz de eliminar as partículas, levando-as a um ponto onde não são consideradas como fonte de contaminação.

· Módulos de Fluxo Laminar de Ar

São pequenas áreas de trabalho, portáteis, limitadas por cortina de PVC flexível ou outro material rígido transparente. O fluxo de ar é geralmente perpendicular ao piso (Módulo de Fluxo Vertical de Ar), mas também pode ser horizontal. Este modelo apresenta enorme versatilidade, pois pode ser acoplado em seqüência, sem afetar a instalação física da construção do biotério. O sistema pode ser sustentado por pés fixos, com rodas ou ainda, pendurado na laje.

· Unidade de Necropsia

É uma CSB Classe I, a área de trabalho contem bandeja circular para recolhimento das peças necropsiadas. É construída em aço inoxidável o que facilita o trabalho e a limpeza. Possui sistema de drenagem de líquidos e ar filtrado por filtro absoluto.

· *Rack* Isolador

Os *racks* isoladores são equipamentos de escolha para o isolamento de animais de laboratório. São estantes fechadas com portas de material transparente, com rodízios e fluxo de ar (insuflação/exaustão) filtrado por filtros absolutos, tipo HEPA. Possuem sinalização de alerta visual que indica a saturação do filtro. O *rack* isolador positivo, possui pressão positiva e é usado em trabalhos que exigem proteção dos animais contra agentes de risco biológico existentes no ambiente. O *rack* isolador negativo possui pressão negativa e é usado em trabalhos que exigem proteção do ambiente contra os agentes de risco biológico existentes nos animais infectados em experimentação.

· Cabine de Transferência de Animais

Promove proteção para o operador, animais e ambiente. O fluxo de ar é suprido através de filtro absoluto que controla as partículas contaminantes incluindo os agentes de risco biológico. Este fluxo cria uma área de trabalho livre de partículas, protegendo os animais da contaminação cruzada. É semelhante a CSB II A ou A1 ou B3 ou A2.

· Cabine para Histologia

Cabine construída em aço inoxidável com exaustão para o exterior do ambiente laboratorial através de duto. É específica para preparações histológicas.

· Capela Química

Cabine construída de forma aerodinâmica cujo fluxo de ar ambiental não causa turbulências e correntes, assim reduzindo o perigo de inalação e contaminação do operador e ambiente.

· Chuveiro de Emergência

Chuveiro de aproximadamente 30cm de diâmetro, acionado por alavancas de mão, cotovelo ou pé. Deve estar localizado em local de fácil acesso e sofrer manutenção constante.

· Lava olhos

Dispositivo formado por dois pequenos chuveiros de média pressão acoplados a uma bacia metálica, cujo ângulo permite correto direcionamento do jato de água. Pode fazer parte do chuveiro de emergência ou ser do tipo frasco de lavagem ocular.

· Microincineradores

Elétrico ou a gás para flambar alças microbiológicas ou instrumento perfurocortante no interior da Cabine de Segurança Biológica.

· Caixas ou *Containers* de Aço

Devem ter alças laterais e tampa, confeccionados em aço inoxidável, autoclaváveis, à prova de vazamento, usados para acondicionar e transportar material contaminado por agentes de risco biológico para esterilização em autoclave.

· Agitadores e Misturadores

Devem possuir sistema de isolamento que contenham os aerossóis formados durante sua utilização. Caso não possuam sistema de isolamento os agitadores e misturadores deverão ser utilizados no interior da Cabine de Segurança Biológica.

· Centrífugas

Devem possuir copos de segurança ou um sistema que permita a abertura somente após o ciclo completo de centrifugação e alarme quando ocorra quebra de tubos.

· Dispositivos de Pipetagem

Podem ser de borracha (pêra de borracha) ou pipetadores automáticos, elétricos, etc. Suprime o risco de acidente através da ingestão de substâncias contendo agentes de risco biológico, químico ou radioativo, visto que a ação de pipetar com a boca, pode gerar risco a integridade física e a saúde do trabalhador.

· Sinalização Laboratorial

É composta pelos diversos símbolos cujas formas e cores podem indicar: sinalização de aviso, interdição, obrigação, segurança e prevenção de incêndio. Os símbolos de aviso incluem o símbolo de risco biológico, símbolos de risco químico e risco radioativo que é um dos agentes de risco físico. A Figura 7 apresenta exemplos da sinalização laboratorial.

Figura 7. Exemplos da sinalização laboratorial
Símbolo Radioativo, Símbolo de Substância Irritante e Símbolo de Risco Biológico

Fonte: Lima e Silva, 2002.

· Caixa Descartável para Perfurocortante

Usada para descartar os resíduos perfurocortantes como: seringas hipodérmicas, agulhas de sutura, bisturis, dentre outros. (Deve ser autoclavada antes do descarte final.)

· Outros equipamentos de proteção

Chuveiro químico para laboratório NB-A4, extintor de incêndio, mangueira de incêndio, *sprinkle*, luz ultravioleta, anteparo para microscópio de imunofluorescência, anteparo de acrílico para radioisótopos, indicadores de esterilidade usados em autoclaves e outros.

Equipamentos de Proteção Individual

· Proteção da Face e Olhos

Óculos de proteção e protetor facial promovem proteção contra salpicos, respingos, gotículas, aerossol de agentes de risco químico e biológico, além de proteger de partículas sólidas das camas dos animais.

· Luvas

Promovem proteção das mãos em relação aos diferentes riscos, havendo necessidade de escolha do tipo de luva para cada atividade. Ex.: luvas de borracha, látex, vinil, PVC, couro, algodão, nylon e outros. Há necessidade de se verificar se o trabalhador possui alergia ao látex ou ao talco das luvas. Confirmada a alergia utilizar luvas de outro material sintético resistente. Usar luvas de PVC para manuseio de citostáticos (mais resistentes, porém com menor sensibilidade).

· Roupa Protetora Laboratorial

Os profissionais, assim como os que fazem a higiene e manutenção do biotério, devem usar uniformes. Estes podem ser compostos de: blusa de manga longa e calças compridas, ambas confeccionadas em tecido de algodão; gorro e máscara descartável, jaleco de mangas longas com punhos e comprimento abaixo dos joelhos descartável; jaleco confeccionado em tecido de algodão de mangas longas, com punhos e comprimento abaixo dos joelhos, com fechamento ao longo de seu comprimento; pró-pé descartável; sapato fechado ou botas em PVC cano ¾, dentre outros.

O traje usado no laboratório NB-A3 deve ser composto de: macacão em peça única descartável, sapatilhas descartáveis, gorro e máscara descartáveis, jaleco de manga longa com punhos e comprimento abaixo dos joelhos descartável para ser usado sobre o macacão descartável.

O traje usado no laboratório NB-A4 que utiliza Cabine de Segurança Biológica Classe II, deve ser composto de: traje completo de pressão positiva, constituído de macacão em peça única impermeável, com visor acoplado ao macacão, sistema de sustentação de vida, cujo ar é filtrado por filtro absoluto (HEPA), inclui ainda compressores de respiração de ar, alarme e tanque de ar de emergência, botas impermeáveis e autoclaváveis; luvas descartáveis protegidas por reforço nas mangas.

O traje usado no laboratório NB-A4 que utiliza Cabine de Segurança Biológica Classe III, deve ser semelhante ao usado no laboratório NB-A3.

· Máscaras e Respiradores

Máscaras descartáveis de diversos tipos. A máscara descartável pode conter visor de proteção acoplado. Podem ser de: tecido, fibra sintética descartável, com filtro absoluto tipo N95, etc. Os respiradores podem ser de proteção facial total ou parcial, providos com diferentes tipos de filtros para gases, partículas, pó e aerossóis com potencial risco biológico (sistema de respiração através de tubo ou traquéia com filtros absolutos ou filtros HEPA).

· Outros Equipamentos de Proteção Individual

Gorro descartável, pró-pé ou sapatilha descartável, avental emborrachado, avental cirúrgico, macacão de algodão, macacão descartável, botas de borracha ou PVC, protetor auricular, dosímetro para radiações ionizantes e outros.

Considerações finais

As recomendações para os trabalhos que envolvem a experimentação animal, na qual são utilizados agentes de risco biológico, de risco químico e de risco radioativo combinam a utilização de vários equipamentos de proteção individual e coletiva com as instalações laboratoriais que são classificadas segundo níveis crescentes de proteção ao trabalhador e ao ambiente. Normas de trabalho devem indicar padrões a serem seguidos em atividades que envolvam animais infectados com os diversos agentes de risco. Nos laboratórios de experimentação animal e de criação, as práticas operacionais e a qualidade do tratamento conferido ao animal devem atender a modelos e preceitos aplicáveis a todo o seguimento do trabalho. Observamos, que na maioria dos laboratórios, são utilizadas barreiras dentro de barreiras, isto é, sistemas que se somam permitindo maior proteção do trabalhador, do experimento e do ambiente. Assim, no momento em que o mundo encontra-se assolado pelas doenças emergentes e reemergentes a contenção de riscos através dos equipamentos de proteção, torna-se um instrumento estratégico disponível amplificador da Biossegurança.

Referências

Brasil. Ministério da Saúde. Comissão de Biossegurança em Saúde. *Classificação de Risco dos Agentes Biológicos*. Brasília: Ed. MS, 2006, 34 p.

Cardoso, T. A. O; Baldacci, L. M. Limpeza, desinfecção e esterilização. In: Oda, L. M. & Ávila, S. (orgs.). *Biossegurança em Laboratório de Saúde Pública*. Brasília: Ed. M. S., 1998, pp. 57-75.

Centers for Disease Control. *Laboratory safety. General safety guidelines*. Acessado em: 14/11/02. Disponível via internet: http://www. tarleton.edu/~policy/safe1101.htm

Centre for Emergency Preparedness and Response. *The Laboratory Biosafety Guidelines*. Ottawa: Minister of Health, 2004, 125 p.

Health Canada. *Laboratory Biosafety Guidelines*. 2ª ed. 1996. Acessado em: 20/2/02. Disponível via internet: http://www.hc-sc.gc.ca/

Lima e Silva, F. H. A. Barreiras de contenção. In: Teixeira, P. & Valle, S. (orgs.). *Biossegurança: uma abordagem multidisciplinar*. Rio de Janeiro: Fiocruz, 1996, pp. 163-89.

———. Barreiras de contenção. In: Oda, L. M. & Ávila, S. (orgs.). *Biossegurança em Laboratório de Saúde Pública*. Brasília: Ed. M. S., 1998, pp. 31-56.

———. *Simbologia de risco: a perspectiva imediata da informação no campo da Biossegurança*. Mestrado em Ciência da Informação. Rio de Janeiro: Instituto Brasileiro de Informação Científica e Tecnológica, IBICT-UFRJ/ECO, 2002, 233 p.

Richmond, J. at al. (orgs.). *Biossegurança em Laboratórios Biomédicos e de Microbiologia*. Brasília: Ministério da Saúde, Fundação Nacional de Saúde, 2000, 290 p.

Richmond, J. Y. (ed.). *Anthology of Biosafety V. BSL-4 Laboratories*. American Biological Safety Association, 2002, 408 p.

University of Georgia. *Biosafety Manual*. Acessado em: 22/2/03. Disponível via internet: http://www.ovpr.uga.edu/bio/bsm/bsm_sc04.html

White,W. J. *Special containment devices for research animals*. Proceedings of 4th National Symposium on Biosafety. Acessado em: 20/2/02. Disponível via internet: http://www.cdc.gov

AMBIENTE, COMPORTAMENTO E DESCARTE DE RESÍDUOS

Marta Pimenta Velloso

Introdução

Nas duas últimas décadas, o lixo vem sendo visto como um problema mundial. A necessidade de reduzir, reutilizar e reciclar já faz parte da agenda daquelas cidades onde a preocupação com nosso planeta é linguagem comum, bem como é permanente assunto de discussões nos diversos grupos ligados à ecologia. Consta também da fala popular, que a maioria desses resíduos — papel, papelão, plástico, metal e isopor — em nosso sistema de consumo produzidos em excesso, quando não reutilizados ou reciclados tem um período extremamente longo para que possam novamente ser reintegrados pela natureza. Contudo, a quantidade de lixo acumulado vem ocasionando a poluição do meio ambiente e, com isso, deteriorando a nossa qualidade de vida. E os resíduos de origem orgânica — restos de alimentos e dejetos produzidos pelo corpo humano e animal — nem sempre tratados de forma adequada têm contaminado nosso ar, nosso solo, nossas praias, lagos e rios.

Na concepção de Hancock descrita por Brilhante (1999), a viabilidade corresponde a sustentabilidade econômica do meio ambiente e da sociedade – que vai gerar uma boa qualidade de vida, visando as gerações futuras, ou seja, a riqueza deve ser distribuída de forma eqüitativa e o meio ambiente não deve utilizar seus recursos naturais além dos seus limites de sustentabilidade. Ao contrário de tal concepção, a sociedade industrial contemporânea consome, desperdiça e polui — a sociedade do corpo *bem* vestido, *bem* alimentado, *bem* educado e *bem* medicado. Uma sociedade de contrastes — enquanto uns consomem supérfluos produzindo lixo em excesso, outros vivem do lixo e no lixo. O que para uns é considerado lixo, para outros pode ser transformado em objeto de valor.

Costumamos sentir grande alívio ou até mesmo uma sensação de missão cumprida, quando colocamos o lixo para fora de nossas casas. Com este ato nos eximimos de toda e qualquer responsabilidade sobre ele. Nos esquecemos dos danos à saúde que esse lixo pode ocasionar, para quem os coleta *(lixeiros)* e para aqueles que sobrevivem dele *(catadores)*. Deixamos de lado, na maioria das vezes, o interesse pelo destino final dos resíduos que produzimos no nosso cotidiano. Não pensamos sobre os riscos que esses resíduos podem causar ao meio ambiente e à saúde do homem — como devemos preveni-los? como devemos reduzir a sua produção? como devemos reutilizá-lo ou reciclá-lo? ou ainda, por que nossa sociedade produz excesso de lixo? Somos uma sociedade do hoje, do agora, sem nos preocuparmos nem com o ontem nem com o amanhã.

Este contexto nos remete ao *slogan* dos anos 80 que mostrava a ótica individualista dos protestos ambientais no Reino Unido — "*No meu quintal, não*" (*NIMBYism — not in my back yard*) — tornando evidente, os reflexos dos interesses dominantes de uma classe média barulhenta e desejosa de que, seja lá o que fosse ser despejado ou escavado, o fosse bem longe dali (Beynon, 1999). Cabe lembrar que, o destino final do nosso lixo — seja no aterro sanitário, na usina de reciclagem ou no *lixão* (depósito a céu aberto) — está sempre localizado fora das cidades, bem distante das classes mais ricas e bem próximo àquelas menos favorecidas.

A tragédia ocorrida na cidade de Goiânia é mais uma prova do descaso relacionado ao destino dos nossos resíduos – quando dois catadores encontraram e romperam uma cápsula de Césio 137, desprezada em um depósito. Quatro pessoas morreram, 250 foram contaminadas e a irradiação atingiu mais de mil. O episódio foi considerado um dos maiores acidentes radiológicos já registrados no mundo. As vítimas do acidente, que sofreram queimaduras, recebem tratamento e seus descendentes serão acompanhados até a terceira geração. Assim, permanece a seguinte indagação: que influências terá tido esse grave acidente para os profissionais responsáveis pelo planejamento e pelas atividades ligadas aos resíduos sólidos urbanos? ou mais especificamente, para os resíduos dos serviços de saúde?

Conforme a Resolução do CONAMA n.º 05 de 5 de agosto de 1993, considera-se "resíduos sólidos, todos os resíduos provenientes dos estabelecimentos prestadores de serviço de saúde, em estado sólido e semi-sólidos, resultantes das atividades nestes serviços. São também considerados sólidos os líquidos produzidos nestes estabelecimentos, cujas particularidades tornem inviáveis o seu lançamento em rede pública de esgotos ou em corpos d'água, ou exijam para isso, soluções técnica e economicamente inviáveis em face à melhor tecnologia disponível." Incluem os resíduos da Classe A como culturas, vacinas vencidas, sangue, tecidos, órgãos, fluidos orgânicos, carcaças de animais contaminados e materiais contaminados com microorganismos patogênicos da classe de risco 4, dentre outros; os resíduos da Classe B são os medicamentos impróprios para consumo, antimicrobianos, hormônios sintéticos, mercúrio de amálgama, metais pesados em geral, líquidos reveladores de filmes e material contaminado com agentes químicos, dentre outros; os resíduos da Classe C qualquer material resultante de atividades humanas que contenha radionuclídeos em quantidades superiores aos limites de eliminação especificados na norma CNEN-NE-6.05; os resíduos da Classe D provenientes das áreas administrativas e das limpezas de jardins, que não tiveram contato com os resíduos classificados nos grupos anteriores, dentre outros, e resíduos da Classe E que são compostos por materiais perfurocortantes, tais como: lâminas de bisturi, de aparelho de barbear, agulhas, ampolas de vidro, vidrarias, lancetas, escalpes e outros assemelhados (Resolução CONAMA n.º 5, 1993; Resolução CONAMA n.º 283, 2001; ABNT, NBR — 10004, 1987 e NBR –12808, 1993; RDC n.º 306, ANVISA, 2004).

Neste capítulo, vamos descrever um estudo sobre descarte de animais experimentais em laboratórios de saúde pública, ocorrido no final de 2000. Com isso, buscamos um melhor entendimento — através da análise dos procedimentos adotados pelos laboratórios pesquisados — sobre o risco de contaminação biológica ao homem, aos animais e ao ambiente.

Descarte de animais experimentais em laboratórios de saúde pública

O descarte de animais utilizados em experimentos nos laboratórios de pesquisa, produção, controle e ensino devem seguir Procedimentos Operacionais Padronizados (POPs), de acordo com a legislação vigente. Foram estudados vinte quatro (24) laboratórios, durante o período de setembro de 1999 a dezembro de 2000, que utilizam animais em seus experimentos em uma instituição de saúde pública. A maioria destes laboratórios inocula microorganismos patogênicos em cobaias, gerando assim uma situação de risco de contaminação biológica ao homem e ao seu ambiente. O objetivo geral do estudo consistiu em fornecer subsídios para o rastreamento e o diagnóstico das situações de risco relacionadas ao manuseio de resíduos da Classe A, especialmente de carcaças animais, constituindo ferramenta essencial para a tomada de decisão, implantação de procedimentos padrões para o descarte de animais utilizados em laboratórios para a experimentação e a elaboração de propostas para o controle dos riscos envolvidos nestas atividades, avançando no sentido da conscientização das instituições de saúde frente às questões de Biossegurança, visando a saúde do trabalhador, da população em geral, dos animais e do meio ambiente.

Como instrumento de coleta de dados foi utilizada a entrevista semi-estruturada (Anexo 1), aplicada pelo pesquisador à equipe de profissionais dos laboratórios estudados. Os dados obtidos foram analisados, tendo como base a classificação de agentes etiológicos humanos e animais com base no risco apresentado (CBS, 2006), baseada no potencial patogênico destes agentes ao homem e aos animais, determinando assim quatro classes de risco a saber:

- Classe de Risco 1

Refere-se a agentes com baixo risco individual e baixo risco para a comunidade — organismo que não causa doença ao homem ou ao animal.

- Classe de Risco 2

Refere-se a agentes com risco individual moderado e baixo risco para a comunidade — patógeno que causa doença ao homem ou aos animais, mas que não consiste em sério risco, a quem o manipula em condições de contenção, à comunidade, aos seres vivos e ao meio ambiente. As exposições laboratoriais podem causar infecção, mas a existência de medidas eficazes de tratamento e de prevenção limitam o risco, sendo o risco de disseminação bastante limitado.

- Classe de Risco 3

Refere-se a agentes com elevado risco individual e risco limitado para a comunidade — patógeno que geralmente causa doenças graves ao homem ou aos animais, podendo representar um sério risco a quem o manipula, se disseminado na comunidade. Mas, usualmente existem medidas de tratamento e de prevenção.

- Classe de Risco 4

Refere-se a agentes com elevado risco individual e elevado risco à comunidade — patógeno que representa grande ameaça ao ser humano e aos animais, causando grande risco a quem o manipula e tendo grande poder de transmissão de um indivíduo à outro. Normalmente, não existem medidas de tratamento para esses agentes.

Para a manipulação dos microrganimos patogênicos pertencentes a cada uma das quatro classes de risco devem ser atendidos alguns requisitos de segurança, conforme o nível de contenção necessário. Existem quatro níveis de contenção, ou de Biossegurança: NB1, NB2, NB3 e NB4, crescentes no grau de contenção e de complexidade do nível de proteção.

Resultados

Os Gráficos 1, 2 e 3 apresentam os resultados levantados nos laboratórios estudados, através da consolidação dos dados obtidos pela aplicação do instrumento de coleta de dados — a entrevista semi-estruturada.

O Gráfico 1, a seguir, apresenta o consolidado das informações a respeito da classificação de risco dos microrganismos inoculados nos animais utilizados em experimentação.

Gráfico 1. Classificação de risco dos organismos inoculados em cobaias — estudo realizado nos 24 laboratórios de setembro/99 a dezembro/2000

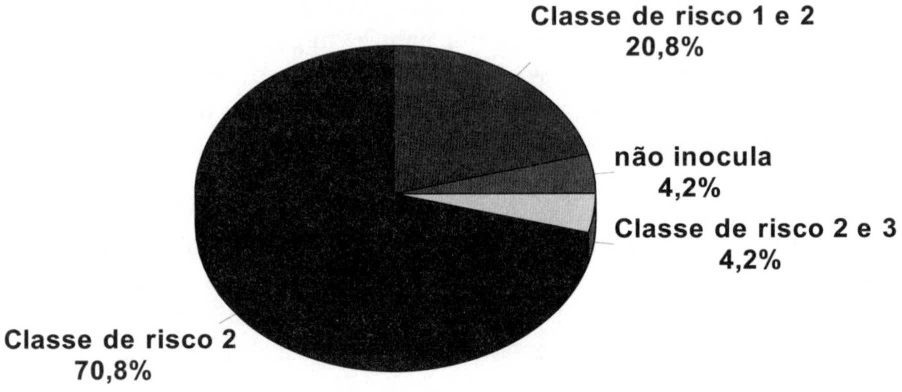

Podemos observar que 70,8% dos laboratórios apresentam manipulação de agentes da classe de risco 2 e 20,8% de agentes da classe de risco 1 e 2, que são patógenos que causam doenças ao homem ou aos animais – não consiste em sério risco à comunidade, aos seres vivos e ao meio ambiente, quando manipulados em condições de contenção, observando-se os procedimentos de boas práticas laboratoriais exigidos pelo nível de Biossegurança 2.

Observamos que 4,2% dos laboratórios manipulam agentes da classe de risco 2 e 3, que são agentes que podem provocar enfermidades graves, podendo propagar-se de uma pessoa ou animal infectado para outro.

Os resíduos gerados das manipulações de agentes patogênicos da classe de risco 3, devem ser tratados por esterilização, em equipamento localizado dentro da área de biocontenção.

Todos os resíduos gerados devem ser acondicionados no próprio local de origem, em saco branco leitoso, da classe II (para acondicionamento de resíduos biológicos infectantes, conforme normas da ABNT, NBR – 9190/92 e 9191/93), com capacidade máxima de 100 litros, preenchidos até somente 2/3 de sua capacidade. Devem ser totalmente fechados, de tal sorte a não permitir o derramamento do conteúdo, mesmo que virados com as bocas para baixo. Uma vez fechados, precisam ser mantidos íntegros até o processamento ou destinação final do resíduo. Os sacos devem ser identificados com o nome do laboratório de origem, sala, técnico responsável e data do descarte. Recomenda-se que os resíduos da Classe A, antes de serem transportados para fora do seu local de origem, devam sofrer tratamento prévio, mesmo que haja coleta seletiva como "lixo hospitalar ou de biotério" (Cardoso, 1998). Ressaltamos a necessidade de uma avaliação de risco dos resíduos gerados, a fim de que se estabeleça a obrigatoriedade ou não deste tratamento prévio.

O tratamento consiste no método de descontaminação por esterilização através de processo físico, preferencialmente. A esterilização sendo feita por calor úmido, deverá ter um ciclo total de 62 minutos, a 121°C (250°F), pressão de 1 atmosfera (101 kPa, 151 lb/in acima da pressão atmosférica), com 7 minutos de pré-vácuo, 25 minutos de aquecimento, 15 minutos de esterilização para materiais de superfície ou 30 minutos, para materiais de espessura e 15 minutos de resfriamento (Cardoso & Baldacci, 1998).

Havendo transporte interno, o carro coletor deve ser específico para este grupo de resíduos (Classe A); provido de rodas revestidas de material que impeça ruído; possuir válvulas de dreno no fundo para facilitar a limpeza; ser confeccionado com cantos e arestas arredondados, em material que suporte o processo de descontaminação e provido de tampa. Tanto as lixeiras quanto os carros de transporte deverão ser descontaminados e lavados pelo menos uma vez por semana e sempre que houver derramamento (Fiocruz, 2002).

O destino final desses resíduos, após a eliminação dos seus agentes microbianos, deve ser a vala séptica ou célula especial do aterro sanitário urbano (ANVISA, 2003).

O Gráfico 2 mostra o tipo de tratamento recebido pelas carcaças geradas nos laboratórios em estudo. Podemos observar que 50% deles responderam fazer um tratamento de descontaminação por agentes químicos e somente 31,8% fazem tratamento por esterilização em autoclaves.

O mais importante apontado por este gráfico diz respeito aos 18,2% de laboratórios que descartam as carcaças dos seus animais experimentais direto no lixo, sem realizar nenhum tipo de processo de descontaminação prévia.

Gráfico 2. Descontaminação das carcaças dos animais — estudo realizado nos 24 laboratórios, de setembro/99 a dezembro/2000.

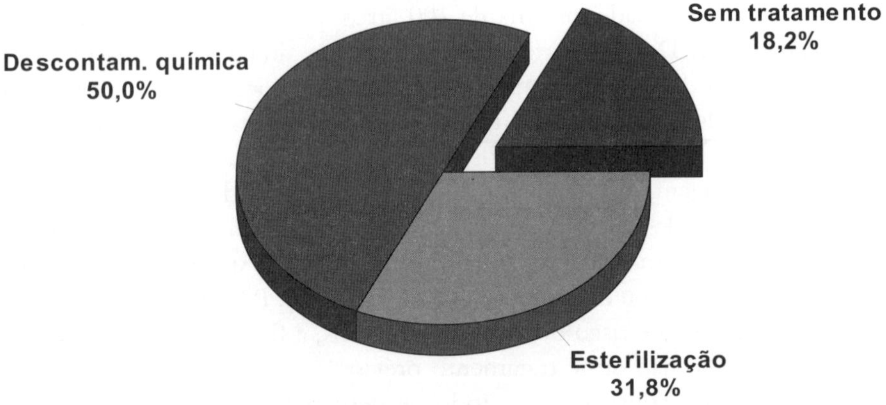

A série de pequenos gráficos, a seguir, vem apresentar a forma de tratamento dado aos equipamentos de proteção individual utilizados, instrumentos perfurocortantes, ração, cama, gaiolas/caixas, bebedouros e a água destes animais.

Podemos observar que a maioria dos laboratórios descartam seus Equipamentos de Proteção Individual — EPIs (luvas, jalecos, máscaras e toucas), ração e cama dos animais em experimentação no lixo comum, sem tratamento prévio, o que representa um sério risco, principalmente em áreas de manipulação de animais infectados com agentes da classe de risco 3.

Luvas

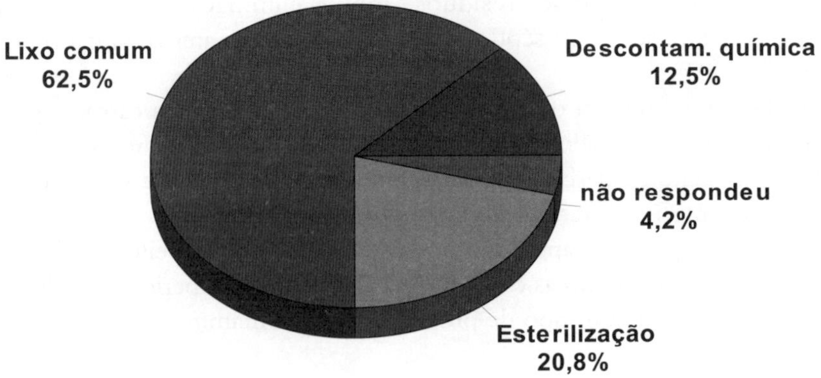

Jalecos

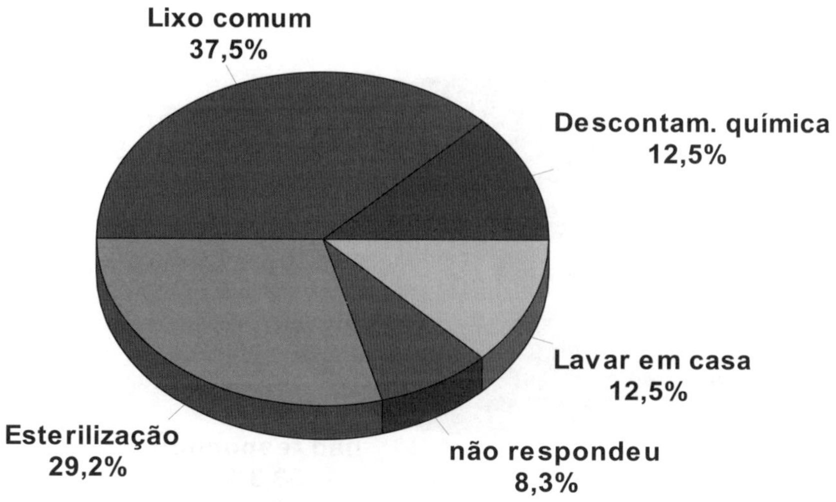
Lixo comum
37,5%
Descontam. química
12,5%
Lavar em casa
12,5%
não respondeu
8,3%
Esterilização
29,2%

Máscaras

Lixo comum
50,0%
Descontam. química
12,5%
não respondeu
16,7%
Esterilização
20,8%

Touca

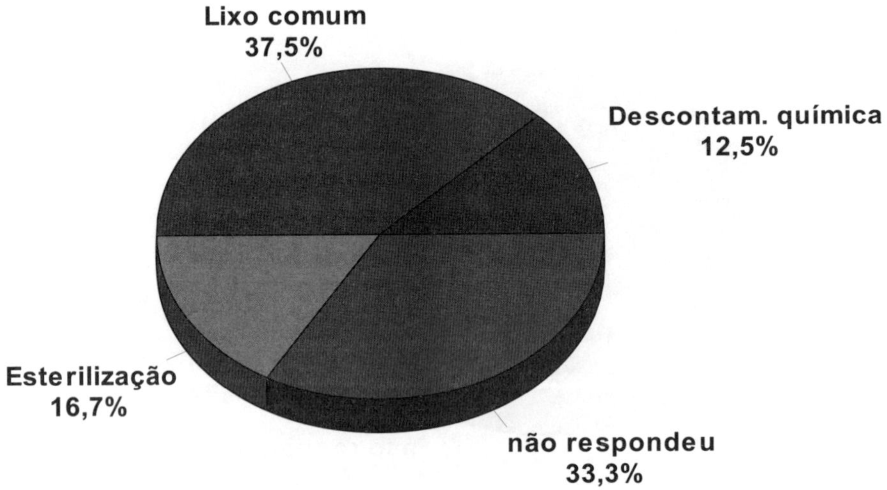
Lixo comum
37,5%
Descontam. química
12,5%
Esterilização
16,7%
não respondeu
33,3%

Vidrarias

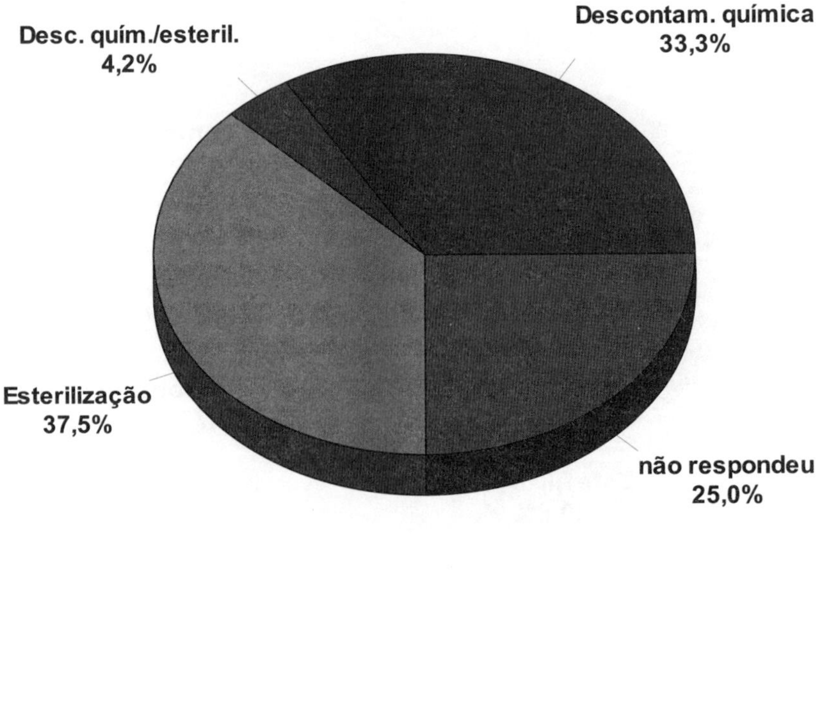
Desc. quím./esteril.
4,2%
Descontam. química
33,3%
Esterilização
37,5%
não respondeu
25,0%

Instrumentos cirúrgicos

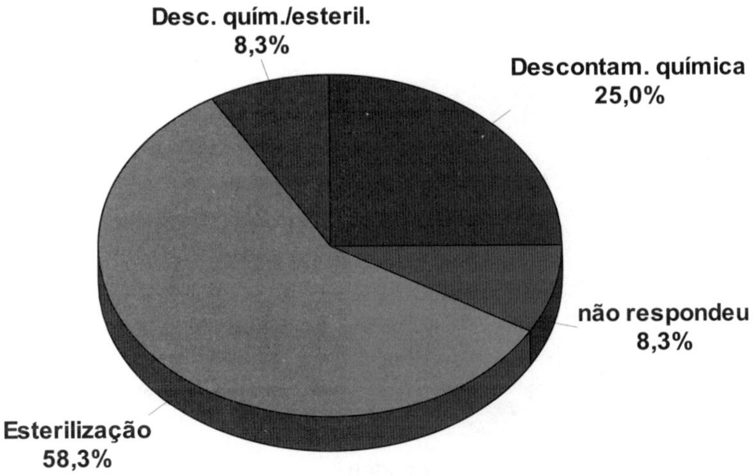

Ração

Cama dos animais

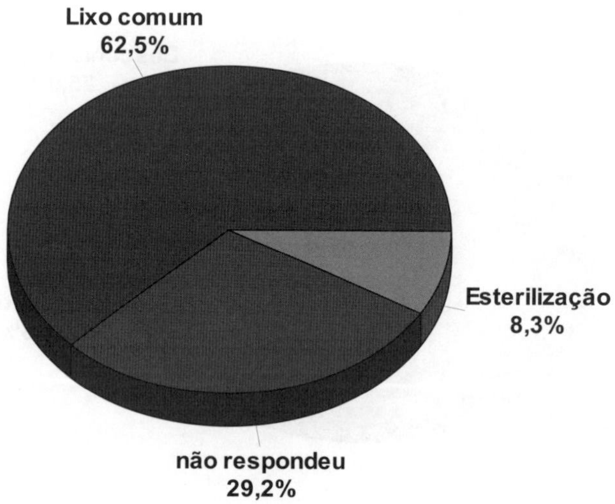

Bebedouros

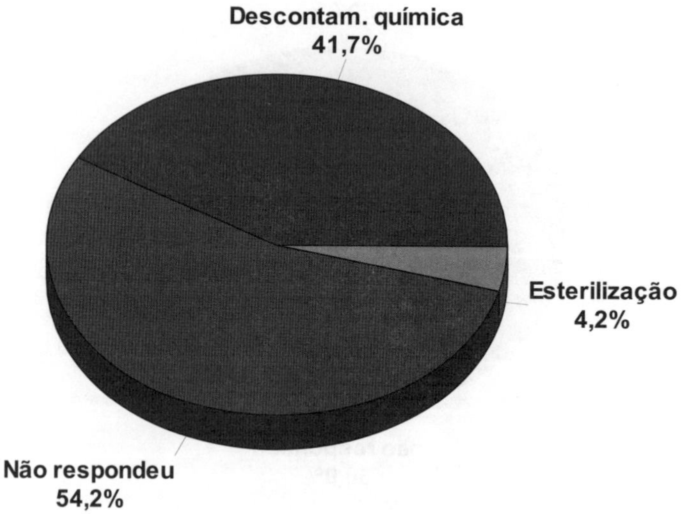

ÁGUA DOS BEBEDOUROS

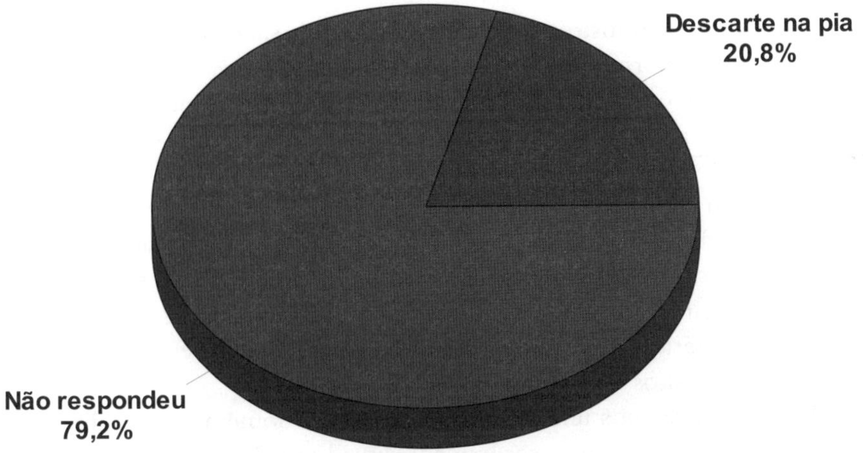

GAIOLAS

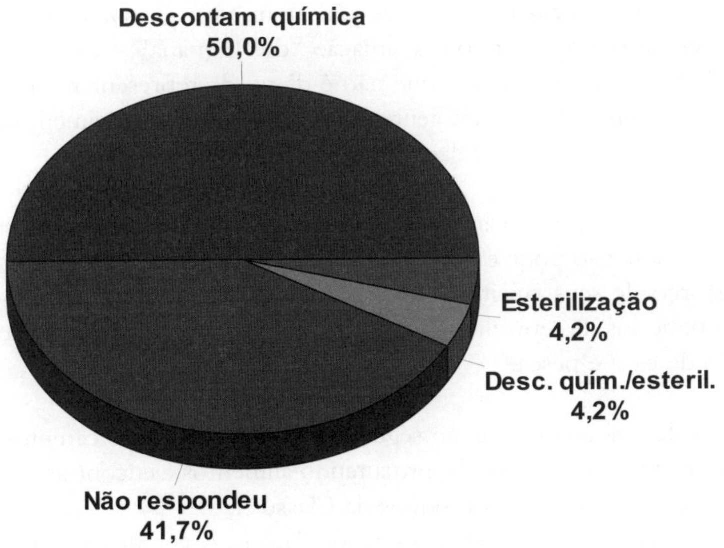

Considerações finais

Este estudo demonstrou que os laboratórios de saúde pesquisados seguiam, mais rigidamente, normas de descontaminação para o material reutilizável, tais como as vidrarias e materiais cirúrgicos. Enquanto que, o material descartável, não reutilizável, tais como os equipamentos de proteção individual descartáveis (luvas, jalecos, máscaras e toucas), as carcaças de animais, ração, maravalha, dentre outros, eram colocados nas lixeiras sem descontaminação prévia. Tal diferença de atitude, relacionada ao tratamento dos resíduos, ocasiona situação de risco aos coletores, aos catadores, aos seres vivos em geral e ao meio ambiente — agravados pela situação atual da maioria das cidades brasileiras por não possuírem aterros sanitários, nem valas sépticas ou célula especial e desprezarem seus resíduos em depósitos à céu aberto.

Assim, percebemos uma certa negligência do homem no que diz respeito ao seu semelhante — o outro ser humano situado mais distante, ou seja, aquele que não representa laços de parentesco ou de afeto. Quando nos referirmos ao gerenciamento dos resíduos sólidos urbanos não podemos restringir tal responsabilidade aos profissionais e aos órgãos competentes, mas também incluir o compromisso da população. O compromisso do homem só é possível se houver sua inclusão (espaço) como cidadão no mundo (ambiente). Os profissionais competentes e os governantes, antes de pensarem em vigiar ou controlar o ambiente, deveriam se comover com a situação "des-humana", ou seja, possuírem um olhar humano diante daquilo que não é digno de representar o humano. A situação do homem e do seu ambiente, num país em desenvolvimento precário, está claramente explicitada nos dizeres de Valadares (1999):

> A sustentação do ambiente depende de uma sustentação do sujeito. A comunidade não pode explorar a natureza, assim como não pode explorar o esforço de seus sujeitos. Um faminto não tem como se "pre-ocupar" com períodos de reprodução, com desova de animais marinhos, com proibição de caça e pesca.

Realidade que nos remete ao seguinte fato: comunidades carentes reviram o lixo de uma instituição de saúde, procurando alimentos e encontrando carcaças de animais contaminadas com resíduos da Classe A.

A necessidade de participação da população no gerenciamento dos resíduos fica ainda mais evidente, quando pensamos no lixo domiciliar. Esse lixo pode ser tão perigoso como aquele resultante dos serviços de saúde (Ferreira,

2000). Os pacientes portadores de doenças degenerativas ou infecciosas são tratados nos ambulatórios, descartando seus resíduos radioativos ou infecciosos nas suas próprias residências. Assim, somente através de um movimento implicado com a integração entre os órgãos competentes e a população — que deve emergir do seu envolvimento com a situação ambiental e do seu desejo de transformá-la — será possível aprimorar o gerenciamento dos resíduos em geral.

Agradecimentos

A Telma Abdalla de Oliveira Cardoso, coordenadora do Núcleo de Biossegurança da Escola Nacional de Saúde Pública Sérgio Arouca, da FIOCRUZ, pela sua imprescindível colaboração na área de Biossegurança.

A Cintia de Morais Borba, pesquisadora do Instituto Oswaldo Cruz, pela revisão do instrumento de coleta de dados.

Ao Jorge Huet Machado, chefe da Coordenação de Saúde do Trabalhador da Diretoria de Recursos Humanos da FIOCRUZ, por sugerir e apoiar o desenvolvimento desse estudo. Além de propiciar o contato com a equipe de profissionais dos laboratórios pesquisados.

Referências

Associação Brasileira de Normas Técnicas (Brasil). NBR 10004: *Resíduos Sólidos*. Rio de Janeiro, 1987, 3 p.

———. NBR 12810: *Coleta de resíduos de serviços de saúde*. Rio de Janeiro, 1992, 3 p.

———. NBR 9190: *Sacos plásticos para acondicionamento de lixo*. Rio de Janeiro, 1992, 2 p.

———. NBR 12809: *Manuseio de resíduos de serviços de saúde*. Rio de Janeiro, 1992, 4 p.

———. NBR 12807: *Resíduos de Serviços de Saúde terminologia*. Rio de Janeiro, 1993, 2 p.

———. NBR 12808: *Resíduos de serviços de saúde*. Rio de Janeiro, 1993, 2 p.

———. NBR 9191: *Normatização de sacos plásticos para lixo* (fixa os requisitos e estabelece métodos de ensaio para os sacos plásticos destinados exclusivamente ao acondicionamento de lixo para coleta). Rio de Janeiro, 2000, 2 p.

Beynon , H. Protesto Ambiental e Mudança Social no Reino Unido. *MANA* 5(1), pp. 7-28, 1999.

Brasil. Ministério do Meio Ambiente. CONAMA. Resolução n.º 05, 5/8/93. Dispõe sobre o plano de gerenciamento, tratamento e destinação final de resíduos sólidos de serviços de saúde, portos, aeroportos, terminais rodoviários e ferroviários.

Brasil. Ministério do Meio Ambiente. CONAMA. Resolução n.º 283, 12/7/2001. Dispõe sobre o tratamento e a destinação final dos resíduos dos serviços de saúde.

Brasil. Ministério do Meio Ambiente. CONAMA. Resolução n.º 358, 29/4/05. Dispõe sobre tratamento e a disposição final dos resíduos dos serviços de saúde e dá outras providências.

Brasil. Ministério da Saúde. Fundação Oswaldo Cruz. *Descarte de Resíduos Biológicos*. VPSRA POP n.º 08, Rio de Janeiro: FIOCRUZ, 2002.

Brasil. Ministério da Saúde. Comissão de Biossegurança em Saúde. *Classificação de Risco dos Agentes Biológicos*. Brasília: Ed. MS, 2006, 34 pp.

Brasil. Agência Nacional de Vigilância Sanitária. Resolução RDC n.º 306, de 7 de dezembro de 2004. Regulamento técnico para o gerenciamento de resíduos de serviços de saúde. *Diário Oficial* [da República Federativa do Brasil]. Brasília, dez. 2004.

Brilhante, A. M. Gestão e Avaliação da Poluição, Impacto e Risco na Saúde Ambiental. In: Brilhante, O. M. & Caldas, L .Q. (coords.). *Gestão e Avaliação de Risco em Saúde Ambiental*. Rio de Janeiro: Ed. Fiocruz, 1999.

Cardoso, T. A. O. Resíduos em Serviços de Saúde. In: Oda, L. M. & Avila, S. M. (orgs.). *Biossegurança em Laboratórios de Saúde Pública*. Brasília: Ed. M.S., 1998, pp. 189-212.

Cardoso, T. A. O. & Baldacci, L. M. Limpeza, Desinfecção e Esterilização. In: Oda, L. M., Ávila, S. M. (orgs.). *Biossegurança em Laboratório de Saúde Pública,* Brasília: Ed. M. S., 1998, pp. 57-75.

Ferreira, J. A. Resíduos Sólidos: perpectivas atuais. In: Sisinno, C. L. S. & Oliveira, R. M. *Resíduos Sólidos, Ambiente e Saúde: uma visão multidisciplinar*. Rio de Janeiro: Ed. Fiocruz, 2000.

Valadares, J. C. Espaço-Ambiente e Comportamento Humano. In: Mello Filho, L. E. (org.). *Meio Ambiente & Educação*. Rio de Janeiro: Gryphus, 1999, 30 p.

Anexo 1

Roteiro para Entrevista sobre o Descarte de Animais de Laboratório

Unidade:

Laboratório:

Cargo:

Função:

Contrato/Empresa:

• Quais os animais de laboratório utilizados nos experimentos?
( ) coelhos
( ) cobaias
( ) camundongos
( ) insetos, Quais? ____________________
( ) moluscos, Quais? ____________________
( ) outros animais, Quais? ____________________

• Quais as condições de segurança adotadas para inoculação (equipamentos de proteção individual — EPI/equipamentos de proteção coletiva — EPC)?

• Como os animais são mantidos no laboratório (os animais infectados ficam em áreas separadas dos animais não infectados)?

• Estes animais precisam ser transportados após a inoculação (para outra sala ou prédio)?

• Estes animais são inoculados com que agentes etiológicos (Grupo de risco 1, 2, 3 e/ou 4)?

• Os usuários que trabalham com estes animais são vacinados? Quando e em que situação (agentes etiológicos dos grupos de risco 1, 2, 3 e 4)?

• Como é realizado o processo de descarte dos animais infectados utilizados nos experimentos de laboratório?
( ) Incineração
Descreva o Processo:
( ) Autoclavação
Descreva as condições:
( ) Descontaminação Química
Quais os reagentes utilizados e como é realizada?
( ) Outros Métodos
Descrever esses métodos:

• E o descarte dos animais não infectados, como é realizado?

• Existe um lixo especial para o acondicionamento de carcaças de animais?
( ) sim
Como é acondicionado? ____________________
( ) não, elas são acondicionadas em lixo comum
( ) outra resposta
Como é acondicionado? ____________________

- Qual a média de carcaças desprezadas pelo laboratório?
  diariamente: ________________________________
  semanalmente: ______________________________
  mensalmente: ________________________________

- É seguida norma ou Procedimentos Operacionais Padronizados (POPs) para o processo de descarte das carcaças? Poderia citá-los?

- Qual a forma que é efetuada o sacrifício dos animais?

- Segue-se alguma norma ou POP? Poderia citá-los?

- Quais os equipamentos de segurança utilizados pelo pessoal encarregado do descarte e sacrifício dos animais?

- Como é feita a higienização dos materiais utilizados (vidrarias, luvas, jalecos, máscaras e instrumentos cirúrgicos)? Quais deles são descartados? De que forma? e por quê?

- Como é realizado o descarte da maravalha, da ração e da água e a higienização dos bebedouros e das gaiolas (material permanente)?

- Tem mais alguma sugestão para acrescentar à entrevista? Qual?

PANORAMA DA BIOSSEGURANÇA NO CONTROLE DAS ZOONOSES EMERGENTES

Bernardo E. C. Soares

> "This new world may be safer,
> being told the dangers of diseases of the old"
> —JOHN DONNE (*Anatomie of the World*, 1611)

Os seres vivos se inter-relacionam de maneira equilibrada na natureza, através de mecanismos que asseguram a estabilidade do meio e a capacidade natural de selecionar organismos que resistam a constantes alterações ambientais. Porém, esse equilíbrio vem sendo rompido pela crescente devastação e pela participação humana em atividades agro-industriais. A conseqüente aproximação do homem com os animais e seus nichos ecológicos habituais fez com que microorganismos patogênicos para animais se adaptassem progressivamente à espécie humana.

Embora possamos considerar este contexto analítico como pertinentes para investigações dirigidas ao controle de zoonoses, devemos no entanto considerar enfaticamente as ligações que este controle estabelece com os fenômenos sociais, enquanto questão ambiental, e sistematicamente associadas a doenças, em especial, as chamadas emergentes e reemergentes.

Assim, valorizando uma visão sistêmica entre fenômenos naturais e sociais, incluindo os processos humanos, dimensionando os campos da cultura, da economia e da política, estaremos reduzindo ou relativizando a "ação antrópica" como única variável de estudos sobre ambiente onde se coloca as investigações sobre zoonoses.

Tais considerações nos levam a refletir sobre a problemática que nos revela que mesmo com todo o moderno aparato científico voltado para a elaboração de estratégias de controle e terapêutica das infecções, determinadas doenças vêm ressurgindo no panorama internacional e continuam a desafiar a saúde pública em pleno terceiro milênio, atingindo principalmente os países em desenvolvimento. O sucateamento das condições sociais e a falta de uma política constante de investimentos em saúde pública nestes países vêm levando ao agravamento de questões de "transição epidemiológica" acrescidas ao ressurgimento de doenças já tidas como controladas (Coura, 1992; Navarro, *et al.*, 2002).

Além da utilização indiscriminada de medicamentos antimicrobianos, que expandiu a resistência dos agentes infecciosos a níveis impressionantes nas últimas décadas, diversos comportamentos sociais e atividades capazes de intervir no meio ambiente facilitam o contato humano com animais vetores ou reservatórios de infecções naturais. Desde as teorias miasmáticas da medicina hipocrática até a afirmação científica do modelo de experimentação animal e do conceito microbiológico de patologia infecciosa, as identidades políticas e culturais da sociedade vêm contribuindo para a formulação de paradigmas que demandam pesquisas e ações urgentes na prevenção das zoonoses (Albuquerque, Lima e Silva & Cardoso, 1999).

Diferentes quadros epidemiológicos e agentes patogênicos de elevada letalidade vêm sendo identificados nas últimas décadas, nem sempre sendo possível conhecer sua origem para saber se são infecções realmente novas ou se já estavam presentes há algum tempo sem condições de detecção. Essas doenças podem ser decorrentes de várias situações capazes de promover ou intensificar o contato humano com grupos animais ou com seus nichos naturais, alterando o perfil sanitário e ambiental de determinado foco infeccioso.

As infecções que mantêm seu nível de prevalência estável no hospedeiro humano em determinada área são designadas como endêmicas, enquanto as que têm comportamento análogo em relação aos animais denominam-se enzoóticas. O hospedeiro-reservatório é uma espécie animal da qual depende a sobrevivência do patógeno na natureza, constituindo uma fonte de infecção para outros hospedeiros receptivos, inclusive o homem. Quando adquirida pelo homem, a infecção toma o nome de zoonose. Desde a formação inicial das sociedades, a convivência do homem com os animais desenvolveu a capacidade de contrair e transmitir doenças de uma espécie para outra (Acha & Szyfres, 1997).

A atual definição de zoonose preconizada pela Organização Mundial de Saúde (WHO, 2002) de "doenças transmitidas entre animais vertebrados e o homem" inclui a abordagem epidemiológica das zoonoses adotada por diversas entidades como o CDC (1999) e a FUNASA (2000), que ampliam a descrição como toda "infecção ou doença infecciosa transmissível sob condições naturais, de homens a animais e vice-versa". Neste contexto, considera-se um hospedeiro incidental, um hospedeiro de manutenção e um hospedeiro amplificador, aqueles capazes de manter o ciclo do agente na natureza bem como aumentar o número de agentes infecciosos aos quais o homem está exposto. Além da estabilidade do agente, o período de incubação e o tempo em que o animal se mantém infectante são fatores importantes para avaliar o risco de transmissão humana e planejar a prevenção mais adequada.

Vale ressaltar que um animal de laboratório pode atuar como hospedeiro de manutenção ou amplificador, dependendo do modo de transmissão dos agentes seja através do contato direto, por aerossóis ou pelas fezes, urina, sangue, saliva, excreções ou secreções dos animais. Para melhor compreensão dos hospedeiros sob o aspecto da Biossegurança, Rand (2001) considera as zoonoses classificadas, segundo o modo de transmissão, em:

- Zoonoses Diretas

São as transmitidas de um hospedeiro vertebrado para outro hospedeiro vertebrado suscetível através do contato direto, por fômites ou por um vetor mecânico; durante o processo de transmissão, nenhuma alteração ocorre no desenvolvimento ou propagação do organismo. A raiva (*Rhabdovirus*), a triquinose (*Trichinella spp.*) e a brucelose (*Brucella spp.*) são exemplos característicos deste grupo.

- Ciclozoonoses

São aquelas que envolvem mais de um hospedeiro vertebrado no ciclo, com ausência de hospedeiro invertebrado. A teníase humana (*Taenia spp.*), a equinococose (*Echinococcus spp.*) e as infecções por pentastomídeos (*Pentastoma spp.*) representam zoonoses típicas deste grupo.

- Metazoonoses

São aquelas em que o agente patogênico se desenvolve em um hospedeiro invertebrado antes do processo de transmissão para um hospedeiro vertebrado suscetível. Exemplos clássicos deste grupo de zoonoses incluem as arboviroses, a peste (*Yersinia spp.*) e a esquistossomose (*Schistosoma spp.*)

Acha & Szyfres (1997) lembram que "o agente infeccioso etiológico é imprescindível, mas não suficiente" havendo necessidade de outros fatores epidemiológicos como reservatórios, vetores, transmissores, portas de entrada, hospedeiros e condições ambientais para efetivar o contágio. Considera-se então a presença de três condições essenciais para a história natural da doença:

- A fonte de infecção ou a porta de saída do agente infeccioso do reservatório;
- O vetor ou agente transmissor do microorganismo a partir do reservatório para o hospedeiro;
- A porta de entrada ou local por onde o microorganismo atinge o hospedeiro.

Como já apontamos, hoje, a natureza diversificada da saúde pública ampliou o conceito da participação de componentes sociais e econômicos aliados aos fatores ecológicos e ambientais na determinação e emergência de infecções. O meio ambiente vem assumindo fundamental relevância na manutenção da cadeia epidemiológica e na causalidade dos agentes patogênicos e sua interação com os hospedeiros (Hunter & Scott, 1983; Albuquerque; Lima e Silva & Cardoso, 1999).

Nos últimos anos vem se constatando o aparecimento cada vez mais freqüente de novos agentes infecciosos, responsáveis por doenças provenientes de animais ou de alterações do meio. Essas zoonoses causadas por novos agentes etiológicos ou por agentes conhecidos que aparecem em espaços geográficos ou em espécies onde a doença não era conhecida ou descrita previamente são classificadas como "emergentes". Considerando que os reservatórios animais representam uma constante fonte de novos agentes de infecções humanas, novas doenças animais com ciclos epidemiológicos e hospedeiros desconhecidos podem tornar-se "emergentes", revitalizadas por mecanismos de variação genética ou alterações moleculares aliados às condições sociais e ambientais. Nesta lista incluem-se os microorganismos causadores de surtos epidêmicos que retornam depois de longos períodos com as propriedades patogênicas potencializadas. Além das clássicas infecções recrudescentes neste novo milênio, como a malária, a leishmaniose, a filariose e o binômio febre amarela-dengue junto a outras arboviroses de ciclo silvestre, o CDC (1999) considera também as zoonoses "potencialmente emergentes", que podem vir a ter maior relevância no contexto futuro da saúde pública, dadas as condições atuais, propícias à proliferação dos agentes (Tabela 1).

O estudo das zoonoses permite avaliar o modelo da relação parasito-hospedeiro; considerando a grande complexidade evolutiva das formas de vida livre e parasitária na natureza, a existência continuada de determinado microorganismo no ambiente depende de diversas adaptações necessárias para manter seu ciclo biológico e assegurar sua progênie no hospedeiro animal ou no hospedeiro humano. As zoonoses afetam endemicamente animais domésticos, peridomésticos ou silvestres e eventualmente o homem. Uma grande parte destes agentes antropozoonóticos adota a forma vegetativa no organismo humano e animal, mantendo-se viável no ambiente por longos períodos sob a forma de esporos extremamente resistentes aos fatores externos e aos agentes físicos e químicos. Além da via tradicional através da inalação das formas infectantes, na maioria das vezes as zoonoses se transmitem ao elemento humano através de vetores, pelo contato direto com tecidos do animal doente ou pela ingestão de produtos derivados de origem animal contaminados. Os antecedentes epidemiológicos de cada caso devem ser analisados cuidadosamente junto aos achados clínicos e laboratoriais, estabelecendo-se uma correlação importante para a identificação precisa do agente e o planejamento das medidas preventivas adequadas (Cardoso *et al.*, 1997; Soares, 1998).

Tabela 1. Principais zoonoses "potencialmente emergentes"

Carbúnculo
Raiva
Brucelose bovina e caprina
Tuberculose e ParaTuberculose
Encefalomielite equina
Leptospirose
Coxielose (*Rickettsiaceae*)
Salmonelose aviária
Ornitose - Psitacose (*Chlamydiaceae*)
Gastroenterite (*Vibrionaceae* e *Spirillaceae*)
Equinococose
Listeriose
Toxoplasmose
Peste (*Yersiniaceae*)
Triquinelose
Tularemia
Botulismo
Escherichia coli enterohemorrágica (*EHEC*)
Cisticercose
Criptosporídeos
Micobacterioses aviárias
Borreliose
Doença-da-Arranhadura-do-Gato
Estreptococose Suína

Aliada à investigação epidemiológica, as atividades do laboratório de microbiologia clínica são essenciais no processo de avaliação e manejo dos riscos de saúde relacionados ao desafio das doenças infecciosas emergentes. Todos os passos do trabalho com material infectante, sejam nas enfermarias e ambulatórios, nos laboratórios, nos criadouros de animais ou no campo devem obedecer a um rigoroso protocolo de Biossegurança desde a apropriada coleta de amostras e seu transporte seguro para o laboratório até a cuidadosa obtenção de dados clínicos e informações epidemiológicas. Não menos importante é a disponibilização de oportunidades continuadas de treinamento técnico para o pessoal de saúde diretamente envolvido nas atividades de identificação e prevenção das zoonoses emergentes, incluindo a execução de programas de contenção biológica para a testagem segura e o diagnóstico confiável dos agentes patogênicos.

Uma vez que as zoonoses são causadas pela exposição humana a agentes etiológicos (bactérias, vírus, fungos, parasitos e príons) relacionados a fontes animais, a contaminação ocupacional ocorre se em sua atividade o profissional depara com tarefas que podem torná-lo mais suscetível à infecção. O contato com animais silvestres ou de laboratório e seus dejetos e secreções representa um sério risco. O trabalho com microorganismos patogênicos apresenta alto grau de risco em diferentes situações de exposição, incluindo a manipulação direta de tecidos, sangue, ossadas ou líquidos corporais de animais silvestres e ou artrópodes vetores de patógenos, onde devem ser tomadas todas as precauções de Biossegurança quanto a procedimentos e uso de equipamentos, a fim de evitar a exposição acidental a carcaças de animais e a secreções diversas. Por isso, os bioteristas ou pesquisadores que manipulam animais infectados na bancada ou no campo, devem sempre ter em mente a preocupação com o manejo adequado dos animais, observando as regras de qualidade do protocolo experimental e as normas elementares de Biossegurança a fim de prevenir as condições epidemiológicas que propiciam a exposição aos agentes (FIOCRUZ, 1994).

No laboratório de experimentação animal, as precauções universais e os cuidados específicos para cada caso devem ser rigorosamente seguidos, especialmente ao manipular agentes zoonóticos que não manifestam sintomas clínicos nos animais, como por exemplo o *vírus da Coriomeningite Linfocítica – LCM* ou o *HerpesVirus B*. A prevenção dessas infecções no trabalho demanda instalações apropriadas compatíveis com o nível de Biossegurança correspondente, a aplicação de medidas de quarentena e estabilização do animal infectado, além de treinamento e uso de equipamentos de proteção individual e coletiva que possa bloquear as portas de entrada da infecção.

A prática da quarentena e avaliação de saúde dos animais, separando os recém-chegados dos que já estão na unidade, minimiza o risco de introdução de agentes infecciosos nas colônias já estabelecidas. O período de quarentena deve ser suficiente para a expressão de doenças com longos períodos de incubação, permitindo o diagnóstico, controle e tratamento completo dos animais antes de sua utilização experimental ou sua incorporação à colônia; muitos agentes zoonóticos manifestam-se através de um vetor artrópode e por isso o controle de ectoparasitas contribui para a manutenção da saúde dos animais. Vale lembrar também o papel relevante da estabilização nutricional e fisiológica dos animais para manutenção de sua integridade imunológica na prevenção das zoonoses oportunistas (Rand, 2001).

O controle da transmissão por aerossóis constitui a tarefa mais complexa. As instalações onde os animais de determinado experimento ou provenientes do campo são analisados devem operar com fluxo unidirecional de ar; o ar deve mover-se a partir do corredor (área de menor contaminação) para a bancada onde os animais são manipulados (área mais contaminada); o ar de exaustão desses ambientes não pode ser recirculado e outras medidas de engenharia podem ser necessárias para a contenção dos aerossóis, juntamente com os filtros e materiais de proteção individual. Ainda segundo Cardoso et al. (1997) a transmissão por aerossóis amplifica o potencial de exposição ao risco biológico em uma área de experimentação animal, sugerindo a utilização de laboratórios nível NB-A3 para o trabalho com modelos animais modificados geneticamente cujas propriedades imunogênicas ainda não foram completamente identificadas. Assim como os animais podem albergar organismos patogênicos adquiridos naturalmente, mantendo-se em um estado de "portador infectante", o agente zoonótico pode persistir no reservatório ou no hospedeiro animal na forma latente não-infectante e reativar-se periodicamente sob determinados estímulos. Dada a possibilidade de disseminação de agentes infecciosos durante um experimento *in vivo* ou durante a prática rotineira do trabalho em biotério, os animais devem ser mantidos no nível de Biossegurança (NB-A) adequado ao risco do agente que sendo manipulado.

Todo o pessoal de uma unidade de trabalho com animais deve estar familiarizado com os principais procedimentos, precauções e riscos inerentes à sua atividade seja no manuseio de materiais químicos, radioativos ou bioinfectantes, preferencialmente limitando-se o acesso de pessoal somente àqueles cientes dos diversos riscos. Atualizações constantes, programas de vigilância médica e treinamento contínuo devem ser ministrados quanto ao reconhecimento de símbolos, à utilização de equipamentos de proteção individual e coletiva, utilização de boas práticas laboratoriais e conduta adequada nas emergências, de forma que o escape não-intencional de material infectante possa ser evitado. Sendo a Biossegurança responsabilidade de todos, o manual da unidade deve incluir as atualizações regulares e o treinamento deve contemplar pessoal de todos os níveis, adequando o conhecimento ao grau de instrução, experiência e atividade do profissional com o objetivo primário de assegurar que a técnica seja aprendida antes de atuarem em uma situação de potencial risco (FIOCRUZ, 1994; CDC, 1999).

Recordando os já citados fatores ambientais e sociais inerentes à evolução microbiana capazes de atuar sobre a emergência de um microrganismo patogênico, Possas (1996) alerta para a necessidade de avaliar as condições de Biossegurança nas instituições de pesquisa e unidades ambulatoriais e de ensino da área de saúde. Desde os primeiros relatos de infecção acidental durante a manipulação de microorganismos, milhares de casos vem sendo registrados envolvendo todos os tipos de agentes (EFB, 1998) porém o recente desenvolvimento da tecnologia de produção de animais transgênicos vem postulando novos protocolos experimentais e criando uma crescente demanda de reformulação nas normas de ensaios clínicos e no manejo de risco biológico quanto aos níveis de Biossegurança. A moderna biotecnologia molecular vem complementando as clássicas ações de controle de vetores e agentes infecciosos através do uso de vacinas fabricadas com DNA recombinante capazes de prevenir a transmissão em humanos ou animais e vetores. Variações genéticas associadas à maior ou menor suscetibilidade do hospedeiro animal ou humano a determinados microorganismos podem ser detectadas por técnicas de amplificação molecular (PCR, hibridização, polimorfismo) e os resultados aplicados na identificação da mobilidade de agentes infecciosos para planejar medidas de vigilância epidemiológica das zoonoses emergentes. Porém, apesar dos progressos terapêuticos e da profilaxia vacinal disponível em alguns casos, a principal estratégia de prevenção de certas zoonoses ainda é o saneamento básico e a interrupção do ciclo dos vetores artrópodes.

A estratégia preconizada pelo *Centers for Disease Control* (CDC, 1999) para controlar as doenças emergentes integra um plano global de prevenção fundamentado na:

- Identificação, detecção e monitoramento dos patógenos emergentes, as doenças e os fatores que influem no seu reaparecimento;
- Integração entre as práticas de laboratório e a investigação epidemiológica para apoiar ações de saúde pública com base na pesquisa aplicada;
- Implementação de programas de treinamento profissional aliado à informação e comunicação pública em zoonoses e doenças emergentes para assegurar a cooperação da sociedade nas campanhas de prevenção;
- Injeção de recursos e apoio à infra-estrutura local, estadual e federal de serviços de saúde pública para efetivar estratégias de prevenção e controle.

Assim, o conhecimento das interações meio ambiente-hospedeiro-microorganismo é essencial para subsidiar programas de controle e criar sistemas de informações digitais interligados aos principais centros de pesquisa em doenças infecciosas do mundo. Este processo permitiria identificar as variáveis mais pertinentes. A imediata comunicação de resultados microbiológicos e o intercâmbio de dados epidemiológicos ao pessoal envolvido no monitoramento poderiam articular cooperação com outras especialidades no reconhecimento de novas cepas de agentes etiológicos com variações no padrão de incidência global ou regional.

Os programas de controle e prevenção envolvem diversos aspectos. No plano individual, o tratamento quimioterápico do doente é fundamental para o alívio da infecção e para evitar a transmissão a outros membros da comunidade. A educação sanitária, cuidados de higiene humana e animal bem como a disponibilidade de meios de defesa contra a exposição aos agentes também tem efeito decisivo na profilaxia das zoonoses. No plano coletivo intervêm os serviços de saúde pública que asseguram à comunidade o fornecimento de água potável, a conveniente remoção de resíduos e a implantação de medidas apropriadas contra os artrópodes vetores e moluscos que atuam como hospedeiros intermediários, a fim de interromper o ciclo vital dos organismos e reduzir o risco de exposição individual e coletiva (Rey, 1982).

Os níveis de complexidade funcional dos ecossistemas têm participação ativa na gênese e nos modos de transmissão das infecções zoonóticas e medidas de prevenção baseadas no controle de vetores, como os mosquitos ou a redução de reservatórios de infecção como os roedores, interrompendo ou impedindo a realização do ciclo epidemiológico, podem ser tão eficientes quanto as medidas terapêuticas e/ou profiláticas dirigidas aos doentes ou portadores. Soares (1998) pondera que a atividade humana cria nichos artificiais que podem ser preenchidos por agentes infecciosos de modo que sujeitos doentes podem entrar em áreas endêmicas e iniciar ou agravar novos focos de transmissão, expandindo os limites geográficos das parasitoses. O elemento humano integra um ecossistema que mantém o processo saúde-doença em permanente equilíbrio e pode-se dizer com relação às doenças emergentes que estas "emergem" sempre de forma diferente pois o meio ambiente e as condições sociais também se modificam respectivamente. Por exemplo, a febre amarela é uma infecção de origem africana causada pelo *Flavivirus YF* cujo ciclo epidemiológico envolve hospedeiros primatas e humanos e o mosquito *Aedes aegypti* como vetor. Da mesma forma, a encefalite viral também transmitida por um *Flavivirus*, pode ser transmitida por diversas espécies de mosquitos, especialmente do gênero *Culex spp.* e seu ciclo envolve hospedeiros mamíferos, aves e humanos. Para citar um exemplo dos países em transição, as tripanosomíases causadas por protozoários *Trypanosoma spp.* tem a mosca tsé-tsé, *Glossina palpalis*, como vetor na forma africana envolvendo bovinos e eqüinos como hospedeiros. No Brasil, os insetos triatomíneos, da família *Reduviidae* como vetores da Doença de Chagas, forma de tripanosomíase típicamente sul-americana, podem envolver até cerca de 150 hospedeiros mamíferos em seu ciclo alternativo. Assim, esses casos mostram como a participação dos animais, enquanto hospedeiros ou reservatórios, podem ampliar as opções do agente etiológico, potencializando seu poder de disseminação e dificultando as medidas de controle.

A rede de laboratórios de saúde pública do país vem se capacitando para enfrentar surtos de viroses exóticas e casos de infecções emergentes, requerendo equipamentos especializados e a adoção de boas práticas biológicas, bem como o intercâmbio com centros internacionais de referência na área do diagnóstico virológico. Amostras de casos suspeitos seriam então coletadas e transportadas observando-se as condições ideais de Biossegurança, desencadeando ações de vigilância epidemiológica e profilática. Instituições governamentais, civis e militares, deveriam atuar em cooperação, a fim de estabelecer programas de treinamento de recursos humanos especializados e de efetivar estratégias emergenciais para contenção do risco biológico nos principais centros de pesquisa do país, acompanhando os conceitos internacionais de segurança biológica (Oda *et al.*, 2001).

Por isso Rey (1982) e Coura (1992) recomendam um bom conhecimento das relações biológicas e socioculturais que envolvem o homem, os microorganismos e eventualmente os hospedeiros intermediários ou vetores desses parasitos para a prevenção adequada das doenças parasitárias e zoonóticas. A comunidade deve ser incentivada a participar e assumir responsabilidades na execução das medidas de controle, dentro de uma estratégia adaptada às necessidades regionais.

As doenças infecciosas emergentes não conhecem fronteiras e por isso é valiosa a cooperação internacional no campo da saúde pública em escala global. Qualquer que seja a extensão da comunidade ou do grupo populacional envolvido, devem ser considerados os aspectos sociais e os métodos de controle viáveis naquela determinada situação. Além dos fatores técnicos, a tentativa de erradicação das zoonoses devem obter o mais elevado grau de prevenção e organização de forma prática e compatível com as disponibilidades financeiras do órgão político responsável.

Com este enfoque, cresce a consciência global da necessidade de respostas políticas, econômicas e educacionais aliadas às medidas de saúde pública a fim de conter o avanço das zoonoses emergentes. Assim como a dificuldade de acesso da população às estratégias básicas de controle constitui um obstáculo ético à prevenção das infecções, Soler (1991) indica a mobilização social e a capacitação de pessoal especializado, como pressupostos urgentes para acumular experiências na implementação de procedimentos preventivos que poderão beneficiar o controle de diversas enfermidades infecciosas.

De forma similar, o atual contexto da saúde coletiva aponta também para a grande relevância das interfaces entre o processo de construção do ciclo epidemiológico das zoonoses no âmbito das ciências ambientais e as diversas variáveis e conceitos interdisciplinares dos agentes patogênicos envolvidos. No entanto, a causa primordial da reemergência das doenças infecto-parasitárias está centrada nas questões sociais e a sensibilização dos governantes é essencial para proceder decisões políticas capazes de mudar esse quadro. A fim de aumentar a consciência do problema é preciso valorizar a educação como prática de saúde e integrar redes de informação sanitária básica, apoiando os programas de vigilância epidemiológica que priorizem medidas de Biossegurança (CDC, 1999; WHO, 2002).

Referências

Acha, P. N. & Szyfres, B. *Zoonosis y Enfermedades Transmisibles Comunes al Hombre y a los Animales.* Organización Pan Americana de Salud — Publ. Cient. nº 505. Washington DC: PAHO, 1997.

Albiquerque, M. B. M.; Lima e Silva, F. H. A. & Cardoso, T. A. O. Doenças Tropicais: da ciência na determinação climática de patologias. *Ciência & Saúde Coletiva*, 4(2), pp. 423-31, 1999.

Brasil. Ministério da Saúde. Fundação Nacional de Saúde/FUNASA. *Glossário Epidemiológico,* Brasília, DF. Acessado em: 4/6/02. Disponível na internet: http://www.funasa.gov.br/emerg.html

Brasil. Ministério da Saúde. Fundação Oswaldo Cruz/FIOCRUZ. *Manual para Técnicos em Animais de Laboratório. Capacitação de pessoal de níveis elementar e médio em biotérios* — CPNEMB. Rio de Janeiro: Ed. FIOCRUZ, 1994, 132 p.

Cardoso, T. A. O.; Soares, B. E. C.; Possas, C. A. & Oda, L. M. Doenças Zoonóticas Reemergentes. *Cadernos Técnicos da Escola de Veterinária da UFMG*, 20, pp. 81- 91, 1997.

Center for Disease Contral and Prevention/CDC *Biosafety in Microbiological and Biomedical Laboratories.* 4th ed., Atlanta GA. U.S.A., 1999.

Coura, J. R. Endemias e Meio Ambiente no Século XXI. *Cadernos de Saúde Pública*, 8(3), pp. 335-41, 1992.

European Federation for Biotechnology/EFB (1998) *Laboratory-Associated Infections.* Acessado em: 8/5/02. Disponível via internet: http://www.boku.ac.at/iam/efb.htm

Hunter, J. M.; Rey, L. & Scott, D. *Lacs Artificiels et Maladies Engendrées par l'Homme.* OMS *Forum Mondial de la Santé*, 4, pp.: 195-201, 1983.

Navarro, M. B. M. A. *et al.* Doenças Emergentes e Reemergentes, Saúde e Ambiente. In: Minayo, M. C. S. & Miranda, A. C. (orgs.). *Saúde e Ambiente Sustentável: estreitando nós.* Rio de Janeiro: Abrasco, 2002, pp. 37-49.

Oda, L. M.; Albuquerque, M. B. M.; Soares, B. E. C.; Lima e Silva, F. H. A.; Rocha, S. S.; Cardoso, T. A. O. & Costa Netto, C. Biosafety in Brazil: Past, Present & Prospects for the Future. In: Richmond, J. Y. (ed.). *Anthology of Biosafety IV. Issues in public health.* Ed. ABSA — American Biological Safety Association , U.S.A.; chap. 9 , 2001, pp. 135-48.

Possas, C. A. Drugs and Vaccines in Evolution for New and Old Diseases. In: Oda, L. M. (ed.). *Biosafety of Transgenic Organisms in Human Health Products.* Rio de Janeiro: Ed. FIOCRUZ, 1996, pp. 39- 66.

Rand, M. S. *Zoonotic Diseases* (2001) Ed. University of California at Santa Barbara Animal Care Council, CA, U.S.A. Acessado em: 2/6/02. Disponível via internet: http://www.research.ucsb.edu/connect/pro/disease.html

Rey, L. Fundamentos para a Prevenção de Infecções Intestinais Causadas por Protozoários e Helmintos. *Revista Médica Moçambique*, 1(1), pp. 15-21, 1982.

Soares, B. E. C. Biossegurança no Trabalho de Campo. In: Oda, L. M. & Avila, S. M. (org.). B*iossegurança em Laboratórios de Saúde Pública*. Brasília: Ed. M. S., 1998, pp. 213-9.

Soler, L.A. La Sociedad, su Medio Ambiente, el Cólera. *Salud Problema y Debate* 3(5), pp. 73-77, 1991.

World Health Organization/WHO — Global Comission Research into Neglected Diseases. *Special Programme for Research & Training in Tropical Diseases. TDR News*, 67, pp. 16-17, 2002.

BIOSSEGURANÇA NO MANEJO DE ANIMAIS

Telma Abdalla de Oliveira Cardoso
Ivana Silva

Introdução

Desde o início da última década, questões envolvendo doenças infecciosas emergentes e reemergentes vêm ganhando rapidamente destaque no mundo contemporâneo, sendo objeto de investigações crescentes da comunidade científica. Esta preocupação se explica pela constatação de que, apesar de todos os avanços da ciência, da tecnologia em saúde, voltados para a melhoria dos processos, produtos e estratégias de intervenção para o controle das principais doenças infecciosas em escala global, o arsenal disponível para efetivar o combate e o controle que inclui vacinas, medicamentos, pesticidas, sistemas de vigilância epidemiológica e esforços institucionais de diversas unidades de saúde, indicam que as sociedades têm-se mostrado bastante despreparadas para lidar com o inesperado. É flagrante a dificuldade de cientistas e de formuladores de política em lidar com novos surtos de patógenos e sua virulência, como por exemplo o *Bacillus anthracis,* o HIV, a Influenza aviária, a Febre Aftosa e o vírus Ebola. A reemergência de doenças que já se supunha em processo de controle, como a tuberculose, cólera, dengue e malária, entre outras, bem como o rápido agravamento da resistência a drogas, destacando-se o problema das infecções hospitalares multirresistentes e da resistência dos vetores a pesticidas, se justifica sobretudo pelo abandono progressivo, no passado recente, do investimento na pesquisa e desenvolvimento em doenças infecciosas e parasitárias, tornando-se marginal por uma visão otimista de uma suposta "transição epidemiológica" resultante das novas condições propiciadas pelo desenvolvimento, o que dispensaria esforços adicionais em saúde pública, ciência e tecnologia (Marques, 1998).

Atualmente, o fracasso dessa visão é evidente e vem provocando uma crise nos paradigmas que têm orientado a prática em saúde pública no mundo, o que nos demonstra a necessidade de levar em conta as diversas condições que propiciam a emergência e reemergência dessas doenças, além da interação complexa entre essas condições.

Mudanças no comportamento de alguns agentes infecciosos, como a capacidade de infectar novos hospedeiros, mudanças na sensibilidade a drogas, mudanças na resposta imunológica dos hospedeiros, são favorecidas por alterações genéticas e pelo processo evolutivo.

A necessidade econômica, fator principal e determinante do processo de organização do espaço, levando à mobilidade social, reorganizando o espaço conforme as necessidades das atividades que devem desenrolar-se, seja a agricultura, a exploração mineral, o transporte de mercadorias, a produção de energia, a fabricação de produtos ou a construção de cidades, dentre outras, aliados a alterações na alimentação, exposição a intervenções médicas, aumentam a susceptibilidade dos hospedeiros humanos a novos patógenos. Outras fontes são: exposição sucessiva às drogas, até mesmo por procedimentos invasivos; alterações em reservatórios silvestres com animais, relacionadas a mudanças em seus *habitats* associadas às alterações ambientais. Este é um sistema de relações que tem graus de adequação e que pode ou não ser propício à ocorrência de diferentes doenças.

Em países em desenvolvimento, como é o caso do Brasil, a situação é muito mais grave. Condições sociais e ambientais acabam propiciando o ressurgimento, surgimento e/ou a amplificação de diversos patógenos. A extensão da pobreza nas grandes cidades, a deteriorização ambiental, pela destruição de ecossistemas, a intensificação da mobilidade espacial e ocupacional através das migrações, a dificuldade de acesso das populações à informação e a precariedade dos sistemas de saúde, com limitada capacidade de diagnóstico, vêm contribuindo, também, para este quadro.

A organização de conferências internacionais e a produção de publicações especializadas contribuem para ampliar a consciência da comunidade científica, da sociedade e dos governos sobre a gravidade do problema e sua extrema complexidade. Existe também a necessidade de integrar os países subdesenvolvidos em redes internacionais de informação e vigilância, voltadas ao enfretamento dessas doenças, que tendem a se globalizar. Essa abordagem tem possibilitado um novo olhar sobre o problema das doenças infecciosas e parasitárias, que se considerava até recentemente como uma batalha praticamente ganha no mundo desenvolvido. Nessa perspectiva, o conceito de emergência rompe definitivamente com a já mencionada visão otimista da transição epidemiológica. O entendimento da dimensão ambiental dessas doenças, muitas relacionadas a fenômenos ecológicos importantes, como a destruição de ecossistemas cinde com o enfoque tradicional assistencialista da saúde pública e situa tais doenças em uma nova perspectiva.

Por essas razões, países em desenvolvimento, dentre eles o Brasil, acabam respondendo pela complexidade de suas condições sociais e ambientais e por sua ampla biodiversidade, pela maior parte dos casos de doenças infecciosas emergentes e reemergentes em todo o mundo, o que aumenta a responsabilidade de seus governos na definição de políticas de impacto, voltadas à prevenção, ao controle e à definição de políticas de Biossegurança dirigidas à proteção dos indivíduos, em especial os mais expostos em áreas de risco.

No Brasil, em 1943, foi relatado o primeiro caso brasileiro, considerado relevante, de contaminação, afetando oito técnicos de um laboratório de pesquisa com o vírus da Encefalite Eqüina (Schatzmayr, 2001; Pedroso, 1999; Marques & Possas, 1998; Wilson, Levis & Spielman, 1994). Na avaliação do evento, foi detectada falha no sistema de limpeza do laboratório. Mais recentemente, um episódio ocorrido em 1995, nos fez discutir Biossegurança nas instituições de saúde. Três tenentes do Exército Brasileiro (EB) participavam de um curso de sobrevivência na selva, a 70 quilômetros de Manaus, quando foram acometidos por um mal misterioso e incapacitante. Apresentaram febre altíssima, fraqueza extrema e dificuldade para respirar. Os médicos do EB pensaram que se tratava de uma pneumonia. Uma semana depois, internado em um hospital de Belém, um dos tenentes faleceu. Os outros foram então transferidos para São Paulo e os exames feitos no Instituto Adolpho Lutz não definiram a infecção. Amostras foram encaminhadas ao Centers for Disease Control, nos EUA, onde suspeitaram que o agente responsável fosse uma nova espécie de adenovírus. O exame dos anticorpos dos outros dois tenentes confirmaram a presença do vírus, fato que demonstra a urgência de políticas e de ações em Biossegurança (Marques & Possas, 1998).

O profissional da área da saúde está cotidianamente exposto a agentes de risco biológicos, químicos, físicos e radioativos, cujo enfrentamento exige investimentos na adequação das instalações do ambiente de trabalho, na capacitação técnica desses profissionais e na elaboração de um conjunto de normas que venham orientar e disciplinar as suas atividades. Nas atividades laboratoriais que envolvam material infeccioso ou potencialmente infeccioso, a avaliação do risco é um parâmetro de essencial importância para a definição de todos os procedimentos de Biossegurança sejam eles de natureza construtiva, de procedimentos operacionais ou informacionais (Cardoso, 2001). A avaliação criteriosa dos riscos é fundamental para a definição das medidas e ações que devem ser tomadas com o objetivo de minimizar os riscos que podem comprometer a saúde do homem e dos animais, como também a qualidade do ambiente, incluindo o do trabalho. Ao realizar a avaliação de risco, todos os fatores deverão ser identificados e explorados. Existem vários fatores de interesse, que devem ser considerados, durante a avaliação de risco, e dentre eles podemos citar: a virulência, a dose infectante, os modos de transmissão, a estabilidade do agente, a concentração e volume do material a ser manipulado, a origem do material potencialmente infeccioso, disponibilidade de medidas profiláticas eficazes e disponibilidade de tratamento eficaz.

Porém, existem outros fatores que devem ser considerados, tais como os ensaios laboratoriais que envolvam animais. Eles poderão apresentar tipos específicos de riscos, que variam de acordo com as espécies envolvidas e com a natureza da pesquisa desenvolvida. Os próprios animais podem introduzir novos riscos nas dependências. As infecções latentes são mais comuns em animais capturados no campo ou em animais provenientes de criações não selecionadas. Por exemplo, o vírus B do macaco é um risco latente aos indivíduos que lidam com símios. A via de eliminação do microrganismo nos animais também é um fator a ser considerado na avaliação de risco. Os animais que eliminem microrganismos através de secreção respiratória ou pela urina ou fezes são muito mais perigosos do que os que não o fazem. As pessoas que lidam com animais experimentais infectados com microrganismos infecciosos apresentam risco muito maior de exposição devido às mordidas, arranhões e aerossóis provocados por eles. Além disso, um dos maiores desafios atuais em relação aos estudos de doenças infecciosas em animais de laboratório é o advento das novas tecnologias genéticas, a produção de animais geneticamente definidos para diversos fins. Esses animais são geralmente imunocomprometidos, e, por essa razão, deve-se repensar os ensaios de alto risco e o desenvolvimento dos agentes infecciosos que são administrados a esses animais. Esse processo exige condições de instalações com nível de Biossegurança compatível com os microrganismos manipulados (Cardoso & Navarro, 2002).

Durante o processo de avaliação de risco, as novas doenças infecciosas e as reemergentes devem ser consideradas como um ponto de relevância. Em muitos casos, esses agentes não deveriam nunca ser trabalhados nas áreas de experimentação animal, pois esses patógenos foram recentemente identificados e não sabemos ainda todas as particularidades sobre as suas formas de transmissão. No ápice da lista desses patógenos, estão o vírus Sabiá, vírus Oropouche e as cepas zoonóticas de hantavírus recentemente isoladas em São Paulo.

Há uma ressurgência nos interesses sobre determinadas doenças, várias infecções que poderiam ter sido tratadas efetivamente com antiobióticos na década de 1970, como por exemplo: a tuberculose, o *Enterococcus spp.* e o *Staphylococcus aureus*, tornaram-se resistentes a diversas drogas disponíveis.

Experiências passadas e recentes com doenças infecciosas têm mostrado que mudanças nas espécies hospedeiras desempenham um fator importante na emergência das doenças infecciosas no homem (por exemplo, o HIV). Isso nos leva a considerar o conceito de infecções emergentes dentro de um contexto evolutivo (Cardoso & Navarro, 2002).

Outro ponto essencial do fenômeno das infecções emergentes refere-se à infra-estrutura de saúde pública do país envolvido e às precauções para se conduzirem as pesquisas necessárias. Existe no mundo inteiro uma necessidade na melhora nos testes-diagnósticos, principalmente para as febres hemorrágicas e, à exceção dos ensaios baseados em PCR, não houve avanço substancial nos últimos sete anos.

Risco

Atualmente, a maior parte das técnicas de inoculação animal para diagnóstico de diversas patologias têm sido substituídas por metodologias alternativas, como, por exemplo, a cultura de células. Porém, até o momento, os animais são insubstituíveis em muitas circunstâncias, sendo indiscutível o seu benefício, notadamente nas áreas de fármacos e produtos imunobiológicos.

O trabalho com animais infectados oferece, de um modo geral, quatro tipos de risco. No primeiro, o animal pode estar infectado com patógenos humanos e causar infecções nos técnicos do laboratório. Poderemos ter, então, infecções inaparentes por longos períodos, com sintomas suaves ou, até mesmo, levando à morte. O segundo risco em se trabalhar com animais infectados é que a infecção pode ser levada de animal a animal através do complexo de salas. Tais condições podem pôr em dúvida a validade do experimento e levar a respostas falso-positivas. O terceiro risco envolve a introdução de doenças em colônias de criação de animais de laboratório, por contaminação com microrganismos inoculados experimentalmente ou através da introdução de um animal recentemente adquirido e/ou capturado. Isso teria conseqüências graves para o plantel de uma instituição, representando não só perdas de divisas, mas também atrasos em pesquisas e ensaios. O quarto risco diz respeito à possibilidade de introdução de microrganismos exóticos no ambiente, podendo infectar animais de importância econômica.

Sob outra ótica, o manejo de animais em experimentação oferece dois tipos de risco, que são o de infecção e o de agressão (traumático), que muitas vezes leva ao infeccioso. Do ponto de vista da infecção, há, também, dois tipos de risco: as zoonoses (as naturais e as adquiridas no laboratório) transmissíveis ao homem e a manipulação do material contaminado, que oferece os mesmos riscos que os mencionados anteriormente. Os animais podem excretar microrganismos nas fezes, urina, saliva ou aerolizá-los no ar, originando, conseqüentemente, infecções. Existe ainda possibilidade de inoculação de patógenos por picaduras; mordeduras ou arranhaduras; assim como, a transmissão direta, por contato com o animal, seu sangue ou tecidos coletados em necrópsias e autópsias; e indireta, por inalação de poeira originada das gaiolas e camas dos animais.

Os animais de laboratório podem transmitir diversas enfermidades ao homem, porém, devemos considerar que animais infectados podem apresentar infecções subclínicas, não apresentando os sintomas da doença, portanto todos os animais devem ser tratados como potencialmente infectados.

Todos os microrganismos conhecidos por serem patogênicos ao homem e aos animais podem ser inoculados em hospedeiros laboratoriais para pesquisas experimentais. O espectro destes agentes incluem parasitas, bactérias, fungos, vírus e rickéttsias, assim como toxinas de fungos e de bactérias. Adicionalmente aos riscos da inoculação experimental desses agentes etiológicos, os técnicos devem estar preparados para a gama de infecções que podem naturalmente ocorrer em animais. As infecções naturais normalmente oferecem maior risco do que as induzidas experimentalmente, porque geralmente não são sintomáticas e não serão detectadas antes das primeiras manifestações clínicas (Cardoso, 1998).

Além disso, o advento das novas tecnologias genéticas, a produção de animais geneticamente definidos para diversos fins, tornam-se um dos maiores desafios da epidemiologia. Usando a técnica do DNA recombinante é possível introduzir novas informações genéticas numa célula, alterando dessa forma a virulência do microrganismo. Isso representa um acréscimo no risco do experimento; por exemplo, se produzimos cepas de bactérias resistentes a antibióticos, ou cepas capazes de produzir novas toxinas, elas representarão um risco em novas proporções. Felizmente, o Brasil já possui hoje, normatizado por Instruções Normativas da Comissão Técnica Nacional de Biossegurança, o trabalho e as condições para o trabalho com microrganismos e animais geneticamente modificados.

O conceito de risco está associado à probabilidade que um dano, um ferimento ou que uma doença ocorra. Nas atividades laboratoriais que envolvam materiais infecciosos ou potencialmente infecciosos, a avaliação do risco é um parâmetro de essencial importância para a definição de todos os procedimentos de Biossegurança sejam eles de natureza construtiva, de procedimentos operacionais ou informacionais. Essa avaliação irá determinar os níveis de Biossegurança (instalações, equipamentos, procedimentos e informação) que minimizarão ao máximo a exposição de trabalhadores e do meio ambiente a um agente infeccioso.

Avaliação de risco

Pesquisas feitas nos Estados Unidos nos mostram que a ordem e a freqüência das infecções adquiridas em laboratório são: bacterianas, virais, fúngicas e rickettsiais. A *Brucella* é o agente patogênico que mais causa infecções ocupacionais (CDC, 1999; National Academy Press, 1989). Encontramos também infecções causadas por fungos, particularmente por *Coccidioides immitis*, e uma das mais conhecidas zoonoses entre os profissionais que trabalham com animais estão as dermatomicoses, infecções ocupacionais muito bem documentada na literatura mundial. Com o desenvolvimento, as infecções causadas por rickéttsias também são relatadas e a febre Q é o exemplo mais comum, principalmente entre os profissionais que trabalham com ovinos ou caprinos. Fox (1996) mostra a pesquisa de Dan Liebermann, na segunda edição do *Biohazards Management Handbook*, onde este pesquisador aponta para 375 infeções adquiridas em laboratório de 1978 até 1991, onde ele as caracteriza por agente infectante, ou seja, bacterianas, virais e rickettsiais. *Salmonella sp.* e *Brucella sp.* estão no topo das infecções. Dentre as causadas por vírus, podemos ver as infecções por novos agentes, como o vírus *Herpes simiæ* e novamente a prevalência da Febre Q dentre as infecções causadas por rickéttsias.

Esses indicadores são muito importantes quando queremos desenvolver um plano de avaliação de risco ou um programa de monitoramento de risco para as áreas que manipulam animais com foco no indivíduo em risco.

Normalmente, espera-se que o pesquisador responsável tenha o maior risco de exposição. Mesmo se este profissional esteja treinado nas técnicas adequadas para o desenvolvimento dos ensaios, ele continua tendo alto risco de contrair doenças relacionadas à manipulação com os agentes infecciosos. É muito importante, para nós, estabelecermos estratégias de treinamentos, nos quais todos os técnicos que manipulem os animais e que também têm alto risco de serem infectados, também sejam treinados.

Segundo o Centers for Disease Control (1999), a "avaliação do risco pode ser qualitativa ou quantitativa. Na presença de riscos conhecidos e quantificáveis, como por exemplo, os níveis residuais de gás de formaldeído depois de uma descontaminação do laboratório, a avaliação quantitativa pode ser realizada. Mas em muitos casos, os dados quantitativos estarão incompletos ou ausentes, como nos casos de investigação de um agente desconhecido. Os tipos, subtipos e variantes dos agentes infecciosos envolvendo vetores diferentes ou raros, a dificuldade de avaliar as medidas de um potencial de amplificação do agente e as singulares considerações dos recombinantes genéticos são alguns dos vários desafios na condução segura de um laboratório. Diante de tal complexidade, nem sempre os métodos de amostragem quantitativa significativos estão à nossa disposição. Dessa forma, o processo de avaliação do risco para o trabalho com materiais biológicos perigosos pode não depender de um algoritmo prescrito".

Durante o processo de avaliação de risco em atividades de manipulação de animais, existem alguns parâmetros relacionados aos riscos de saúde ao trabalhador que devem ser observados. Na maioria dos casos, a utilização de boas práticas, além do cumprimento de um programa de vigilância médica e de monitoramento, com a finalidade de promover a saúde e proteger a integridade do trabalhador no local de trabalho, deverão ser suficientes para reduzir ou eliminar os riscos, protegendo dessa forma a saúde dos trabalhadores. Tanto a vigilância quanto o monitoramento têm caráter de prevenção, rastreamento, diagnóstico e detecção precoce dos agravos à saúde relacionados ao trabalho (Siqueira, Rocha, Santos, 1998). Porém, existem algumas atividades que podem contribuir para a elevação dos riscos, tais como a manipulação de caixas pesadas, manipulação de animais silvestres, exposição a vírus B na manipulação de macacos, exposição a agentes alergênicos, dentre outros. As instituições deverão determinar quais as atividades e quais os locais de trabalho com maiores riscos e providenciar um controle médico de acompanhamento rígido e permanente para os trabalhadores expostos.

Vários aspectos merecem considerações, conforme a Tabela 1, incluindo a intensidade da exposição, freqüência da exposição, os riscos associados aos animais manipulados, as características dos patógenos envolvidos nos ensaios, a susceptibilidade individual do trabalhador e o seu histórico médico.

Ao realizar a avaliação do risco qualitativo, todos os fatores de risco devem ser identificados e explorados. Vamos então apresentar alguns dos principais fatores que irão nortear a classificação de risco e que devem ser considerados durante o processo de avaliação de risco. São eles:

Virulência

É um dos fatores de maior importância para o homem e para os animais. Uma das formas de mensurar a virulência, é a taxa de fatalidade da doença causada pelo agente patogênico, que pode causar a longo prazo incapacidade e dosa a capacidade em se produzir a doença. Aplicando este critério, as encefalites virais, tuberculose e coriomeningite linfocítica (LCM) são de alto risco, pois podem resultar em morte ou em incapacidade a longo prazo. O *Staphylococcus aureus* que, raramente, provoca uma doença grave ou fatal em um indivíduo contaminado em um laboratório, é classificado como microrganismo de classe de risco 2. Já os vírus como o Ébola, Marburg e da febre de Lassa, que provocam doenças com alta taxa de mortalidade e para as quais não existem vacinas ou tratamentos, são classificados como de classe de risco 4. O número de microrganismos que constituem uma dose infectante para o homem pode variar consideravelmente, dependendo do microrganismo, sua patogenicidade; concentração; volume; modo de transmissão; alteração genética ou recombinação gênica; possibilidade de formação de aerossóis; dentre outros.

Tabela 1. Avaliação dos riscos associados à manipulação de animais

Critério	*Nível de classificação de risco*	*Fontes de informação*
Intensidade de exposição	Alta Média Baixa Ausente	Perfil do emprego, avaliação de saúde e do ambiente, histórico do trabalhador
Freqüência de exposição	8 horas semanais ou mais Menos de 8 horas semanais Nenhum contato direto Nunca	Perfil do emprego, avaliação de saúde e do ambiente, histórico do trabalhador
Riscos provenientes dos animais	Doenças sérias Moderadas Brandas Inexistentes	Médico veterinário da instituição
Riscos provenientes dos materiais usados nos ou com os animais	Doenças sérias Moderadas Brandas Inexistentes	Cadastro de segurança dos materiais Comissão interna de Biossegurança, CIPA, Comitê institucional de radioproteção, Comissão de Saúde do Trabalhador, Núcleo de assistência ao trabalhador
Suscetibilidade individual do trabalhador	Sempre presente Decaimento permanente Decaimento temporário	Avaliação médica, revisão do protocolo de avaliação médica
Expectativa de incidência ou de prevalência	Alta Média Baixa Ausente	Artigos científicos, experiências industriais ou outras
História de doenças ocupacionais ou de acidentes no posto de trabalho	Severo Moderado Brando Nenhum	Registro de notificação de acidentes e incidentes, registro de alterações no quadro de saúde do trabalhador
Normas ou procedimentos padrões	Requerido para qualquer contato Permitido por julgamento profissional	Comissão interna de Biossegurança, CIPA, Comitê institucional de Radioproteção, Comissão de Saúde do Trabalhador, consultores

Fonte: Adaptado do *Occupational Health and Safety in the Care and Use of Research Animals*, 1997.

Modo de Transmissão

Microrganismos patogênicos podem ser transmitidos por vetores, por contato direto e por aerossóis. Cada modo de transmissão representa um nível de risco e são controlados de diferentes formas. Os microrganismos tais como protozoários da malária, vírus das encefalites e *Yersinia pestis* que são transmitidos por artrópodes, devem ser manipulados em laboratórios específicos, para que não haja a liberação destes microrganismos através da fuga dos animais hospedeiros. A transmissão por contato direto é um pouco mais difícil de se prevenir. Animais infectados devem estar isolados de espécies susceptíveis. As viroses, como raiva e Monkey B, podem ser minimizadas simplesmente prevenindo-se contra mordidas e arranhaduras. Já os microrganismos que são transmitidos por via oral, como as enterobactérias patogênicas, amebas e o vírus da Hepatite, apresentam situações diferentes. A infecção pode se dar através do contato imediato tipo boca-mão contaminada, mas, também, através do contato com excrementos infectados.

Via de regra, a rota de maior risco nas infecções acidentais em animais e no homem, é aquela causada pelas partículas contaminadas transportadas pelo ar. É o modo de transmissão de maior dificuldade de prevenção. Muitos microrganismos podem ser transmitidos pelo ar, tanto em laboratórios quanto em salas de animais. As doenças que têm maior relevância pela virulência incluem a tuberculose, tularemia, Febre Q, encefalite viral, varíola, LCM, coccidiomicoses, histoplasmose, anthrax e psitacose. Os animais podem produzir aerossóis através de exalações respiratórias, como espirros e tosses. Movimentos rápidos na caixa podem aerolizar partículas e em grandes animais os jatos de urina caindo no solo podem ser uma fonte de infecção. Os técnicos contribuem para aerolizar partículas de risco nos procedimentos de raspagem de caixas não esterilizadas quando empregam altas pressões no jato de água para lavagem de caixas e do chão.

Finalmente, em qualquer discussão sobre transmissão de doenças, os próprios animais devem ser considerados a maior fonte de contágio. Microrganismos oriundos de lesões cutâneas, secreções nasais, urina e fezes representam o maior problema na transmissão de qualquer doença.

Profilaxia e Terapia

O risco é drasticamente reduzido, se estão disponíveis vacinas e imunógenos eficazes. Tanto os técnicos como os animais podem estar protegidos através de imunizações. Doenças que possuem tratamento por quimioterápicos podem também ser classificadas como de menor risco. Normalmente, os vírus são coletivamente classificados como de maior risco que as bactérias. Porém as boas práticas laboratoriais ditam os esforços que devem ser tomados para que o risco de infecções seja reduzido e resguarde a integrabilidade dos ensaios ali executados.

Estabilidade do Agente

Microrganismos capazes de sobreviver a determinados níveis de temperaturas e umidade e após desidratação, exposição à luz do sol e outras condições adversas demonstram maior resistência. Portanto, o controle sanitário de um vírus estável, como a varíola ou esporos de bactérias patogênicas ou protozoários encistados devem ter maior atenção. Organismos estáveis, aptos a sobreviver por maior tempo em fluidos corporais, podem significar contaminações fora da sala dos animais, persistindo por longos períodos de tempo, e, além disso, apresentarem considerável variação na resistência a desinfetantes.

Concentração e Volume

Por definição, concentração é o número de organismos infecciosos por unidade de volume, portanto quanto maior a concentração, maior o risco.

A informação a respeito do volume do material concentrado a ser manipulado também é importante. Na maioria dos casos, os fatores de risco aumentam com o acréscimo do volume de trabalho com microrganismos.

Curso da Infecção

As infecções agudas, de curta duração, nas quais o animal morre ou recupera-se representam um risco de diferente ordem que as infecções crônicas. Um bom exemplo de infecção crônica são as encefalopatias virais espongiformes. Nas infecções crônicas, em adição ao risco da persistência por longos períodos em animais, os microrganismos etiológicos são usualmente resistentes a altas temperaturas e a uma variedade de agentes químicos.

Origem do Material Potencialmente Infeccioso

A origem se refere não só à localização geográfica (por exemplo: áreas endêmicas); mas também ao tipo de hospedeiro (humano ou animal, infectado ou não).

Dose Infectante

É importante conhecer a dose infectante quando se manipula um agente em particular de risco em uma área de biocontenção. Devemos perguntar se aquela dose é infectante para o homem e, particularmente, se é infectante para os animais de laboratório que estão sendo infectados experimentalmente. Adicionalmente à dose infectante, devemos saber qual é o comportamento deste microrganismo no caso de escape ou de liberação, quais são as conseqüências ao meio ambiente, aos animais e aos homens à exposição a estes agentes.

Espécie de Animal

- grau de agressividade;
- tendência à mordedura ou arranhadura; e
- parasitas naturais e zoonoses susceptíveis.

O grau de agressividade e o tipo de animal podem amplificar o risco. Animais de grande porte são mais difíceis de serem isolados. A possibilidade de pessoas serem mordidas ou arranhadas é maior no manuseio de espécies animais agressivas. Animais mais agitados, que dão maior trabalho na contenção, representam maior risco de acidentes para os técnicos, como a auto-inoculação com agulhas.

Tipo de Ensaio

Às vezes a manipulação de animais infectados pode acrescentar riscos ao ensaio. Por exemplo, a imunossupressão de animais de laboratório pode alterar severamente o curso de uma doença no animal e pode resultar na reativação de infecções latentes.

Via de Inoculação

A via pela qual os animais são inoculados pode influenciar um acréscimo ao risco do ensaio. Inoculações envolvendo agulhas e seringas submetem ao trabalhador a possibilidade da auto-inoculação. Quando a inoculação se faz por via intranasal, os animais podem produzir aerossóis através de espirros, particularmente se eles não estiverem anestesiados.

Além disso, dependendo da via de inoculação podemos ter um acréscimo na infecção cruzada. Por exemplo: se a espécie animal utilizada é susceptível a uma determinada doença por várias vias de inoculação, incluindo o trato respiratório, a chance de infecção cruzada é muito maior se for introduzida somente por inoculação intracerebral.

Classificação de Risco

A classificação de risco de um determinado microrganismo patogênico baseia-se, sobretudo, no seu potencial de risco para o indivíduo, para a comunidade e para o meio ambiente, na existência de medidas profiláticas e preventivas. Cada país deve estabelecer a classificação adequada a ser adotada, onde principalmente os microrganismos exóticos devem sofrer controle rigoroso das autoridades de saúde pública, necessitando-se de autorização prévia de entrada no país.

Até 1995, o Brasil utilizava as classificações existentes mundialmente, tais como a do *Center for Disease Control* (CDC), *National Institute of Health* (NIH), *Institut National de la Santé et de la Recherche Médicale* (INSERM), Comunidade Européia, dentre muitas. Todas as classificações utilizam os mesmos critérios para a avaliação de risco dos microrganismos, porém existem alguns critérios variáveis de acordo com a realidade local do país, o que pode ocasionar confusões. Por esta razão, é importante o estudo epidemiológico das particularidades dos microrganismos no próprio país. Podemos exemplificar com o vírus da raiva na Inglaterra onde foi erradicado, e portanto na classificação desse país o vírus rábico será classificado em uma categoria de risco mais alta do que em outro onde o mesmo vírus ainda não foi erradicado.

No Brasil, em 1995, com a formação da Comissão Técnica Nacional de Biossegurança, em cumprimento da Lei n.º 8.974 e do Decreto n.º 1.752, do Ministério de Ciência e Tecnologia, surge uma série de instruções normativas, para o gerenciamento e normatização do trabalho com engenharia genética e a liberação no ambiente de OGMs em todo o território brasileiro. Dentre elas está a Instrução Normativa n.º 7, de julho de 1997, que estabelece normas para o trabalho em contenção com organismos geneticamente modificados e, apresenta, em seu anexo, a classificação de agentes etiológicos humanos e animais com base no risco apresentado. Essa instrução agrupa os microrganismos em classes de 1 a 4, sendo a classe 1 a de menor risco e a classe 4 a de maior risco.

Em 2002, o Ministério da Saúde cria a Comissão de Biossegurança da Saúde/CBS, que revisa e atualiza a classificação dos agentes e a edita em 2004, como parte integrante das "Diretrizes Gerais para o Trabalho em Contenção com Material Biológico" (MS, 2004). Em 2006, essa mesma Comissão, através de estudos contextuais mais recentes, atualizaou e editou a "Classificação de Risco dos Agentes Biológicos".

- *Classe de risco 1*

O risco individual e para a comunidade é ausente ou muito baixo, ou seja, são microrganismos que têm baixa probabilidade de provocar infecções no homem ou em animais. Exemplos: *Bacillus subtillus.*

- *Classe de risco 2*

O risco individual é moderado e para a comunidade é baixo. São microrganismos que podem provocar infecções, porém, dispõe-se de medidas terapêuticas e profiláticas eficientes, sendo o risco de propagação limitado. Exemplos: Vírus da Febre Amarela e *Schistosoma mansoni.*

- *Classe de risco 3*

O risco individual é alto e para a comunidade é limitado. O patógeno pode provocar infecções no homem e nos animais graves, podendo propagar-se de indivíduo para indivíduo, porém existem medidas terapêuticas e/ou de profilaxia. Exemplos: Vírus da Encefalite Eqüina Venezuelana e *Mycobacterium tuberculosis.*

- *Classe de risco 4*

O risco individual e para a comunidade é elevado. São microrganismos que representam sério risco para o homem e para os animais, sendo altamente patogênicos, de fácil propagação, não existindo medidas profiláticas ou terapêuticas. Exemplos: Vírus Marburg e Vírus Ebola.

Níveis de Biossegurança

Os níveis de contenção física estão relacionados aos requisitos de segurança para o manuseio dos agentes infecciosos. Esses agentes estarão presentes naturalmente ou inoculados experimentalmente em animais nos laboratórios de experimentação animal, e irão estabelecer os níveis de Biossegurança laboratorial.

A classificação dos laboratórios é feita de acordo com a classe de risco do(s) microrganismo(s) ali manipulado(s), em quatro níveis de Biossegurança (NB-A) e consistem na combinação de práticas e técnicas de laboratório, equipamentos de segurança e instalações ou infra-estrutura laboratorial e representam as condições nas quais o agente pode ser manuseado com segurança. Quando temos uma informação específica disponível que possa sugerir a alteração nos padrões de virulência, patogenicidade, resistência a antibióticos ou de outros fatores, práticas mais rígidas poderão ser adotadas.

Neste capítulo iremos abordar somente os aspectos relacionados a procedimentos, uma vez que os equipamentos de segurança e os requisitos relacionados à infra-estrutura laboratorial por cada nível de Biossegurança estão contemplados em outros capítulos deste livro.

Laboratórios de Experimentação Animal de Nível de Biossegurança 1 — NB-A1

É um nível de Biossegurança laboratorial necessário ao trabalho que envolva agentes biológicos bem caracterizados e conhecidos por não provocar doença em seres humanos sadios e que possua o menor grau de risco para o pessoal do laboratório e para o ambiente.

Representa o nível básico de contenção laboratorial e baseia-se nas boas práticas laboratoriais sem uma indicação de barreiras específicas. O laboratório não está separado das demais dependências do edifício e o trabalho é conduzido, em geral, em bancada. O pessoal de laboratório deve ter treinamento específico nos procedimentos realizados no laboratório e na manipulação da espécie animal envolvida. Devem ser supervisionados por um profissional com treinamento específico na área.

Todos os ensaios devem ter aprovação concedida pelo Comitê de Ética no Uso de Animais, em consonância com o Projeto de Lei n.º 3.964 de 1997, que dispõe sobre a criação e o uso de animais para atividades de ensino e pesquisa.

Aplica-se aos laboratórios utilizados nas atividades de ensino e treinamentos, onde não é necessário nenhum tipo de desenho especial além do atendimento às boas práticas laboratoriais e de um planejamento eficaz.

Procedimentos fundamentais

O emblema internacional indicando risco biológico, com a advertência de acesso restrito, deve ser afixado nas portas dos laboratórios.

O acesso ao biotério é limitado às pessoas autorizadas.

Não é permitida a presença de crianças.

Durante o trabalho, as portas do laboratório devem permanecer fechadas e quando fora de uso devem ser mantidas trancadas.

Nas áreas do laboratório é proibido utilizar e/ou aplicar produtos cosméticos (incluindo perfumes), comer, beber, fumar ou guardar alimentos em freezers ou geladeiras dos laboratórios. É proibido lamber as etiquetas ou colocar materiais na boca.

Durante o trabalho no laboratório, a equipe deve usar roupas, aventais ou uniformes próprios. Essas peças de vestuário devem ser de mangas longas, de punho ajustado e não devem ser utilizadas em outros espaços que não sejam do laboratório (escritório, biblioteca, salas de estar e refeitório).

Não é permitido o uso de calçados que deixem os artelhos à vista.

A indumentária para proteção dentro do laboratório não deve ser guardada no mesmo armário, junto com trajes pessoais.

Prender os cabelos longos, protegê-los com toucas descartáveis. Proteger a barba com equipamento de proteção específico (protetor de barba), descartável.

Evitar a utilização de anéis, pulseiras, cordões longos ou relógios, pois acumulam microrganismos e podem dificultar a retirada das mãos no momento de uma emergência. Além disso fragilizam as luvas no ponto de seu contato, ocasionando rupturas freqüentes.

As unhas devem permanecer curtas, para evitar o acúmulo de microrganismos e a perfuração das luvas.

Utilizar luvas adequadas em todo o tipo de atividade que possa resultar em contato acidental direto com sangue, tecidos, fluidos ou animais infectados. Depois de usadas, as luvas devem ser removidas e, em seguida, lavar as mãos. O uso de luvas não exclui a lavagem das mãos.

As luvas que forem reutilizadas devem ser lavadas quando ainda cobrem as mãos; após serem retiradas, devem ser limpas e desinfetadas, antes de serem usadas novamente. A reutilização de luvas é permitida somente em laboratórios que manipulem microrganismos de classe de risco 1.

Deve-se lavar as mãos após cada manuseio de material ou animal infectado e antes de sair do laboratório. O ato de lavar as mãos deve ser rotineiro e ser efetuado em pias exclusivas, preferivelmente próxima ao ponto de saída da área de trabalho.

Os óculos de segurança e os protetores de face (visores), assim como outros dispositivos de proteção devem ser usados sempre que forem indicados para a proteção de olhos e face, contra os salpicos ou contra o impacto de objetos.

Nas salas de primatas é obrigatório o uso de vestimentas protetoras (cobrindo o corpo todo), protetores de antebraço, protetores faciais, máscaras, toucas, sapatos fechados e sapatilhas. Esse procedimento é necessário devido à incidência de doenças entéricas, não sendo incomum receber fezes ou urina no corpo e nas mãos quando se faz a contenção do animal.

O manuseio de primatas exige uso de luvas especiais. Nunca tocar em primatas ou em qualquer material que tenha tido contato direto com primatas sem o uso de luvas.

O laboratório deve ser mantido limpo, organizado e livre de materiais que não são usados durante o trabalho. Deve haver espaço suficiente para a execução segura do trabalho, assim como para limpeza e manutenção. As estantes dos animais devem estar afastadas, no mínimo, 20 cm das paredes, para permitir limpeza fácil.

As superfícies de trabalho devem ser desinfetadas no final do expediente ou após qualquer derramamento de material.

Os animais devem ser separados por espécie.

As caixas ou gaiolas de animais em experimentação devem possuir fichas de identificação do animal, tipo e duração do ensaio realizado, identificação do laboratório usuário, responsável pelo ensaio e especificidades do ensaio quanto à segurança para o manejo dos animais.

Todos os animais de origem externa à instituição devem ser quarentenados e devidamente acompanhados.

Não se deve permitir a presença, dentro do laboratório ou nas proximidades dele, de animais que não sejam necessários ao trabalho.

O emprego de agulhas e seringas hipodérmicas deve ser restrito à inoculação parenteral e à punção de líquidos em animais do laboratório. Deve, também, ser limitado o seu uso na retirada do conteúdo de frascos com rolhas de borracha (existem outros dispositivos para abri-los, os quais permitem o uso de pipetas). As agulhas e as seringas de injeção não devem ser usadas em substituição aos dispositivos de pipetagem na manipulação de líquidos infecciosos. Sempre que possível, recomenda-se substituir as agulhas por cânulas.

Os materiais perfurocortantes, tais como agulhas e vidrarias quebradas, devem ser descartados em recipientes de paredes rígidas, com tampa, devidamente identificados, com as seguintes informações: laboratório de origem, técnico responsável, data do descarte; inscrição de material perfurocortante e símbolo de risco biológico. Esses recipientes deverão estar localizados tão próximos quanto possível da área de uso desses materiais.

Vidrarias quebradas não devem ser manipuladas diretamente com a mão, devem ser removidos através de meios mecânicos como pinças ou escova e pá de lixo.

Os materiais a serem descartados devem ser colocados em sacos plásticos, brancos leitosos, da classe II (para acondicionamento de resíduos biológicos infectantes, à prova de vazamento, conforme normas da ABNT, NBR — 9190/92 e 9191/00), com capacidade máxima de 100 litros.

Os sacos devem ser identificados com o nome do laboratório de origem, sala, técnico responsável e data do descarte. Devem ser preenchidos até os 2/3 de sua capacidade. Não poderão ser esvaziados ou reaproveitados. Devem ser totalmente fechados, de tal forma que não permita o derramamento do conteúdo, mesmo que virados com as bocas para baixo. Uma vez fechados, precisam ser mantidos íntegros até o processamento ou destinação final do resíduo. Devem ser mantidos em vasilhames de paredes rígidas.

Havendo necessidade de deslocar os sacos de resíduos, eles serão colocados em vasilhames com tampas, à prova de vazamento (ou seja, com fundo sólido), antes de serem retirados do laboratório. Caso ocorram rompimentos freqüentes dos sacos dever-se-á verificar a qualidade do produto ou métodos de transporte utilizados. Não se admite abertura ou rompimento de saco contendo resíduo biológico sem prévio tratamento (Fiocruz, 2002).

O armazenamento de materiais de uso imediato deve ser feita sem a ocupação indesejada de mesas e corredores e o armazenamento a longo prazo, de preferência fora das áreas de trabalho.

Convém guardar um relatório escrito sobre acidentes com ou sem vítimas.

Estabelecer um programa de avaliação do estado de saúde dos técnicos, com exames médicos, assim como imunoprofilaxia específica e tratamento adequado caso haja necessidade. Todos os controles de saúde deverão estar registrados na pasta do servidor, em ficha individual e arquivado.

Na área de apoio ao laboratório deve haver um kit de primeiros socorros.

Deve haver um programa de controle de roedores e artrópodes.

O responsável pelo laboratório deve assegurar a capacitação da equipe em relação às medidas de segurança e emergência. Convém adotar um manual de segurança ou de procedimento no qual constem os perigos eventuais ou já conhecidos e que especifique as técnicas e as rotinas capazes de reduzir ou eliminar tais riscos.

Laboratórios de Experimentação Animal de Nível de Biossegurança 2 — NB-A2

São os que manipulam animais infectados com microrganismos da classe de risco 2, com risco moderado para as pessoas, animais e para o ambiente. Nesses, ao atendimento às boas práticas laboratoriais, estão somados alguns requisitos físicos de construção.

Os laboratórios níveis 1 e 2 são considerados laboratórios básicos.

É semelhante ao NB-A1 em algumas de suas exigências, porém difere nos seguintes aspectos:

- O pessoal de laboratório deve ter treinamento técnico específico no manejo de material biológico e da espécie animal envolvida no ensaio e deve ser supervisionado por profissional treinado, com conhecimento e treinamento específico para a realização do trabalho;

- O acesso ao laboratório deve ser limitado durante os procedimentos operacionais;

- Precauções devem ser tomadas em relação a objetos perfurocortantes e animais com tendências a arranhadura ou mordedura infectados;

- Determinados procedimentos nos quais existam possibilidades de formação de aerossóis devem ser conduzidos em cabines de segurança biológica ou em outro equipamento de contenção física.

Procedimentos fundamentais

Os procedimentos fundamentais exigidos para o NB-A2 são os mesmos já descritos para o NB-A1, acrescidos de:

O Chefe do Laboratório tem a responsabilidade de limitar o acesso ao laboratório de experimentação animal. Nas áreas de serviço do laboratório, só é permitida a entrada de pessoas devidamente avisadas sobre os eventuais perigos e que preencham determinadas condições (imunizações, por exemplo). Pessoas susceptíveis às infecções, imunocomprometidas ou imunodeprimidas, não serão permitidas no laboratório. Cabe ao Chefe do Laboratório a decisão final quanto à avaliação de cada circunstância e a determinação de quem deve entrar ou trabalhar no laboratório de experimentação animal.

As salas devem ser mantidas trancadas quando fora de uso e o controle das chaves deve ser rígido.

O símbolo internacional indicando risco biológico, afixado nas portas, deve conter informações a respeito do(s) agente(s) manipulado(s), o nível de Biossegurança, as imunizações necessárias, o tipo de equipamento de proteção individual que deverá ser usado no laboratório, o nome do Chefe do Laboratório e o telefone para a sua localização.

Proteção para o rosto (máscaras, protetor facial, óculos ou outra proteção facial) deve ser usada para prevenir respingos ou aerossóis proveniente do manuseio dos materiais biológicos.

As luvas devem ser descartadas quando estiverem contaminadas, quando o trabalho com materiais biológicos for concluído ou quando a integridade delas estiver comprometida.

Antes de sair do laboratório para áreas externas (biblioteca, cantina, escritório), a equipe deve retirar os equipamentos de proteção individual e deixá-los no laboratório. As vestimentas protetoras não devem ser guardadas no mesmo armário com outros trajes ou objetos de uso pessoal. As roupas contaminadas devem ser desinfetadas com técnica adequada.

Uso de luvas adequadas em todo o tipo de atividade. Todos os equipamentos de proteção individuais (EPI's) descartáveis devem ser considerados e tratados como resíduo da Classe A, antes de serem enviados para o descarte final. Em seguida, é necessário lavar as mãos.

Todos os processos técnicos devem ser realizados de forma que reduza, ao mínimo, o perigo de formação de aerossóis ou de gotículas.

Utilizar cabines de segurança biológica (Classe I ou II) e/ou equipamento de proteção individual, como, por exemplo, protetores faciais, máscaras contra gases, dentre outros, que devem ser usados quando o procedimento é de alto potencial de produção de aerossóis. Nestes estão incluídos:

- centrifugação, trituração, homogeneização, agitação vigorosa, ruptura por sonicação, abertura de recipientes contendo material onde a pressão interna possa ser maior que a pressão ambiental;
- necrópsias de animais infectados;
- manuseio de fluidos ou tecidos, ovos de animais infectados;
- inoculação intranasal de animais; e
- altas concentrações ou grandes volumes de materiais biológicos patogênicos. Tais materiais só poderão ser centrifugados fora de cabines de segurança se forem utilizadas centrífugas de segurança e frascos lacrados. Estes devem ser abertos no interior da cabine de segurança biológica.

Qualquer primata deve ser considerado potencialmente infectado de doenças zoonóticas.

O material oriundo das camas de animais deve ser removido com cuidado, de modo que minimize a criação de aerossóis.

Todos os resíduos provenientes das salas dos animais devem ser descontaminados, preferencialmente autoclavados, antes do descarte. As carcaças dos animais infectados devem ser preferencialmente incineradas.

Todo o material e/ou equipamento oriundo das salas de primatas deve, obrigatoriamente, ser autoclavado antes de lavado.

Qualquer derramamento de material, assim como todo acidente e exposição efetiva ou possível a materiais infecciosos devem ser, imediatamente, comunicados ao Chefe do Laboratório, além de manter registro por escrito dos acidentes e das providências adotadas.

Após qualquer mordedura, arranhadura ou outra injúria causada por primatas, o animal deve ser mantido em observação e examinado, à procura de salivação intensa e lesões na cavidade oral característica do Vírus B (*Herpes virus simiæ*). A ferida deve ser lavada com água em abundância, deixar sangrar livremente e encaminhar para atendimento médico especializado.

É recomendável não permitir o trabalho de pessoas portadoras de ferimentos, queimaduras, imunodeficientes ou imunodeprimidas.

A equipe do laboratório deve ser imunizada ou ser testada quanto à imunidade para os agentes manipulados ou potencialmente presentes no laboratório, como, por exemplo, vacina contra a hepatite B, rubéola, tuberculose (BCG), tétano, difteria, raiva, dentre outras e o teste de tuberculina. Manter os protocolos descritivos de cada imunização (data da imunização, tipo da vacina utilizada). Quando aplicável, deve ser realizada a determinação do nível de anticorpos pós-vacinação.

As pessoas que manuseiam primatas devem, obrigatoriamente, fazer, anualmente, testes de tuberculina e Raios X de tórax.

É importante colher dos integrantes da equipe do laboratório, e de outras pessoas expostas ao risco, amostras de sangue para posterior comparação. Essas amostras devem ser guardadas apropriadamente. Outras amostras de sangue serão colhidas periodicamente, de acordo com os microrganismos manipulados e a função do laboratório.

O pessoal deve ser alertado sobre os possíveis riscos. Deve-se exigir a leitura e a obediência às normas e aos procedimentos padronizados. O Chefe do Laboratório deve certificar-se de que o pessoal atenda a essas normas.

As equipes do laboratório e de apoio deverão receber treinamento adequado sobre os riscos potenciais associados ao trabalho desenvolvido, aos animais envolvidos nos ensaios, os cuidados necessários para evitar uma exposição ao material biológico infeccioso e sobre os procedimentos de avaliação da exposição. A equipe do laboratório deverá freqüentar cursos de atualização anuais ou treinamento adicional quando necessário e também em caso de mudanças das normas e dos procedimentos.

A área de escritório deve ser localizada fora da área de biocontenção.

Laboratório de Experimentação Animal de Contenção — Nível de Biossegurança 3 — NB-A3

Neste laboratório manipulam-se microrganismos da classe de risco 3, que possuem potencial de transmissão por via respiratória e que podem causar infecções sérias e possivelmente fatais e, além disso, grandes volumes ou altas concentrações de microrganismos da classe 2. Requer desenho e construção mais especializados que os de níveis 1 e 2.

É mantido um controle rígido quanto a operação, inspeção e manutenção das instalações e equipamentos, e os técnicos deverão receber treinamentos específicos quanto ao manuseio seguro desses microrganismos, devendo ser supervisionados por profissionais de nível superior com vasta experiência com esses agentes.

As barreiras primárias e secundárias são mais rígidas neste nível de Biossegurança, a fim de proteger os trabalhadores, a comunidade e o ambiente contra a exposição aos aerossóis infecciosos.

Todos os procedimentos que envolverem a manipulação de agentes biológicos devem ser conduzidos dentro de cabines de segurança biológica ou outro dispositivo de contenção física. Os técnicos devem usar equipamento de proteção individual.

As barreiras secundárias para esse nível incluem o acesso controlado ao laboratório e sistemas de ventilação que minimizam a liberação de aerossóis infecciosos do laboratório.

O laboratório deverá ter instalações compatíveis para o NB-A3, porém, sabemos que algumas instalações existentes podem não possuir todas as características recomendadas para um Nível de Biossegurança 3 (por exemplo, uma área de acesso com duas portas, selamento das entradas de ar, fluxo de ar unidirecional). Nesstas circunstâncias, um nível aceitável de segurança para condução dos procedimentos de rotina (por exemplo, procedimentos para diagnósticos envolvendo a reprodução de um agente para identificação, tipagem, teste de susceptibilidade, etc.) poderá ser conseguido através de instalações do Nível de Biossegurança 2 (NB-A2) garantindo-se que:

- o ar de exaustão seja filtrado e retirado para fora da sala;

- a ventilação do laboratório seja equilibrada para proporcionar um fluxo de ar direcionado para dentro da sala;

- o acesso ao laboratório seja restrito quando o trabalho estiver sendo realizado e

- os procedimentos fundamentais e os equipamentos de segurança para o Nível de Biossegurança 3 sejam rigorosamente seguidos. A decisão de implementar essas modificações das recomendações do Nível de Biossegurança 3 deve ser tomada somente pelo Diretor da Unidade e pelo Chefe do Laboratório, comunicando-as à Comissão Interna de Biossegurança e a todos os profissionais que trabalham no laboratório.

Procedimentos fundamentais

Além das práticas estabelecidas para o NB-A2 devem ser obedecidas para o NB-A3 as práticas a seguir descritas:

Menores de dezoito anos de idade não são permitidos no laboratório.

Jamais uma pessoa deverá trabalhar sozinha no laboratório.

O acesso é rigorosamente limitado às pessoas autorizadas. Só devem ser admitidas no laboratório as pessoas necessárias para que o ensaio seja executado ou o pessoal de apoio. Pessoas imunocomprometidas ou imunodeprimidas, portadoras de ferimentos, queimaduras e mulheres grávidas não são permitidas.

É obrigatório o uso de roupas de proteção (macacões, fechados na frente — velcro ou zíper — não se permitindo o abotoamento), uso de máscaras, gorros, luvas, pró-pés ou sapatilhas. O uso de máscaras é obrigatório onde há animais infectados. Os EPI's deverão ser autoclavados antes de serem lavados ou descartados. Deverão ser trocados imediatamente depois de serem contaminados. É proibido o uso dos EPI's fora da área de biocontenção NB-A3.

As pessoas que necessitem usar lentes de contato no laboratório deverão também usar óculos de proteção ou protetores faciais.

Todas as manipulações que envolvam materiais infecciosos devem ser conduzidas no interior de cabines de segurança biológica e/ou de outros dispositivos de contenção física dentro do módulo de contenção.

Todos os resíduos contendo materiais contaminados deverão ser descontaminados antes de serem removidos do laboratório, descartados ou reutilizados.

A descontaminação de material deve ser realizada por meio de sistema de autoclave de dupla porta com controle automático, para permitir a retirada de material pelo lado oposto.

A utilização de toalhas absorventes, com uma face de plástico voltado para baixo, recobrindo as superfícies das bancadas, facilitam o trabalho de limpeza e de descontaminação.

O Chefe do Laboratório deve estabelecer normas e procedimentos pelos quais só serão admitidas para o trabalho com agentes biológicos da classe de risco 3, pessoas que já tiverem recebido informações sobre o potencial de risco, que atendam a todos os requisitos para a entrada (por exemplo, imunização), que demonstrem estar aptos para as práticas e técnicas padrões de microbiologia, habilidade nas práticas e operações específicas do laboratório e que obedeçam a todas as regras para entrada e saída no laboratório.

Todos os treinamentos deverão ser devidamente registrados.

O pessoal do laboratório deve ser apropriadamente imunizado, sorologicamente acompanhado ou examinado quanto aos agentes biológicos manipulados ou presentes no laboratório (por exemplo, vacina para hepatite B ou teste cutâneo para tuberculose — PPD) e os exames médicos periódicos são obrigatórios. O controle de saúde deverá estar registrado individualmente e arquivado.

Amostras sorológicas de toda a equipe e das pessoas expostas ao risco deverão ser coletadas e armazenadas adequadamente para futura referência. Amostras sorológicas adicionais poderão ser periodicamente coletadas, dependendo dos agentes biológicos manipulados ou do funcionamento do laboratório.

É obrigatório o banho na saída do laboratório.

Laboratório de Experimentação Animal de Contenção Máxima — Nível de Biossegurança 4 — NB-A4

Este nível de contenção deve ser usado sempre que o trabalho envolver agentes biológicos da classe de risco 4 ou com potencial patogênico desconhecido, que representam alto risco, não só para o pessoal do laboratório, mas também para a comunidade, e provocam doenças fatais em indivíduos, além de apresentar elevado potencial de transmissão por aerossóis. Para esses agentes, até o momento, não há nenhuma vacina ou terapia disponível. Os agentes que possuem uma relação antigênica próxima ou idêntica aos dos agentes da classe de risco 4, também deverão ser manuseados neste nível laboratorial até que se consigam dados suficientes para a confirmação do trabalho neste nível ou para o trabalho em um nível inferior.

As atividades estão diretamente relacionadas às atividades do laboratório de contenção máxima. O laboratório Nível de Biossegurança 4 é uma unidade geográfica e funcional independente de outras áreas, possui características específicas quanto ao projeto e à engenharia, para prevenção da disseminação de microorganismos no ambiente. Só deverão funcionar sob o controle direto das autoridades sanitárias e, devido ao alto grau de complexidade de atividades, recomenda-se a elaboração de manual de procedimento de trabalho pormenorizado devendo ser previamente testado por exercícios de treinamento, além de barreiras de contenção especiais.

A equipe do laboratório deverá ter um treinamento específico, completo e atualizado, direcionado para a manipulação de agentes infecciosos extremamente perigosos e deve ser capaz de entender as funções da contenção primária e secundária, das práticas operacionais padrões específicas, do equipamento de contenção, das características do planejamento do laboratório e das normas de segurança. Estes profissionais deverão ser supervisionados pelo Chefe do Laboratório, que é um profissional de nível superior competente e com vasta experiência no manuseio dos materiais biológicos manipulados.

Os riscos primários aos trabalhadores que manuseiam agentes biológicos da classe de risco 4 incluem a exposição respiratória aos aerossóis infecciosos, exposição da membrana mucosa e/ou da pele lesionada às gotículas infecciosas e à auto-inoculação. Todas as manipulações de materiais de diagnóstico potencialmente infecciosos, substâncias isoladas e animais naturalmente ou experimentalmente infectados apresentam alto risco de exposição e infecção aos profissionais do laboratório, à comunidade e ao ambiente.

O completo isolamento dos trabalhadores em relação aos materiais infecciosos aerossolizados é realizado primariamente em cabines de segurança biológica da Classe III ou da Classe II usadas com roupas de proteção com pressão positiva, ventiladas por sistema de suporte de vida.

O Chefe do Laboratório é o responsável pela operação segura do laboratório. O conhecimento e julgamento dele é crítico para a avaliação de riscos e para a aplicação adequada de todas as recomendações específicas necessárias.

Os laboratórios de contenção máxima, Nível de Biossegurança 4, só devem ser construídos e só devem funcionar sob orientação da Comissão de Biossegurança em Saúde/MS e fiscalização das respectivas autoridades sanitárias, quer nacionais, quer locais.

Procedimentos fundamentais

Devem ser obedecidas as práticas especiais estabelecidas para o NB-A3, NB-A2 e NB-A1, acrescidas das exigências a seguir descritas:

Nenhum material ou animal deverá ser removido do laboratório de contenção máxima, a menos que tenha sido descontaminado ou autoclavado. Exceção feita aos materiais biológicos que necessariamente tenham de ser retirados na forma viável ou intacta.

O material biológico viável, a ser removido de cabines Classe III ou do laboratório de contenção máxima, deve ser acondicionado em recipiente de contenção primária inquebrável e selado. Este, por sua vez, deve ser acondicionado dentro de um segundo recipiente também inquebrável e selado, que deverá passar por um tanque de imersão contendo desinfetante, ou por uma câmara de fumigação ou por um sistema de barreira de ar planejada com esse propósito.

Suprimentos e materiais a serem usados no laboratório devem ser descontaminados em autoclave de dupla porta, câmara de fumigação ou sistema de antecâmara pressurizada.

Somente os trabalhadores envolvidos na programação e no suporte ao programa a ser desenvolvido e cujas presenças forem solicitadas no local ou nas salas do laboratório deverão ter permissão para entrada no local. As pessoas que estiverem imunocomprometidas ou imunodeprimidas estarão correndo um alto risco de adquirirem infecções. Portanto, essas pessoas que forem susceptíveis ou as pessoas em que uma eventual contaminação possa provocar sérios danos, como no caso de crianças ou gestantes, serão proibidas de entrar no laboratório.

O Chefe do Laboratório tem a responsabilidade final no controle do acesso ao laboratório. Por questão de segurança, o acesso ao laboratório deverá ser bloqueado por portas hermeticamente fechadas. A entrada deverá ser controlada por ele, ou pela pessoa responsável pela segurança física da instalação. Esse controle deverá feito utilizando-se equipamentos como leitora de íris, leitora digital, cartão magnético ou outro dispositivo similar de segurança. Antes de entrar no laboratório, as pessoas deverão ser avisadas sobre o risco potencial e deverão ser instruídas sobre as medidas apropriadas de segurança.

O Chefe do Laboratório tem a responsabilidade por assegurar que, antes de iniciar o trabalho com agentes biológicos pertencentes à classe de risco 4, toda a equipe demonstre comprovado nível de conhecimento e informação em relação às práticas e técnicas microbiológicas, em práticas e operações especiais específicas do laboratório, além das precauções necessárias para a prevenção de exposições e os procedimentos de avaliação da exposição.

A equipe do laboratório e a equipe de apoio devem receber treinamento adequado sobre os perigos e riscos associados ao trabalho, além de participar, obrigatoriamente, de cursos de atualização semestral ou de treinamento adicional em caso de mudanças nos procedimentos. Todos os treinamentos devem ser devidamente registrados.

As pessoas autorizadas devem cumprir com rigor as instruções dadas e todos os outros procedimentos aplicáveis para entrada e saída do laboratório. Deve haver um registro, por escrito, de entrada e saída de pessoal, com data, horário e assinaturas. Devem ser definidos protocolos para situações de emergência.

Amostras sorológicas de toda a equipe do laboratório e de outras pessoas expostas a um elevado risco deverão ser coletadas e armazenadas. Amostras sorológicas adicionais deverão ser periodicamente coletadas, dependendo dos agentes manipulados ou do funcionamento do laboratório. Ao estabelecer um programa de vigilância sorológica deve-se considerar a disponibilidade dos métodos para a avaliação do anticorpo do(s) agente(s) em questão. O programa para o teste das amostras sorológicas deverá ter um intervalo determinado entre as coletas, e o Chefe do Laboratório deve comunicar os resultados aos participantes. Todos os controles de saúde do pessoal técnico deverão estar registrados em pastas individuais.

Um sistema de notificação de acidentes e incidentes, como exposições, absenteísmo de empregados e doenças associadas ao trabalho no laboratório deve ser organizado, bem como um sistema de vigilância médica. Relatos por escrito devem ser preparados e mantidos. Deve-se, ainda, prever uma unidade de quarentena, isolamento e cuidados médicos para o pessoal contaminado em caso de acidentes no laboratório.

A entrada e saída de pessoal do laboratório deve ocorrer somente após uso do chuveiro e troca de roupas. Os funcionários deverão usar o chuveiro de descontaminação química a cada saída do laboratório. A entrada e saída de pessoal por antecâmara pressurizada somente deve ocorrer em situações de emergência.

Todos os materiais não relacionados ao ensaio que estiver sendo realizado no momento não serão permitidos no laboratório.

Todos os procedimentos deverão ser cuidadosamente realizados para minimizar a produção de aerossóis.

O laboratório deverá ter um manual de Biossegurança específico e os procedimentos de Biossegurança devem ser incorporados aos procedimentos operacionais padrões. Todo pessoal deve ser orientado sobre os riscos especiais devem ler e seguir as instruções sobre as práticas e procedimentos requeridos.

Todos os líquidos que deixarem o laboratório, com inclusão da água do chuveiro, devem ser descontaminados antes de serem lançados para o sistema de esgotamento sanitário.

Todos os materiais utilizados nesta área, assim como os EPI's descartáveis e os resíduos devem ser esterilizados e depois incinerados.

As manipulações de agentes biológicos da classe de risco 4, conduzidas no laboratório de experimentação animal, devem ser realizadas em cabine de segurança biológica de Classe III, ou em cabine de segurança biológica de Classe II, neste caso usadas em associação com roupas de proteção pessoal com pressão positiva, ventiladas por sistema de suporte a vida. Neste último caso, exige-se um chuveiro especial para desinfecção química das roupas de proteção.

Animais sob experimentação podem ser mantidos em cabines de segurança ventiladas (isoladores) com saídas de ar filtradas.

Conclusão

A complexidade e diversidade das atividades do setor saúde que vão desde o atendimento primário e que expõem o profissional a uma gama de agentes de risco por vezes desconhecido, até avançados estudos com DNA recombinante, colocam os profissionais diante de uma tecnologia avançada de terapia gênica, cuja dimensão do risco constitui em desavio a ser refletido.

Além da manipulação de agentes patogênicos tradicionais, os riscos advindos do desenvolvimento de modelos experimentais tais como animais transgênicos ou certas modificações no genoma de células eucarióticas também merecem considerações.

Outro problema a ser, ainda, levado em conta diz respeito à definição de mecanismos eficazes de contenção do processo epidêmico de doenças emergentes e reemergentes e a identificação de medidas que asssegurem o controle do risco ao qual estão sujeitos os profissionais de saúde.

O enfrentamento diário aos agentes de risco, na maioria das vezes de natureza desconhecida, exige que os espaços laboratoriais, do ponto de vista das instalações, da dinâmica de trabalho e da capacitação de recursos humanos, estejam perfeitamente consonantes, a fim de permitir a eliminação ou a minimização de riscos para o pesquisador, para os animais e para o meio ambiente. Nesse sentido a identificação dos fatores de risco e de suas causas é um dos primeiros passos a serem dados para a avaliação das condições de segurança nas áreas de trabalho. Informações que auxiliem o rastreamento e o diagnóstico das situações de risco constituem ferramenta essencial para a conscientização dos profissionais envolvidos, para tomadas de decisão e para elaboração de propostas visando o controle desses riscos. Este foi exatamente o objetivo principal deste capítulo. Esperamos ter contribuído no sentido de subsidiar aos profissionais que utilizam animais em seus ensaios, identificando as condições gerais de Biossegurança dos laboratórios de experimentação animal e, com isso, fornecendo ferramentas para o aprimoramento dos procedimentos e métodos aplicados na execução segura de seus trabalhos.

Referências

Abraham, G.; Hooper, P. T.; Williamson, M. M. & Daniels, P. W. Investigations of Emerging Zoonotic Diseases. In: Richmond, J. Y. (org.) *Anthology of Biosafety. IV. Issues in Public Health*, American Biological Safety Association, pp. 261- 79, 2001.

Associação Brasileira de Normas Técnicas. (Brasil). NBR 9190: *Sacos plásticos para acondicionamento de lixo.* Rio de Janeiro, 1992.

———. NBR 9191: *Normatização de sacos plásticos para lixo* (fixa os requisitos e estabelece métodos de ensaio para os sacos plásticos destinados exclusivamente ao acondicionamento de lixo para coleta). Rio de Janeiro, 2000.

Brasil. Decreto n.º 1.520 de 12 de junho de 1995. Dispõe sobre a vinculação, competências e composição da Comissão Técnica Nacional de Biossegurança — CTNBio, e outras providências. *Diário Oficial* [da República Federativa do Brasil], Brasília, pp. 8539-40, 13 jun. 1995. Seção I.

———. Instrução Normativa n.º 7, de 6 de junho de 1997, da CTNBio. Estabelece normas para o trabalho em contenção com Organismos Geneticamente Modificados. *Diário Oficial* [da República Federativa do Brasil], Brasília, pp. 11827-33, 1997.

———. Lei n.º 8.974 de 5 de janeiro de 1995. Estabelece o uso das normas técnicas de engenharia genética e liberação no meio ambiente de organismos geneticamente modificados, autoriza o Poder Executivo a criar, no âmbito da Presidência da Re-pública, a Comissão Técnica Nacional de Biossegurança, e dá outras providências. *Diário Oficial* [da República Federativa do Brasil], Brasília, vol. 133, n.º 5, pp. 337-46, Seção I.

———. Ministério da Saúde. Fundação Oswaldo Cruz. Vice Presidência de Serviços de Referência e Ambiente. *Descarte de Resíduos Biológicos*. VPRSA n.º 08, Rio de Janeiro, 2002.

———. Ministério da Saúde. Fundação Oswaldo Cruz. Vice Presidência de Serviços de Referência e Ambiente. Núcleo de Biossegurança. *Diretrizes para o Trabalho em Laboratório com Material Biológico de Risco à Saúde Humana e Animal e ao Ambiente.* 2002.

———. Ministério da Saúde. Comissão de Biossegurança em Saúde. *Diretrizes Gerais para o Trabalho em Contenção com Material Biológico*. Brasília: Ed. MS, 2004, 58 p.

———. Ministério da Saúde. Comissão de Biossegurança em Saúde. *Classificação de Risco dos Agentes Biológicos*. Brasília: Ed. MS, 2004, 58 p.

Cardoso, T. A. O. Biossegurança no Manejo de Animais em Experimentação. In: Oda, L. M. & Ávila, S. M. (orgs.). *Biossegurança em Laboratório de Saúde Pública*. Brasília: Ed. M. S., pp. 105-60, 1998.

———. *Espaço/Tempo, Informação e Risco no Campo da Biossegurança*. Mestrado. Rio de Janeiro: Instituto Brasileiro de Informações em Ciência e Tecnologia/Universidade Federal do Rio de Janeiro, 2001.

Cardoso, T. A. O. & Albuquerque Navarro, M. B. M. *Emergencia de las Enfermedades Infecciosas: bajo la relevancia de la Bioseguridad*. Rev. Visión Veterinaria ISBN 1680 9335. Dezembro 2002. Acessado 12/12/2002. Disponível via internet: http://www.visionveterinaria.com/articulos/85.htm

Centers for Disease Control and Prevention — CDC. *Biosafety in microbiological and biomedical laboratories.* 4ª ed. Atlanta: U.S. Department of Health and Human Services, 1999. 250 pp. Acessado em 12/3/2002. Disponível via internet: http://www.who.int/csr/resources/publications/biosafety

Marques, M. B. *et al.* Condições de Biossegurança Face aos Riscos Biológicos Referidos por Quatro Instituições de Pesquisa em Saúde no Brasil. In: Marques, M. B. (org.) *Por uma Política de Ciência e Tecnologia em Saúde no Brasil.* Rio de Janeiro: Fundação Oswaldo Cruz, 1998, pp. 87-102.

Marques, M. B. & Possas, C. A. Projeto Brasileiro de Capacitação Científica e Tecnológica em Doenças Infecciosas Emergentes e Reemergentes. In: Marques, M. B. (org.). *Por uma Política de Ciência e Tecnologia em Saúde no Brasil.* Rio de Janeiro: Fundação Oswaldo Cruz, 1998, pp. 57-71.

National Research Council. *Occupational Health and Safety in the Care and Use of Research Animals.* Washington, DC: National Academy Press, 1997, 154 p.

———. *Biosafety in the laboratory: prudent practices for the handling and disposal of infectious materials.* Washington: National Academy Press, 1989, 162 p.

Pedroso, E. R. P. Doenças emergentes e reemergentes. *Rev. Med. Minas Gerais* 9(4), pp. 153-60, 1999.

Schatzmayr, H. G. Viroses emergentes e reemergentes. *Cad. Saúde Pública,* 17 (suplemento), pp. 209-13, 2001.

Siqueira, P. P.; Rocha, S. S. & Santos, A. R. Vigilância e Monitoramento. In: Oda, L. M. & Avila, S. M. (orgs.). *Biossegurança em Laboratórios de Saúde Pública.* Brasília: Ed. M.S., 1998, pp. 161-88. ISBN: 85-85471-11-5.

Wilson, M. E.; Levins, R. & Spielman, A. Disease in evolution: Global changes and emergence of infectious diseases. *Annals of the New York Academy of Sciences,* 70, pp. 740-7, 1994.

World Health Organization/WHO *Laboratory Biosafety Manual.* 3.ª ed. Genebra, 2004, 109 p.

TRABALHO COM ANIMAIS SILVESTRES

Hermann Gonçalves Schatzmayr
Elba Regina Sampaio de Lemos

Introdução

Os profissionais que trabalham com captura e processamento de animais silvestres estão expostos a um grande número de agentes causadores de zoonoses, isto é, de doenças ou infecções transmissíveis, em condições naturais, entre animais vertebrados e humanos (Acha & Szyfres, 1986).

Nas últimas décadas, com o conhecimento de novas zoonoses, como por exemplo as hantaviroses e as febres hemorrágicas virais, o número de estudos envolvendo captura de animais silvestres, mais especificamente roedores silvestres, vem aumentando proporcionalmente à necessidade de um profundo conhecimento e aplicação de técnicas de Biossegurança, visando à redução do risco do profissional e eventualmente, das comunidades dos grandes centros onde se encontram os institutos de pesquisas (Childs,1995; Childs *et al.*, 1995; Mills *et al.*,1995; Swell, 1995).

Considerações gerais

Muitos projetos de pesquisa requerem atividades que envolvam captura, coleta de amostras e processamento de animais silvestres, em especial roedores. Considerando o risco de transmissão de agentes infecciosos (CDC, 1993, 1993a; Doyle *et al.*, 1998; LeDuc *et al.,* 1985; Leirs *et al.,* 1998; Schamaljohn & Hjelle, 1997) causadores por exemplo de hantaviroses, peste, rickettsioses e arenaviroses, entre outras zoonoses (Tabela 1), todas as atividades envolvendo estes animais devem ser planejadas e executadas com rígida disciplina, seguindo práticas especiais previamente estabelecidas pelos diferentes grupos envolvidos nestas atividades, com normas de Biossegurança específicas ao nível de risco potencial (CDC, 1993, 1993a, 1994; Childs, 1995; Childs *et al.*, 1995; Doyle *et al.,* 1998; Good Practice Guidelines, 1998; Instrução Normativa n.° 07, 1997; Mills *et al.,* 1995;

Versão Preliminar do Projeto de Controle de Hantaviroses FNS, 1998; *Wildlife and Disease — Public Health Concerns* — NebGuide, 1996).

Tabela 1 – Exemplos de zoonoses adquiridas por pessoal que manuseia animais silvestres

Doença	Agente etiológico	Animais envolvidos
Peste	*Yersinia pestis*	Ratos/pulgas
Leptospirose	*Leptospira sp.*	Roedores/canídeos
Tuberculose	*Mycobacterium tuberculosis*	Primatas não humanos
Febre Maculosa	*Rickettsia rickettsii*	Roedores/outros mamíferos/carrapatos
Herpes B	Monkey Vírus B	Macacos
Hantaviroses	Hantavírus	Roedores
Raiva	Vírus da raiva	Canídeos/morcegos
Poxviroses	Poxvírus	Roedores
Arenaviroses	Arenavírus	Roedores
Micose	*Trichophytum*	Ratos/coelhos/preás

Pela sua complexidade, as atividades nas quais ocorre manuseio de animais silvestres, devem ser cuidadosamente planejadas e os pesquisadores e todos os membros da equipe, por razões éticas, científicas e legais devem:

- Conhecer a legislação brasileira que regulamenta a coleta de material da fauna brasileira destinada a fins científicos e/ou didáticos;
- Submeter o projeto à Comissão de Ética no Uso de Animais;
- Solicitar ao Instituto Brasileiro do Meio Ambiente e dos Recursos Naturais Renováveis (IBAMA) a concessão da Licença para Captura de Animais Silvestres;
- Reconhecer e controlar os efeitos negativos dos procedimentos científicos sobre os animais, minimizando qualquer dor ou sofrimento que eventualmente possa ocorrer;
- Assegurar que todos os membros da equipe envolvida no estudo tenham conhecimento dos riscos assim como dos procedimentos a serem utilizados e que tenham sido apropriadamente treinados quanto ao uso dos equipamentos de proteção individual.

Fundamentalmente, todas as atividades de campo deverão ser realizadas após prévio treinamento do grupo, sendo regra básica que os animais não devem ser transportados vivos para as instituições de pesquisa, as quais geralmente se localizam em grandes centros urbanos (*Good Practice Guidelines*, 1998; Mills *et al.*, 1995).

A eutanásia deverá ser realizada estritamente dentro das regras de ética na manipulação de animais e o mais rápido possível após a captura, em local próximo às áreas onde foram coletados (*Report of the AVMA Panel on Euthanasia*, 1993). Este procedimento é importante do ponto de vista de prevenção, impedindo que ectoparasitas, eventualmente infectados, possam ser transferidos para espécies de animais susceptíveis em áreas não endêmicas ou mesmo transferidos para outros animais com os quais tenham contato após a captura, falseando os resultados da pesquisa, o que sob o aspecto científico, é inadmissível.

Considerando que a transmissão da zoonose pode ocorrer diretamente através do contato com tecidos ou secreções dos animais ou por inalação de aerossóis infecciosos e indiretamente, através de vetores artrópodes que se alimentam nos animais infectados, é fundamental que os profissionais envolvidos sejam treinados nas práticas adequadas com o objetivo de reduzir os riscos de infecção (*Good Practice Guidelines*, 1998; Mills *et al.*, 1995).

O uso de aventais, luvas, botas assim como de outros equipamentos de proteção individual (EPI) deve ser obrigatório para todos os profissionais, principalmente durante as atividades associadas à captura e ao processamento de material biológico dos animais silvestres e seus parasitas.

Em relação ao controle de infecções, recomenda-se que todos os membros da equipe de pesquisa sejam informados sobre os sinais e sintomas das possíveis zoonoses presentes na área de estudo, com ênfase nas medidas de prevenção e que, por estarem mais expostos a certas doenças transmissíveis, estejam adequadamente imunizados para doenças passíveis de imunização. Vacinas anti-rábica, anti-febre amarela e dupla (tétano e difteria) devem ser obrigatórias para os profissionais que desempenham atividades com animais silvestres, na dependência das espécies envolvidas na captura assim como das áreas nas quais os estudos estejam sendo desenvolvidos.

Não obstante os cuidados preconizados acima, deve ser obrigatório que todos os profissionais sejam submetidos à coleta de sangue, na qual uma amostra de soro possa ser obtida e estocada a –20°C no próprio laboratório. Periodicamente ou eventualmente, diante da ocorrência de caso infeccioso febril, após contato com animal silvestre, uma segunda amostra de sangue deverá ser coletada e pareada com a anterior.

Recomenda-se, considerando estudos com roedores em áreas de esquistossomose, por exemplo, também a realização de exames coprológicos periódicos.

Planejamento das atividades

O trabalho de campo com animais silvestres, sob o ponto de vista de risco de aquisição de zoonoses, mais do que qualquer outro trabalho, demanda planejamento, treinamento e disciplina. Todos os membros da equipe devem ter conhecimento sobre os riscos potenciais, utilizando os equipamentos de proteção individual de forma correta, adotando comportamento que não comprometa a sua segurança e a da equipe.

Considerando que se deve evitar o contato direto do profissional com os animais capturados, todo material deverá ser transportado na parte traseira de uma caminhonete, fora da cabine dos passageiros, pela possibilidade destes serem infectados por aerossóis ou picados por ecto-parasitas dos animais. O uso de uma proteção contra o sol pode ser necessário na dependência, entre outros fatores, da distância entre os locais de captura e de processamento (CDC, 1993, 1993a, 1994; Doyle *et al.*, 1998; *Good Practice Guidelines*, 1998; Instrução Normativa n.º 07, 1997; Mills *et al.*, 1995; Versão Preliminar do Projeto de Controle de Hantavírus FNS, 1998).

O local de processamento deve ser selecionado antecipadamente, levando em conta que a área deverá estar longe da circulação de pessoas e de animais e que, se possível, todos os procedimentos sejam realizados em ambiente aberto, para reduzir ao mínimo o risco de formação de aerossóis.

Após delimitar com uma fita de sinalização própria, um perímetro de segurança para a montagem do local de processamento, uma lona deverá ser estendida para proteção dos membros da equipe, os quais se posicionarão com as costas voltadas para a corrente principal do vento (maiores detalhes nos itens sobre captura e manipulação). Toda a equipe envolvida no processamento deverá, obrigatoriamente, estar utilizando EPIs adequados, inclusive equipamento de proteção respiratória.

Equipamentos de proteção individual

Recomenda-se que todo profissional envolvido com captura e processamento de animais silvestres, mais especificamente com roedores, utilize roupas de cor clara de mangas compridas, calças compridas, meias, botas impermeáveis de cano alto, preferencialmente de cor branca, além de avental cirúrgico com punhos elásticos, luvas de látex, óculos protetores com visor de policarbonato contendo ajuste facial e respiradores.

A utilização adequada dos equipamentos de proteção respiratória, contendo filtros N-100 (equivalente ao HEPA), deve ser assegurada através de treinamento completo sobre proteção respiratória, incluindo a prova de capacidade pulmonar e instruções sobre o uso e cuidado com os equipamentos, principalmente em relação à sua manutenção e segurança (NIOSH, 1987).

Captura de animais silvestres

A captura deverá ser planejada e a primeira medida deve ser a verificação de todos os materiais necessários, sua integridade e seu perfeito funcionamento, utilizando como controle uma lista com todos os itens enumerados, detalhando os pontos mais fundamentais (*Good Practice Guidelines*, 1998; Mills *et al.*, 1995; Versão Preliminar do Projeto de Controle de Hantavírus FNS, 1998; *Wildlife and Diseases — Public Health Concerns*, 1996).

Recomenda-se a utilização de armadilhas para captura viva, confeccionadas em material tratado contra ferrugem e corrosão ou em alumínio, sendo imprescindível que as mesmas estejam limpas, descontaminadas e em bom estado de funcionamento e que cada armadilha seja envolvida individualmente em papel ou em plástico.

A preparação e a colocação/recolhimento das armadilhas, considerando também o objetivo do estudo e a experiência da equipe, deverão seguir as seguintes recomendações (CDC, 1993, 1993a, 1994; Doyle *et al.*, 1998; *Good Practice Guidelines*, 1998; Mills *et al.*, 1995):

- planejar a chegada ao local de captura com o objetivo de se colocar todas as armadilhas antes do anoitecer;
- colocar as armadilhas de acordo com o modelo pré-estabelecido, evitando deixá-las expostas ao sol diretamente;
- revisar e recolher as armadilhas, sem abrir a tampa, evitando assim contato com aerossóis;
- utilizar luvas de borracha grossa e proteção respiratória, além de outros EPIs adequados conforme especificado anteriormente, durante a revisão e recolhimento das armadilhas;
- colocar as armadilhas, independentemente da presença ou não de animais, em sacos plásticos resistentes, os quais deverão ser fechados e encaminhados até o local de processamento;
- os sacos contendo as armadilhas deverão permanecer na sombra até o seu transporte em carroceria ou bagageiro do veículo;
- liberar o animal capturado, diferente da espécie programada, em local próximo ao da captura;
- transportar os sacos contendo as armadilhas em carroceria ou bagageiro do veículo, evitando-se contato com a equipe;
- borrifar as luvas com solução desinfetante após colocação dos animais no veículo.

Manipulação dos animais para coleta de amostras

Quanto ao processamento dos animais silvestres capturados, este deve ser realizado em área isolada, longe da circulação de pessoas e de animais, conforme orientação no item sobre planejamento. Os procedimentos sugeridos abaixo, deverão seguir uma seqüência, cujo objetivo principal é garantir a segurança dos profissionais envolvidos (CDC, 1993, 1993a, 1994; Doyle *et al.*, 1998; *Good Practice Guidelines*, 1998; Instrução Normativa n.° 07, 1997; Mills *et al.*, 1995):

- A mesa de trabalho deverá ser coberta com plástico resistente afixada com fita adesiva, antes do início da manipulação dos animais capturados;
- A área de manipulação do animal deverá estar recoberta com um papel absorvente, o qual será trocado entre cada animal a ser processado;
- As diluições de uso dos desinfetantes apropriados deverão estar preparadas em recipientes para imersão do instrumental utilizado. As soluções germicidas poderão ser constituídas por hipoclorito, lisol, fenol ou peróxido de hidrogênio, entre outras;
- Todo material a ser utilizado, seguindo a seqüência dos procedimentos, deverá ser colocado na mesa, para evitar que algum membro da equipe se levante durante o trabalho, o que constituiria um fator de risco de acidentes;
- A bolsa para descarte de material deverá ficar próxima à mesa;
- A abertura dos sacos com as armadilhas só poderá ser iniciada quando todo o pessoal estiver utilizando roupas protetoras, botas, luvas e sistema de proteção respiratória;
- Os profissionais deverão se colocar de costas para a corrente principal do vento e todo indivíduo sem proteção respiratória deverá permanecer a uma distância mínima de 10 metros da mesa de trabalho;
- Os animais não poderão ser manipulados fora das armadilhas antes da anestesia. Recomenda-se o uso de anestésico inalante, preferencialmente metoxifluorano, devendo-se evitar éter;
- Uma bolsa plástica anestésica contendo algodão embebido com anestésico deverá ser preparada considerando o tipo de estudo e tamanho do animal. Na impossibilidade do animal ser transportado para a bolsa anestésica, sugere-se a utilização de uma bolsa maior de tal forma que se possa anestesiar o animal dentro da armadilha;
- A coleta de amostras deverá ser realizada após o registro do animal em uma planilha, informando a espécie, o local de captura, os dados morfométricos e/ou reprodutivos, entre outros na dependência do tipo do desenho de estudo.

• Recomenda-se não tentar recuperar o animal que tenha escapado, devido ao aumento do risco de acidente durante a tentativa de recaptura;

• Não tocar com as luvas contaminadas nenhum material que esteja fora da mesa. Caso haja necessidade de reposição de material, preconiza-se que outro membro da equipe, que não esteja participando diretamente do procedimento, portando os EPIs acima descritos e que esteja disponível, inclusive, para acondicionar as amostras coletadas;

• A coleta de sangue poderá ser realizada através do plexo retrorbitário ou punção cardíaca, sendo o primeiro mais recomendável em virtude do perigo dos procedimentos envolvendo agulhas;

• Recolocar imediatamente o animal em bolsa anestésica, caso ele comece a despertar;

• Durante a necropsia os técnicos deverão utilizar tesoura de ponta romba para a abertura da cavidade abdominal. Após a incisão, outra tesoura e uma pinça descontaminadas, deverão ser utilizadas para a retirada de órgãos. Na dependência do tipo de estudo, este instrumental cirúrgico não poderá ser utilizado em outro animal sem uma prévia descontaminação;

• Preconiza-se, na impossibilidade do uso de um kit de instrumental por cada animal, para evitar contaminação cruzada, a impregnação com álcool dos instrumentos cirúrgicos seguida pela flambagem ou a sua imersão em solução desinfetante, por no mínimo 15 minutos;

• Após término do processamento de cada animal, todo o material utilizado (papel absorvente, algodão, gaze) deverá ser colocado em sacos plásticos para resíduos da Classe A com identificação de risco biológico. Recomenda-se que estes sacos sejam de polipropileno autoclavável com uma espessura mínima de 120 mícrons, na dependência de sua disponibilidade considerando o seu custo;

• As luvas, a superfície de trabalho e as superfícies externas dos frascos utilizados para acondicionamento das amostras deverão ser limpas com desinfetantes antes de se iniciar o processamento do animal seguinte;

• As carcaças dos animais, com identificação completa, deverão ser encaminhadas para coleção, após fixação em solução de formol a 10%, seguida pela conservação em álcool a 70%. Caso o objetivo do estudo não inclua o envio para a coleção, preconiza-se o descarte da carcaça através de incineração, após desinfecção com solução contendo hipoclorito, formaldeído ou fenol, entre outras;

• Considerando o risco de transmissão de doenças através da picada de ectoparasitas, além do uso de roupas claras e de mangas compridas, recomenda-se o uso de repelentes;

• Em caso de acidente, o profissional deverá ser liberado imediatamente, tomando todas as medidas cabíveis como a lavagem do local e a desinfecção. A comunicação do acidente ao responsável pela equipe e ao médico deverá ser realizada imediatamente.

Os procedimentos para coleta, conservação e acondicionamento das amostras biológicas podem ser variados na dependência dos objetivos e do desenho da pesquisa. O sangue coletado dos animais poderá ser utilizado para a obtenção de soro ou para o isolamento. As amostras de sangue, após a separação do soro para o uso na determinação de anticorpos, poderão ser mantidas resfriadas a 4°C por até 48 horas ou congeladas, caso o período de transporte para o laboratório ocorra por um período mais longo. Devem ser usados frascos com tampa de rosca e todo o material deverá ser identificado. As vísceras, imediatamente após a coleta, deverão ser imersas em solução de formol, se possível tamponada, para o estudo histopatológico ou congeladas em frascos apropriados para tentativas de isolamento dos agentes. Os métodos ideais para o isolamento de agentes são o congelamento em nitrogênio líquido e o transporte de meios de cultura especiais para a pesquisa de bactérias. Caso não haja disponibilidade de nitrogênio líquido, o material poderá ser transportado em gelo seco acondicionado em caixas de isopor de paredes espessas, as quais manterão o material adequadamente conservado por até uma semana, na dependência dos volumes coletados.

Em relação aos ectoparasitas, os mesmos deverão ser coletados adequadamente, com luvas, realizando leve tração, evitando o uso de pinças, mantidos em frascos separados e identificados quanto a sua origem. Considerando a necessidade de uma adequada identificação taxonômica, preconiza-se, em caso de trabalho de campo de longa duração, que 30 a 50% dos exemplares coletados por animal, sejam congelados na tentativa de isolamento de agentes e que o restante, seja acondicionado em frascos que deverão permanecer em caixas com umidade e temperatura adequadas para a sua preservação, até o momento da análise taxonômica.

Após a coleta das vísceras, as carcaças deverão ser mergulhadas em solução de formol em caso de seu encaminhamento para a coleção ou então, não sendo necessárias, deverão ser incineradas e os resíduos enterrados. Não sendo possível incinerá-las, as mesmas deverão ser enterradas em uma cova com no mínimo um metro de profundidade, sendo cobertas com cal ou solução de hidróxido de sódio a 5%, antes de serem cobertas com terra.

Precauções com a finalização dos procedimentos

Com o término das atividades, todas as superfícies de trabalho deverão ser submetidas à desinfecção após limpeza e o material descartável deverá ser colocado em bolsas plásticas, conforme descrito previamente, seguindo as normas de Biossegurança preconizadas para o descarte e transporte de resíduos patogênicos.

A roupa não descartável utilizada deverá ser retirada somente após a lavagem das mãos enluvadas, utilizando solução desinfetante, evitando o contato da pele com a superfície externa da luva.

Após o descarte das luvas e a lavagem das mãos desnudas com desinfetante, o profissional poderá retirar a roupa e então encaminhá-la para lavagem, separadamente das demais roupas de uso pessoal, submetendo-a à temperatura de 70°C por 15 a 30 minutos ou à imersão em solução de hipoclorito de sódio por 30 minutos.

Em relação à limpeza e à descontaminação das armadilhas, se preconiza a imersão de cada uma delas em três baldes plásticos de 20 litros: o primeiro contendo desinfetante e os outros dois contendo água limpa para o enxagüe. O técnico deverá estar usando EPIs e a limpeza das armadilhas deverá ser realizada com o auxílio de uma escova de cabo longo para remoção adequada de resíduos de material biológico do animal e resto de isca. Posteriormente todas as armadilhas deverão permanecer expostas ao ar livre e ao sol, após o enxagüe, garantindo assim a descontaminação. A troca do conteúdo dos baldes deverá ocorrer após 15 a 30 armadilhas submetidas à limpeza, na dependência da quantidade de detritos presentes na água de enxágüe.

Após a descontaminação, as armadilhas deverão ser avaliadas quanto ao seu bom funcionamento, sendo aconselhável que cada uma delas seja envolvida em papel ou plástico.

Quanto ao veículo utilizado para o transporte das armadilhas contendo os animais silvestres, deverá ser diariamente lavado com solução detergente, sendo fundamental a higienização e descontaminação ao término de cada trabalho de campo, antes de sua reutilização.

Descarte dos materiais

De acordo com a RDC n.° 306 de 7/12/2004, da Agência Nacional de Vigilância Sanitária (ANVISA) e a Resolução n.° 358 de 29/4/2005, do Conselho Nacional de Meio Ambiente (CONAMA), os resíduos que apresentam risco potencial à saúde humana e ao meio ambiente, devido a presença de agente biológicos, não poderão ser dispostos no meio ambiente sem tratamento prévio que assegure: a eliminação das características de periculosidade do resíduo, a prevenção dos recursos naturais e o atendimento aos padrões de qualidade ambiental e de saúde pública.

Considerando que o pesquisador é o responsável direto pelo resíduo gerado nas atividades de trabalho de campo, ao finalizar o processamento do último animal, em cumprimento aos dispositivos legais, todos os materiais contaminados descartáveis, como toalhas de papel, bolsas plásticas, gazes, algodão, coberturas das mesas e bolsas de anestesias, deverão ser colocados em sacos plásticos resistentes, impermeáveis, de preferência na espessura mínima de 120 mícrons, na cor branca contendo o símbolo de "risco biológico".

O fechamento do saco plástico se efetuará, no lugar onde foram gerados os resíduos, de tal forma que não se permita a sua abertura posteriormente e considerando o tipo de resíduo, recomenda-se que:

- Os resíduos patogênicos perfurocortantes como lâminas de bisturi, agulhas, entre outros, sejam colocados em recipientes resistentes a perfurações ou a golpes antes de serem introduzidos nos sacos de descarte;
- Os resíduos contendo líquido sejam colocados em bolsas impermeáveis nas quais exista material absorvente que impeça o seu derramamento;
- Os resíduos químicos sejam submetidos à neutralização antes do descarte.

Incineração

Considerando a impossibilidade de recolher o material para ser autoclavado em laboratório, a incineração poderá ser realizada opcionalmente, como forma de destruir completamente o material orgânico potencialmente patogênico, em um lugar especialmente designado.

Próximo à área de processamento, um buraco medindo em torno de 1x1x1m deverá ser cavado para recebimento dos sacos contendo resíduos biológicos ou líquidos, previamente descontaminados em sua superfície externa, através de borrifação com desinfetante.

Preconiza-se que os responsáveis, durante todo o processo de incineração, devam dispor, além dos equipamentos de proteção individual preconizados para esta atividade, de extintores de incêndio para evitar o alastramento do fogo, principalmente em regiões com baixa umidade de ar.

Considerações finais

O aumento da intervenção humana em ecossistemas naturais vem determinando uma maior exposição ocupacional assim como recreativa (ecoturismo) a hospedeiros reservatórios e seus ectoparasitas. Como conseqüência, o surgimento, em diferentes regiões do mundo, de surtos de zoonoses com alta taxa de letalidade como hantaviroses, arenaviroses, filoviroses, desencadeou a necessidade da monitorização da população de reservatórios, a qual, acrescida da necessidade de maiores informações científicas, implicou no aumentou do número de estudos relacionados a animais silvestres.

Considerando que a inalação de aerossóis infecciosos, o contato direto de secreções com a pele lesada ou mesmo com a membrana mucosa íntegra, assim como a mordida do animal ou a transmissão indireta através dos ectoparasitas, são os mecanismos pelos quais o profissional que trabalha com populações de reservatórios pode adquirir uma infecção, todas as práticas aplicadas ao manuseio dos animais, independentemente da área de procedência ser endêmica ou não para algum agente de zoonoses que possa causar doença humana grave ou fatal, deverão seguir estritamente as recomendações de Biossegurança aplicáveis ao manejo de animais silvestres.

Finalmente, considerando que algumas espécies de animais silvestres, em especial roedores, são conhecidos hospedeiros reservatórios para múltiplos agentes, qualquer pesquisa mesmo envolvendo agentes menos facilmente transmitidos ao homem, como por exemplo *Leishmania* e *Rickettsia*, deverá ser organizada com o alerta para a potencial presença de agentes associados com os animais eventualmente capturados.

Referências

Acha, P & Szyfres, B. *Zoonosis y enfermedades transmissibles comunes al hombre y a otros animales.* Organización Panamericana de la Salud, Washington, D.C., 2ª ed., 1986, xviii + 989 p.

Brasil. Ministério da Ciência e Tecnologia. Comissão Técnica Nacional de Biossegurança. Instrução Normativa n.º 7. Publicada no *Diário Oficial* [da República Federativa do Brasil] — DOU — n.º 133, de 9 de junho de 1997, Seção 3, páginas 11827-33.

———. Ministério da Saúde. Agência Nacional de Vigilância Sanitária/ANVISA. Resolução RDC n.º 306, de 7 de dezembro de 2004. Regulamento técnico para o agenciamento de resíduos de serviços de saúde. *Diário Oficial* [da República Federativa do Brasil], Brasília, DF, 10 dez. 2004.

———. Ministério do Meio Ambiente. Conselho Nacional do Meio Ambiente/CONAMA. Dispõe sobre o tratamento e a disposição final dos resíduos dos serviços de saúde e dá outras providências. Brasília, DF. Acessado em 3/4/2005. Disponível via internet: http://www.mma.gov.br/port/conama

Centers for Disease Control an Prevention — CDC. *Update: outbreak of hantavirus infection — United States*. MMWR 1993: 42, pp. 495-496.

———. *Hantavírus infection — Southwestern United States: Interim Recommendations for Risk Reduction*. MMWR 42, (nº RR-11), 1993a.

———. *Laboratory Management of Agents Associated with Hantavirus Pulmonary Syndrome*: Interim Biosafety Guidelines. MMWR 43(RR-7), 1994.

Childs, J. E. Special features: zoonoses. *J Mammal*, 76, p. 663, 1995.

Childs, J. E.; Mills, J. N. & Glass, G. E. Rodent-borne haemorrhagic fever viruses: a special risk for mammalogists? *J Mammal*, 76, pp. 664-680, 1995.

Doyle, T. J.; Bryan, R. T. & Peters, C. J. Viral hemorrhagic fever and hantavirus infections in the Americas. *Infect Dis Clin North Am*, 12, pp. 95-100, 1998.

Laboratory Animal Science Association. *Good Practice Guidelines. Collection of Blood samples (Rat, Mouse, Guinea Pig, Rabbit)* Tamworth, Staffordshire, UK. Series 1/Issue 1 — October 1998.

Leduc, J. W.; Smith, G. A. & Pinheiro, F. P. *et al.* Isolation of a Hantaan-related virus from Brazilian rats and serological evidence of its widespread distribution in South America. *Am J Trop Med Hyg*, 34, pp. 810-815, 1985.

Leirs, H.; Mills, J. N. & Krebs, J. W., *et al.* Search for the Ebola reservoir in Kikwit: reflections on the vertebrate collection. *J Infect Dis*, 179, pp. S155-S163, 1998.

Mills, J. N.; Childs, J. E. & Ksiazek, T. G., *et al. Methods for trapping and sampling small mammals for virologic testing.* Atlanta: United States of America, Department of Health and Human Services, Centers for Disease Control and Prevention, 1995.

National Institute for Occupational Safety and Health/NIOSH. *NIOSH guide to industrial respiratory protection* Cincinnati. DHHS(NIOSH) Publication nº 87-116, 1987.

Report of the AVMA Panel on Euthanasia. *J Am Vet Med Assoc*, 202(2), pp. 229-249, 1993.

Schmaljohn, C. & Hjelle, B. Hantaviruses: a global disease problem. *Emerg Infect Dis*, 3(2), pp. 95-104, 1997.

Sewell, D. Laboratory-Associated Infections and Biosafety. *Clin Microbiol Ver*, 8(3), pp. 389-405, 1995.

Versão Preliminar do Projeto de Controle de Hantavírus — CNCZAP/CENEPI/FUNASA.FNS/MS, 1998.

Wildlife and Disease — Publication Health Concerns — NebGuide, 1996. Acessado em: 12/3/2003. Disponível via internet: http://www.ianr.unl.edu.pus/health/g1259.htm

BIOSSEGURANÇA NO MANEJO DE ANIMAIS INVERTEBRADOS

Telma Abdalla de Oliveira Cardoso

Introdução

As enfermidades infecciosas e parasitárias continuam a apresentar, nos países em desenvolvimento, altas taxas de morbidade apesar do avanço científico na área da saúde, advindo das possibilidades e dos programas governamentais para erradicá-las ou controlá-las. A prevalência maior se dá em áreas rurais ou em periferias das grandes cidades, repercutindo gravemente na saúde pública, contribuindo de forma importante para emergência, ressurgência e permanência de doenças, como por exemplo, a Oncocercose no Equador e as arboviroses na Região Amazônica brasileira. Esse problema é estrutural e complexo, porém pode-se reconhecer que, em sua maioria, é desencadeado por atividades humanas que modificam o meio ambiente, em especial, em conseqüência da pressão demográfica, da expansão do espaço agrícola, fatores que criam desafios para os sistemas nacionais de saúde, em particular nos países em desenvolvimento, historicamente vinculados à questão da degradação ambiental, pela estrutura predatória articulada para construir sistemas econômicos, também baseados nas grandes desigualdades sociais, processos que, associados, cristalizaram a perspectiva imediata e intuitiva no manejo de áreas naturais e que incidem sobre a pobreza extrema. A necessidade de vetores para a transmissão de várias das doenças emergentes e reemergentes introduz fatores ecológicos de importância na discussão que se efetiva nos países de clima tropical.

O potencial dos índices das doenças, à medida que se intensificam os conhecimentos das diferentes disciplinas médico-biológicas e se aprimoram as infraestruturas de saúde, permitem diagnósticos mais precisos, como é o caso das hepatites (Acha & Szyfres, 1977).

O fato de uma doença ser classificada como emergente não significa que tenha surgido recentemente. As doenças emergentes podem ser analisadas pelas características climáticas, socioeconômicas e demográficas, por indicadores biológicos de exposição e avaliação ambiental. Há uma dimensão social marcante relacionada aos riscos de ocorrência de doenças infectoparasitárias, pois a sua representação envolve a manifestação de determinadas condições precárias de vida ou de trabalho. Assim, os fatores sociais podem influenciar a ocupação do espaço e a ecologia dos animais e vetores, alterando o ambiente e favorecendo os surtos epidêmicos (Avila-Pires, 1983; Possas, 1989). O microrganismo poderia estar mantendo seu ciclo em animais há muito tempo, longe do contato com os seres humanos, pode com isso transpor a barreira da espécie e disseminar-se a partir do seu nicho ecológico. A interferência do homem no meio ambiente, como vem ocorrendo na região Amazônica, a construção de barragens e estradas, ou o deslocamento de grandes massas de populações para o povoamento de vastas regiões a fim de integrá-las à civilização, que na maioria das vezes são fixadas à orla das florestas, propicia o surgimento de novas doenças no homem. Estabelecido este elo, a propagação desses agentes torna-se inevitável. As condições sanitárias precárias de algumas regiões, os padrões de comportamento social, como o hábito de alimentar-se de animais silvestres, bem como o intenso tráfego aéreo, que transporta vetores e pessoas infectadas, a importação de animais, que concorrem para o agravamento do risco da introdução ou reincidência dessas moléstias, que podem ou não se estabelecer, de acordo com os determinantes ecológicos do agente etiológico e as comunidades bióticas que abrigam os reservatórios, hospedeiros e vetores (Veronesi, 1982; Cardoso, 1997; Schatzmayr, 2001).

A Tabela 1 mostra as observações mais importantes sobre a circulação de várias arboviroses na região Amazônica e os possíveis fatores que envolvem a sua emergêmcia ou reemergência.

Com a entrada de *Æ. ægypti* nas áreas endêmicas de febre amarela, nas regiões Centro-Oeste e Norte, o risco de surgimento de infecções urbanas passou a ser uma realidade a ser enfrentada. O dengue constitui hoje a mais importante doença viral humana transmitida por mosquitos.

Tabela 1. Arboviroses emergentes na região Amazônica e os fatores prováveis de sua emergência

Vírus/grupos	*Prováveis fatores para a emergência*
Dengue	Controle insatisfatório dos mosquitos; crescimento da urbanização nos trópicos
Gamboa	Represa hidrelétrica de Tucuruí (PA)
Guaroa	Represa hidrelétrica de Tucuruí (PA)
Mayaro	Desmatamento
Oropouche	Desmatamento, colonização e crescimento da urbanização na Amazônia
Triniti	Represa hidrelétrica
Febre Amarela	Urbanização nos trópicos, desmatamento, falta de imunização

Fonte: adaptado de Vasconcelos, *et al.* (2001).

O vírus Rocio surgiu na costa do sul do estado de São Paulo (Vale da Ribeira) em 1975/1976 e causou epidemia de encefalite por cerca de dois anos. O vírus circulou provavelmente entre pássaros e mosquitos – em particular *Ædes scapularis* e *Psorophora ferox*. Ocorreram cerca de mil casos, com seqüelas motoras nos pacientes e taxa de letalidade de aproximadamente 10%, mas não foram descritos casos humanos desde então.

O vírus Oropouche, isolado na ilha de Trinidad, em 1957, vem sendo responsável, desde 1960, por milhares de casos na região Amazônica. Modificações ecológicas proporcionaram grande proliferação do *Culicoides paraensis*, principal vetor conhecido da doença para o homem. A infecção caracteriza-se por cefaléia, febre, dores musculares e, eventualmente, meningite, porém não se registraram casos fatais.

A Tabela 2, a seguir, apresenta exemplos de associação entre arboviroses e diferentes vetores e hospedeiros, incluindo o homem.

Tabela 2. Exemplos de arboviroses associando os diferentes vetores e os hospedeiros

Arboviroses	*Vetores*	*Hospedeiros*	*Infecta homem*
Febre Amarela	*Haemagogus janthinomys**, *Haemagogus albomaculatus*, *Sabethes cyaneus chloropterus*, outros *Hg.* e *Sa.*, e outros mosquitos	Macacos e possivelmente marsupiais	Sim
SLE	*Culex declarator**, *Culex coronator*, *Aedes serratus* e outros	Aves migratórias e não migratórias	Sim
Oropouche	*Culicoides paraensis**, *Culex quinquefaciatus* e possivelmente *Aedes serratus* e *Coquilettidia venezuelensis*	Preguiça, macacos e aves	Sim
Gamboa	*Aedeomyia squamipennis**, *Anopheles triannulatus*	Aves migratórias	Não
Tacaiuma	*Hg. janthinomys**, *Anopheles (Nys.) triannulatus*, *Aedes scapularis*	Macacos	Sim
Outras viroses do Grupo A por Anopheles	*Anopheles (Nys.) nuneztovari**, *An. oswaldoi* e *An. triannulatus**	Não conhecidos	Não
Grupo C	*Culex (Mel.)* sp, *Culex portesi**, *Culex vomerifer*, outros *Culex Aedes*, *Coquilettidia*, *Limatus*, *Psorophora*, etc.	Roedores e marsupiais	Sim
Grupo Guama	*Culex (Mel.)* sp, *Culex portesi**, *Culex vomerifer*, outros *Cx. Ae.*, *Coq.*, *Limatus*, *Psorophora*, etc.	Roedores e marsupiais	Sim
EEE	*Aedes taeniorhynchus**, *Culex pedroi**, *Culex (Cux.)* sp e outros	Aves migratórias e não migratórias, eqüinos	Sim
Mayaro	*Haemagogus janthinomys** e possivelmente outros *Haemagogus* mosquitos animais	Macacos, aves e possivelmente outros	Sim

Arboviroses	*Vetores*	*Hospedeiros*	*Infecta homem*
Mucambo	*Culex portesi**, *Culex (Mel.)* sp., *Culex (Cux.)* sp e outros	Roedores e marsupiais	Sim
Triniti	*Sabethes* sp, *Wyeomyia* sp*, *Trichoprosopon* sp, *Anopheles* sp	Não conhecidos	Não

* vetores mais importantes
Fonte: adaptado de Vasconcelos *et al.* (2001a, p. 160).

Risco

Conforme vimos anteriormente, a classificação de risco de um determinado microrganismo patogênico baseia-se, sobretudo, no seu potencial de risco para o indivíduo, para a comunidade e para o ambiente, e na existência de medidas profiláticas e tratamento eficaz. Cada país deve estabelecer a classificação adequada a ser adotada, em que principalmente os microrganismos exóticos ao país devem sofrer controle rigoroso das autoridades de saúde pública, necessitando-se de autorização prévia de entrada no país.

Até 1995, o Brasil utilizava as classificações existentes mundialmente, tais como a do *Center for Disease Control* (CDC), *National Institute of Health* (NIH), *Institut National de la Santé et de la Recherche Médicale* (INSERM), Comunidade Européia, dentre outras. Apesar de essas classificações utilizarem os mesmos critérios de avaliação de risco, partem de um estudo das particulariedades dos microrganismos no próprio país; por exemplo, na Inglaterra o vírus da raiva foi erradicado, e portanto na classificação daquele país o vírus rábico é considerado como de alto risco.

Ainda em 1995, foi criada a Comissão Técnica Nacional de Biossegurança — CTNBio (Lei n.º 8974, do Ministério da Ciência e Tecnologia, de 5/1/1995), que estabelece uma série de instruções normativas relacionadas ao trabalho com organismos geneticamente modificados, dentre elas, está a Instrução Normativa n.º 7 que estabelece normas para o trabalho em contenção com OGMs e, apresenta, em seu anexo II, a classificação de agentes etiológicos humanos e animais com base no risco apresentado. Esta instrução agrupa os microrganismos em classes de risco de 1 a 4, sendo a classe 1 a de menor risco e a classe 4 a de maior risco.

Em 2002, o Ministério da Saúde cria a Comissão de Biossegurança em Saúde/cbs, que revisa e atualiza a classificação dos agentes e a edita em 2004, como parte integrante das "Diretrizes Gerais para o Trabalho em Contenção com Material Biológico" (MS, 2004). Em 2006, essa mesma Comissão, através de textos contextuais mais recentes, atualizou e editou a "Classificação de Risco dos Agentes Biológicos".

Os níveis de contenção física estão relacionados aos requisitos de segurança para o manuseio dos agentes infecciosos. Esses agentes estarão presentes, naturalmente (reservatórios naturais ou vetores de microrganismos) ou inoculados (infectados) experimentalmente nos animais, sejam animais vertebrados ou invertebrados. Irão estabelecer os níveis de Biossegurança laboratorial e deverão ser manipulados sob condições e com a utilização de equipamentos de proteção específicos para cada um desses níveis.

Muitos agentes patogênicos causadores de doenças em animais vertebrados têm seu ciclo de vida incluindo fases em animais invertebrados. Esses patógenos podem sobreviver nos animais invertebrados até que sejam expostos a um hospedeiro vertebrado satisfatório, ou então podem se desenvolver e multiplicar nos animais invertebrados. Muitos patógenos necessitam do animal invertebrado para sua transmissão entre animais vertebrados. Muitas vezes, para o estudo de determinados patógenos e de modelos de patologia de algumas doenças, é necessário manter o componente invertebrado do ciclo de vida desses patógenos. Por esse motivo os animais invertebrados devem ser mantidos dentro de instalações de contenção satisfatórias e com protocolos operacionais apropriados. Os níveis de contenção não só devem ser baseados no patógeno envolvido mas, também, deve considerar o próprio animal invertebrado. Freqüentemente, estes não são nativos da região onde está localizado o laboratório. No caso de uma fuga, esses animais invertebrados podem estabelecer-se e impactar o ambiente local, podendo deslocar espécies nativas, tornando-se extremamente numerosos e podendo envolver-se nos ciclos de transmissão de outros patógenos. De todos os tipos de animais invertebrados que estão envolvidos nos ciclos de vida de determinados patógenos, os artrópodes são os mais comumente estudados e representam o maior risco, no caso de um escape ou liberação acidental.

As instalações para os animais invertebrados devem reunir um conjunto de condições de contenção necessárias para a manipulação do agente envolvido. No caso das arboviroses, por exemplo, existem pelo menos 537 viroses listadas no Catálogo Internacional de Arboviroses (Subcommittee on Arbovirus Laboratory Safety, 1980), dentre as quais 500 são provavelmente transmitidas por artrópodes que se alimentam em um hospedeiro vertebrado. Esses artrópodes hematófagos incluem insetos (*Diptera* — mosquitos, moscas tsé-tsé, moscas pretas, mosquitos-pólvora; *Hemiptera* — barbeiros; *Anaplura* — piolhos; *Siphonaptera* — pulgas) e aracnídeos (*Acari* — carrapatos, ácaros). Vamos considerar todos os estágios de vida desses artrópodes: ovos, larvas, ninfas e adultos, sob o mesmo termo "artrópode". As características de alguns artrópodes (especialmente os voadores), como: tamanhos pequenos, agilidade, longevidade e a resistência de alguns de seus estágios de vida, tornam a contenção dos artrópodes um desafio. A diversidade desses organismos e a complexidade de seus ciclos de vida irão determinar os procedimentos de segurança e práticas de contenção específicos a cada espécie.

Instalações

O projeto de instalação e o planejamento do funcionamento dos insetários têm como principal objetivo a prevenção à exposição aos patógenos e a prevenção de infecções humanas ou animais fora da edificação por fuga de artrópodes.

O desenho, a construção e a operação de um insetário irá variar de acordo com o tipo de inseto e os objetivos do ensaio proposto.

O projeto de um insetário não se restringe apenas ao acesso limitado, salas hermeticamente fechadas, preferencialmente sem janelas e com acesso feito através de portas sucessivas para as colônias de vetores e para as áreas de manipulação. Sob condições normais, o projeto básico de um insetário previne a fuga de vetores, ou a infiltração de espécies nativas não desejadas, especialmente se os técnicos do insetário são bem-treinados e estão vigilantes aos procedimentos operacionais específicos.

Os profissionais que trabalham em insetários de experimentação devem ter em mente que:

- todos os artrópodes são animais infectados e perigosos,
- qualquer vetor que fuja deve ser considerado infectado e deve ser localizado e destruído imediatamente.

A observância dos procedimentos operacionais padrões específicos para o trabalho nos insetários são essenciais e necessários para prevenir fuga de inseto, quando se trabalha em instalações perfeitamente projetadas e construídas. Com isso, o desenho de um insetário é um item de primordial importância; sua localização, organização espacial, equipamentos, protocolos de entrada e de saída, materiais de construção e mobiliários são componentes que devem ser tratados com consideração criteriosa.

Devido à necessidade do estabelecimento de procedimentos e práticas específicas para a contenção de artrópodes, em 1999 o *National Institute of Health* (NIH), nos EUA, preparou um guia para o trabalho em contenção com estas espécies. Neste guia há a recomendação, em analogia aos níveis de Biossegurança laboratoriais para animais (NBA), os níveis de Biossegurança laboratoriais para artrópodes (ACL — *Arthropod Containment Levels*), que iremos traduzir como níveis de contenção laboratoriais para artrópodes — NCA. Apesar de, na maioria das vezes, a classificação dos NCA serem semelhantes e paralelas à classificação dos laboratórios NBA, o guia recomenda a utilização de um nível superior de contenção, relativo ao agente com o qual o vetor está infectado. Por exemplo, para vetores infectados com agentes classificados como sendo da classe de risco 2 são recomendados a utilização de práticas e instalações NCA-3, devendo estar presente a sinalização de risco onde há a identificação dos agentes patógenos presentes, assim como a implantação de procedimentos operacionais padrões e a utilização de equipamentos de proteção específicos para a manipulação desses agentes. A exceção a essas recomendações seria quando o vetor estivesse infectado com um agente "seletivo", como o Vírus da Febre Amarela, por exemplo, sendo então recomendada a utilização das práticas e instalações NB clássicas.

Localização e Acesso

O insetário deve estar localizado fora da área de circulação de público e fisicamente separado de outras salas contendo animais, de áreas laboratoriais e de outras áreas de suporte. Os artrópodes devem ser mantidos separados por espécie. As salas devem estar climatizadas, com controle de temperatura e umidade, para os trabalhos de pesquisa e também para os ambientes onde se encontram equipamentos sensíveis a temperaturas, como é o caso dos microscópios eletrônicos. Os níveis de contenção para artrópodes podem requisitar separação física de salas e critérios específicos de planejamento de instalações. Deve haver um diferencial progressivo de pressão, de tal forma que haja uma pressão menor (negativa) no interior do insetário.

O acesso ao insetário deve ser restrito aos pesquisadores e técnicos de apoio, que devem ser treinados nas técnicas de manipulação e de segurança. Providenciar sinalização, para ser afixada à porta de acesso, contendo o símbolo internacional de risco biológico e informações a respeito dos riscos presentes. A entrada deve ser controlada por um sistema de cartão de acesso, leitor de íris, chaves, ou outro dispositivo de fechamento e será feita através de um vestíbulo (*airlock*) de entrada, equipado com portas intertraváveis e com fechamento automático, para acesso de pessoal e de equipamentos. As portas devem abrir-se para dentro, pois dessa forma haverá maior contenção ao escape de insetos. Portas corrediças também têm sido utilizadas com sucesso, pois ocasionam menor interrupção no fluxo de ar do que as portas com aberturas tradicionais. Como um dos detalhes de contenção, o acesso e a saída às salas dos insetários devem ser feitas através de vestíbulo pressurizado, sob pressão negativa, com banhos de ar e/ou armadilhas cata-insetos, com funções de monitoramento e de captura de insetos perdidos.

Materiais de Construção e de Acabamento

A seleção de materiais de construção e de acabamento deve ser tratada com a devida atenção, pois os materiais que forem selecionados irão contribuir e facilitar a contenção.

Os acabamentos de paredes, pisos e tetos devem ser lisos, sem juntas, sem reentrâncias, impermeáveis a líquidos e resistentes a umidade, altas temperaturas, produtos químicos, como os desinfetantes que são usados na limpeza e na descontaminação rotineira do laboratório.

O teto deve ser construído de reboco ou com placas de gesso. A altura do teto não deve exceder a 2,5 metros (Duthu *et al.*, 2001).

O acabamento do teto e das paredes devem ser de cor branca a fim de permitir a rápida localização de um inseto em fuga e a sua captura.

Para subdivisão de salas poderão ser utilizadas as divisórias internas e o tipo de material das divisórias deverá ser escolhido de acordo com a espécie de artrópode a ser mantida nesses espaços.

Os pisos não devem ser escorregadios, devem ter cantos arredondados e com acabamento de resina de epóxi modificado.

As superfícies horizontais devem ser evitadas, na medida do possível, para evitar o acúmulo de poeira.

Deve haver espaço suficiente para a execução segura do trabalho, assim como para limpeza e manutenção.

Uma atenção especial deve ser dada ao selamento da área do insetário, a fim de assegurar a contenção dessa área em relação às outras áreas da edificação, e a fim de permitir descontaminação química.

As junções, tais como junções de placas de gesso, de todas as penetrações feitas através de paredes, piso ou do teto para passagem de dutos ou conduítes, instalações de luminárias e acesso a painéis devem ser firmemente seladas, com selante não retrátil. Penetrações no piso, paredes e teto devem ser evitadas ao máximo. Se houver necessidade de instalação de dreno no piso, estes deverão ser tampados e hermeticamente selados. Estas precauções são para minimizar a oportunidade de insetos em fuga se alojarem nesses espaços ou que fujam da área de biocontenção.

Portas e Janelas

Como qualquer outro material de construção e de acabamento de um insetário, as portas devem ser construídas de materiais resistentes a umidade, altas temperaturas e aos efeitos corrosivos dos agentes químicos utilizados na limpeza e na descontaminação rotineira.

As portas devem terr molduras metálicas. Se forem utilizadas portas de aço pintadas, elas devem terr selamento para prevenir o alojamento de insetos entre as lamínulas de aço.

As ferragens das portas devem incluir sistemas de fechamento automático e abertura por dentro sem chave, além de selamento a fim de evitar escape de animais.

No nível de Biossegurança 3 a porta do vestíbulo de acesso deverá ter intertravamento para prevenir que ambas as portas possam ser abertas ao mesmo tempo.

Devem ser largas o bastante para o trânsito de pessoas e de equipamentos.

Deve existir, em adição, uma porta telada (malha do tamanho 81x81mm) na entrada, com a finalidade de auxiliar na contenção de animais em fuga ou a infiltração de espécies nativas.

As janelas devem ser evitadas.

Mobiliários e Equipamentos

Todos os mobiliários e equipamentos que estão no interior do insetário devem minimizar ou evitar o ocultamento de artrópodes em fuga.

As superfícies dos mobiliários devem ser de cor branca, impermeáveis a líquidos, além de resistentes a altas temperaturas, umidade e a agentes químicos, tais como: desinfetantes, álcalis, ácidos e solventes orgânicos.

Manter um distanciamento entre os mobiliários e equipamentos para permitir limpeza fácil.

Mobiliários e equipamentos permanentemente instalados limitam a flexibilidade e dificultam a limpeza adequada do insetário. Pouco mobiliário e equipamentos permitem maior movimentação na limpeza e facilita a resposta a mudanças internas.

Cabines de segurança biológica apropriadas devem ser usadas quando houver manipulação de artrópodes infectados ou quando houver procedimentos que gerem aerossóis. Estes equipamentos devem estar localizados longe das passagens de circulação e fora das correntes de ar procedentes de portas, janelas e sistemas de ventilação.

É necessário haver uma autoclave no próprio local ou próximo ao ele (dentro do prédio), no caso dos insetários classificados como NCA-2. Em insetários NCA-3, deve estar disponível uma autoclave de porta dupla, dentro da área de biocontenção, para descontaminação de todo o material utilizado nessa área.

Cada sala do insetário deve ter uma pia para lavagem das mãos, com dispositivos de acionamento sem a colocação das mãos ou por controles automáticos, localizada próximo à porta de saída.

Sistema Elétrico e Mecânico

Poucos são os tipos de instalações que demandam um nível de precisão e de detalhamento, no projeto de instalações elétricas e mecânicas, quanto são os insetários. Há necessidade de controle rígido de temperatura e umidade, direção do ar e manutenção de diferenciais de pressão, além de controle de luminosidade e de tratamento de resíduos.

O fornecimento de eletricidade deve ser adequado e confiável. Manter todos os interruptores e quadros de comandos devidamente identificados. Os dispositivos de corta-circuito (disjuntores) localizados fora da área de biocontenção. Os controles das instalações das linhas de serviço blindadas e à prova de insetos.

Deve haver um gerador de reserva, a fim de manter o funcionamento de equipamentos essenciais, tais como: autoclave, cabine de segurança biológica, frezeers, sistema de ar das salas de animais e da iluminação de emergência.

Condições Ambientais

O pesquisador principal e a Comissão Interna de Biossegurança deverão revisar todas as exigências referentes às condições ambientais e deverão estabelecer os limites que não estão claramente definidos e todas as operações desejáveis.

Em relação ao controle de temperatura e umidade, as condições externas podem facilmente afetar a capacidade de manutenção das condições internas, particularmente em sistemas que utilizam 100% de ar externo. Nessas instalações, a seleção dos parâmetros deve ser bem avaliada para o impacto na capacidade do sistema, não somente no custo inicial de instalação, mas também no custo da manutenção.

Os parâmetros de temperatura mais comumente utilizados em insetários variam entre 18 a 34°C (+ ou – 2°C). Para insetários de mosquitos a temperatura média é de 28°C (+ ou – 2°C). A taxa de umidade relativa varia entre 50% e 85%, sendo a taxa média mais utilizada, ou seja, 65% (+ ou – 5%). O sistema deve permitir a acomodação dos níveis de acordo com a exigência da espécie mantida, além do que, para as áreas de manipulação, pode haver necessidade de temperaturas mais baixas. As temperaturas mais baixas facilitam a captura de artrópodes em fuga, pois os animais têm respostas mais lentas nessas condições.

Ventilação

O sistema de ventilação de um insetário requer a manutenção de uma temperatura única e de parâmetros de umidade tal qual um biotério de criação animal. Estes requerimentos são dificultados pela necessidade de limitar e regular a movimentação do ar sem afetar a área de trabalho com os animais. Dentro das características gerais de um sistema de ventilação e de ar-condicionado, certos princípios devem ser mantidos; por exemplo, parâmetros similares aos exigidos para a manipulação de animais vertebrados, quando estes forem utilizados para a manutenção dos artrópodes, apesar de os animais vertebrados só estarem presentes por curtos períodos de tempo.

Quando trabalhamos com índices altos de temperatura e de umidade, o sistema de ventilação e de ar-condicionado deve ser controlado através de um sistema de monitoramento central de condições ambientais. Esses sistemas devem prover ventilação adequada, de tal forma que permita a dissipação de odores e vapores, a fim de prevenir a presença de contaminantes aéreos, fornecendo assim maior segurança ao ambiente de trabalho.

Os sistemas de ventilação e de ar-condicionado devem ser programados para operar sem interrupções. Devem fornecer ar direcionado e manter os diferenciais de pressão entre os espaços laboratoriais. O ar deve ser direcionado das áreas de apoio para o interior da área laboratorial. Devem minimizar o consumo de energia, mas não podem comprometer o sistema operacional e nem limitar continuadamente a execução das atividades. Devem ser providos de componentes essenciais para a manutenção sem interrupções dos sistemas que servem o insetário.

Os sistemas de ventilação e de ar-condicionado trabalham de forma similar às necessárias a um biotério tradicional e devem seguir os seguintes parâmetros específicos:

- Manutenção de temperaturas e umidade mais altas sem haver condensação do ar;
- Prevenir contaminação e contaminação cruzada entre espaços (por exemplo através do controle dos diferenciais de pressão, da insuflação e exaustão do ar);
- Projeto de instalação de contenção para pequenos artrópodes (que previnam o escape);
- Projeto de instalações de suporte que permitam operações contínuas e seguras;
- Maximizar a conservação do sistema energético.

O sistema de ventilação e de ar-condicionado deve permitir o zoneamento de espaços individualizados, com controles, individuais, manuais e independentes, das condições ambientais, para o caso de esfriamento do ambiente, a fim de reduzir a atividade dos animais invertebrados.

As áreas de apoio, onde as condições ambientais de temperatura e umidade não são críticas, fornecem um decaimento na estabilidade ambiental e irá fornecer um ponto de referência para o início do sistema de direcionamento do ar dentro do insetário. Em adição, essas áreas podem fornecer meios efetivos para o controle de escape de artrópodes voadores como os mosquitos.

A integração do sistema de ventilação e de ar-condicionado com o planejamento da edificação laboratorial deverá assegurar a redução de infiltração nos insetários.

Pressão do Ar

Os requerimentos para manutenção da elevada umidificação do ar em um insetário determina um conjunto único de exigências no projeto de instalações.

Os parâmetros de ventilação recomendados para fornecer condições ambientais seguras à pesquisa podem ser opostos aos que são mais apropriados para manutenção de animais invertebrados. Os índices de trocas de ar, que vão de 6 a 10 trocas por hora para áreas laboratoriais, 15 trocas por hora para áreas de manutenção de animais vertebrados, não são apropriados para um insetário, que exige menor índice de trocas por hora (menos de 6 trocas/hora) devido a restrições ao insuflamento de ar dentro das áreas do insetário. Como em qualquer laboratório, para a realização de um ensaio seguro é primordial o planejamento adequado dos sistemas de ventilação e de circulação do ar. Nos insetários, as salas dos animais são relativamente pequenas e têm tetos baixos, facilitando a movimentação do ar, podendo facilmente exceder os níveis aceitáveis. Os engenheiros e os arquitetos devem estar atentos às quantidades de trocas e à velocidade da movimentação do ar para planejar os sistemas de exaustão e de acústica desses ambientes. A excessiva movimentação do ar dentro destes espaços dificulta o controle e a manipulação de pequenos insetos. Esquemas de ventilação devem ser desenvolvidos e testados onde seja possível assegurar o trabalho com artrópodes.

O projeto do sistema de ventilação deve incluir:

• O esquema de distribuição para prevenir contaminação cruzada entre os espaços individuais. A circulação do ar deve ir de áreas de menor contaminação para áreas com maior potencial de contaminação.

• Os difusores do ar de insuflamento devem estar localizados no nível do teto (ou o mais próximo possível do teto). As linhas de penetrações do ar das salas dos insetários devem ser providas de telas, sem interferir na *performance* do sistema.

•A exaustão das salas do insetário também devem ser providas de telas e localizadas no nível do solo e no nível do teto, para que efetivamente varram o ambiente. As grelhas de exaustão devem ser providas de queimadores ou incineradores, nos insetários NCA-3 e 4.

O ar externo deve ser filtrado a fim de proteger de contaminações vindas de fontes externas e independente de outras instalações contíguas. Em adição ao sistema tradicional de ventilação e de circulação de ar que possui uma pré-filtragem de 30% e 45-65% de filtragem, podemos considerar para os insetários NCA-3 e 4 os filtros de alta eficácia — HEPA (*High Efficiency Particulate Air* — eficácia na filtração de 99,99%). A filtração adicional do ar de insuflamento em um insetário pode auxiliar na limpeza do ambiente e participar na contenção.

Os filtros de alta eficiência ou filtros HEPA foram desenvolvidos na década de 40. São feitos de papel de fibra de vidro com 60µ de espessura, sustentadas por lâminas de alumínio. As fibras do filtro são feitas de uma trama tridimensional que remove as partículas de ar que flui através dele, por inércia, intercepção e difusão. Cuidados especiais com o ambiente e a troca do pré-filtro aumentam a expectativa de vida do filtro HEPA (Lima e Silva, 1998).

O sistema de exaustão nos insetários devem ser projetados de forma tal que assegure que os ambientes internos tenham pressão negativa de ar em relação aos corredores e outros espaços. Portanto, o laboratório será mantido sob pressão negativa em relação às áreas em torno, com instalações de insuflamento e de exaustão de ar interligadas, garantindo que o fluxo de ar seja sempre dirigido para o interior do ambiente. O ar exaurido não deve recircular de volta para o laboratório ou para outras áreas do mesmo prédio e sua descarga deve ser feita longe de prédios habitados e de tomadas de ar. Ar exaurido do laboratório deve ser eliminado através de filtros especiais de elevado grau de eficácia (filtros HEPA) antes de descarregado no sistema de ventilação do prédio, com câmara de exaustão desenhada de modo que admita descontaminação local.

O controle da pressurização, dentro das áreas do insetário, é feito através de uma série de relações complexas. Nos biotérios, áreas tais como a administração geral e corredores de público devem ser mantidos sob pressão positiva. A relação da pressão positiva limita a infiltração de ar não condicionado que pode influenciar nas condições internas. Os vestíbulos e os espaços internos de um biotério devem ser mantidos sob pressão negativa em relação aos corredores e áreas de escritório. A área do insetário é mantida sob pressão negativa em relação às outras áreas laboratoriais. Conseqüentemente, podemos encontrar níveis múltiplos de pressão ao mesmo tempo nos insetários. Esses gradientes de pressão podem ser estabelecidos e/ou controlados por medição direta das taxas de exaustão e de fluxo de ar ou através de válvulas independentes, calibradas, de pressurização positiva com compensação da corrente de ar (mais ar é exaurido da área do insetário do que insuflado). Isso pode ser acompanhado por um ou dois tipos de sistemas de exaustão, variáveis em volumes ou constantes em volume.

Existem vários fatores que podem afetar esse equilíbrio, levando a taxas excessivas de pressões negativas. Dentre eles podemos citar:

- hermeticidade da sala

- quantidade de ar exaurido para compensação
- freqüência de acesso às salas (número de aberturas e fechamentos de portas)
- metodologia de controle do vazamento de ar.

Na manutenção ou no trabalho com populações potencialmente infectadas quando há necessidade na manutenção de pressões negativas para o perfeito isolamento, essa área poderá ter requisitos relativos ao nível de Biossegurança 3 ou 4.

Para manter essas condições especiais, deveremos utilizar cabines de segurança biológica como unidades de microambientes e áreas NCA-3.

O sistema de ventilação e de ar-condicionado deve ser adaptável, a fim de prover corrente de ar-condicionado e diferenciais de pressão que podem ser modificadas de acordo com os requisitos específicos exigidos pela classificação laboratorial em níveis de Biossegurança.

Os requisitos de manutenção de grau de umidade elevada além do controle rígido na circulação do ar nos insetários irão determinar um conjunto específico de atribuições à infra-estrutura.

Iluminamento

Os níveis de iluminamento e o fotoperíodo devem ser itens a serem avaliados de acordo com o tipo de ensaio executado. Os níveis de iluminamento listado a seguir são os recomendados e que deverão ser ajustados aos requisitos do ensaio.

A iluminação deve ser adequada para todas as atividades ao nível da superfície de trabalho, evitando, entretanto, os reflexos indesejáveis e a luz ofuscante. O fator de perda mínimo deve ser 74% para superfície da sala. Outro fator de perda está relacionado ao tipo de luminária em uso.

A iluminação artificial através de lâmpadas incandescentes deve ser utilizada para horários diurnos em insetários, com controle automático para estudos onde o controle de ambiente controlado é necessário. Cada insetário deve ser controlado separadamente por um sistema individual para permitir programas de pesquisa múltiplos. Os controles devem estar localizados fora do insetário. Deve ser feita uma avaliação cuidadosa sobre o iluminamento artificial através de lâmpadas fluorescentes, pois possuem o sistema de brilho súbito e luz bruxuleante.

A Tabela 3 apresenta a luminosidade necessária por tipo de ambiente.

Tabela 3. Iluminamento

Função/ensaio	*Lux*
Insetário	270-800 (claro/escuro)
Vestíbulos	525-800
Corredores	325-525
Almoxarifado	200-325

Todas as tomadas, controles de iluminação e luminárias dos insetários de contenção NCA-3 e 4 devem ser blindadas de forma que não alojem animais em fuga.

Eletricidade

A eletricidade é geralmente o serviço mais subestimado nos projetos. Um quadro de ligações de 200 ampères para cada área de 37,2 m^2 dentro do laboratório pode ser maior que o necessário para as necessidades do momento, mas não será excessivo se as necessidades foram projetadas com a devida previsão (25 a 30% da capacidade do quadro de ligações devem ficar reservados para futura expansão dos circuitos) (Simas & Cardoso, 2000).

Os interruptores, tomadas e disjuntores dos quadros de comandos devem ser devidamente identificados.

Nos insetários de contenção e de contenção máxima os disjuntores e os quadros de comando devem ser instalados fora da área de biocontenção.

A escolha criteriosa dos equipamentos que deverão ficar conectados à fonte de suprimento de energia de emergência determinará a dimensão do sistema de emergência. Esse sistema é necessário quando houver cortes imprevistos de energia, com a finalidade de assegurar a continuidade de operação de um equipamento de segurança, ou para manter a iluminação e ventilação no ambiente de trabalho por um tempo suficiente, de modo que termine algum procedimento em andamento no momento do corte de energia, evitar perdas de amostras devido a uma insuficiência de refrigeração ou de calor e assegurar uma ventilação adequada nas áreas de manipulação de animais. Esse sistema deverá ser constituído de um grupo motor-gerador e chave automática de transferência, para alimentar os seguintes circuitos:

- iluminação de emergência;
- luzes nas salas dos animais e nas áreas de manipulação;
- alarmes de incêndio e de segurança predial;
- equipamentos essenciais, tais como: refrigeradores, estufas, cabines de segurança biológica, autoclaves;

- sistema de ventilação do insetário para manter a pressurização negativa;
- sistema de controle ambiental e
- ar-condicionado das salas de animais, que necessitam de temperatura constante.

Sistema Hidráulico e Esgotamento Sanitário

O sistema de esgotamento sanitário deve ser planejado de forma tal que previna o escape de artrópodes. A presença de ralos não é conveniente nas áreas do insetário, pois podem permitir a entrada e o escape de insetos e roedores e o retorno de odores indesejáveis. Se forem usados, devem ter tampas hermeticamente fechadas, seladas, teladas, a serem removidas só para as operações de limpeza e escoamento da água, além de possuir automação no suprimento de água para mantê-los constantemente com um nível específico de líquidos com desinfetante ativo no seu interior. Todas as tubulações, suportes e braceletes, devem ser projetados a fim de prevenir o alojamento de insetos e selados na sua instalação, dos dois lados da penetração.

Devemos alertar para os seguintes pontos a serem respeitados:

- minimizar a exposição de tubulações no interior das salas dos animais;
- evitar o isolamento de tubulações;
- minimizar o número de penetrações de tubulações nas paredes;
- selar toda e qualquer penetração de tubulações nas paredes e barreiras e
- examinar o encanamento constantemente.

Os ovos de artrópodes podem ser resistentes a agentes químicos, portanto não devemos permitir que entrem nos encanamentos, nos quais as larvas eventualmente poderão desenvolver-se.

A instalação de uma autoclave é recomendada em insetários. Os resíduos provenientes dos insetários devem ser esterilizados pelo calor. Quando há manipulação de agentes patogênicos da classe de risco 3 este equipamento é um item obrigatório, e todos os materiais e resíduos gerados nesta área deverão ser esterilizados em autoclaves, localizadas dentro da área de biocontenção, antes de serem descartados.

Nos insetários de contenção máxima (NCA-4) os pontos de contribuição provenientes de drenos de pias e de piso, com inclusão da água do chuveiro e do chuveiro de emergência, devem estar conectados a um sistema de tratamento dos efluentes líquidos, podendo ser utilizado o calor como forma de tratamento, biologicamente monitorado, para serem descontaminados. O controle desse sistema pode ser manual ou automático dependendo do volume diário recebido.

Para uso institucional, em grande escala, o sistema de coleta e tratamento deverá ser dimensionado para a confluência de líquidos provenientes de múltiplas áreas e deverá requerer uma unidade de compartilhamento ou unidade de descontaminação com capacidade de 18 a 1.800 litros, onde será colocado um agente químico para descontaminação. Esse sistema também poderá utilizar como forma de tratamento altas temperaturas, com prescrição e monitoramento de temperatura e tempo, a ser definido pelo responsável do laboratório, depois resfriado e então lançado no esgotamento sanitário.

Dentro do insetário, adjacente à(s) sala(s) de manutenção deve haver a instalação de lava-olhos de emergência e lavatório para lavagem das mãos, preferencialmente com dispositivos de acionamento automático, próximo ao ponto de saída do laboratório.

Para as áreas onde há necessidade de suprimento de água morna, devemos instalar um tanque de mistura ou um misturador termoestático.

Gases e Líquidos Especiais

Nas edificações onde o vácuo é utilizado, o suprimento deve ser por sistema central, submetido a filtragem por filtros hidrofóbicos de 0,3 mícron ou equivalente, para prevenir a potencial contaminação do sistema central ou individual, por filtros de alta eficiência, do tipo HEPA no caso dos insetários NCA-3, já no trabalho em instalações NCA-4 o sistema de vácuo deve ser provido por bombas de vácuo portáteis, não conectadas ao sistema da instalação e dotadas de filtro HEPA.

Os cilindros de gás devem ser mantidos fora dos laboratórios, com os componentes da instalação (registros, válvulas e canalizações) aparentes, para facilitar a visualização, localizados fora do insetário, com tubulações seladas através das paredes para dentro do laboratório. Devem ser armazenados em local externo à edificação, o mais próximo possível ao insetário, amplo e coberto, naturalmente ventilado, com acesso fácil para manutenção e abastecimento, observando-se as incompatibilidades químicas entre os diversos tipos de gás.

Equipamentos de Segurança

Para a execução dos trabalhos no insetário, a equipe deve usar equipamentos de proteção individual composto por:

• roupas, aventais ou uniformes próprios — para os níveis de Biossegurança animal 1 e 2;

• roupas de proteção (macacões fechados, não se admitindo roupas abotoadas na frente) para o NCA-3;

- uso obrigatório de máscaras, gorros, luvas, pró-pés ou sapatilhas; para o NCA-3 é obrigatória a esterilização de todos os EPI's antes de serem lavados ou descartados;
- óculos de segurança e os protetores de face (visores), assim como outros dispositivos de proteção devem ser usados sempre que forem indicados para a proteção de olhos e face, contra os aerossóis, salpicos ou contra o impacto de objetos;
- uso de luvas adequadas em todo o tipo de atividade que possa resultar em contato acidental direto com animais infectados. Depois de usadas, as luvas devem ser removidas e autoclavadas juntamente com todos os resíduos do insetário, antes de serem eliminadas. Em seguida, será necessário lavar as mãos;
- macacões ventilados com pressão positiva para o trabalho no NCA-4.

As cabines de segurança biológica devem ser usadas quando o procedimento é de alto potencial de produção de aerossóis. Nestes estão incluídos o manuseio de artrópodes infectados com microrganismos de alto risco, a manipulação de altas concentrações ou grandes volumes de material infeccioso. As CSBs devem ser instaladas afastadas lateralmente e posteriormente de no mínimo 30 cm das paredes, bancadas e outros equipamentos e 40 cm do teto, para permitir fácil acesso para a execução dos procedimentos de limpeza, testes e manutenção. Os tipos de cabines de segurança biológica foram bem detalhados em capítulo específico.

Na manipulação de agentes de alto risco, ou seja, nos laboratórios NCA-4, deve haver um sistema de contenção primária, constituído de um ou mais dos seguintes equipamentos: cabines de segurança biológica da classe III e macacões ventilados com pressão positiva associados ao trabalho em CSB da classe II.

Quando são usados os macacões de ventilação com pressurização positiva, há necessidade da instalação de um chuveiro especial para desinfecção química das pessoas que deixam o laboratório, além de um sistema de suporte de vida conectado ao gerador de emergência e dotado de sistema de alarme e ar de respiração auxiliar.

Os insetos infectados devem ser mantidos em equipamentos de contenção apropriados para a classe de risco do microrganismo infectante (caixa com filtro no topo do tipo A, B e C, cubículos para isolamento de caixas e sistema de contenção animal de ar limpo, dentre outros), como vimos anteriormente em capítulo específico.

As caixas ou gaiolas dos animais devem possuir fichas de identificação do animal, tipo e duração do ensaio realizado, identificação do laboratório usuário, responsável pelo ensaio e especificidades do ensaio quanto à segurança para o manejo dos animais.

Os ácaros e carrapatos devem ser alojados em caixas mantidas sobre bandejas contendo óleo.

Manter controle rígido das formas larvárias e adultas dos artrópodes voadores, assim como das espécies que rastejam ou que saltam.

Os insetos voadores infectados com microrganismos de alto risco devem ser mantidos em gaiolas com tela dupla.

Os materiais perfurocortantes, tais como agulhas e vidrarias quebradas, devem ser descartados em recipientes de paredes rígidas, devidamente identificados.

O armazenamento de líquidos inflamáveis deve ser feito em armários ventilados ou refrigeradores específicos, à prova de explosão e claramente identificados.

No nível de Biossegurança animal 2 o sistema de esterilização por meio físico, autoclave, deve estar localizado dentro do edifício que abriga o insetário. Já no NCA-3 a autoclave de barreira (dupla porta) deve estar localizada na área de contenção, entre as áreas de contenção de preparo e de descontaminação, adjacente à área de manutenção de animais, ou em autoclave dentro da área de suporte, em contenção e adjacente ao laboratório. As autoclaves devem ser dimensionadas de acordo com o tipo e a demanda de trabalho.

Conclusões

Assim, como ponto conclusivo, remetemos nossa reflexão para as doenças emergentes, reemergentes e ambiente, considerando a perspectiva da Biossegurança no contexto da biodiversidade e do desenvolvimento sustentável. Ao observarmos a profunda relação entre surgimento de doenças, ambiente, biodiversidade e saúde, estamos situando os processos de produção e desenvolvimento social e econômico, que interferem em importantes ecossistemas, contexto que traz em si riscos que acabam por influenciar os padrões de segurança das populações e do meio ambiente, no que se refere à saúde, incluindo nessa complexidade os agravos advindos dos devastadores processos de poluição, de contaminações causadas pela manifestação e aumento de agentes biológicos de doenças. Embora preocupações pontuais venham demonstrando nitidamente associações entre ambiente, biodiversidade e doenças emergentes, não podemos negligenciar, o quadro formado pelas doenças infectoparasitárias, decorrentes especialmente das condições socioambientais dos países em desenvolvimento, contribuindo de forma importante para o fenômeno que chamamos hoje de ressurgência de doenças, agravado pelo também evidente fenômeno de urbanização de doenças, como é atualmente para o Brasil a expansão do dengue (Cardoso *et al.*, 2004). Consideramos fundamental destacar que esses agravos às condições de saúde estão situados na realidade que traduz a ampliação das disparidades sociais e a crescente degradação ambiental como parte de um só contexto que tem caracterizado os modelos de desenvolvimento praticados no Brasil.

Uma das alternativas para romper com os ciclos que configuram as estreitas relações entre pobreza, degradação ambiental, devastação ambiental, ampliação das condições para o recrudescimento da ressurgência de doenças e aparecimento de outras, conformando os quadros ideais para a questão das doenças emergentes e reemergentes no Brasil, é a aplicação do modelo de desenvolvimento sustentável, que não poderá prescindir da Biossegurança, visto que este campo de conhecimento concentra domínios técnicos, metodológicos e científicos para subsidiar ações que combinam a preservação ambiental, o controle de agentes causadores de doenças emergentes e reemergentes e outras problemáticas relativas ao monitoramento de resíduos causadores de importantes processos de degradação ambiental e indutores de contextos de doenças.

Referências

Acha, P. N. & Szyfres, B. *Zoonosis y enfermedades transmisibles comunes al hombre y a los animales.* OPAS/PAHO: Publ. Cient. vol. 354, 1977.

Albuquerque Navarro, M. B. M.; *et al.* Doenças Emergentes e Reemergentes, Saúde e Ambiente. In: Minayo, M. C. S. & Miranda, A. C. (orgs.). *Saúde e Ambiente Sustentável: estreitando nós.* Rio de Janeiro: Abrasco, 2002, pp. 37-49.

Avila-Pires, F.. *Princípios de Ecologia Humana.* Rio Grande do Sul: Ed. UFRGS/CNPq, 1983.

Barkley, W. E. & Richardson, J. H. The Control of bioharzards associated with the use of experimental animals. In: Fox, J. G.; Cohen, B. J. & Loew, F. M. (eds.). *Laboratory animal medicine.* Orlando: Academic Press, 1984.

Barradas, R. C. B. O *Desafio das Doenças Emergentes e a Revalorização da Epidemiologia Descritiva.* Informe Epidemiológico do SUS, 8(1), pp. 7-15, 1999.

Block, S. S. (ed.). *Disinfection, sterilization and preservation.* 4th ed. Philadelphia: Lea & Febiger, 1991.

Brasil. Ministério da Saúde. Comissão de Biossegurança em Saúde. *Diretrizes Gerais para o Trabalho em Contenção com Material Biológico.* Brasília: Ed. MS, 2004, 58 p.

———. Ministério da Saúde. Comissão de Biossegurança em Saúde. *Classificação de Risco dos Agentes Biológicos.* Brasília: Ed. MS, 2006, 34 p.

———. Ministério da Ciência e Tecnologia. Comissão Técnica Nacional de Biossegurança. Cadernos de Biossegurança. *Lex — Coletânea de Legislação.* Brasília, março, 2000.

———. *Lei n.º 8.974* de 5 de janeiro de 1995. Estabelece o uso das normas técnicas de engenharia genética e liberação no meio ambiente de organismos geneticamente modificados, autoriza o Poder Executivo a criar, no âmbito da Presidência da República, a Comissão Técnica Nacional de Biossegurança, e dá outras providências. *Diário Oficial* [da República Federativa do Brasil], Brasília, vol. 133, n.º 5, pp. 337-46, Seção I.

Brasil. Ministério do Trabalho. Portaria n.º 3.214 de 8 de junho de 1978. In: *Segurança e Medicina do Trabalho*. 29.ª ed. São Paulo: Atlas, 1995, 489 pp.
Brendel, A. Les Prócedes de Désinfection. In: Simmons, J. & Solty, P. *Risques biologiques*. Paris: INSERM, 1991, pp. 135-52.
Cardoso, T. A. O. Biossegurança no Manejo de Animais em Experimentação. In: Oda, L. M. & Ávila, S. M. (orgs.). *Biossegurança em Laboratório de Saúde Pública*. Brasília: Ed. M. S., 1998, pp. 105-160.
Cardoso, T. A. O. *et al. Doenças Zoonóticas Reemergentes*. Cad. Téc. Esc. Vet. UFMG, Belo Horizonte, n.º 20, pp. 81-91, 1997.
Cardoso, T. A. O. *et al.* Biosafety, field work and the emergence of diseases in Brazil. In: Richmond, J. Y. (ed.). *Anthology of Biosafety VII*. Biosafety Level 3 American Biological Safety Asso-ciation, 2004, pp. 109-123.
Centers for Disease Control and Prevention and National Institute of Health (CDC – NIH). *Risk Assessment*. In:—. *Biosafety in Microbiological and Biomedical Laboratories,* Washington: CDC, 1999, pp. 76-83.
Centers for Disease Control and Prevention (CDC) *Working Safely with Research Animals. Proceedings of the 4th National Symposium on Biosafety*. CDC, 1996.
Centers for Disease Control and Prevention , Office of Biosafety. *Classification of Etiologic Agents on the Basis of Hazard,* 4th ed. Washington: U.S Department of Health, Education and Welfare, Public Health Service, 1974.
Centers for Disease Control and Prevention . *Laboratoire de lutte contre la maladie: lignes directrices en matière de biosécurité en laboratoire*. 2.ª ed. Canada: CDC, 1996.
Clough, G. Environmental effects on animals used in biomedical research. *Biol. Rev.*, vol. 57, pp. 487-523, 1982.
Diberardinis, L. J. L. *et al. Guidelines for laboratory design: health and safety considerations*, 2nd ed. New York: John Wiley & Sons, 1993.
Duthu, D. B. *et al.* Design Issues for Insectaries. In: Richmond, J. Y. (ed.). *Anthology of Biosafety IV. Issues in Public Health*. American Biological Safety Association, 2001, pp. 227-244.
Farias França, M. B. & Porto Farias, P. (coords.). *Programação Arquitetônica de Biotérios*. Brasília: Ministério da Educação. CEDATE, 1986, 225 p.
Laboratory Animals Housing. The National Research Council. 1978.
Laboratory Animals Symposia. *The Design and Function of Laboratory Animal Houses*. 1968, 42 pp.
Lima e Silva, F. H. A. Barreiras de Contenção. In: Oda, L. M. & Ávila, S. M. (orgs.). *Biossegurança em Laboratório de Saúde Pública*. Brasília: Ed. M.S., 1998, pp. 105-160.
National Research Council. *Occupational health and safety in the care and use of research animals.* Washington: National Academy Press, 1997.
———. *Biosafety in the laboratory: prudent practices for the handling and disposal of infectious materials.* Washington: National Academy Press, 1989.
———. *Guide for the care and use of laboratory animals.* Washington: National Academy Press, 1996.
Oda, L. M. *et al.* Why does Brazil need a biosafety level 4 unit? In: Richmond, J. Y. (ed.).

Anthology of Biosafety V.BSL-4 Laboratories. Mundelein, USA: American Biological Safety Association, 2002, pp. 115-130.

Possas, C. A., 1989. *Epidemiologia e Sociedade — Heterogeneidade Estrutural e Saúde no Brasil.* São Paulo: Hucitec, 1989.

—. Social ecosystem health: confronting the complexity and emergence of infectious diseases. *Cad. Saúde Pública*, Rio de Janeiro, 17(1), pp. 31-41, jan.-fev., 2001.

Schatzmayr, H. G. Viroses emergentes e reemergentes. *Cad. Saúde Pública*, Rio de Janeiro, 17(Suplemento), pp. 209-213, 2001.

Simas, C. M. & Cardoso, T. A. O. *Arquitetura e Biossegurança.* Curso de Biossegurança *On Line* da Escola Nacional de Saúde Pública da Fundação Oswaldo Cruz. Teixeira, P. (coord.). Rio de Janeiro: Fundação Oswaldo Cruz, 2000.

Subcommittee on Arbovirus Laboratory Safety of American Committee on Arthropod-Borne Viruses. Laboratory safety for arboviruses and certain other viruses of vertebrates. *American Journal of Tropical Medicine and Hygiene*, pp. 1359-1381, 1980.

Vasconcelos, P. F. C. *et al.* Inadequate management of natural ecosystem in the Brazilian Amazon region results in the emergence and reemergence of arboviruses. *Cad. Saúde Pública*, Rio de Janeiro, 17(Suplemento), pp. 155-164, 2001.

Veronesi, R. *Doenças Infecciosas e Parasitárias.* Rio de Janeiro: Koogan, 1982.

World Health Organization. *Laboratory Biosafety Manual.* 3.ª ed. Genebra, 2004, 109 p.

BIOSSEGURANÇA E SUA IMPORTÂNCIA NO TRABALHO COM O VÍRUS DA RAIVA

Maria Luiza Carrieri

Introdução

A raiva é doença conhecida desde a Antiguidade. Atribui-se a Demócrito de Abdera (cerca de 460 a.C. a 370 a.C.) a descrição da doença em animais domésticos. No ano 100 d.C., Celsius, médico romano, descreveu a raiva nos seres humanos estabelecendo a relação entre a mordedura do animal e a transmissão da doença. Os primeiros trabalhos experimentais sobre a transmissão da raiva datam de 1813, quando Gruner e Salm Reifferscheidt comprovaram a transmissão da doença, através da inoculação de saliva de um cão raivoso em um cão sadio (Teixeira, 1995).

O interesse de Louis Pasteur, químico francês, sobre esta doença, iniciou em 1880, quando realizava estudos sobre a vacina contra o carbúnculo. Suas experiências com a raiva tiveram início com uma série de inoculações de saliva, proveniente de uma criança afetada pela doença, em coelhos de laboratório. Estas constantes inoculações em coelhos levaram Pasteur a observar que, o período de incubação do vírus se alterava depois de sucessivas passagens em cérebros de coelhos, chegando há seis dias na 20-25.ª passagem. Pasteur verificou, também, que a medula dos coelhos inoculados, após um tempo exposto em local seco, apresentava uma menor virulência. Estas observações foram os pilares para Louis Pasteur produzir a primeira vacina anti-rábica, em 1885 (Teixeira, 1995).

Etiologia

A raiva é uma encefalite causada por um vírus RNA da ordem Mononegavirales, família *Rhabdoviridae*, gênero *Lyssavirus* e espécie *Rabies virus* (RABV), que acomete os mamíferos de modo geral (Van Regenmortel *et al.*, 2000). O estudo do vírus da raiva, que até a década de 70 era considerado uma unidade antigênica, teve grandes avanços a partir da década de 80, com a utilização de painéis de anticorpos monoclonais.

O gênero *Lyssavirus* possui, atualmente, 7 espécies distintas. O *Rabies virus* (RABV), que é o vírus clássico da raiva, que infecta mamíferos terrestres, morcegos hematófagos e morcegos não-hematófagos das Américas, pertence ao genotipo 1. O *Lagos bat virus* (LBV) ou genotipo 2 é o vírus isolado de morcego frugívoro da região do Lagos (Nigéria). O *Mokola virus* (MOKV) ou genotipo 3 foi isolado de humanos, também da Nigéria, e de felinos do Zimbábue e Etiópia. O *Duvenhage virus* (DUVV) ou genotipo 4 foi isolado de morcegos insetívoros e de humanos da África do Sul. Estudos realizados posteriormente permitiram a identificação de mais dois genotipos, isolados a partir de morcegos insetívoros na Europa, *European bat lyssavirus* 1 e 2 (EBL-1 e EBL-2). Na década de 90, na Austrália, foi isolada uma nova cepa, classificada como genotipo 7, denominada *Australian bat lyssavirus* (ABL) (Van Regenmortel et al, 2000). Deve-se levar em consideração que as vacinas produzidas com o genotipo 1 conferem pouca ou nenhuma proteção a estes outros vírus.

O vírus da raiva é sensível aos solventes de lipídeos (sabão, éter, clorofórmio e acetona), etanol a 45-70%, preparados iodados e compostos de amônio quaternário. Outras de suas propriedades são a resistência à dissecação, assim como a congelamentos e descongelamentos sucessivos, relativa estabilidade a pH entre 5-10 e sensibilidade às temperaturas de pasteurização e à luz ultravioleta. É inativado a 60°C, em 35 segundos; a 4°C, se mantem infectivo por dias; a –70°C ou liofilizado (4°C), se mantém durante anos (Acha & Szyfres, 1986).

Patogenia

O período de incubação do vírus rábico é, em média, de 2 a 8 semanas, mas pode variar de 10 dias até 8 meses ou mais. Esta variação pode estar relacionada à quantidade inoculada de vírus pela mordedura; ao local do corpo que sofreu a agressão e à gravidade da lesão. Este período é mais curto quanto mais próxima for a lesão do Sistema Nervoso Central (SNC), como cabeça, ou em região de grande inervação, como polpa digital. Após a inoculação do vírus, este pode alcançar diretamente as terminações sensoriais e motoras, ou permanecer algumas horas nas células musculares do local atingido. Neste intervalo de tempo, pode haver replicação do vírus no músculo estriado adjacente à ferida, no qual resulta uma carga viral maior que a inoculada no momento da agressão (Jackson & Wunner, 2002).

A viremia, na raiva, é fugaz e temporária e não há evidências que tenha importância durante o processo de disseminação viral. Estudos indicam que o deslocamento do vírus rábico é de 25 a 50 mm por dia, até atingir o SNC. Os neurônios são as células-alvo preferenciais e quando afetados apresentam no citoplasma inclusões acidófilas denominadas corpúsculos de Negri. A distribuição do vírus não é homogênea no SNC, sendo que as regiões mais habitualmente atingidas são: hipocampo, tronco cerebral, células de Purkinje no cerebelo e medula. Após atingir o SNC, o vírus da raiva inicia um movimento centrífugo, disseminando-se por diversos órgãos como glândulas salivares, coração, pulmão, rins, bexiga, córnea etc. A infecção das glândulas salivares, que em diversas espécies apresentam altas concentrações de vírus, é de grande importância para a transmissão da doença entre as espécies animais (Acha & Szyfres, 1986).

Sintomatologia

A sintomatologia é predominantemente neurológica. Ao atingir as diversas regiões do SNC, o vírus acarreta danos de intensidade variável, responsáveis pela sintomatologia apresentada (Baer, 1975).

Os sintomas, no homem, iniciam-se de forma inespecífica sendo freqüentes a febre, a cefaléia, o mal-estar generalizado, às vezes acompanhados de sensação de angústia. Em muitos casos há relatos de dor e formigamento no local da mordedura. À medida que a doença progride, os sintomas predominantes são os relativos à deglutição, onde o paciente se abstém de deglutir a própria saliva ou apresenta contrações espasmódicas ao visualizar água, justificando a denominação de hidrofobia. A doença dura de 2 a 6 dias podendo apresentar períodos mais longos (Baer, 1975).

A raiva nos animais pode se manifestar de duas formas: raiva furiosa e a raiva paralítica ou muda, de acordo com a sintomatologia apresentada (Acha & Szyfres, 1986).

Em cães, o período de incubação é, em geral, de 15 dias a 2 meses. Os animais apresentam uma nítida alteração do comportamento, agressividade, paralisia parcial das cordas vocais, o que faz com que o animal altere o latido, tornando-o bitonal. A salivação torna-se abundante, uma vez que o animal é incapaz de deglutir sua saliva, devido à paralisia dos músculos da deglutição. A forma muda se caracteriza por predomínio de sintomas do tipo paralítico, sendo a fase de excitação extremamente curta ou imperceptível.

Em gatos, na maioria das vezes a doença é do tipo furioso, com sintomatologia semelhante à raiva canina. Em herbívoros, e outros animais domésticos, o principal transmissor da raiva é o morcego hematófago — *Desmodus rotundus* — e o período de incubação é geralmente mais longo, de 30 a 90 dias, ou até mais, e a sintomatologia predominante é da forma paralítica. Os animais infectados se afastam do rebanho, apresentam pupilas dilatadas e pêlos eriçados.

Em suínos a enfermidade se inicia, geralmente, com sintomas de excitabilidade, os animais se apresentam agressivos, à semelhança do que ocorre nos cães. A duração da doença, geralmente é de 2 a 5 dias.

A raiva, em animais silvestres, ocorre naturalmente em muitas espécies de canídeos e outros mamíferos. Apesar de todos mamíferos domésticos e silvestres serem considerados sensíveis ao vírus rábico, as diferentes espécies animais apresentam graus de susceptibilidade diferentes (Baer, 1975). Com base em estudos epidemiológicos, considera-se que os lobos, raposas, coiotes e chacais são os mais susceptíveis. Os morcegos (hematófagos ou não hematófagos), apresentam um grau menor de susceptibilidade.

O homem e o cão são considerados de susceptibilidade intermediária. A sintomatologia dos canídeos é, na maioria das vezes, do tipo furiosa, semelhante à dos cães. Nos morcegos pode ocorrer uma fase de excitabilidade seguida de paralisia, principalmente das asas, o que faz com que estes animais deixem de voar. Deve-se suspeitar, portanto, de morcegos (hematófagos ou não), encontrados em local e hora não habituais, e que não são capazes de se desviar de obstáculos interpostos à sua trajetória.

A partir do aparecimento dos primeiros sintomas, não existe tratamento eficaz, sendo considerada uma doença que apresenta 100% de letalidade.

Epidemiologia e transmissão

Os carnívoros e os morcegos são os principais responsáveis pela manutenção do vírus na natureza. Os herbívoros, roedores e lagomorfos não desempenham um papel significativo na epidemiologia da infecção rábica. Pode-se considerar a raiva como uma zoonose em cujo ciclo natural o homem desempenha o papel de hospedeiro acidental.

No ciclo urbano da raiva, o cão é o principal transmissor da doença ao homem. A grande densidade desses animais e sua taxa de reprodução anual são fatores importantes para a manutenção da raiva em áreas urbanas e mesmo rurais. É estimado que o vírus rábico esteja presente nas glândulas salivares entre 54% e 90% dos cães que morreram de raiva, e a quantidade de vírus varia desde vestígios até altos títulos (ao redor de $10^{7,9}$ DL50/ml). Os gatos são considerados hospedeiros acidentais da raiva, mas servem como veiculadores da infecção ao homem (Baer, 1975).

Em áreas onde a raiva canina é controlada, mas existe ocorrência da doença em animais silvestres, é comum a infecção dos gatos devido ao contato com estas espécies.

No Brasil, 33 das 140 espécies de morcegos, já foram diagnosticadas com raiva. Constata-se a presença de espécies insetívoras e frugívoras em zonas urbanas de grandes municípios brasileiros, atraídas pelas fontes de alimento e abrigo, constituindo um problema emergente na prevenção da raiva em áreas urbanas. A raiva em morcegos hematófagos está limitada à América Latina.

A transmissão ocorre de forma direta, através da mordedura, lambedura em pele/mucosas ou arranhaduras, de um animal doente para um animal sadio ou para o homem. Outras vias de transmissão também são relatadas, como a aerógena e por transplantes de córnea, embora não freqüentemente. Em quirópteros, a transmissão pelas vias transplacentária e transmamária também já foram relatadas.

Diagnóstico, prevenção e controle

Para o diagnóstico do vírus rábico, deve-se coletar, o SNC do animal ou fragmentos de SNC de pacientes que vieram a óbito com suspeita de encefalite rábica.

As provas diagnósticas devem apresentar elevada sensibilidade e especificidade, bem como rapidez na obtenção dos resultados. Portanto, é recomendado na rotina laboratorial de diagnóstico a utilização de duas ou mais técnicas associadas, aumentando desta maneira a confiabilidade dos resultados finais. As técnicas mais comumente utilizadas são: a prova de anticorpos fluorescentes e o isolamento do vírus através da utilização de cultura de células ou de animais de experimentação, sendo o camundongo o animal que apresenta maior sensibilidade ao vírus rábico e o sistema mais freqüentemente utilizado em nosso meio. Suspensões das amostras em teste são inoculadas em camundongos, através da via intracerebral, propiciando as condições ideais para uma maior replicação viral. Estes animais inoculados devem ser mantidos em observação, durante um período de até 30 dias.

A prova de anticorpos fluorescentes é rápida, sensível e específica, com custo não muito elevado. Consiste em uma prova sorológica na qual para detectar a reação antígeno-anticorpo se utiliza um sistema revelador, com uma substância fluorescente, o fluorocromo, unida ao anticorpo. Essa reação é visualizada ao microscópio de campo escuro e luz ultravioleta. Os antígenos, que reagiram com o anticorpo marcado, aparecem como partículas brilhantes de cor esverdeada, com diferentes formas, geralmente ovalado ou arredondado (Meslin *et al.*, 1996).

A profilaxia pré-exposição da raiva humana é recomendada apenas para os chamados grupos de risco, ou seja, profissionais que lidam com animais susceptíveis ao vírus rábico: veterinários, biólogos, funcionários de zoológico, ou profissionais que atuam no diagnóstico laboratorial da raiva e programas de controle da doença, entre outros. De acordo com a vacina utilizada, o esquema é de 3 doses nos dias 0, 7 e 14, para as vacinas tipo Fuenzalida & Palácios (F&P) modificada ou nos dias 0, 7 e 28 quando utilizam-se a PVCV (Purified Vero Cell Vaccine). O controle sorológico é realizado no 14^0 dia após a última dose do esquema e sendo o título de anticorpos considerado insatisfatório, menor que 0,5UI/ml, deve-se aplicar uma dose reforço (Brasil, 2002).

A raiva é uma zoonose cuja prevenção no homem se faz através do controle da doença nas populações animais, ou seja, deve haver uma vigilância epidemiológica ativa para a pesquisa do vírus circulante nestas populações.

No Brasil, é recomendado o envio de 0,2% de amostras da população canina estimada de um determinado município, para o diagnóstico laboratorial da raiva como forma de vigilância epidemiológica (Brasil, 2002). No Brasil, a rede de laboratório de diagnóstico para raiva é composta de 30 laboratórios, vinculados às Secretarias de Estado da Saúde ou Agricultura, ao Ministério da Agricultura, Pecuária e Abastecimento, aos Centros de Controle de Zoonoses (CCZ) Municipais ou às Universidades Públicas. Estes laboratórios estão localizados em 20 Estados da Federação.

O Programa de Controle da Raiva, preconizado pela Organização Mundial da Saúde, estabelece uma série de atividades para a implantação de um sistema eficiente de controle:

- Vacinação da população de cães e gatos (mínimo de 80% de cobertura vacinal);
- Apreensão de cães errantes;
- Disponibilidade de vacinas anti-rábicas humanas para o atendimento pós-exposição;
- Vigilância epidemiológica, através do envio sistemático de amostras para o diagnóstico laboratorial da raiva;
- Atuação em áreas de focos e
- Educação em saúde.

Normas gerais de Biossegurança

De acordo com os critérios utilizados para a avaliação de risco, o vírus rábico é classificado como sendo da classe de risco 2 (Brasil, 2006). O tratamento pré-exposição ao vírus rábico confere boa proteção aos profissionais que atuam no diagnóstico laboratorial, ou nos programas de controle e prevenção.

A transmissão via aerógena também é citada em literatura, em casos muito específicos como no trabalho de campo em cavernas com grandes concentrações de morcegos infectados com o vírus rábico ou em laboratórios de produção de vacinas cuja presença de aerossóis é elevada. Há registro de 4 casos de raiva humana com transmissão por estas vias, 2 ocorridos por transmissão em cavernas e 2 em laboratórios de produção de vacinas.

O vírus da raiva é muito sensível aos agentes físicos e químicos, sendo possível a sua inativação, em poucos minutos, pela ação de ácidos e bases fortes, luz solar, alterações de pH e temperatura e raios ultravioleta (Meslin *et al.*, 1996). A Classificação de Risco dos Agentes Biológicos (Brasil, 2006) classifica o vírus rábico (todas as cepas) como classe de risco 2 e o vírus rábico urbano como classe de risco 3. Esta classificação deve ser periodicamente revista para, de acordo com a experiência laboratorial acumulada e informações disponíveis sobre o agente, classificar um determinado agente em uma classe de risco. No Brasil, através de estudos genéticos com o vírus rábico, utilizando técnicas de biologia molecular, verifica-se a ocorrência de apenas um genotipo de *Lyssavirus*, ou seja, o vírus rábico clássico. Através da utilização da técnica de Imunofluorescência Indireta (IFI) com anticorpos monoclonais, constata-se a ocorrência, em nosso meio, de 4 variantes antigênicas deste vírus. As duas principais são: variante-2, própria do cão e a variante-3 própria do morcego hematófago *Desmodus rotundus*. As outras duas variantes são a 4 e a 6 de morcegos insetívoros (Favoretto *et al.*, 2002). Entretanto, estes estudos revelam a existência, principalmente no ciclo silvestre da raiva, de outras variantes que não são compatíveis com as já registradas até então.

Ainda não há resultados suficientes para determinar se as vacinas anti-rábicas utilizadas em nosso meio conferem ou não uma proteção satisfatória frente às novas variantes.

Cepas de vírus rábico, de origem silvestre, devem ser classificadas como classe de risco 3 até que novos estudos sejam concluídos permitindo uma nova avaliação de risco.

Laboratórios que realizam estudos antigênicos e genéticos com o vírus rábico devem, prioritariamente, realizar procedimentos em uma área de nível de Biossegurança 3, ou garantir que os ensaios sejam realizados em uma área NB2, utilizando práticas de NB3. Também, quando se manipula altas concentrações do vírus, como para a produção de vacinas ou de lotes de vírus padrão para a realização dos testes de diagnósticos, recomenda-se, que as atividades sejam desenvolvidas em uma área de nível de Biossegurança 3.

Coleta e envio de amostras

Devido ao neurotropismo apresentado pelo vírus rábico, o órgão de eleição para a pesquisa do antígeno rábico para fins de diagnóstico é o Sistema Nervoso Central. Um dos procedimentos mais importantes é a necrópsia para coleta desta amostra, que deverá ser realizada em uma área isolada, onde não haja circulação de funcionários. O técnico responsável deve vestir macacão e utilizar os equipamentos de proteção individual (EPI's) adequados, como luvas de borracha, máscaras, protetores faciais, avental do tipo impermeável e botas.

Deve-se lembrar que, no programa de vigilância epidemiológica para raiva, todo animal com sintomas neurológicos deve ser encaminhado para o diagnóstico laboratorial.

São conhecidas, também, várias encefalites causadas por outros vírus que não o rábico, cuja transmissão pode ser feita através de aerossóis. Não é recomendado, por esta razão, o uso de serras elétricas para abertura da calota craniana, levando-se em consideração a quantidade de aerossóis formados durante esse procedimento, contaminando o ambiente em que é realizado a necrópsia. O acesso e essas dependências deve ser restrito, devendo haver um sistema de entrada e de exaustão do ar, sendo que o ar retirado deve ser filtrado através de filtros absolutos tipo HEPA antes de ser eliminado e os técnicos deverão fazer uso dos EPI's já citados. Finalizando a necrópsia, todo o instrumental utilizado, lâminas de serra, pinças, tesouras ou bisturis devem sofrer uma descontaminação, submergindo estes instrumentos em recepientes com uma solução de desinfetante de amônia quartenária, e após, colocá-los em um esterilizador ou autoclave.

Após a coleta, as amostras devem ser encaminhadas ao laboratório em frascos com tampas rosqueadas, de maneira a não haver vazamento de fluidos, e devidamente identificadas. O encéfalo e parte da medula cervical proveniente de cães de pequeno e médio porte e de gatos podem ser enviados ao laboratório inteiros. Amostras oriundas de espécies maiores podem ser fragmentadas, mas devem contemplar amostras de córtex, hipocampo, cerebelo, bulbo e medula. Recomenda-se que, para toda amostra de origem silvestre seja identificada corretamente qual a espécie animal. Este procedimento é aconselhável para avaliações epidemiológicas da raiva no caso de positividade. No Brasil existem poucos dados sobre ocorrência da raiva em espécies silvestres. Em relação aos quirópteros, deve ser enviado o animal inteiro, sempre sob condições de refrigeração, para identificação da espécie.

Quando a coleta for realizada em outro local, que não o laboratório de diagnóstico, os cuidados em relação ao envio devem ser rigorosos, de maneira a assegurar um acondicionamento que suporte manipulações bruscas e proteção para as pessoas que irão manipular estas embalagens. Deve-se garantir o não vazamento de fluidos, identificação do conteúdo da embalagem e ser encaminhada sob refrigeração. Existem disponíveis no mercado, embalagens próprias para envio de amostras biológicas.

Práticas operacionais padrões

Em várias etapas dos procedimentos laboratoriais, é favorecida a formação de aerossóis, ou seja, na maceração da amostra, na centrifugação para posterior separação do sobrenadante, na inoculação e na necrópsia de animais de laboratório. Portanto, para o processamento das amostras no laboratório, tanto para a aplicação da técnica de IFD, como para o preparo de suspensões para inoculação em animais de laboratório, é recomendável que se utilize cabines de segurança biológica classe II A que oferecem proteção ao operador, ao meio ambiente e ao experimento. Podem ser utilizadas, também, as cabines de segurança classe II B que possuem ductos que permitem serem conectados ao sistema de exaustão do prédio (Oda & Ávila, 1998; CDC, 1999).

Além das amostras inoculadas em animais, para a realização do diagnóstico rotineiro, o laboratório deve manter cepas de vírus fixo, que são padrões utilizados para os testes diagnósticos, cuja produção é realizada através da inoculação de um grande número de animais de experimentação. Essas cepas virais devem ter títulos altos ($>10^{5,0}$ por 0,03ml), que são avaliados periodicamente, através de titulação em camundongos. Portanto, deve estar previsto uma área de nível de Biossegurança animal de acordo com o recomendado para o Nível de Biossegurança Animal (NB-A) 2, para a adequada observação dos animais inoculados. Podem ser utilizados, também, estantes ou gabinetes ventilados, que é um sistema onde induz o fluxo de ar para o interior das gaiolas instaladas dentro destes gabinetes. Estudos realizados, constataram que o ambiente da sala dos animais, macroambiente, mesmo possuindo um sistema de ventilação eficiente, é diferente do ambiente do interior das gaiolas ou microambiente, podendo aumentar a diferença da qualidade do ar entre o interior das gaiolas e a sala, pelo acúmulo de poluentes no primeiro. Neste sistema de estantes ventiladas, as gaiolas são ventiladas individualmente o que possibilita a redução, principalmente, de gás de amônia, substância irritante para os animais e para os profissionais que atuam na área (Teixeira *et al.*, 1999; Hirata & Mancini, 2002). Também propiciam a redução na freqüência de troca de camas das gaiolas.

Todo animal que vier a óbito durante a observação, deve ser necropsiado dentro de cabines de segurança biológica da classe II A ou B.

Descarte de resíduos

A resolução RDC n.º 306 de 7 de dezembro de 2004, da Agência Nacional de Vigilância Sanitária (ANVISA), baseada em vários estudos e documentos pertinentes à área, dispõe sobre o aspecto técnico para o gerenciamento de resíduos de serviços de saúde. Nesta resolução, os resíduos que apresentem risco potencial à saúde pública e ao meio ambiente são classificados no Grupo "A", enquadrando, neste grupo, cinco categorias de acordo com o risco oferecido:

"A1

— Culturas e estoques de microorganismos resíduos de fabricação de produtos biológicos, exceto os hemoderivados; meios de cultura e instrumentais utilizados para transferência, inoculação ou mistura de culturas; resíduos de laboratórios de engenharia genética.

— Resíduos resultantes de atividades de vacinação com microorganismos vivos ou atenuados, incluindo frascos de vacinas com expiração do prazo de validade, com conteúdo inutilizado, vazios ou com restos do produto, agulhas e seringas. Devem ser submetidos a tratamento antes da disposição final.

— Resíduos resultantes da atenção à saúde de indivíduos ou animais, com suspeita ou certeza de contaminação biológica por agentes Classe de Risco 4 (Apêndice II), microorganismos com relevância epidemiológica e risco de disseminação ou causador de doença emergente que se torne epidemiologicamente importante ou cujo mecanismo de transmissão seja desconhecido.

— Bolsas transfusionais contendo sangue ou hemocomponentes rejeitadas por contaminação ou por má conservação, ou com prazo de validade vencido, e aquelas oriundas de coleta incompleta; sobras de amostras de laboratório contendo sangue ou líquidos corpóreos, recipientes e materiais resultantes do processo de assistência à saúde, contendo sangue ou líquidos corpóreos na forma livre.

A2

— Carcaças, peças anatômicas, vísceras e outros resíduos provenientes de animais submetidos a processos de experimentação com inoculação de microorganismos, bem como suas forrações, e os cadáveres de animais suspeitos de serem portadores de microorganismos de relevância epidemiológica e com risco de disseminação, que foram submetidos ou não a estudo anátomo-patológico ou confirmação diagnóstica.

A3

— Peças anatômicas (membros) do ser humano; produto de fecundação sem sinais vitais, com peso menor que 500 gramas ou estatura menor que 25 centímetros ou idade gestacional menor que 20 semanas, que não tenham valor científico ou legal e não tenha havido requisição pelo paciente ou seus familiares.

A4

— Kits de linhas arteriais, endovenosas e dialisadores; filtros de ar e gases aspirados de área contaminada; membrana filtrante de equipamento médico-hospitalar e de pesquisa, entre outros similares; sobras de amostras de laboratório e seus recipientes contendo fezes, urina e secreções, provenientes de pacientes que não contenham e nem sejam suspeitos de conter agentes Classe de Risco 4, e nem apresentem relevância epidemiológica e risco de disseminação, ou microorganismo causador de doença emergente que se torne epidemiologicamente importante ou cujo mecanismo de transmissão seja desconhecido ou com suspeita de contaminação com príons; tecido adiposo proveniente de lipoaspiração, lipoescultura ou outro procedimento de cirurgia plástica que gere este tipo de resíduo; recipientes e materiais resultantes do processo de assistência à saúde, que não contenham sangue ou líquidos corpóreos na forma livre; peças anatômicas (órgãos e tecidos) e outros resíduos provenientes de procedimentos cirúrgicos ou de estudos anátomo-patológicos ou de confirmação diagnóstica; carcaças, peças anatômicas, vísceras e outros resíduos provenientes de animais não submetidos a processos de experimentação com inoculação de microorganismos, bem como suas forrações; cadáveres de animais provenientes de serviços de assistência; Bolsas transfusionais vazias ou com volume residual pós-transfusão.

A5

— Órgãos, tecidos, fluidos orgânicos, materiais perfurocortantes ou escarificantes e demais materiais resultantes da atenção à saúde de indivíduos ou animais, com suspeita ou certeza de contaminação com príons."

Os resíduos sólidos pertencentes ao grupo A1 e A2 não poderão ser dispostos no meio ambiente sem tratamento prévio (ANVISA, 2002).

Os resíduos produzidos pelos animais, tais como: cama, material fecal e restos de ração, devem ser acondicionados de maneira compatível com processo de tratamento a ser utilizado tais como a esterilização por vapor úmido (autoclave) pode ser realizada, utilizando, para isso, sacos plásticos próprios para este fim (resistentes à ação da autoclave). Líquidos contaminados, sangue, soro e coágulos têm que ser desprezados em recipientes resistentes ao processo de decontaminação utilizado. Após o tratamento, devem ser enviados para aterro sanitário ou para incineração de acordo com as leis ambientais de cada estado ou município. A coleta e o transporte dos resíduos deverão ser realizados em veículos apropriados em conformidade com as normas da Associação Brasileira de Normas Técnicas (ABTN, 1987, 1992a, 1992b, 1992c, 1993). As carcaças dos animais utilizados nas técnicas diagnósticas, também devem ser acondicionadas separadamente de outros resíduos e destinadas da mesma maneira citada acima.

Deve ser observado o acondicionamento correto para descarte dos objetos perfurocortantes, como agulhas, bisturis, lamínulas, lâminas e vidrarias quebradas, em caixas de paredes rígidas, resistentes à ruptura e vazamentos (ANVISA, 2004). Estes resíduos devem ser encaminhados para aterro sanitário, após a descontaminação.

Limpeza e desinfecção de laboratório

O etanol é o produto mais utilizado no Brasil como desinfetante e também para a descontaminação de bancadas, de cabines de segurança biológica, de alguns equipamentos e para a assepsia das mãos. A concentração recomendada pra seu uso é 70% podendo ser adicionado iodo na proporção de 0,5% a 1% (p/v) melhorando a atividade residual do produto. Produtos liberadores de cloro, como o hipoclorito de sódio, também são amplamente utilizados na desinfecção de ambientes, bancadas, pisos, paredes, gaiolas de camundongos e recipientes de descarte de materiais. Estes compostos são ativos contra bactérias nas formas vegetativas, Gram-positivas e Gram-negativas, micobactérias, esporos bacterianos, fungos, vírus lipofílicos e hidrofílicos (Hirata & Mancini, 2002).

Vigilância médica

Todos os profissionais que atuam nas diversas atividades que compõem os programas de profilaxia da raiva, tais como, laçadores, vacinadores, necropsistas, laboratoristas, entre outros, devem ser submetidos ao esquema de tratamento anti-rábico de pré-exposição, e iniciarem suas atividades funcionais somente após serem submetidos à avaliação quantitativa de anticorpos anti-rábicos. É preconizado pela OMS o título igual ou maior que 0,5UI/ml, que é considerado satisfatório. Esta avaliação sorológica deve ser realizada a cada 6 meses. Deve haver, também, um programa de vigilância médica para avaliar, de acordo com a exposição e a atividade exercida, a necessidade de re-vacinação quando houver exposição através de cortes ou perfurações acidentais, mordeduras ou arranhaduras produzidas por animais de experimentação, respingos ou aerossóis (Brasil, 2002).

Trabalho de campo

O trabalho de campo é mais freqüentemente realizado para fins de coleta de amostras provenientes de animais de grande porte como bovinos, eqüinos e outros herbívoros.

As patologias que afetam o sistema nervoso central normalmente não apresentam lesões macroscópias, portanto é extremamente importante que observações clínicas sejam encaminhadas junto com a amostra.

A coleta do encéfalo nestes animais requer tempo e esforço. A cabeça do animal pode ser removida desfazendo a articulação atlantoccipital. Para a abertura da calota craniana, utiliza-se serra ou cutelo do tipo usado por açougueiros (Barros *et al*). Deve ser previsto recipientes para colocação do instrumental utilizado na necrópsia com algum tipo de desinfetante (por ex. composto de amônio quartenário) e recipientes à prova de vazamento para acondicionamento da amostra.

O técnico deve fazer uso de luvas de borracha, protetores faciais, macacões e botas.

Ao final da coleta, recomenda-se que a carcaça do animal seja enterrada em uma vala, colocando óxido de cálcio no fundo e laterais e sobre as carcaças. Após este procedimento, deve-se proceder à incineração para que todo material orgânico seja destruído, precavendo-se contra possível alastramento do fogo. Finalizando, deve-se cobrir com cal e fechar a vala (Cardoso *et al.*, 2003).

Conclusão

Os profissionais que atuam na área do diagnóstico laboratorial da raiva, junto com os profissionais de campo, devem ter, cada vez mais, consciência da importância das questões que envolvem a Biossegurança, seja em relação aos procedimentos, condutas ou instalações apropriadas no laboratório como nas condições que envolvem a coleta de amostras no campo e encaminhamento destas aos laboratórios de diagnóstico.

No Brasil, o número de casos de raiva humana vem decrescendo, passando de 60 casos em 1992 para 10 casos em 2002. Porém, o Ministério da Saúde registrou, em 2003, até abril, 10 casos de raiva humana. O compromisso da Organização Pan-Americana da Saúde e do Ministério da Saúde era o de erradicar a raiva humana causada pela variante 2, própria da espécie canina, até 2004, entretanto, sendo o morcego a segunda espécie transmissora da raiva ao homem, e considerando que o morcego hematófago *Desmodus rotundus* é o reservatório do vírus rábico em nosso meio, é de grande importância que a vigilância epidemiológica em animais silvestres seja implantada, para que se conheça a dinâmica desta doença nestas populações animais. Para que isso ocorra, e se obtenha resultados desejados, os laboratórios de diagnóstico são peças fundamentais e devem estar preparados para manipulação adequada destas outras prováveis variantes antigênicas do vírus rábico.

Referências

Acha, P. N. & Szyfres, B. *Zoonosis y enfermedades transmisibles al hombre y a los animales.* 2.ª ed. Washington, D.C.: Organización Panamericana de la Salud, 1986.

Associação Brasileira de Normas Técnicas. (Brasil). NBR 10004: *Resíduos Sólidos.* Rio de Janeiro, 1987, 3 p.

———. NBR 12808: *Resíduos de serviços de saúde.* Rio de Janeiro, 1992, 2 p.

———. NBR 12810: *Coleta de resíduos de serviços de saúde.* Rio de Janeiro, 1992, 3 p.

———. NBR 12809: *Manuseio de resíduos de serviços de saúde.* Rio de Janeiro, 1992, 4 p.

———. NBR 12807: *Resíduos de Serviços de Saúde — terminologia.* Rio de Janeiro, 1993, 2 p.

Baer, G. M. *The Natural History of Rabies.* New York: Academic Press, 1975.

Barros, C. S. L.; Lemos, R. A. A. & Cavalléro, J. C. M. *Manual de procedimentos para diagnóstico histológico diferencial da encefalopatia espongiforme dos bovinos (BSE).* UFMS/UFSC (s/a).

Brasil. Ministério da Ciência e Tecnologia. Comissão Técnica Nacional de Biossegurança. Cadernos de Biossegurança. *Lex — Coletânea de Legislação.* Brasília, março, 2001, 230 p.

———. Ministério da Saúde. Comissão de Biossegurança em Saúde. *Diretrizes Gerais para o Trabalho em Contenção com Material Biológico.* Brasília: Ed. MS, 2006, 50 p.

———. Ministério da Saúde. Comissão de Biossegurança em Saúde. *Classificação de Risco dos Agentes Biológicos.* Brasília: Ed. MS, 2006, 34 p.

———. Agência Nacional de Vigilância Sanitária. Resolução RDC n.º 306 de 7 de dezembro de 2004. Regulamento técnico para o gerenciamento de resíduos de serviços de saúde. *Diário Oficial* [da República Federativa do Brasil], Brasília, dez. 2004.

———. Fundação Nacional de Saúde. *Guia de Vigilância Epidemiológica.* 5.ª ed. Brasília: FUNASA, 2002, vol. II.

Centers for Disease Control and Prevention and National Institute of Health (CDC- NIH). *Biosafety in Microbiological and Biomedical Laboratories.* Washington: CDC, 1999, 276 p.

Cardoso, T. A. O.; Rocha, S. S.; Navarro, M. B. M. A.; Lima e Silva, F. H.; Soares, B. E. C. & Schatzmayr, H. Biosafety, field work and the emergence of diseases in Brazil. In: Richmond, J. Y. (ed.). *Anthology of Biosafety VII.* Biosafety 3. American Biological Safety Association, 2004, pp. 109-123.

Favoretto, S. R.; Carrieri, M. L.; Cunha, E. M. S.; Aguiar, E. A. C.; Silva, L. H.; Sodré, M. M.; Souza, M. C. A. M. & Kotait, I. Antigenic typing of Brazilian rabies virus samples isolated from animals and humans, 1989-2000. *Revista do Instituto de Medicina Tropical de São Paulo*, mar-abr., 44(2), 2002.

Hirata, M. H. & Mancini Filho, J. *Manual de Biossegurança*. São Paulo: Manole, 2002.

Jackson, A. C. & Wunner, W. H. *Rabies*. Academic Press, 2002.

Meslin, F. X.; Kaplan, M. M. & Koprowski, H. *Laboratory Techniques in rabies*. 4th ed. Geneva: World Health Organization, 1996.

Oda, L. M. & Ávila, S. M. (org.). *Biossegurança em Laboratórios de Saúde Pública*, 2.ª ed. Brasília: Fundação Oswaldo Cruz, Ministério da Saúde, 1998.

Teixeira, L. A. *Ciência e Saúde na terra dos bandeirantes: a trajetória do Instituto Pasteur de São Paulo no período de 1903-1916*. Rio de Janeiro: FIOCRUZ, 1995.

Teixeira, M. A.; Sinhorini, I. L.; Souza, N. L. & Merusse, J. L. B. Microenvironmental ventilation system for laboratory animal facilities with air distribution by means of plennun chambers. *Animal Technology*, 50(3), 1999.

van Regenmortel, M. H. V.; Fauquet, C. M.; Bishop, D. H. L.; Carstens, E. B.; Estes, M. K.; Lemon, S. M.; Maniloff, J.; Mayo, M. A.; McGeoch, D. J.; Pringle, C. R. & Wickner, R. B. Virus *Taxonomy. Classification and Nomenclature of Viruses*. Seventh Report of the International Committee on Taxonomy of Viruses. San Diego, California: Academic Press, 2000.

OS RESERVATÓRIOS DA LEISHMANIOSE TEGUMENTAR[1]

Alfredo José Altamirano
Mauro Célio de A. Marzochi
Telma Abdalla de O. Cardoso

Introdução

A história da experimentação animal reflete que alguns animais foram tidos como preferenciais para as atividades exigidas pela pesquisa básica realizada no espaço laboratorial. Alguns cientistas notáveis já indicavam no século XIX, em especial os que desenvolviam pesquisas laboratoriais, que as cobaias, os coelhos, os macacos e os ratos se mostravam mais adequados para grande parte das pesquisas processadas no campo da Parasitologia (Laveran, 1917; Lainson & Shaw, 1998). Considerando a relevância fundamental do uso dos animais para a conclusão de algumas importantes descobertas realizadas no domínio de conhecimento das ciências biomédicas, destacamos a relação entre as leishmanias e alguns animais hospedeiros ou reservatórios naturais desses parasitos, como informações relevantes associadas à Biossegurança.

Os parasitos da família *Trypanossomatidæ* existem sobre a face da Terra desde pelo menos o período cretáceo, há aproximadamente 120 milhões de anos (Thomaz-Soccol *et alii*, 1993; Momen *et al.*, 2000; Kerr, 2000). Eles afetam a espécie humana desde a sua origem, pois antecedem a esta, ocorrendo também em outras formas de vida, visto que estes viveram e continuam vivendo em diversos ecossistemas tropicais e subtropicais infectando vários animais e plantas, convertidos em reservatórios, alguns deles extintos pelas doenças infecciosas produzidas, pelas mudanças climáticas, pelas modificações geográficas e pelo desequilíbrio da cadeia trófica. O estudo desses parasitos alcançou maior ênfase no final do século XIX, durante a chamada era bacteriológica, projetando importantes investigações no campo da Parasitologia. Tais estudos foram liderados por destacados pesquisadores como Louis Pasteur, Robert Koch, Alphonse Laveran, Rudolf

[1] Trabalho escrito em comemoração aos cem anos da descoberta da *Leishmania* por William B. Leishman em 30 de maio de 1903.

Virchow, Patrick Manson e Ronald Ross, entre outros, que elucidaram os agentes etiológicos da malária, febre amarela, doença do sono, tuberculose, sífilis, entre outras.

A partir da primeira década do século XX, na América Latina, iniciou-se a elucidação dos agentes etiológicos da esporotricose em 1898, da leishmaniose tegumentar americana em 1908, da tripanossomíase americana em 1909, da bartonellose em 1911, da paracoccidioidomicose, da pinta, da bouba e de diversas outras parasitoses e viroses. Neste período, pouco se conhecia sobre os mecanismos de transmissão, a importância dos vetores e menos ainda dos reservatórios animais. Vamos destacar neste capítulo, a trajetória das investigações centradas nas Leishmanioses especialmente as pesquisas sobre os reservatórios naturais e domésticos do parasito.

O primeiro relato da descoberta do parasito da *Leishmania* ocorreu em 1885 pelo médico militar inglês D. Cunningham (1885), na Índia, descrevendo formas arredondadas intracelulares, denominadas posteriormente de amastigotas, em biópsias realizadas em soldados ingleses mortos por Calazar. Em 1891, R. H. Firth fez observações semelhantes e propôs o nome de *Sporozoa furunculosa* para as grandes células que continham essas formas. O nome foi dado a células que se supunha serem amebas e que, hoje sabemos, são células macrofágicas do tecido. A denominação proposta por Firth não foi aceita para o protozoário. Em 1898, o russo P. F. Borovsky demonstrou que o agente etiológico do botão do Oriente era um protozoário, publicando a primeira descrição clara do parasito, numa revista militar russa, com o nome genérico de *Protozoa*. No entanto, essa referência não foi divulgada no Ocidente até depois da Primeira Guerra Mundial. A partir de 1900, o médico militar inglês, William B. Leishman, pesquisando em Netley, Inglaterra, começou a estudar as formas amastigotas e — em maio de 1903 — descobriu a semelhança desse protozoário com as formas arredondadas intracelulares do *Trypanosoma* e demonstrando que esses parasitos eram os agentes etiológicos do Calazar ou febre de Dum-Dum (Leishman, 1903; Laveran & Mesnil, 1903).

A partir do avanço concretizado nas pesquisas de Leishman, os estudos puderam caracterizar por leishmanioses o conjunto de enfermidades causadas por várias espécies de protozoários digenéticos-metaxênicos da ordem *Kinetoplastida*, família *Trypanossomatidæ*, do gênero *Leishmania* que afetam a pele e as mucosas (espécies dermotrópicas) e as vísceras do homem (espécies viscerotrópicas), incluídos nos subgêneros *Viannia* e *Leishmania* (Lainson & Shaw, 1987). Comportam-se como zoonoses entre diferentes espécies de animais silvestres e domésticos das regiões quentes e menos desenvolvidas do Novo e do Velho Mundo (Marzochi *et alii*, 1999). Na América, tanto a Leishmaniose Tegumentar Americana (LTA) como a Leishmaniose Visceral (LV) são transmitidas entre os animais e o homem pela picada de diversas espécies de flebótomos (*Díptera*, *Psychodidæ*, *Phlebotominæ*) fêmeas dos gêneros *Lutzomyia* e *Psychodopygus*. As infecções se caracterizam pelo parasitismo das células do sistema fagocitário mononuclear da derme, mucosas e vísceras do hospedeiro vertebrado. Na América, só as espécies de *Leishmania* dermotrópicas são consideradas autóctones, uma vez que a espécie *L. chagasi*, viscerotrópica é considerada similar a *L. infantum* do Velho Mundo e, portanto, introduzida durante o processo de colonização.

As leishmanioses tegumentares, também denominadas leishmanioses dermotrópicas, afetam principalmente os locais de picada dos flebotomíneos, sendo o comprometimento da pele, da face e das mucosas superiores os de maior gravidade. São reconhecidas clinicamente 3 formas predominantes: a Leishmaniose Cutânea (LC), a Leishmaniose Cutânea Difusa (LCD) e a Leishmaniose Mucosa (LM). As leishmanioses tegumentares apresentam diversas denominações antropológicas e regionais, conforme a região onde eram ou são endêmicas. Assim, no Novo Mundo temos: Baysore, Botão da Bahia, Esponja, Espúndia, Feridas Bravas, Gallico, Léshe, Marranas, Pian-bois, Úlcera de Bauru, Úlcera das Florestas, Úlcera de los Chicleros, Uta, Quepo, Tiacc-araña, etc.; e no Velho Mundo registramos: Botão de Aleppo, Botão do Oriente, Botão de Bagdá, Botão de Biskra, Botão de Delhi, Cancro do Saara, Herpes do Nilo, Úlcera de Sart, Úlcera de Jeddah e outros.

As leishmanioses já eram conhecidas na América antes do início do século XX como um grupo de doenças dermatológicas muito semelhantes entre si e com apresentação clínica associada a lesões cutâneas, geralmente ulcerosas e por vezes comprometendo também a mucosa oronasal. Elas acometem o homem de forma acidental, o qual também pode ser considerada fonte de infecção e agente disseminador da doença (antroponose)[2] (Marzochi *et al.*, 1994; Desjeux, 2001). A Tabela 1, a seguir, apresenta a classificação das espécies dermotrópicas do gênero *Leishmania*, subgênero *Viannia* (V.) e subgênero *Leishmania* (L.) na América.

Cabe salientar que a quase totalidade dos animais silvestres encontrados infectados por *Leishmania* considerados dermotrópicas ou viscerotrópicas, não apresenta lesões aparentes sendo os parasitos geralmente isolados do sangue de tecidos superficiais ou internos, conferindo a esses animais o *status* de possíveis

---

[2] Antroponose = s.f. *Biol.* Mecanismo de disseminação das LTA e LV através do homem entre uma região a outra, admitido por M. Marzochi e K. Marzochi em 1994. Antropozoonose = s.f. *Biol.* Infecção do homem naturalmente adquirida de outros vertebrados, sendo o homem o hospedeiro acidental e outros vertebrados os hospedeiros definitivos. Antropofílico = s.m. *Entomol.* Diz-se dos insetos vetores, principalmente das fêmeas, que procuram o sangue humano como alimento no período da deposição de ovos.

reservatórios naturais de *Leishmania*. Os animais domésticos, cães, eqüinos e muares já apresentam manifestações clínicas como lesões ulceradas ou nodulares cutâneas causadas pela *L. (V.) braziliensis* ou comprometimentos viscerais em canídeos, marsupiais e roedores causados pela *L. (L.) chagasi*.

Tabela 1. Relação das espécies dermotrópicas para o homem do gênero *Leishmania* subgêneros *Viannia* (V.) e *Leishmania* (L.).

Subgênero Viannia (V.) (Lainson & Shaw, 1972)	*Reservatórios e aspectos clínicos no homem*	*Distribuição geográfica*
Leishmania (V.) braziliensis (Vianna, 1911; Matta, 1916)	Cão (*Canis familiaris*), eqüino e raramente gato. Roedores silvestres *Bolomys lasiurus, Nectomys squamipes, Akodon, Prœchimys, Rattus rattus, Oryzomys, Rhipidomys; e o marsupial Didelphis*. Lesões cutâneas e mucosas no homem.	Da América Central ao norte de Argentina.
L. (V.) peruviana (Vélez, 1913)	Cães, roedores e marsupiais (*Dassipodidæ*). Predominantemente lesões cutâneas no homem.	Peru, nos vales elevados interandinos e a serra da costa central, norte e sul dos Andes.
L. (V.) guyanensis (Floch, 1954)	Preguiças (*Xenartha: Cholœpus didactylus, Tamadua tetradactylica*), ocasionalmente roedores *Proechimys* e *Opposum;* e o marsupial *Didelphis marsupiais*. Predominantemente lesões cutâneas no homem.	Norte da bacia amazônica, Guiana e noroeste da América do Sul.
L. (V.) panamensis (Lainson & Shaw, 1972)	Preguiça de dois dedos (*Cholœpus hoffmani*), ocasionalmente preguiça de três dedos (*Bradypus infuscatus, B. griseus*), *Bassaricyon gabbi, Nassua nassua, Potos flavus* (*Carnivora*: *Procyonidade*), *Aotus trivargatus, Saguinus geoffroyi* (Primatas: *Cebidæ* e *Callitrichidæ*), e *Heteromys* (Rodentia) e cães de caça. Raramente afetam o homem produzindo lesões cutâneas.	América Central e costa pacífica da América do Sul.
L. (V.) lainsoni (Silveira et al., 1987)	Paca (*Agouti paca*; *Rodentia: Dasyproctidæ*). Lesões cutâneas simples e não tendo sido registrados casos com envolvimento de mucosas no homem.	Região amazônica do Brasil.
L. (V.) naiffi (Lainson et al., 1990)	Tatu de nove faixas (*Dasypus novemcinctus*); Lesões cutâneas simples e ulceradas que muitas vezes cura-se espontaneamente no homem.	Região amazônica do Brasil (Pará e Amazonas), Guiana Francesa, Martinica e Guadalupe.

CONTINUA

CONTINUAÇÃO

Subgênero Viannia (V.) (Lainson & Shaw 1972)	*Reservatórios e aspectos clínicos no homem*	*Distribuição geográfica*
L. (V.) shawi (Shaw et al., 1991)	Macacos: *Cebus apella* e *Chiropotes satanas*, preguiças *Cholœpus didactylus* e *Bradypus tridactylus*, e cotia *Nassua nassua*. Lesões cutâneas simples e nodulares, mas raramente infectam o homem.	Região amazônica do norte do Brasil (sul do rio Amazonas).
L. (V.) colombiensis (Kreutzer et al., 1991)	Preguiça (*Cholœpus hoffmanni*).*	Colômbia, Panamá, Venezuela e limites florestais do Brasil e Peru.
L. (V.) equatoriensis (Grimaldi et al., 1992)	Preguiça (*Cholœpus hoffmanni*) e esquilo (*Sciurus granatensis; Rodentia: Sciuridæ*).*	Equador (Costa do Pacífico).
Leishmania (L.) enrietti (Muniz & Medina, 1948)	*Cobaia (Cavia porcellus).* Faltam pesquisas sobre os reservatórios silvestres. *	Brasil (Paraná e São Paulo).
L. (L.) mexicana (Biagi, 1953; Garnham, 1962)	Roedores da floresta: *Ototylomys phyllotis, Nyctomys sumichrasti, Heteromys desmarestianus* (Heteromyidae) e *Sigmodon hispidum.* Lesões cutâneas e eventualmente cutâneo-difusas.	México, U.S.A. (Texas), Equador e América Central.
L. (L.) pifanoi (Medina & Romero, 1959)	*Heteromys anomalous* (?). Lesões cutâneas e eventualmente cutâneo-difusas.	Venezuela (Yaracuy, Lara e Miranda)
L. (L.) hertigi (Herrer, 1971)	Porco-espinho (*Cœndou rothschildi*).*	Panamá e Costa Rica.
Subgênero Leishmania (L.) (Saf'yanova 1982)		
L. (L.) amazonensis (Lainson & Shaw, 1972)	Roedores de floresta: *Prœchymis guyanensis; Oryzomys,* Neacomys, Nectomys e *Dasyprocta*; marsupiais dos gêneros *Marmosa, Metachirus, Didelphis* e *Philander;* e a raposa *Cerdocyon.* Produz principalmente lesões cutâneas difusas (LCD).	América Central, Bolívia, Colômbia, Guiana Francesa, Paraguai, Peru e regiões do norte, nordeste sudeste do Brasil.
L. (L.) deanei (Lainson & Shaw, 1978)	Porco espinho (*Cœndou prehensilis* e *Cœndou sp.*).*	Brasil (região amazônica).
L. (L.) aristidesi (Lainson & Shaw, 1979)	Roedores (*Oryzomys capito, Prœchymys semispinosus, Dasyprocta punctata* e o marsupial *Marmosa robinsoni*).*	Leste do Panamá (Floresta de Sacardi e San Blas).
L. (L.) garnhami (Scorza et al., 1979)	Marsupial *Didelphis marsupialis.**	Venezuela (região andina).
L. (L.) venezuelensis (Bonfante-Garrido, 1980)	Eqüinos e gatos domésticos. Faltam estudar os reservatórios silvestres. Lesões cutâneas no homem.	Venezuela (Estados de Lara e Yaracuy).
L. (L.) forattinii (Yoshida et al., 1993)	*Didelphis marsupialis, D. aurita* e *Prœchymys iheringi denigratus.* *	Brasil (Estados: Bahia e São Paulo).

CONTINUA

CONTINUAÇÃO

Híbridos	*Reservatórios e aspectos clínicos no homem*	*Distribuição geográfica*
Leishmania (V.) braziliensis/ L. (V.) panamensis (Darce *et alii, 1991)*	Não foram encontrados reservatórios animais. Antroponose. Somente em humanos lesões de pele.	Norte da Nicarágua e limites com Honduras.
Leishmania (V.) braziliensis/ L. (V.) guyanensis (Bonfante Garrido et alii, 1992)	Falta pesquisar o reservatório silvestre. Antroponose. Somente em humanos lesões de pele.	Venezuela (estado de Lara). Limite entre a floresta amazônica e os Andes.
Leishmania (V.) braziliensis/ L. (V.) peruviana (Dujardin *et alii, 1995)*	Falta pesquisar o reservatório silvestre. Antroponose. Somente em humanos lesões de pele.	Peru (departamento de Huanuco). Limite entre a floresta amazônica e os Andes.

*Ainda não têm sido encontrados casos em humanos.
Fonte: adaptado de Lainson & Shaw (1998), Altamirano (2000), Brandão Filho (2001) e Marzochi (2001).

No entanto, as formas viscerotrópicas no homem, causadas pela *Leishmania (L.) chagasi*, afetam órgãos internos como baço, fígado, linfonodos e medula óssea, denominado de Kala-azar, febre dum-dum ou barriga-de-água. No Novo Mundo, o agente causal, a *Leishmania (L.) chagasi* é indistinguível da *L. (L.) infantum* do Velho Mundo e tem como reservatório doméstico o cão, sendo admitidos como reservatórios silvestres as raposas *Licalopex* e *Cerdocyon* além de marsupiais *Didelphis*.

As doenças, causadas pelas leishmanias, estão amplamente difundidas no mundo, ocorrendo em países situados nas faixas tropicais e subtropicais, registram grande incidência afetando milhões de pessoas. A estimativa da Organização Mundial da Saúde (OMS) é que cerca de 12 milhões de pessoas sejam contaminadas no mundo por ano. No Brasil, ocorrem cerca de 36.000 novos casos por ano, repercutindo nos aspectos físicos, psicossociais e econômicos (Marzochi, 2001; CENEPI, 2000).

Vários fatores incidem sobre a transmissão natural, contudo valorizamos a questão circunscrita ao comportamento peridoméstico e sinantrópico de diversas espécies de flebotomíneos e de mamíferos, principalmente canídeos, marsupiais e roedores. Estes têm gerado condições favoráveis à disseminação e endemismo das leishmanias que co-evoluíram com os flebótomos. Sendo o mecanismo de transmissão original a forma silvestre ou zoonótica no ambiente florestal, o homem, ao alterar esse meio natural, modificando-o para as atividades de cultivo e criação de animais (ambiente rural), e depois construindo vilas e cidades (ambiente urbano), criou as condições para a transmissão zoonótica doméstica e mesmo antroponótica dessa protozoose.

O hospedeiro definitivo, hospedeiro final ou hospedeiro primário é o animal em que o parasita desenvolve a fase adulta ou apresenta uma fase sexuada (como nos plasmódios). Sublinhamos que nas leishmanioses essa concentração fica pouco clara e os hospedeiros podem ser divididos em domésticos e silvestres para fins de investigações preliminares, visando especialmente à agilidade de medidas de controle dessas doenças. Por definição, os reservatórios naturais são os animais vertebrados que servem como hospedeiros de parasitas e que podem viver sem apresentar sintomas ou lesões. O homem tem sido tradicionalmente considerado um hospedeiro acidental. A complexidade da evolução dos parasitas, dos vetores e dos reservatórios ultrapassa os domínios dos campos da Biologia e da Paleontologia.

Transmissão

Estudos sobre transmissão do parasita são importantes para a Biossegurança, em especial porque eles podem orientar procedimentos pontuais para o trabalho de campo. Na prática, admite-se que várias espécies de animais silvestres são consideradas reservatórios primários e secundários e no ambiente doméstico, dependendo da espécie de *Leishmania*, infectam cães, cavalos e as mulas. No Brasil, a partir da década de 1990, os estudos de LTA têm permitido concluir três padrões epidemiológicos (Marzochi, 1992; Felinto de Brito *et al.*, 1993; Valim, 1993; Sabroza *et alii*, 1995), descritos em função do ambiente dos transmissores, dos domicílios, dos reservatórios e do processo socioeconômico particular integrado ao desenvolvimento produtivo do país (Tabela 2 a seguir).

Salientamos que um dos critérios utilizados para definir se o animal é um possível reservatório silvestre é ter sido isolado parasitas do mesmo animal e que estes circulem através dos vetores no ambiente onde o homem contrai a doença (Brandão Filho, 2001).

O padrão I ou Padrão Silvestre consiste na infecção adquirida na floresta primária e atribuída às espécies de *Leishmania (V.) braziliensis*, *L. (V.) guyanensis*, *L. (L.) amazonensis*, *L. (V.) lainsoni*, *L. (V.) shawi* e *L. (V.) naiffi*. Na região amazônica a LTA pode ser, ainda, considerada doença ocupacional, afetando dois grupos de trabalhadores: um grupo, e em maior escala, de homens relacionados a atividades praticadas no interior das florestas, como: a construção de estradas, rodovias, hidrelétricas, desmatamento, exploração da borracha e garimpo. E o segundo grupo, em menor escala: de topógrafos, caçadores, botânicos, zoólogos, militares e, ocasionalmente, turistas.

O padrão II ou Padrão Rural é o que especifica a infecção associada aos processos de devastação de florestas para o estabelecimento de lavouras, onde se

Tabela 2. A transmissão das leishmanias nos diferentes ambientes eco-epidemiológicos no Brasil.

Padrões (ambiente)	Situação (Regiões)	Agentes	Vetores	Reserva-tórios	Epidemiologia
I – Silvestre	Florestal (amazônica)	*L. guyanensis* *L. amazonensis* *L. braziliensis* *L. shawi* *L. naiffi* *L. lainsoni*	*Lu. umbratilis* *e Lu. anduzei* *Lu. flaviscutelata* *Lu. wellcomei,* *e Lu. complexa* *Lu. withmani*	Animais silvestres	Casos eventuais em colonizadores Adultos masculinos mais atingidos (zoonose)
	Periflorestal (amazônica)	*L. guyanensis* *L. amazonensis* *L. chagasi*	*Lu. squamiventris* *Lu. paraensis e* *Lu. ayrozai* *Lu. ubiquitalis* *Lu. umbratilis* *Lu. flaviscutelata* *Lu. longipalpis*	Silvestres/ comensais	Surtos em assentamentos humanos, atingindo todas as idades e ambos os sexos (zoonose).
II – Rural	Periflorestal (Nordeste, Sudeste e Centro-Oeste)	*L. braziliensis* *L. amazonensis*	*Lu. whitmani* *Lu. Migonei* e *Lu. umbratilis (?)* *Lu. flaviscutelata*	Silvestres/ homem	Surtos em colonizadores (zoonose/antroponose)
	Peridomiciliar (Nordeste e Sudeste)	*L. braziliensis* *L. chagasi*	*Lu. whitmani* *Lu. migonei* e *Lu. intermedia* *Lu. longipalpis*	Silvestres/ comensais	Ocorrência esporádica em adultos masculinos (zoonose) Ocorrência esporádica em todas as idades/ adultos masculinos (zoonose/ antroponose)
III – Periurbano	Peridomiciliar (Nordeste, Sudeste e Centro-Oeste)	*L. braziliensis* *L. chagasi*	*Lu. Whitmani,* *Lu. Intermedia* e *Lu. migonei* *Lu. longipalpis*	comensais/ domésticos/ homem	Surtos em todas as idades, atinge ambos os sexos na LTA e masculino na LV. (zoonose/antroponose)
IV – Urbano	Domiciliar (Nordeste e Sudeste)	*L. braziliensis* *L. chagasi*	*Lu. intermedia* *Lu. longipalpis*	domésticos/ homem	Ocorrência em todas as idades (zoonose/antroponose)

Fonte: adaptado de Valim (1993) e Marzochi (2001).

observam as existências das mesmas espécies ocorridas nas florestas secundárias, ou seja, regiões que sofreram alguma degradação, descaracterizando seu teor primário original. Exemplos desses processos ocorreram de forma evidente no nordeste e no sudeste brasileiro. No nordeste, o estado de Pernambuco, ao implantar a monocultura da cana-de-açúcar e no sudeste, os estados do Rio de Janeiro e São Paulo, durante o auge do período da cafeicultura. Ocorrências secundárias semelhantes foram registradas nos cultivos da mandioca, do milho, do feijão, da banana, etc., assim como nas devastações ambientais oriundas da construção de estradas de ferro, rodovias e canais para a irrigação com fins agrícolas. O vetor principal é *Lu. whitmani,* com transmissão no peridomicílio (área ao redor e nas partes externas das casas) e extradomicílio (galinheiros, currais e nos pomares de frutas). O encontro de roedores silvestres naturalmente infectados sugere a ocorrência de focos enzoóticos silvestres e ausência de um ciclo peridoméstico.

O padrão III ou Padrão Periurbano ocorre, independentemente de incursões na floresta residual, nas áreas periféricas de grandes centros urbanos como Rio de Janeiro, São Paulo, Belo Horizonte e Fortaleza, e associado aos processos de urbanização recentes e de instalação de favelas.

O padrão IV ou Urbano ocorre no ambiente domiciliar das regiões do nordeste e sudeste, sendo seus agentes etiológicos principais *L. (V.) braziliensis* e *L. (L.) chagasi*, e cujos vetores respectivos são *Lu. intermedia* e *Lu. longipalpis.* Este padrão está associado a domicialização ou urbanização da doença. Entre os fatores de risco que provocam o incremento da LTA e LV nas megacidades destacam a migração, urbanização, pobreza, carência de moradia, educação sanitária, mudanças climáticas e maior resistência dos hospedeiros e vetores, entre outros (Marzochi, 2001; Desjeux, 2001).

A persistência da agricultura residual contribui para a manutenção de condições ecológicas e biológicas necessárias para a transmissão da LTA sendo a *L. (V.) braziliensis* o agente etiológico principal e transmitido pela *Lu. intermedia.* Enfatizamos que os animais reservatórios cumprem papel importante na transmissão da doença e na formação dos três padrões epidemiológicos. Para melhor entendimento iremos dividir os animais reservatórios em domésticos e silvestres.

Reservatórios domésticos

Os principais reservatórios domésticos da leishmaniose tegumentar são o cão, o cavalo e outros eqüinos. Raramente são encontrados infectados o gato e o porco. Aliás, o homem também é considerado fonte de infecção, contudo, concentraremos nossa atenção nos animais mamíferos, próximos aos homens.

O Cão *(Canis familiaris)*

Estudos paleozoológicos indicam que a domesticação do cão ocorreu entre 12 a 14 mil anos a.C. na região da Europa centro-oriental, no final do período do Pleistoceno. Sua introdução na América deu-se com os primeiros caçadores da Sibéria e da região asiática através do estreito de Bering, adaptando-se, posteriormente, aos Andes centrais e Mesoamérica. Seus restos ósseos e representações iconográficas aparecem em todas as grandes civilizações pré-colombianas. No antigo Peru, era um animal adorado pelos camponeses tanto litorâneos quanto altoandinos que os criavam para seu consumo, para ritos de cura e para rituais funerários, cujo significado simbólico repercutia no aspecto de animal de guia no "mundo dos mortos", chamando-os de *allcco* (Weiss, 1970; Málaga, 1980). Contudo, não existem estudos paleopatológicos do cão como reservatório de LTA. Atualmente existem mais de 500 milhões cães no mundo, ou seja, um para cada sete pessoas em média.

É um mamífero, carnívoro, doméstico, que foi sujeito a múltiplos cruzamentos, utilizado para diversos empregos, caracterizado por sua destreza, habilidade, órgão olfatório evoluído e boa dentadura. Sua importância epidemiológica está na possibilidade de serem fontes de infecção direta ou indireta para diversas doenças transmissíveis. Entre estas doenças transmissíveis, inclusive algumas muito graves, temos a raiva, que é uma zoonose, tendo por reservatórios principais, na América do Sul, os cães e os morcegos. A transmissão é feita geralmente por mordedura, pois o vírus encontra-se na saliva e é injetado diretamente nos tecidos da vitima. Um carrapato do cão, *Rhipicephalus sanguineus*, que se alimenta também de outros mamíferos, inclusive o homem, transmite o tifo exantemático por *Ricketssia ricketsii*; a leptospirose; a parasitemia de helmintos, como *Diphylidium caninum*, *Echinococcus granulosus* (hidatidose), *E. multilocularis* (cisto hidático multilocular), *E. vogeli* e *E. multiceps* (cenurose); infecção por *Toxocara canis* (larva migrans visceral) e por ancilostomídeos (larva migrans cutânea); por *Capillaria hepática*, *Dirofilaria immitis* (lesões nodulares no pulmão), dentre outros. Em alguns casos as infecções ocorrem raramente, como as originárias de *Linguatula serrata* e de grande número de trematódeos de peixes cujos ciclos são mantidos normalmente em cães e gatos (Markell *et alii,* 1986).

Nos ambientes rural e periurbano, que representam os padrões II e III da epidemiologia das leishmanioses (LTA e LV), o cão conforma ambas as zoonoses que afetam o homem, tendo-o como fonte de infecção ou como mantenedor do ciclo parasitário, podendo também ser reservatório no ciclo de transmissão da tripanossomíase americana.

A manifestação clínica da leishmaniose tegumentar nos cães se dá através de ulcerações cutâneas e de feridas nos focinhos, nas raízes das orelhas e raramente comprometem os olhos.

Pedroso, em 1913, relatou casos de cães portadores de ulcerações no focinho, clinicamente semelhante à leishmaniose do homem. Em trabalho posterior, Brumpt & Pedroso (1913), após uma excursão pela zona noroeste do estado do São Paulo, relataram que somente o cão parece apresentar a doença natural. Em estudo póstumo, Pedroso (1923a, 1923b) assinalou ter verificado quatro casos de leishmaniose espontânea em cães, diagnosticados microscopicamente, três dos quais faleceram em decorrência da moléstia.

Migone (1913) examinou lesões cutâneas em cães de caça dos operários que trabalhavam na exploração de erva-mate, nas regiões endêmicas da leishmaniose no Paraguai, sem ter tido a oportunidade de observar leishmanias nas lesões.

Mazza (1926a, 1926b), em San Martín de Tabacal (Salta), na Argentina, encontrou vários cães com ulcerações, localizadas nas raízes das orelhas, e em um deles, observou evidências de leishmanias, não encontrando, entretanto, parasitas na mucosa nasal, nem nos órgãos internos. Posteriormente, esse mesmo autor (Mazza, 1926) refere-se ao encontro de outro cão com grandes úlceras nos flancos, em cujas bordas pôde comprovar a presença de leishmanias, por esfregaços. No ano seguinte, Mazza (1927) relatou o encontro de leishmanias em um cão, mais notadamente em uma úlcera situada no canto interno do olho esquerdo de um cavalo, em Tabacal. Devido a esse fato, examinou numerosos cavalos e mulas da região, sem obter êxito nas suas pesquisas.

Gordon & Young (1922) realizaram pesquisas de parasitas em um cão com úlcera nasal, em Manaus, mas com resultado negativo. Aliás, era o único animal com ulceração encontrada em cerca de 50 cães examinados pelos autores citados.

Strong *et alii* (1926), posteriormente, examinaram grande número de cães em Manaus, sem encontrar animais parasitados pela *Leishmania*, tanto cutânea como visceral.

Mello (1940), ao estudar a zona de Aurá, distante cerca de 40 quilômetros de Belém, Pará, encontrou um gato nascido e vivendo em um domicílio situado no interior das matas, portador de ulcerações na orelha direita e no nariz. No material colhido em esfregaço e corado, foram encontradas leishmanias. Obteve cultura no meio de Nöller, que demonstraram ser os flagelos do gênero *Leishmania*, pois até 30 dias após a semeadura não foram encontradas nas culturas senão leptômonas. Nos cortes histológicos, feitos em material colhido por biopsia, também detectaram abundante leishmanias e intensa infiltração mononuclear. A punção do fígado foi negativa para leishmanias, parecendo tratar-se de um caso de infecção natural do gato pela *L. braziliensis*. É interessante assinalar que o autor procedeu a exames em grande número de habitantes da região, não encontrando casos de LTA, apesar do grande número de flebótomos encontrados.

Essa verificação parece sugerir a existência de um animal silvestre reservatório de parasitos, fato que quase todos, senão todos, que têm estudado a epidemiologia da LTA assinalam uma vez que a moléstia é geralmente contraída nas florestas. A LTA é particularmente freqüente entre os indivíduos que trabalham na colheita da borracha, na exploração de madeiras ou no cultivo de erva-mate, nas florestas virgens, ou entre homens que trabalham com a derrubada de matas e com operários empregados na construção de estradas nas regiões florestais.

Entretanto, Pedro Weiss (1927, 1928), pesquisando a presença de leishmanias em animais domésticos e selvagens, nas zonas endêmicas do Peru, examinou um total de 750 animais selvagens, incluindo 480 mamíferos, dos quais 190 eram macacos de espécies diferentes e 110 roedores, compreendendo 60 ratos de Puerto Maldonado, região pertencente à Madre de Dios. Apesar, desse esforço, Weiss não conseguiu resultados positivos.

Samuel Pessoa (1941) relatou a presença de um parasita piroplásmida, em 3 cães, em úlceras de pele, na medula óssea e, em um, nos rins, que identificou como *Rangelia vitali*, agente etiológico do nambiuvu, moléstia comum dos cães de São Paulo.

Aristides Herrer (1948) realizou amplo estudo em cães de Callahuanca, Chosica e Santa Eulalia, na serra de Lima, uma área de foco de uta nos Andes peruanos, encontrando uma porcentagem elevada de soropositivos para *Leishmania peruviana*. Nessa região a vegetação não se verificava densa, mas existiam muitos resquícios de bosques entre 1.500 e 2.500 metros de altitude onde abunda a uta. Contudo não demonstrou efetivamente se este era um reservatório, ou se meramente uma vítima como o homem.

Pessoa & Barretto (1948), ao realizarem pesquisas sobre reservatórios nas zonas endêmicas de São Paulo, observaram que o cão não demonstrou importância significativa no processo de transmissão, estendendo essa observação para outros animais silvestres investigados. No entanto, registraram a grande proximidade entre o homem e o cão, como traço cultural da vida sertaneja, acentuando que o afeto do caboclo pelos cães era tão grande que consentia mais facilmente o exame solicitado, para observar as escarificações e as úlceras, nos filhos, do que consentir tais exames em seus cães de estimação. Estes pesquisadores encontraram cães ulcerosos e registraram que em 8 animais ulcerosos por eles examinados, mas não conseguiram demonstrar a presença de leishmanias, tanto nas úlceras, como nos órgãos internos.

Considerando as observações registradas por pesquisadores notáveis podemos concluir que são raros os casos de infecção natural de animais, principalmente do cão, pela *L. (V.) braziliensis* nas regiões florestais onde ela é endêmica (Pessoa & Barretto, 1948). Mas nos ambientes rural e urbano o cão parece ser um importante reservatório doméstico da LTA.

Tem sido encontrado, principalmente na região sudeste, cães naturalmente infectados por *L. (V.) braziliensis* com grande freqüência e eventualmente encontrados infectados por *L. (L.) amazonensis* (Madeira *et alii*, 1997). Experimentalmente, cães são infectados com facilidade por *L. (V.) braziliensis*, com dificuldade por *L. (L.) chagasi* e *L. (L.) amazonensis* e completamente refratários à infecção por *L. (V.) guyanensis*.

O Cavalo *(Equus cabalus)*

Animal herbívoro ungulado, da família *Equidæ*, classe *Mammalia* e infraclasse *Eutheria*. Os eqüinos compreendem os cavalos, os burros e as mulas, sendo as zebras as espécies primitivas. Nas Américas foram encontrados cavalos fósseis como *Equus ameripus andium*, *Onohipparion* e *Parahipparion*, animais que foram extintos durante a chegada do homem (Couto, 1979). Sua domesticação ocorreu provavelmente na região da Anatólia (Turquia) a uns 8-6 milênios a.C., e foram introduzidos posteriormente durante a colônia européia no século XVI.

No município de Ilhéus, Bahia, o eqüino constitui a principal fonte alimentar dos flebotomíneos, seguido do suíno e do cão, apresentando metastatização de lesão inicial para outras áreas cutâneas e a mucosa nasal por LTA (Azevedo *et alii*, 1996; Rangel *et alii*, 1996).

Atualmente, o cavalo e várias outras espécies do Gênero *Equus*, são animais sinantrópicos, cuja existência parece depender grandemente da domesticação. Tanto o cavalo, como o asno (*Equus africanus*, *E. assinus*) e seu cruzamento, o burro ou mula, podem contrair infecção por *Leishmania (V.) braziliensis*, podendo constituir-se em reservatórios secundários das LTA, no peridomicílio, mesmo em áreas urbanas, como ocorre em alguns bairros do Rio de Janeiro (Marzochi, 1992). Além disso, eles podem ser reservatórios de outras doenças infecciosas ou fontes de infecção de várias viroses para o homem, como por exemplo: encefalite eqüina venezuelana, a encefalomielite eqüina do oeste, o influenza vírus A e a doença por vírus de estomatite vesicular. Por outro lado, em suas fezes encontra-se o *Clostridium tetani*, que formando esporos, permanece longamente viável no solo.

A Cobaia *(Cavia porcellus)*

Entre os animais domésticos mais importantes das sociedades andino-amazônicas destacamos a cobaia, também conhecida como curi, cuti, cuy, preá, "cobaia-de-índias", "coelhinho-das-índias", "porquinho-da-índia", etc. Esse pequeno roedor foi domesticado na região andina ainda durante a pré-história. Duas regiões são reconhecidas por serem responsáveis por sua domesticação: as cavernas de El Abra e Tequendama na Colômbia, e as frias terras do altiplano de Junín e Pasco no Peru central (Altamirano, 1986; Lavallée, 1990). Milhares de restos ósseos desse animal foram achados em cavernas andinas, indicando que foi um dos primeiros animais a ser domesticado, antes da lhama (*Lama glama*), da alpaca (*Lama pacos*) e do pato joque (*Cairina moschata*). Desde o final do século XIX até hoje é um animal muito empregado em laboratório para ensaios variados e atualmente está amplamente distribuído no mundo.

A distribuição atual dessa espécie animal compreende a América Central, o Caribe, indo até as regiões tropicais da América do Sul, incluindo as frias regiões da cordilheira andina, expandindo-se pela África, Ásia, Europa e Oceânia. A origem deste roedor é a América do Sul, evoluindo desde Gondwana, quando os continentes estavam unidos, mais exatamente durante o período secundário ou "era dos répteis" principalmente na Patagônia e no sul do Brasil. Ao separar-se a África e a América do Sul, o grupo dos caviomorfa continuou evoluindo durante milhões anos, até épocas mais quentes, quando surgiu a cobaia. Com a formação da cordilheira andina, há aproximadamente 100 milhões de anos, as cobaias se expandiram para a vertente ocidental do Pacifico.

Em termos de sua classificação, é um mamífero roedor da subordem dos histricomorfos, grupo dos caviomorfa, família dos cavídeos, de uns 25 a 30cm de comprimento e 10cm de estatura. É um animal dócil, altamente reprodutível e vivem formando grandes grupos. Existem diversas cores, variando desde o branco até o preto, passando pelo vermelho e marrom. Os múltiplos cruzamentos têm permitido a formação de sub-raças que variam pelo tamanho e pela cor de pêlo.

Vem sendo demonstrado ser reservatório dos parasitos da doença de Chagas ou tripanossomíase americana e da leishmaniose cutânea, portanto, seu estudo transcende diversos campos das ciências biomédicas e sociais. Poucos são os estudos de cobaias como reservatórios de LTA. Muniz & Medina (1948) encontraram, no Paraná, uma cobaia de laboratório infectada pela *Leishmania (L.) enrietti*. Mas até hoje se desconhece a origem dessa espécie e qual é o vetor responsável pela infecção natural ocorrida em biotério.

Altamirano (*op. cit.*) relatou que a cobaia continua sendo importante na cultura da população camponesa peruana, principalmente na medicina folclórica de índole mágica. A cobaia convive com o homem andino dentro de suas moradas, perto da cozinha, alimentando-se de alfafa, folhas do milho, grama, pastos e diversos arbustos. É um prato muito apreciado e utilizado amplamente em diversos rituais, expandindo a doença de Chagas aos centros urbanos pelo grande fenômeno de migração rural-urbano entre 1950-1980.

Camino (1992) publicou um amplo estudo sobre a medicina tradicional de Piura observando a freqüência da técnica indígena de esfregar a cobaia em doentes para sua cura, falando da *cutipa* ou *jubeo*.

No Brasil, na Fundação Oswaldo Cruz, Rio de Janeiro, a partir da década de 1980 incrementaram-se as pesquisas experimentais utilizando-se cobaias, inoculadas com *L. (V.) braziliensis* e *L. (L.) amazonensis* e em macacos, principalmente *M. rhesus*, onde foram observadas úlceras cutâneas e estudados os aspectos imunológicos. Com a construção do Centro de Criação de Animais de Laboratório/ CECAL, da Fiocruz, em 1990 o número de estudos experimentais em cobaias cresceu rapidamente.

Reservatórios silvestres

A participação de animais silvestres como reservatórios de LTA foi comprovada pela primeira vez somente em 1957, quando foi isolada *Leishmania* em roedores silvestres naturalmente infectados no Panamá (Hertig *et alii*, 1957). Em 1960, Forattini também encontrou, no Brasil, infecções naturais em roedores silvestres no estado de São Paulo (Forattini, 1960). Entretanto, em nenhuma das ocasiões foi claramente demonstrado que o parasito encontrado era idêntico ao respectivamente responsável pela LTA no homem. Essa associação direta foi pela primeira vez comprovada por Lainson & Strangways-Dixon, em 1962, trabalhando sobre a ecoepidemiologia da "úlcera dos chicleros" em Belize, América Central (Brandão-Filho, 2001).

A partir dos anos 60 e durante os últimos quarenta anos, diversos estudos passaram a ser desenvolvidos para elucidar a epidemiologia relacionada às diversas formas de LTA, cujos resultados contribuíram sobremaneira para o atual conhecimento da ecologia e epidemiologia desta parasitose, com a descoberta de novas espécies de *Leishmania*, identificação e incriminação de seus reservatórios primários e dos vetores envolvidos. Vejamos esses animais.

Gênero Akodon

Gênero de pequenos roedores da subfamília *Sigmodontinæ (Rodentia, Cricetidæ)*, que vivem na América do Sul, onde contam com numerosas espécies, reunidas em vários subgêneros (*Akodon*, *Bolomys*, *Chroeomys*, *Thalpomys*, *Abrothryx*, e *Taptomys*, os três últimos considerados como gêneros distintos por alguns autores). Têm dimensões entre 7,5 a 14 cm (cabeça-corpo) e cauda medindo entre

5-20 cm. A pelagem é cheia e macia, variando do cinza ao marrom-escuro com o ventre mais claro; possui 6 mamas; ocupam hábitats bastante diversos, desde pastagens relativamente áridas, florestas úmidas e até mesmo altas montanhas; alguns têm hábitos diurnos, outros são ativos noite e dia.

Akodon cursor (= *A. arviculoides*) é muito comum em florestas e campos cultivados do sudeste brasileiro, onde vive em galerias abertas sob o húmus. Reproduzem-se de agosto a março, parindo em geral 5 filhotes. Como outros Murídeos, se constituem em reservatórios ou fontes de infecção para doenças transmissíveis por vírus (Junin, da febre hemorrágica argentina, isolado de *A. azaræ* e *A. obscurus*), protozoários (*Trypanosoma cruzi* e *Leishmania (V.) braziliensis*, isolados de *A. cursor*) ou helmintos (*Schistosoma mansoni*, também de *A. cursor*). Esses animais são utilizados em alguns laboratórios como modelos experimentais para o estudo de doenças.

O pequeno roedor silvestre *Bolomys lasiurus*, foi incriminado como o reservatório primário principal da *L. (V.) braziliensis* na Mata Atlântica de Pernambuco e envolvido na manutenção do ciclo enzoótico nessa região. Aliás, esta incriminação de *B. lasiurus* como reservatório primário, constitui a primeira incriminação clássica e inequívoca de um hospedeiro reservatório de *L. (V.) braziliensis* registrada na literatura (Brandão-Filho, 2001).

O roedor silvestre *Nectomys squamipes* também apresenta evidências consistentes para sua incriminação como provável reservatório primário, sobretudo pelo seu significativo índice de infecção natural obtido na detecção de DNA de *Leishmania (Viannia)* spp, e também estaria envolvido na manutenção do ciclo enzootico (Brandão-Filho, *op. cit.*).

Cachorro-do-mato *(Cerdocyon thous)*

Gênero de animais silvestres da família Canidæ (Mammalia, Carnivora), cuja espécie principal é *Cerdocyon thous*, conhecido como cachorro-do-mato. Tem o pêlo pardo-acinzentado, tendendo para o negro no focinho, pescoço, dorso e cauda. Vive na mata, onde se alimenta de pequenos mamíferos, aves e outras pequenas presas. Na Argentina, foi encontrado com infecção natural por *Trypanosoma cruzi* e, no Brasil, pela *Leishmania donovani* (*L. infantum* ou *L. chagasi*), agente etiológico do Calazar. Também pode ser hospedeiro da fase adulta dos *Echinococcus*.

Lycalopex vetulus

É outro animal silvestre da família Canidæ (Mammalia, Carnivora), cuja importância médica está na possibilidade de serem reservatórios ou fontes de infecção direta ou indireta de diversas doenças transmissíveis, inclusive da tripanossomíase americana. Leônidas Deane, em 1956, encontrou-o com infecção natural por *Leishmania donovani* (= *L. infantum* = *L. chagasi*) comprovada em *C. thous* e em *Lycalopex vetulus*.

Cutia ou cotia *(Dasyprocta aguti)*

Animal roedor sul-americano *(Rodentia, Hystricomorpha)*, que pertence ao gênero *Dasyprocta*, família *Dasyproctidæ*. As espécies *Dasyprocta aguti*, *D. azaræ*, *D. prymnolopha* etc. compreendem roedores de porte médio, medindo cerca de 50 cm de comprimento. O pêlo áspero é meio-pardo, meio-amarelado, tornando-se mais avermelhado posteriormente. As pernas são finas e altas, sendo a cauda rudimentar. Vivem nas matas e florestas, abrigando-se em tocas durante o dia, para sair ao escurecer. Alimentam-se de vegetais, raízes, frutos etc. e invadem eventualmente as plantações. As cutias podem ser reservatórios naturais de *Trypanosoma cruzi* e de *Leishmania (V.) braziliensis* (Lainson & Shaw, 1998).

Brumpt (1936), no seu livro clássico de parasitologia, observou nas zonas florestais e endêmicas do estado de São Paulo, duas cotias (*Dasyprocta aguti*) com úlceras apresentando aspecto morfológico idêntico às úlceras leishmanióticas, e, em um dos casos, a ferida fora invadida por larvas de mosca. Nesse trabalho, Brumpt reproduz a fotografia de uma cotia com úlcera que pensa ser determinada pela *L. braziliensis*; não conseguindo, porém, demonstrar parasitas na lesão estudada.

Paca *(Cuniculus paca)*

Família de roedores de América do Sul (Rodentia, Hystricomorpha), à qual pertencem os gêneros *Dasyprocta* e *Cuniculus*. No primeiro encontram-se as cutias (*Dasiprocta aguti*, *D. azaræ*, *D. prymnolopha,* etc.) e no segundo a paca (*Cuniculus paca*). Eles podem ser reservatórios naturais de *Trypanosoma cruzi* e de *Leishmania* (V.) *braziliensis* (Lainson & Shaw, 1998).

Echimyidæ

Família de animais roedores da ordem Rodentia, subordem Hystricomorpha, que compreende os ratos-de-espinho da América Central e do Sul. São cerca de 45 espécies agrupadas em 14 gêneros, dentre os quais destacamos: *Præchimys*, *Euryzygomatomys*, *Clyomys*, *Trichomys* (*Cercomys*), *Mesomys*, *Isothryx*, *Diplomys*, *Echimys*, *Dactylomys* e *Kannabateomys*. Muitas espécies são importantes como reservatórios de vírus *(Bunyaviridæ, Togaviridæ)*, de bactérias (peste rural) ou de outras parasitoses como leishmanias que eventualmente são transmitidas ao homem.

O rato-de-espinho *(Heteromyidæ)* pertencente à família de roedores silvestres (Rodentia, Sciuromorpha) agrupa quase 60 espécies. No gênero *Heteromys,* com distribuição que vai do sul de México até o Equador, a espécie *Heteromys desmarestianus* ou pequeno rato-de-espinho é incriminado como um dos reservatórios primários da *Leishmania (L.) mexicana* que causa a "úlcera de los chicleros", uma forma de LTA que se distribui do México, Guatemala e Honduras até Belize.

Discussão

São poucos os relatos sobre animais naturalmente infectados pela *L. (Viannia) braziliensis.* Enfatizamos dois aspectos, que consideramos primordiais:

- Nos ambientes rural e periurbano, o cão e os eqüinos são os reservatórios domésticos principais da *Leishmania (V.) braziliensis* (Lainson *et al.*, 1992, 1998; Marzochi *et alii*, 1999). Mas, no ambiente florestal o canídeo silvestre *Cerdocyon thous* já foi encontrado infectado pela *L. (L.) amazonensis.*
- Os roedores podem constituir-se em reservatórios silvestres, principalmente no ambiente florestal alterado pelo homem.

Os reservatórios atualmente conhecidos da *L. (V.) guyanensis* são constituídos por um conjunto de mamíferos vertebrados adaptados à região neotropical, destacando-se principalmente: preguiças, marsupiais, roedores silvestres e tatus. Animais domésticos como cães e eqüinos são hospedeiros domésticos da *L. (V.) braziliensis.* Contudo, a ampla distribuição do subgênero *Vianna* é produto da evolução radiada ocorrida no período pleistocênico, entre 2 milhões a 10.000 anos antes do presente (Cupolillo, 2000). A *L. (V.) braziliensis* que possui alta adaptabilidade em ambientes florestais da Amazônia, do cerrado, da caatinga e da mata atlântica, produz a leishmaniose cutânea (LC) e a leishmaniose mucosa (LM), sendo amplamente disseminado nos países latino-americanos e cujo foco de dispersão é a Amazônia ocidental (Marzochi & Marzochi, 1994; Lainson & Shaw, 1998).

Por outro lado, não existem estudos paleopatológicos de doenças infecciosas em animais arqueológicos nem pleistocênicos. Nosso pressuposto sugere que o megatério poderia ter sido o reservatório das leishmanias na América do Sul já que algumas ossadas apresentam lesões infecciosas e/ou traumáticas (Ferigolo, 1992). Salientamos que no último período glacial, ocorrido entre 100.000 e 10.000 anos antes de nossa era, a paisagem da Amazônia estava dominada por savanas e cerrados, e dentro delas existiam zonas de refúgios florestais chamados florestas-galerias e localizados ao longo dos principais rios. Nessas zonas de refúgios predominavam aves, mastodontes, preguiças, páleo-lhamas, macacos e roedores, entre outros, provavelmente e conjuntamente com as leishmanias e seus vetores.

Leônidas Deane (1938; s.d.) e Deane & Castro-Ferreira (1938) encontraram em vísceras de várias preguiças reais (*Cholœpus didactylus,* Edentata, Bradypodidæ) o parasita da *Leishmania* e outros tripanossomatídeos. Esse dado aponta para a hipótese do megatério como reservatório silvestre de tripanossomatídeos, porém ainda faltam pesquisas que reforcem essa observação. As preguiças e grupos de animais afins, como os tamanduás e os tatus, são considerados como um exemplo de fauna típica de América do Sul. A presença desses animais nas Américas do Norte e Central, bem como nas ilhas do Caribe, deve-se a migrações a partir da América do Sul, quando se formou a cordilheira do Panamá, há 2,5 milhões de anos atrás quando era uma enorme ilha, semelhante à Austrália atual.

Entre 1980 e 85, o projeto Radam Brasil criado primeiramente para conhecer, através das imagens de radar, as potencialidades da Amazônia, concluiu que em todo o estado do Acre e parte do Amazonas existiam formas de relevo características de um clima seco e com pouca cobertura vegetal. A esculturação das formas de relevo dissecado nos interflúvios devem ter ocorrido na passagem do Pleistoceno para o Holoceno, sob condições de clima agressivo seco e sem cobertura vegetal. Aliás, Rancy (1993) baseado no estudo dos fósseis de mamíferos terrestres no estado do Acre, apontou para a hipótese da expansão das savanas durante as fases glaciais do pleistoceno e a ocorrência dos refúgios florestais ao longo dos rios Juruá (Acre), Ucayali e Napo (Peru) e Madeira (Mato Grosso e Bolívia). Os dados indicam que uma imensa savana apareceu na planície da Amazônia ocidental, entre os limites do Peru, Bolívia e Brasil, ligando os planaltos do Orenoco da Venezuela e da Colômbia aos lhanos de Moxos na Bolívia em direção ao sul com o chaco do Paraguai e as Pampas da Argentina.

Young & Duncan (1994) consideram que a grande diversidade de espécies de leishmanias é produto da diversidade de espécies de flebotomíneos vetores, e cerca de quatrocentas espécies de flebotomíneos existem somente na região Neotropical, sendo a maioria delas sem importância comprovada na transmissão de leishmanioses. Como a grande concentração de flebótomos ocorre na vertente ocidental amazônica poderia corroborar esse foco originário de *Leishmania* (*Viannia*).

Biossegurança na Parasitologia

Diante da complexidade dos processos infecciosos, nos quais estão envolvidos os reservatórios da Leishmaniose Tegumentar Americana, torna-se imperativo asociar estes estudos ao campo da Biossegurança, a fim de ampliar as orientações de procedimentos seguros no trabalho de campo, nas práticas clínicas e nas práticas experimentais realizadas no espaço laboratorial. Assim, acentuamos que as atividades desenvolvidas nos laboratórios de pesquisa e de diagnóstico em parasitologia envolvem uma gama de agentes de risco, em especial os de risco biológico, onde a literatura aponta grande número de casos de infecções acidentais por parasitas entre pesquisadores e técnicos nessas instituições.

Brener (1987) pondera que apesar das infecções adquiridas em laboratório oriundas de parasitas de interesse médico constituam um "grupo menor em relação às infecções ocupacionais de outros microrgansimos e não sejam na sua maioria publicados", alguns dados estão disponíveis na literatura internacional. Podemos destacar o trabalho de Pike, em 1987, que demonstra que das 4.079 infecções acidentais ocorridas em laboratório com microrganismos, levantadas no seu estudo, 3% (116) foram causados por parasitas. Com a utilização de novas técnicas laboratoriais e de procedimentos de segurança, como o uso de equipamentos de proteção, tais como a utilização de cabines de segurança biológica, centrífugas com copos de segurança, dentre outros, a incidência de contaminação por esses microrganismos diminuíram. Apesar disso, uma revisão feita por Herwaldt & Juranek (1993), da Divisão de Doenças Parasitárias, do *National Center of Infections Diseases*, em Atlanta, nos Estados Unidos, relata inúmeros casos de doenças parasitárias adquiridas em laboratório, como malária, leishmanioses, toxoplasmoses, tripanossomíase africana (doença do sono) e tripanossomíase americana (doença de Chagas).

Pelas normas brasileiras atuais, "Classificação de Risco dos Agentes Biológicos", elaboradas pela Comissão de Biossegurança em Saúde do Ministério da Saúde, as leishmanias são classificadas, inclusive a *L. braziliensis,* a *L. donovani,* a *L. æthiopica,* a *L. major,* a *L. mexicana,* a *L. peruviana* e a *L. tropica*, como microrganismos da classe de risco 2 (Brasil, 2006). Os microrganismos dessa classe possuem risco moderado para indivíduos e risco baixo para a comunidade, sendo microrganismos que podem causar infecções, porém dispomos de medidas terapêuticas e profiláticas eficientes, sendo assim o risco de propagação limitado.

Uma avaliação das condições de segurança das áres de trabalho, associado a uma metodologia para o rastreamento e o diagnóstico das situações de risco, é muito importante para a tomada de decisão e para a elaboração de propostas visando o controle desses riscos.

O enfrentamento diário aos agentes de risco exige que os espaços laboratoriais, do ponto de vista das instalações, da capacitação de recursos humanos e da dinâmica de trabalho estejam perfeitamente consonantes e permitam a eliminação ou minimização desses riscos para o profissional e para o ambiente. Lembramos que o primeiro passo na prevenção de acidentes é a identificação dos fatores de risco que possam causá-los e o estabelecimento de medidas que possam evitá-los.

Os laboratórios devem possuir, de acordo com a classe de risco da *Leishmania* (classe 2) o nível de Biossegurança (NB)2; que consiste na combinação de práticas e técnicas de laboratório, equipamentos de segurança e instalações ou infra-estrutura laboratorial, e representam as condições nas quais o agente pode ser manuseado com segurança. Portanto a seguir iremos destacar algumas destas combinações.

Práticas operacionais padrões

• Colocar o símbolo internacional de risco biológico afixado na porta de acesso ao laboratório.

• Não se permite, dentro do laboratório, comer, beber, fumar, guardar alimentos em freezers ou geladeiras, ou mesmo utilizar e/ou aplicar produtos cosméticos.

• Manter o laboratório limpo e desinfetado.

• Lavar as mãos antes e depois de manipular material biológico.

• Lavar as mãos sempre que retirar os equipamentos de proteção individual e ao sair do laboratório.

• Utilizar roupas, aventais, jalecos ou uniformes próprios. Essas peças de vestuário devem ser de mangas longas, de punho ajustado e não devem ser utilizadas fora da área do laboratório. Não devem ser guardados juntamente com as vestimentas de rua.

• Não utilizar sandálias e sim calçados fechados a fim de evitar qualquer exposição acidental dos pés.

• Utilizar luvas adequadas para qualquer tipo de atividade que possa resultar em contato com materiais infectados.

• Só é permitida a entrada no laboratório do pessoal autorizado.

• Durante o trabalho as portas deverão permanecer fechadas.

• Evitar quaisquer procedimentos que produzam aerossóis.

• As superfícies de trabalho devem ser desinfetadas ao final do expediente ou após qualquer derramamento de material.

• Informar o responsável pelo laboratório qualquer acidente ou incidente ocorrido.

Desenho de laboratórios

Existem certas características que devem ser consideradas para o desenho de um laboratório, seja para construção ou para reforma.

Na fase de planejamento há a necessidade da participação de especialistas em diferentes campos, que devem receber orientação do pessoal do laboratório, alimentando-os com informações, como por exemplo, número de pessoas que trabalham nessa área; espaço necessário ao desenvolvimento das atividades; necessidades específicas do laboratório, condições ambientais, luminosidade, temperatura e umidade; instalação de serviços; capacidade da carga do piso; fluxo de trabalho; estabilidade para algum tipo de equipamento; localização, tipo e número de cabines de segurança biológica e de capelas químicas; necessidade de áreas limpas e instalações para animais, dentre outras.

O chefe do laboratório tem o papel principal na execução do desenho e da segurança das instalações do laboratório.

Detalhes da planta

Cardoso (1998) aponta os seguintes detalhes da planta do laboratório de nível de Biossegurança 2:

• Deve haver espaço suficiente para execução segura do trabalho, assim como para limpeza e manutenção.

• As paredes, o teto e os pisos devem ser lisos, impermeáveis a líquidos e resistentes a agentes químicos que são usados no laboratório. Os pisos não devem ser escorregadios.

• Os níveis de iluminamento devem ser adequados aos tipos de atividades. Convém evitar os reflexos indesejáveis e a luz ofuscante.

• As superfícies dos mobiliários devem ser impermeáveis, além de resistentes a desinfetantes, álcalis, ácidos, solventes orgânicos e ao calor moderado.

• Cada sala deve possuir uma pia para lavagem das mãos, localizada próximo à porta de saída do laboratório.

• Recomenda-se que as portas sejam confeccionadas com material retardante ao fogo, que possuam sistema de abertura sem a utilização das mãos, fechamento automático e que possuam visores.

• Os refeitórios e as instalações para a guarda de roupas e objetos pessoais devem estar localizados fora do laboratório.

• No caso de ventilação mecânica, exige-se que o fluxo de ar seja dirigido para dentro, captado a partir da atmosfera. O ar não deve recircular para qualquer outra parte do prédio (sistema de perda total).

• As cabines de segurança biológica devem estar localizadas longe das passagens de circulação e fora das correntes de ar procedentes de portas, janelas e sistemas de ventilação.

• Deve ser reservado um local, fora da área do laboratório, destinado ao armazenamento de substâncias químicas.

• Deve haver um sistema de segurança para combate a incêndios e saídas de emergência.

• Deve haver um sistema de gerador, a fim de manter os equipamentos indispensáveis (cabines de segurança biológica, freezers, etc.).

• É necessário haver uma autoclave no próprio local ou próximo ao mesmo (dentro do prédio).

Descontaminação

O laboratório deve possuir um programa de descontaminação, com os métodos de limpeza, de desinfecção e de esterilização, bem-definidos a fim de diminuir os riscos de contaminação com materiais infecciosos, assim como para garantir a integridade das pesquisas e/ou diagnósticos.

A limpeza tem como objetivo principal o controle da contaminação, além de facilitar o uso eficaz dos agentes químicos utilizados na desinfecção ou na esterilização.

Os procedimentos de descontaminação deverão ser realizados, preferencialmente, no início e ao término de cada jornada de trabalho e o pessoal deverá usar os equipamentos de proteção individuais e estar devidamente capacitado para estas atividades.

Todo laboratório deve possuir por escrito, o programa de descontaminação, bem-definido, com um cronograma de execução, além de obrigatoriamente estar adequado às características do laboratório, suas atividades e seu volume de trabalho. O chefe do laboratório e responsável pelo programa de descontaminação deverá, com base nas atividades do laboratório, elaborar os procedimentos operacionais padrões com os cronogramas de execução da limpeza e desinfecção de seus ambientes.

A limpeza dos laboratórios inclui além dos equipamentos, como geladeiras, freezers, centrífugas, etc., as bancadas; as paredes; o teto; o piso e os materiais usados nos ensaios. Dentro desse programa, o laboratório deverá também possuir um subprograma de controle de insetos e roedores, a fim de prevenir a disseminação de agentes patogênicos ao meio ambiente.

Planos de contingência e de emergência

O laboratório deverá terr planos destinados às situações emergenciais, visando identificar as respostas para um conjunto de situações de emergência, previamente identificadas, atribuindo tarefas pessoais, equipamentos a serem utilizados e planos de evacuação, caso necessário. Esses planos deverão ser elaborados pelo responsável do laboratório, com a colaboração do pessoal técnico, para que ofereça melhores perspectivas de êxito, uma vez que os próprios técnicos são quem melhor conhece os riscos específicos de cada laboratório.

Uma vez formulado o plano de emergência, deverá estar disponível em local adequado, de fácil localização e acesso dentro do laboratório, a fim de que seja consultado sempre que for necessário.

Plano de Contingência

Deve prever procedimentos operativos para as seguintes atividades:

- Avaliação de risco
- Medidas aplicáveis no caso de exposição acidental e descontaminação.
- Atendimento de primeiros socorros para pessoas expostas ou lesionadas.
- Vigilância médica de pessoas expostas.
- Tratamento clínico de pessoas expostas.
- Investigação epidemiológica.

O plano deverá contemplar, no mínimo, os seguintes tópicos:

- Sistemas de comunicação.
- Sistemas de alarme interno.
- Plano de auxílio mútuo.
- Equipamentos de controle de fogo e vazamentos.
- Equipamentos e procedimentos de descontaminação.
- Plano de manutenção, incluindo paralisação da unidade e disposição dos resíduos.
- Plano de remoção de feridos.
- Plano de treinamento e simulação.
- Plano de fuga para evacuação das instalações.
- Procedimentos de testes e manutenção de equipamentos de proteção.
- Identificação dos agentes, particularmente perigosos, manipulados.
- Relação dos profissionais do laboratório e de suporte, assim como de suas responsabilidades: chefias, técnicos, comissão de Biossegurança, socorristas, serviços locais de saúde e de assistência, médicos, epidemiólogos, serviços de bombeiros, polícia, dentre outros.
- Identificação do pessoal e das populações expostas.
- Localização de zonas de risco elevado, como laboratórios, almoxarifados, dentre outras.
- Descrição dos procedimentos e equipamentos de segurança.
- Descrição das precauções para prevenção de ignição acidental ou reações de resíduos inflamáveis, reativos, incompatíveis, dentre outros parâmetros específicos aos agentes manipulados.

• Descrição dos procedimentos de manuseio, estocagem e disposição dos resíduos.

• Descrição do transporte interno de resíduos, inclusive com indicação em planta das vias de tráfego interno.

• Lista de hospitais para tratamento cínico e para isolamento, que possam receber acidentados, expostas ou infectadas, caso seja necessário.

• Relação de materiais que irão conter o kit de primeiros socorros.

Plano de Emergência

O Plano de Emergência deve conter, no mínimo, os procedimentos a serem adotados nos seguintes casos:

• Incidentes, como quebras de frascos ou derramamentos de substâncias infecciosas com exposição indevida de pessoas ou liberação de contaminantes para o ambiente.

• Acidentes, como inoculações acidentais ou cortes.

• Ingestão acidental de sustâncias potencialmente perigosas.

• Riscos nas diversas operações, como por exemplo a formação de aerossóis potencialmente perigosos (fora de cabines de segurança biológica ou de capelas químicas).

• Quebra de tubos dentro de centrífugas que não tenham compartimentos ou tampas de segurança.

• Incêndios, inundações ou qualquer outro desastre natural.

• Vazamentos das áreas de estocagem e manuseio de agentes químicos e de resíduos perigosos para o meio ambiente.

• Falhas nos equipamentos de proteção e interrupção de fornecimento de energia elétrica.

• Atos de vandalismo.

Considerações finais

A complexidade do fluxo entre a natureza e as atividades humanas traduzem em riscos, que devem ser estudados e analisados pelo campo da Biossegurança, que vem buscando aprofundar sua capacidade de orientação, no sentido de associar as práticas da pesquisa experimental, com procedimentos específicos de segurança da vida, visando dotar a Biossegurança de graus cada vez mais abrangentes no sentido do alcance da qualidade das atividades científicas desenvolvidas no campo e nos laboratórios.

Agradecimentos

À Dra. Marli B. M. Albuquerque Navarro, pesquisadora do Núcleo de Biossegurança da Escola Nacional de Saúde Pública Sérgio Arouca, da Fiocruz, amiga de coração, pelo constante incentivo a escrever este trabalho, assim como pela correção e edição desta versão. Ao convênio Fiocruz/CNPq pela bolsa de pesquisador visitante entre novembro de 2002 a março de 2004.

Referências

Altamirano, A. J. *La importancia del cuy (Cavia porcellus): datos preliminares.* Gabinete de Arqueología, *Serie Investigaciones* n.º 5. Lima: Universidad Nacional Mayor de San Marcos, 1986.

———. *Comprometiendo la estructura osteo-facial de las poblaciones humanas del antiguo Perú por la leishmaniasis tegumentaria de forma mucosa.* Doutoramento. Rio de Janeiro: ENSP, Fiocruz, 2000.

Ashford, R. W. The leishmaniases as emerging and reemerging zoonoses. *International Journal for Parasitology*, 30, pp. 1262-1281, 2000.

Azevedo, A.C.R. *et alii.* The sand fly fauna (Díptera: Psychodidade: Phlebotominæ) of a focus os cutaneous leishmanisis in Ilhéus, State of Bahia, Brazil. *Mem. Inst. Oswaldo Cruz*, n.º 91, pp. 75-79, 1996.

Brandão Filho, S. P. *Ecoepidemiologia da leishmaniose tegumentar americana associada a Leishmania (Viannia) braziliensis na zona da mata Atlântica do Estado de Pernambuco, Brasil.* Doutoramento. São Paulo: Instituto de Ciências Biomédicas da USP, 2001.

Brasil. Ministério da Saúde. Comissão de Biossegurança em Saúde. *Diretrizes Gerais para o Trabalho em Contenção com Material Biológico.* Brasília: Ed. MS., 2006, 50 p.

———. Comissão de Biossegurança em Saúde. *Classificação de Risco dos Agentes Biológicos.* Brasília: Ed. MS., 2006, 34 p.

Brasil. Instrução Normativa n.º 7, de 6 de junho de 1997, da CTNBio. Estabelece normas para o trabalho em contenção com Organismos Geneticamente Modificados. *Diário Oficial* [da República Federativa do Brasil], Brasília, pp. 11827-11833, 1997.

Brener, Z. Laboratory-acquired Chagas' disease: comment letter. *Trans. R. Soc. Trop. Med. Hyg.*, 81, p. 527, 1987.

Brumpt, E. & Pedroso, A. Pesquisas epidemiológicas sobre a leishmaniose americana das florestas no estado de São Paulo (Brasil). *Anais Paulistas de Med. e Cir.*, n.º 1, pp. 97-136, 1913.

Cardoso, T. A. O. Biossegurança no Manejo de Animais em Experimentação. In: Oda, L. M. & Ávila, S. M. (org.). *Biossegurança em Laboratório de Saúde Pública.* Brasília: Ed. M. S., 1998, pp. 105-160.

CENEPI. *Manual de Controle da Leishmaniose Tegumentar Americana.* Brasília: Vigilância Epidemiológica do Ministério de Saúde, 2000.

Couto, C. P. *Tratado de Paleomastozoologia.* Rio de Janeiro: Academia Brasileira de Ciências, 1979.

Cunningham, D. D. On the presence of peculiar parasitic organisms in the culture of a specimen of Delhi Boil. *Scientific Memories by Medical Officers of the Army in India*, 1, pp. 21-31, 1885.

Deane, L. *Notas sobre os tripanosomas encontrados na preguiça real*. Pará. LP/PI/TP/90002040/3, (s.d.), 6 p.

———. *Hemoparasitos de preguiças reais* (*Cholœpus didactylus*). Belém. LP/PI/TP/19380102 (Biblioteca da COC), 1938, 33 p.

Deane, L. & Castro Ferreira, L. *Encontro de leishmanias em vísceras de preguiças-reais Cholœpus didactylus* (Edentata, Bradypodidæ). Pará. LD/PI/TP/19382040/2. (Biblioteca da COC), 1938, 7 p.

Dicionário Delta Larousse. Rio de Janeiro: Guanabara Koogan. Rio de Janeiro, 1970.

Ferigolo, J. Non human vertebrate paleopathology of some brazilian pleistocene mammals. In: Adauto, A. J. & Ferreira, L. F. (coords.). *Paleopatologia e Paleoepidemiologia: estudos multidisciplinares*. Rio de Janeiro: Fundação Oswaldo Cruz, ENSP, 1992.

Forattini, O. P. Sobre os reservatórios naturais da leishmaniose tegumentar americana. *Rev. Inst. Med. Trop.*, São Paulo, n.º 2, pp. 195-203, 1960.

Gordon, R. M. & Young, C. J. Parasites in dogs and cats in Amazonas. *Ann. Trop. Med. & Paras.*, n.º 26, pp. 297-300, 1922.

Herrer, A. Nota preliminar sobre leishmaniasis en perros. *Revista de Medicina Experimental*, Lima, 3, pp. 62-74, 1948.

Hertig, M.; Fairchild, G. B. & Johnson, C. M. Leishmaniasis transmission-reservoir project. *Ann. Rep. Gorgas Memorial Laboratory*, 1956, pp. 9-11, 1957.

Herwald, B. L. & Juranek, D. D. Laboratory — acquired malaria, leishmaniasis, trypanosomiasis, and toxoplasmosis. *Am. J. Trop. Med. Hyg.*, vol. 48, pp. 313-323, 1993.

Kerr, S. Paleartic Origin of Leishmania. *Memórias do Instituto Oswaldo Cruz*, 95(1), pp. 75-80, 2000.

Lainson, R. & Shaw, J. J. Leishmaniasis in the New World: taxonomic problems. *Brit. Med. Bull.*, 28, pp. 44-8, 1972.

———. Epidemiology and Ecology of leishmaniasis in Latin American. *Nature*, London, 273 (566), pp. 595-600, 1978.

———. The rol of animals in the epidemiology of South America Leishmaniasis. In: *Biology of the Quinetoplastida*, vol. II: 1-98. London/New York/San Francisco. Academic Press, 1979.

———. New World Leishmaniasis — The neotropical Leishmania species. In: Topley & Wilson's (orgs.). *Microbiology and Microbial Infections. Parasitology*, vol. 5, pp. 241-68. 9th edition (Francis E. G. Cox; Julius P Kreier & Derek Wakelin, eds.). London and New York, 1998.

Lastres, J. B. *La Medicina en la Época Inca*. Historia de la Medicina Peruana, Lima, tomo V (1), Universidad Nacional Mayor de San Marcos, 1951.

Lavallée, D. La Domestication animale en Amérique du Sud: le point des connaissances. *Bulletin de l'Institut Français d'Études Andins*, 19(1), pp. 25-44, Paris, 1990.

Laveran, A. *Leishmanioses. Kala-Azar, Bouton d'Orient, leishmaniose Américaine*. Paris: Masson e cie., 1917.

Laveran, A. & Mesnil, F. Sur un protozoaire nouveau (Piroplasma donovani, Laveran et Mesnil), parasite d'une fiévre de l'Inde. *C.R. Acad. Sci.*, n.° 137, pp. 957-962, 1903.

Leishman, W. B. On the possibility of the ocorrence of trypanosomiasis in India. *British Medical Journal*, 1, pp. 1252-1254, 1903.

Madeira, M. F.; Macedo, R. S.; Barbosa Santos, E. G. O. & Marzochi, M. C. A. Ensaio terapêutico experimental em cultura de macrófagos caninos. XXXIII Congresso Sociedade Brasileira de Medicina Tropical, 1997. *Resumos*, p. 32.

Málaga, A. A. El perro como expresión cultural andino.Lima, *Actas y trabajos del III Congreso de Hombre y la Cultura Andina*, tomo V, 1980.

Markell, E. K.; Voge, M. & John, D. T. *Medical Parasitology*. 6th ed. Philadelphia, 1986.

Marzochi, M. C. A. Leishmaniose no Brasil: As leishmanioses tegumentares. *Journ. Bras. Medicine*, 63, pp. 82-102, 1992.

———. Epidemiologia e possibilidade de controle das Leishmanioses no Brasil. *Anais Perspectivas Tecnológicas em Saúde: Os desafios da leishmaniose e da Febre Amarela*, 1, pp. 68-83. Rio de Janeiro: Fiocruz. Bio-Manguinhos, 2001.

Marzochi, M. C. A. & Marzochi, K. B. F. Tegumentary and Visceral Leishmaniasis in Brasil- Emerging Anthropozoonosis and possibilities for their control. Rio de Janeiro, *Cadernos de Saúde Pública*, 10 (Supl. 2), pp. 359-375, 1994.

Marzochi, M. C. A.; Schubach, A.O. & Marzochi, K. B. Leishmaniose Tegumentar Americana. In: Cimerman, B. & Cimerman, S. (orgs.). *Parasitologia Humana*. São Paulo: Atheneu. pp. 39-82, 1999.

Mazza, S. Leishmaniosis tegumentaria e visceral. Buenos Aires, *Bol. del Instituto de Clínica y Quirúrgica*, n.° 2, pp. 209-216, 1926.

———. Existencia de la leishmaniosis cutánea en el perro en la República Argentina (Nota preliminar). Buenos Aires, *Prensa Médica Argentina*, n.° 13, pp. 139-40, 1926a.

———. Existencia de la leishmaniosis cutánea en el perro en la República Argentina (Nota preliminar). Buenos Aires, *Bol. del Instituto de Clínica y Quirúrgica*, n.° 2, pp. 147-149, 1926b.

———. Leishmaniosis cutánea en el caballo y nueva observación de la misma en el perro. Buenos Aires, *Bol. del Instituto de Clínica y Quirúrgica*, n.° 3, pp. 462-464, 1927.

Mello, S.B. Verificação da infecção natural do gato *(Felix domesticus)* por um protozoario do gênero Leishmania. *Brasil Medico*, n.° 54, p. 180, 1940.

Migone, L. E. Un cas de kala-azar à Assunción (Paraguay). *Bulletin de la Societé de Pathologie Exotique*, 6, p. 118, 1913.

Momem, H. & Cupolillo, E. Speculations on the origin and evolution of the genus Leishmania. *Memórias do Instituto Oswaldo Cruz*, 95(4), pp. 583-588, 2000.

Moreira, E. D. *Impacto da estratégia de triagem/eliminação de cães com infecção por Leishmania sp. no controle/prevalência da leishmaniose visceral canina. II Bienal de Pesquisa da Fiocruz, de 1 a 11 de dezembro de 2000*, pp. 255, 2000.

Muniz, Z. J. & Medina, H. S. G. Infecção da cobaia pela *Leishmania enrietti*. Rio de Janeiro, *Hospital*, vol. 33, pp. 7-25, 1948.

Pedroso, A. M. Leishmaniose local no cão. *Ann. Paulistas de Med. & Cirurg.*, n.° 1, pp. 33-39, 1913.

———. Infecção do cão pela leishmaniose tropical. *Revista Medica de São Paulo*, n.º 24, pp. 42-44, 1923a.

———. Notes on the biology of Leishmania tropica. *Amer. Journal Trop. Med.*, n.º 3, pp. 47-58, 1923b.

Pessôa, S. B. Dados sobre a epidemiologia da leishmaniose tegumentar em São Paulo. *Hospital*, n.º 19, pp. 389-409, 1941.

Pessôa, S. B. & Barretto, M. P. *Leishmaniose tegumentar americana*. Rio de Janeiro: Ministério de Educação e Saúde, Serviço de Documentação, 1948, 527 pp.

Pike, R. M. Past and present hazards of working with infections agents. *Arch. Pathol. Lab. Med.*, vol. 102, pp. 333-336, 1987.

Rancy, A. Mamíferos fósseis. A paleofauna da Amazônia indica áreas de pastagem com pouca cobertura vegetal. Rio de Janeiro, *Ciência Hoje*, 16(93), pp. 48-51, 1993.

Rangel, E. F.; Lainson, R.; Souza, A. A.; Ready, P. D. & Azevedo, C. R. Variation between geographical populations of Lutzomyia (Nyssomya) whitmani (Antunez & Coutinho) sensu latu (Diptera: Psichodidæ: Phlebotominæ). *Mem. Inst. Oswaldo Cruz*, n.º 91, pp. 43-50, 1996.

Strong, R. P., Shattuck, G. C. & Wheeler, R. E. Leishmaniosis. In: Strong, R. P.; Shattuck, G. C., Bequaert, J. C. & Wheeler, R. E. Medical report of the Hamilton Rice seventh expedition to the Amazon in conjunction with the Department of Tropical Medicine of Harvard University, 1924-25. *Contributions from the Harvard Institute for Tropical Biology and Medicine*, IV. Cambridge: Harvard University Press, pp. 54-62, 1926.

Thomaz-Soccol, V.; Lanotte, G.; Rioux, J. A.; Pratlong, F.; Martini-Dumas, A. & Serres, F. Monophyletic origin of the genus *Leishmania* Ross 1903. *American Parasitology Human Comp.*, 68, pp. 107-108, 1993.

Valim, C. *Transmissão da Leishmania (Viannia) brazilienzis no Ceará. Características da transmissão en diferentes formações paisagísticas com particular referência ao local de transmissão para o homem.* Mestrado. Rio de Janeiro: ENSP, Fiocruz, 1993.

Vianna, G. O. Sobre uma nova espécie de Leishmania (Nota Preliminar). *O Brazil Médico*, 25, p. 411, 1911.

Weiss, P. Die "*Espundia*". Beitrage zum studium dieser hautleishmaniosis in Peru. *Arch. f. schiff-u. Trop. Hyg.*, n.º 31, pp. 311-21, 1927.

———. La espundia es una leishmaniosis tegumentaria. Lima, *Crón. Med.*, n.º 45, pp. 200-10, 1928.

———. El perro peruano sin pelo. Lima, *Acta Herediana*, 1970.

World Health Organization/WHO. *Laboratory Biosafety Manual*. 2.ª ed. Geneva, 2003.

Young, D. & Duncan, M. Guide to the identification and geographic distribution of Lutzomyia sand flies in Mexico, The West Indies, Central and South America (Diptera: Psychodidae). *Mem Amer Entomol Inst*, 1994, 881 p.

RISCOS EM ENSAIOS ENVOLVENDO ANIMAIS DE GRANDE PORTE (AGP)

Telma Abdalla de Oliveira Cardoso

Introdução

No início da civilização era comum a utilização de seres humanos (escravos e condenados) com finalidade científica nas dissecações e necrópsias. Aos poucos esta prática foi sendo substituída, por motivações, inicialmente religiosas e, posteriormente, legais, por modelos animais para os estudos da origem e das características dos processos patológicos que afetavam a espécie humana.

Aristóteles (384-322 a.C.) pesquisou as semelhanças e diferenças de conformação e funcionamento entre órgãos humanos e órgãos animais. Hipócrates (480-377 a.C.), determinou as primeiras teorias sobre a contaminação do meio ambiente e disseminação de doenças, levando ao estabelecimento de preceitos epidemiológicos aceitos até a atualidade. Galeno (130-201), utilizando primatas, estabeleceu as diferenças anatômicas entre esta espécie e o homem, mediante o estudo do funcionamento da medula espinhal. Harvey (1578-1657) estudou a circulação sangüínea de sapos, rãs, cobras, caranguejos, camarões, cães, bovinos, coelhos e outras espécies, para publicar uma obra intitulada *Sobre os Movimentos do Coração.* Réaumur (1683-1757), que é reconhecido como sendo um dos criadores da experimentação em biologia, usava pássaros e insetos em suas pesquisas.

Em 1790, Stephan Hales demonstrou as diferenças de pressão sangüínea entre as veias e artérias, por meio de estudos com diversos animais. O emprego de animais em estudos consagrou personalidades como Lavoisier (1743-1794) e Claude Bernard (1813-1878), que ressaltaram a sua importância para a evolução das áreas da fisiologia, patologia e farmacologia. Já nos primeiros trabalhos de Pasteur e de Koch, animais como coelhos, camundongos, ratos, cobaias e hamsters, passaram a ser modelos experimentais imprescindíveis à identificação dos microrganismos causadores de doenças contagiosas (Cardoso, 1998, p. 105).

Atualmente, em virtude da ampliação das possibilidades da investigação da biomedicina e ao ajuste dos meios para aplicação de seus resultados, os pesquisadores buscam constantemente animais para viabilizar os quadros hipotéticos realizados nos laboratórios, orientados sempre pela perspectiva da adequação entre a natureza da investigação e a escolha dos animais.

No início do século XX, linhas de trabalho prioritárias em algumas instituições científicas, impuseram o manejo de animais de grande porte, como, por exemplo, a utilização de cavalos para produção do soro antipestoso; exigindo a criação de uma infra-estrutura capaz de manter e abrigar estes animais, observando especialmente o não-comprometimento dos ensaios, sem no entanto, destinar importância pontual à segurança dos profissionais atuantes nessas atividades, sendo essa realidade indicadora dos valores da época condicionados ao que se pensava ser a ação e a proposta da ciência.

Para a realidade atual, notadamente pelo rápido processamento da expansão de doenças em termos globais, em especial das doenças infecciosas emergentes e reemergentes, tornou-se fundamental a discussão das condições de Biossegurança nas instituições de saúde, que ganharam destaque como preocupação constante do fazer científico, adquirindo o *status* de área do conhecimento e tornando-se preocupação reconhecida pela comunidade científica.

Como referência histórica das iniciativas que contribuíram para constituição do campo da Biossegurança, destacamos a pesquisa de Pike e Sulken, que iniciaram em 1930 uma série de artigos sobre infecções adquiridas em laboratórios por acidentes, baseados em um questionário encaminhado a 5.000 laboratórios no mundo todo. Essa pesquisa continua até 1978, quando esses pesquisadores levantam 3.921 casos registrados, dos quais 168 foram fatais, porém menos de 20% desses casos foram associados a um acidente relatado e, portanto, mais de 80% dos casos onde houve manipulação do agente infeccioso, a exposição aos aerossóis foi a fonte considerada mais plausível de infecção, hipótese essa não confirmada. As infecções mais freqüentes registradas foram: brucelose, tifo, tularemia, tuberculose, hepatite e encefalite eqüina venezuelana.

Podemos ainda destacar o trabalho do Dr. Dan Liebermann, apresentado no *Biohazards Management Handbook*, onde levanta 375 infecções adquiridas em laboratório de 1978 até 1991. A *Salmonella sp.* e a *Brucella sp.* lideram a lista. Entre os vírus, destaca-se o virus *Herpes simiæ* e entre as infecções rickettsiais encontra-se a Febre Q.

Esses estudos apontaram para questões que são hoje basilares para a Biossegurança, demonstrando que as atividades desenvolvidas pelos profissionais de saúde podem expô-los a uma série de agentes de risco, que estão associados aos materiais empregados e aos métodos utilizados.

Nas atividades laboratoriais que envolvem material infeccioso ou potencialmente infeccioso, a avaliação do risco é um parâmetro de essencial importância para a definição de todos os procedimentos de Biossegurança, sejam eles de natureza construtiva, de procedimentos operacionais ou informacionais. Irá determinar os níveis de Biossegurança (instalações, equipamentos, procedimentos e informação) que minimizarão ao máximo a exposição de trabalhadores e do meio ambiente a um agente infeccioso. Os tipos, subtipos e variantes dos agentes infecciosos envolvendo vetores diferentes ou raros, a dificuldade de avaliar as medidas do potencial de amplificação do agente e as considerações dos recombinantes genéticos são alguns dos vários desafios na condução segura de um laboratório (CDC, 1999).

A dose infectante do microrganismo é um fator importante quando se considera o risco de um agente infeccioso ser manipulado em áreas de biocontenção. A dose infectante para o homem e particularmente a dose infectan-te para o animal que está sendo experimentalmente infectado deve ser sempre questionada.

Na avaliação de risco, as novas doenças infecciosas e as reemergentes devem ser consideradas como um ponto de relevância. Em muitos casos, esses agentes não deveriam nunca ser trabalhados em áreas de experimentação animal, pois de tais patógenos, recentemente identificados, não se sabe ainda todas as particularidades sobre as suas formas de transmissão. No ápice da lista desses patógenos, estão o vírus HIV, Ébola e novas cepas zoonóticas de hantavírus recentemente descobertas em ratos silvestres no sudeste dos Estados Unidos.

Há uma série de fatores que devem ser considerados. Os riscos específicos variam de acordo com a espécie envolvida e com a natureza da pesquisa desenvolvida (Cardoso, 1998a, p. 112). Os próprios animais podem introduzir novos agentes de riscos biológicos nas dependências. As infecções latentes são mais comuns em animais capturados no campo ou em animais provenientes de criações não selecionadas. A via de eliminação do microrganismo nos animais também é um fator a ser considerado na avaliação de risco. Os animais que eliminem microrganismos através de secreção respiratória ou pela urina ou fezes são muito mais perigosos do que os que não o fazem. As pessoas que lidam com animais experimentais infectados com microrganismos infecciosos apresentam risco muito maior de exposição em razão das mordidas, arranhões e aerossóis provocados por eles.

Além disso, um dos maiores desafios atuais em relação aos estudos de doenças infecciosas em animais de laboratório é o advento das novas tecnologias genéticas, a produção de animais geneticamente definidos para diversos fins. Estes animais são geralmente imunocomprometidos, e por essa razão deve-se repensar os ensaios de alto risco e o desenvolvimento dos agentes infecciosos que são administrados a eles.

Ao escolhermos uma espécie animal, devemos conhecer-lhe as similaridades. Animais têm dificuldade de julgar distâncias. Existem diferenças entre a visão do cavalo, do suíno ou da vaca. As vacas, por exemplo, têm um ângulo de visão próximo a 360° (veja a Figura 1, e movimentos na sua parte traseira podem assustá-las (Baker & Lee, 1993). Os animais possuem a audição extremamente apurada, podem detectar sons que são inaudíveis aos ouvidos humanos. Sons altos, ou de altas freqüências podem causar dor a eles. Estas características podem explicar por que são animais geralmente medrosos, principalmente quando fora da área que lhes é familiar. Sinais como orelhas elevadas ou abaixadas, cauda levantada, cabelos eriçados, dentes cerrados, escavar o solo com a pata ou bufar, são sinais de alerta para o profissional que esteja lidando com esses animais.

Figura 1. Área de visão dos bovinos

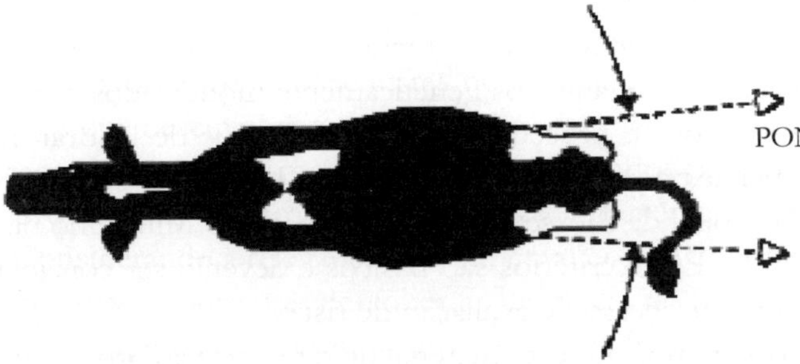

Existem algumas recomendações básicas para quem vai lidar com esses animais:

- Manter a calma e estar sempre alerta. Esses animais não apreciam mudanças em sua rotina.
- Normalmente os animais machos são perigosos. Utilize precaução redobrada no manuseio deles.
- Evitar movimentos ríspidos e sons altos.
- Respeitar todos os animais. Eles, provavelmente, não irão causar nenhuma injúria ao profissional, porém seu porte e peso fazem deles animais potencialmente perigosos.
- A maioria dos animais tende a ser agressivos para proteger suas crias.
- Ser paciente, para fazer o animal andar, prefira sempre o toque gentil ao empurrão ou pancada.
- Sempre tenha em mente a rota de fuga em locais de enclausuramento.

A Biossegurança pode ser definida como sendo um conjunto de ações voltadas para a prevenção, minimização ou eliminação de riscos inerentes a essas atividades e que podem comprometer a saúde do homem, dos animais, do ambiente ou a qualidade dos trabalhos desenvolvidos. Nesse contexto está inserida a atuação do médico veterinário, que é um profissional essencial para o estabelecimento e manutenção das condições adequadas em uma unidade de criação ou de experimentação animal.

Nos capítulos anteriores foram descritos, pelos outros autores, procedimentos referentes à construção e operação de laboratórios de contenção de experimentação para animais de pequeno e médio porte. Além disso, foi amplamente discutida a importância da avaliação de risco, como uma metodologia que auxilia no rastreamento e no diagnóstico das situações de risco, constituindo-se ferramenta essencial para a tomada de decisão e a elaboração de propostas para o controle desses riscos, definindo os procedimentos de Biossegurança, de natureza construtiva, administrativa, operacional ou informacional, determinando com isso os níveis de Biossegurança.

A atual legislação brasileira de Biossegurança, apesar de estar centrada nos aspectos da manipulação de organismos geneticamente modificados, fornece alguns critérios de instalações e procedimentos operacionais de laboratórios de experimentação animal de pequeno porte, nas diversas Instruções Normativas da Comissão Técnica Nacional de Biossegurança (CTNBio), do Ministério da Ciência e Tecnologia (MCT). Esses critérios são básicos e deverão ser considerados, dentre outros, durante o processo de avaliação de risco.

Neste capítulo queremos oferecer material de referência ao profissional que opte pela utilização de um modelo animal de grande porte, em ensaios com agentes patogênicos e que devem ser manipulados em laboratórios de contenção.

Os requisitos de contenção para instalações de laboratórios que manuseiam animais domésticos de fazenda são únicos. Com exceção dos agentes zoonóticos (Tabela 1), estes animais podem albergar microrganismos que são conhecidos por não causarem doenças em humanos sadios e portanto são classificados como agentes de menor grau de risco em relação ao risco de infecção ao trabalhador. Entretanto para os patógenos animais não nativos, níveis altos de contenção são vitais devido à importância na prevenção do escape desses agentes para o ambiente, evitando conseqüências econômicas sérias.

O trabalho em contenção com animais de grande porte (AGP) necessita de vários requisitos especiais. As salas de animais e salas de necrópsias devem ser construídas a fim de suportar a presença de um grande número de microrganismos, além de uma variedade de agentes de risco, tais como os agentes físicos (instrumentos perfurocortantes, agentes de impacto, ruídos, temperaturas, dentre outros) e os agentes químicos (produtos químicos utilizados para limpeza e descontaminação, por exemplo). Os protocolos operacionais para técnicos e tratadores de animais infectados relacionados à entrada e saída das áreas de contenção devem possuir requisitos mais restringentes do que os protocolos de entrada e saída dos laboratórios de contenção de animais de pequeno porte.

Tabela 1. Zoonoses mais comuns em animais domésticos de fazenda

Espécie animal	Microrganismo
Ovinos, bovinos e caprinos	*Coxiella burnetti*
Todos	*Salmonella sp.*
Bovinos	*Mycobacterium tuberculosis, var. bovis*
Bovinos, suínos, ovinos e caprinos	*Brucella sp.*
Bovinos	*Trichophytum verrucosum*
Bovinos	*Cryptosporidia parvum*
Eqüinos	*Leptospira interrogans*
Todos	*Toxoplasma gondii*
Todos	Vírus da raiva

Diferenças entre os animais convencionais e os animais de grande porte utilizados em ensaios

A maioria dos grandes mamíferos utilizados nos ensaios biomédicos não são SPF (*specific pathogen free*). Devido ao seu tamanho e temperamento, esses animais geralmente vivem em grupos sociais em pastos ou criados enclausurados com acesso a áreas de confinamento.

Esses animais têm a oportunidade de adquirir diferentes agentes zoonóticos desde o momento de seu nascimento (através de suas genitoras) e ao longo de sua existência, seja através de seus pares ou de outras espécies animais silvestres, no campo. Quando nos referimos a espécies silvestres, não estamos nos referindo somente a pequenos mamíferos, tais como pequenos roedores, que cruzam os limites das cercas da área de criação e contaminam os pastagens e as áreas de confinamento, mas também à pássaros e morcegos, que coabitam os espaços enclausurados, e outras espécies animais que podem contaminar os pastos e os materiais da cama dos animais. Disseminam assim agentes infecciosos, através dos limites dos cercados, tendo como uma das fontes de infecção a exposição aos aerossóis. É essencial que haja um programa de controle de roedores, de animais daninhos e de insetos, mesmo que as mais modernas tecnologias de controle por pesticidas não garantam "risco zero" aos animais aí mantidos.

As instituições que lidam com esses tipos de animais precisam possuir alguns programas básicos de controle de doenças, que são:

• programa de medicina veterinária preventiva — com aplicação de vacinas, anti-helmínticos e ocasionalmente carrapaticidas.

• Vigilância médica do rebanho — um programa médico veterinário para monitorar a presença de agentes causadores de doenças.

• Programa de controle de insetos e roedores, que incluam todos os animais que voem, pulem, rastejem e andem.

• Isolamento e quarentena

• Programa de sanitização ou de limpeza — levando em consideração que estes animais excretam 30 galões de líquidos e sólidos por dia (Tabela 2) e

• Controle dos campos e pastagens.

Tabela 2. Resíduos

RESÍDUOS

Espécie animal (kg)	Urina excretada		Fezes excretadas
	ml/kg/dia	Por animal (L)	kg/dia
Eqüinos (400)	3 - 18	7,2	15 - 20
Bovinos (500)	17 - 45	22,5	25 - 45
Suínos (100)	5 - 30	3,0	1 - 2,5
Ovinos (60)	10 - 40	2,4	0,5 - 1
Caprinos (60)	10 - 40	2,4	0,5 - 1

PRODUÇÃO MÉDIA DE URINA

Espécie animal	ml/dia
Camundongos	0,5 - 2,5
Ratos	5 - 23
Gatos	50 - 100
Coelhos	20 - 350
Cães	+/- 125

Apesar de todos os esforços dos médicos veterinários brasileiros, nossos rebanhos freqüentemente possuem agentes infecciosos endêmicos, como *Crytosporidium parum, Coxiella burnetti* e *Trichophyton verrucosum.* Os rebanhos de eqüinos possuem freqüentemente agentes como *Salmonella sp.* e *Lepstospira interrogans.*

Ocasionalmente agentes zoonóticos são objetos de estudo nos animais de grande porte, entretanto na maioria dos casos se prefere o modelo de animais de laboratório. Atualmente, observa-se a utilização desses animais em ensaios para a avaliação da eficácia e da segurança de vacinas recombinantes. O *National Institute of Health* (NIH) dos Estados Unidos adota normas, estabelecendo que os animais inoculados com produtos originários de DNA recombinante, nos quais pelo menos dois terços do genoma viral (servindo de vetor) permanece intacto, deverão ser mantidos em instalações, utilizando-se práticas e equipamentos compatíveis com NB-A2. Os vetores mais comuns incluem membros das famílias de poxvírus, adenovírus e herpesvírus, assim como de *Salmonella sp.*

Categoria dos agentes

Existem vários tipos de agentes capazes de causar danos e agravos nos homens. Para melhor entendimento, durante o processo de avaliação de risco, vamos nos referir a esses agentes como intrínsecos (presentes naturalmente nos animais domésticos de fazenda) ou extrínsecos (introduzidos como parte do ensaio ou pesquisa). Do ponto de vista prático, podemos controlar melhor os agentes extrínsecos, desde que haja um planejamento e preparação criteriosa do plano de pesquisa/ensaio, com sua revisão minuciosa, acompanhamento do curso da infecção, precisão na dose e desenvolvimento de um monitoramento visando a detecção da presença ou da ausência do agente. Os agentes intrínsecos são mais problemáticos por todas as razões anteriormente descritas, tanto quanto pelo seu impacto sobre o programa de saúde ocupacional.

Deve ser observada a combinação criteriosa entre o exame físico do animal feito por um médico veterinário com o monitoramento (exames sorológico, parasitológico, bacteriológico e cultura para fungos). Na execução de um ensaio com utilização de uma série de agentes, um grupo de animais controle (com *status* sanitário conhecido) deve ser criado.

Indiferentemente de serem os agentes intrínsecos ou extrínsecos, protocolos envolvendo animais de grande porte são extremamente importantes, devendo ter avaliação criteriosa de todos os riscos envolvidos.

Monitoramento de risco e vigilância médica

Os protocolos podem levantar fatores de diversas gradações em relação ao risco, indo do negligenciável, passando pelos riscos considerados baixos, moderados e apontando os riscos considerados altos. Para tanto, devemos nos questionar a respeito dos seguintes aspectos:

- Os agentes podem causar efeitos adversos? Qual é a severidade desses efeitos?
- Qual é a relação entre a dose e a incidência da doença?
- Qual é a fonte de exposição que será utilizada?
- Qual é a estimativa da incidência de efeitos adversos em uma população (baseados na nossa experiência)?

Para fazer esta gradação de risco, nós nos baseamos, inicialmente, em exposições em humanos adultos. Todos os profissionais que tenham contato direto ou indireto (excreções, fluidos, agulhas, dentre outros) com os animais devem ser considerados de risco moderado ou alto e, portanto, devem ser acompanhados pelo programa de vigilância médica (tratadores de animais, técnicos, médicos veterinários, etc.), e baseados no histórico médico individual deverá ser criado um programa individualizado de vigilância médica. Fatores como gravidez, anomalias cardíacas ou imunodepressão são revelados durante o exame médico periódico (anual) e irá ditar quais serão os procedimentos a serem seguidos, bem como o programa subseqüente de vigilância médica. Atualmente a Portaria n.º 3.214, do Ministério do Trabalho, apresenta orientações básicas a respeito do controle médico de saúde ocupacional (NR-7).

As chefias, que devem ser compostas por médicos veterinários, serão os responsáveis pela identificação de todos os riscos e pelo estabelecimento de protocolos para o trabalho envolvendo agentes extrínsecos e intrínsecos. Todos os protocolos deverão ser aprovados pela Comissão Interna de Biossegurança e pelo Comitê de Ética Animal. A Comissão Interna de Biossegurança deverá checar e assegurar que o ensaio ocorrerá dentro dos pré-requisitos estabelecidos para o trabalho no nível de Biossegurança correto.

Risco

Antes de iniciar o ensaio, deve haver um estudo minucioso visando a redução dos riscos envolvidos. Os componentes críticos incluem:

- *Aspectos de construção*

Os princípios gerais usados no projeto, construção e instalações de AGP, são similares aos utilizados para os animais de laboratório (Quimby, 1999; Richmond, 1998; CDC, 1999). As instalações, como as salas de animais e as áreas de suporte deverão ser planejadas e construídas adequadamente aos níveis de Biossegurança, relacionados à manipulação de agentes de risco biológico de uma determinada classe de risco. Entretanto, tanto por causa do seu porte/tamanho, peso e volume de resíduos, os locais desses animais devem ter uma série de requisitos específicos (que veremos a seguir) referentes ao projeto e instalações.

Enquanto a sala dos animais serve como primeira barreira, outras barreiras deverão ser criadas, a fim de:

- Proteger as pessoas que trabalham dentro da edificação;
- Prevenir a contaminação cruzada entre animais em salas diferentes;
- Proteger o meio ambiente (externo à edificação).

- *Equipamentos de proteção*

Todas as pessoas que estão envolvidas nos ensaios devem utilizar equipamentos de proteção individual — EPI e de proteção coletiva — EPC, específicos, que serão definidos durante o processo de avaliação de risco e que também está diretamente relacionado à classe de risco do agente manipulado e tipo de ensaio.

- *Procedimentos operacionais*

Atenção especial deve ser dada aos procedimentos operacionais, pois esses animais não podem ser colocados em caixas especiais de contenção e não podemos utilizar cabines de segurança biológica para operações que possam gerar aerossóis, como é o caso de necrópsias, por exemplo.

Esses procedimentos devem ser estabelecidos pelas chefias e deverão ser periodicamente revistos, especialmente se para a execução das atividades houver necessidade de utilização de materiais perfurocortantes. Quando possível, utilizar alternativas a agulhas hipodérmicas. A manipulação de agulhas e seringas nas salas de AGP significa risco, devido à movimentação dos animais, pisos úmidos e escorregadios, etc.

O pessoal de apoio (socorristas, pessoal da manutenção predial e de equipamentos, dentre outros) devem ser informados a respeito dos riscos e dos agentes manipulados e das precauções existentes antes de entrarem nas instalações.

Atenção especial deve ser dada aos procedimentos de descontaminação e de limpeza, a fim de minimizar a criação de aerossóis, pois os excrementos estão contaminados. Geralmente são utilizados equipamentos com água sob pressão, combinada a um agente químico, que geram aerossóis e requerem a utilização de equipamentos de proteção individual específicos (por ex., máscaras respiratórias).

- *Treinamento e conhecimento*

Somente serão permitidas nas áreas que alojam animais pessoas treinadas e com conhecimento das técnicas específicas e de todos os procedimentos de segurança. Podem ser necessários treinamentos específicos para, por exemplo, utilização de um determinado equipamento de proteção.

Requisitos físicos

O trabalho com animais pode ter uma variedade de riscos específicos, incluindo o de exposição a agentes zoonóticos, que podem estar presentes naturalmente ou experimentalmente, através de uma inoculação. Além disso, apresentam agentes de risco de acidentes, associados ou não ao risco biológico, tais como o de mordeduras, arranhaduras, coices, pisaduras, esmagamentos; ou ainda agentes de risco físico, como ruídos, temperaturas, dentre outros; ou agentes de risco químico, que estão presentes na manipulação de agentes de limpeza e de descontaminação, por exemplo. Podemos ainda citar a possibilidade de reações alérgicas devido ao contato com animais através do pêlo ou pele do animal, da cama ou dos resíduos dos animais.

O estabelecimento de uma série de controles é extremamente importante na prevenção e na minimização desses riscos. A implementação desses controles se inicia na fase do projeto arquitetônico, quando se define por exemplo o tipo de ventilação e de exaustão a ser instalado, o fluxo de ar e seus diferenciais de pressão, os fluxos: resíduos, pessoas, insumos, animais ou amostras, dentre outros. Associado a isso há o estabelecimento dos procedimentos operacionais e a utilização de equipamentos de proteção. Além disso, todos os técnicos e os tratadores dos animais devem ter conhecimento detalhado a respeito das características gerais da espécie animal a ser mantida e a ser manuseada. Considerações especiais devem ser dados aos ectoparasitos e endoparasitos naturais e às doenças zoonóticas às quais esses animais são susceptíveis incluindo suas rotas de excreção e de transmissão/disseminação.

As instalações para animais de grande porte, que normalmente não são criados e/ou mantidos em caixas ou isoladores, devem ser adequadas para o trabalho com animais domésticos de fazenda, como poderemos ver ao longo deste capítulo. Aves e animais pequenos podem ser alojados nesses tipos de caixas e, portanto, deverão obedecer aos requisitos de Biossegurança preconizados para animais de laboratório em experimentação e que já tivemos a oportunidade de relatar nos capítulos anteriores desta obra.

Pequenos compartimentos podem ser construídos para alojar animais que estejam infectados com microrganismos. Tal qual uma área laboratorial onde há uma cabine de segurança biológica que fornece a contenção primária, esses compartimentos deverão fornecer contenção como uma barreira primária, mas também como uma barreira secundária. O sistema de corredor "limpo e sujo" ("entrada e saída") é aconselhável, em detrimento ao sistema de corredor "único". O sistema de corredor "limpo e sujo" facilita o fluxo de pessoal, animais, equipamentos, insumos, amostras e resíduos. O projeto deve contemplar uma série de requisitos que visem minimizar a contaminação cruzada entre as salas dos animais.

A sala de necrópsia deve estar localizada dentro da área de contenção animal. Esse é um ambiente que deve ter a atenção especial no cumprimento de requisitos de Biossegurança, relacionados à edificação, pois são ambientes onde há manipulação em grandes volumes de agentes etiológicos e portanto, é um ambiente de maior contaminação. Essa sala deverá possuir um maior índice de pressão negativa em relação às outras áreas. O fluxo de ar deverá ser direcionado dos compartimentos animais para a sala de necrópsia.

A área de biocontenção para AGP pode também ser definida como sendo uma zona de biocontenção. Utilizamos a definição de compartimento para AGP, como sendo uma sala onde é mantido um animal de grande porte. O perímetro/barreira de contenção de uma zona é contínuo e é provido de uma única entrada e uma única saída.

Os requisitos de Biossegurança para instalações de AGP, tais como acesso, acabamentos, perímetro de contenção, sistema de ventilação, dentre outros, estão listados a seguir sob a forma de matrizes que assinalam os fatores de segurança das instalações laboratoriais NB-AGP1 e NB-AGP2, de menor risco, aos NB-AGP3 e NB-AGP4 de maior risco biológico. São requisitos aplicáveis de forma idêntica às salas de necrópsias isoladas (ou seja, as que não estão no perímetro de contenção animal).

Localização e organização funcional

Uma série de critérios irão definir a escolha da localização de uma instalação para AGP. Dentre eles, destacamos, pela importância, a proximidade às áreas residenciais e a proximidade de pastos para o rebanho, facilidade no transporte de animais, equipamentos e trabalhadores, planos de expansão futura, direção dos ventos predominantes, topografia e estabilidade do terreno, a possibilidade de ocorrências de acidentes naturais (inundações, terremotos e descargas elétricas, dentre outros); a qualidade da água e a insolação.

Localização

Níveis de Biossegurança (NB-AGP)	Requisitos
2,3,4	Área de biocontenção separada de outras áreas laboratoriais.
2,3,4	Áreas de escritório localizadas fora da área de biocontenção.
2,3,4	Áreas para o trabalho dos técnicos dentro das áreas de biocontenção, porém fora dos compartimentos animais e de corredores de passagem.
2,3,4	Armazenamento de pequenas quantidades de alimentos, para uso imediato, dentro da área de biocontenção.
2,3,4	Sala de necrópsia dentro da área de biocontenção.
2,3	Sala de necrópsia com área de apoio e câmara fria para armazenagem de carcaças à espera da necrópsia ou do descarte.
4	Sala de necrópsia pode ser no mesmo ambiente do compartimento animal.

Acesso de pessoal

Níveis de Biossegurança (NB-AGP)	Requisitos
2,3,4	Acesso controlado, limitado ao pessoal autorizado.
3,4	Acesso controlado dentro da área de biocontenção, dentro dos compartimentos animais e dentro das salas de necrópsias.
2,3,4	Portas com dimensões que permitam a passagem de animais e equipamentos, confeccionadas em material retardante ao fogo, com acionamento de abertura sem utilização das mãos e que possuam visores.
2,3,4	É recomendável que as portas não possuam fechamento automático.
2,3,4	Portas de acesso à área de biocontenção sinalizadas, com símbolo internacional de risco biológico, com informações a respeito do(s) microrganismo(s) manipulado(s), nome e número do telefone de contato do pesquisador responsável e requisitos específicos para a entrada.
2	Entrada da área de biocontenção feita através de vestíbulo pressurizado, para troca de roupa e colocação/retirada dos equipamentos de proteção individuais (EPIs).
3	Entrada da área de biocontenção feita através de vestíbulo pressurizado com sistema de intertravamento de portas. Mantidas trancadas quando fora de uso.
4	Entrada da área de biocontenção feita através de vestíbulo pressurizado, através de portas com com caixilhos metálicos à prova de insetos e roedores e com dispositivos que impeçam a entrada de pessoas não autorizadas nas áreas de alto risco, que permitam sua abertura automática após identificação por cartão magnético ou outro dispositivo de segurança.
2,3,4	Entrada da área de biocontenção através de vestiário projetado para separar as áreas de troca de roupa: área de trajes pessoais — área de roupa de trabalho.
3	No sistema de corredor único, a entrada para os compartimentos animais deve ser através de vestiário para a troca de roupas (área de troca de roupa AGP/ roupa de trabalho NB-AGP3).
3	Entrada da área de biocontenção com ducha como barreira entre as áreas de troca de roupas.
4	Entrada da área de biocontenção feita através de vestíbulo pressurizado, selado (selamento por pressão), com intertravamento de portas para prevenir a migração do ar dos compartimentos animais para o corredor.
4	Entrada para a área de biocontenção deve ser através de vestiário para a troca de roupas (área de troca de roupa AGP/ roupa de trabalho — macacão pressurizado).
4	Entrada da área de biocontenção com ducha de descontaminação química como barreira.
3	Entrada da sala de necrópsia feita através de um vestíbulo pressurizado, com intertravamento de portas.

CONTINUA

CONTINUAÇÃO

4	Entrada da sala de necrópsia feita através de um vestíbulo pressurizado, selado, com portas intertraváveis.
2,3,4	Entrada da sala de necrópsia feita através de um vestíbulo para a troca de roupas (área de troca de roupa AGP/ roupa de trabalho).
3,4	Entrada da sala de necrópsia com ducha como barreira entre as áreas de troca de roupas.
4	Entrada da sala de necrópsia com ducha de descontaminação química como barreira.
2,3,4	Sistemas de segurança para proteção contra o fogo e emergências.
2	Saídas de emergência localizadas preferivelmente na direção oposta às portas de acesso ao laboratório.
3,4	Instalações laboratoriais trancadas quando não utilizadas, sendo recomendável a adoção de painéis removíveis para escape em caso de emegência.
2,3,4	Saídas sinalizadas e iluminadas.
3,4	Instalação dotada de sistema de alarmes contra incêndio, pressurização indesejada e de segurança predial, em circuito elétrico separado, conectado a um sistema auxiliar de emergência.
3,4	Segurança do prédio integrada ao sistema de monitoramento do laboratório.

Acesso de animais

Níveis de Biossegurança (NB-AGP)	Requisitos
2	Entrada de animais para a área de biocontenção feita através de vestíbulo pressurizado.
3	Entrada de animais para a área de biocontenção feita através de vestíbulo pressurizado, com portas com caixilhos metálicos à prova de insetos e roedores com sistema de intertravamento entre os ambientes de passagem.
4	Entrada de animais para a área de biocontenção feita através de vestíbulo pressurizado, selado, com portas com caixilhos metálicos à prova de insetos e roedores, intertraváveis para prevenir a migração de ar da área de maior contenção para a área de menor contenção.
3,4	Entrada e saída de animais aos compartimentos feita através de porta selável (no NB-AGP3 com diferencial de pressão e no NB-AGP4 selamento por compressão).

Acabamento de teto, paredes e piso

Níveis de Biossegurança (NB-AGP)	Requisitos
2,3,4	Acabamento impermeável a líquidos e resistente a agentes químicos líquidos e gasosos.
2,3,4	Superfícies internas lisas, sem reentrâncias e sem juntas.
2,3,4	Acabamento das superfícies internas resistentes a impactos.
2,3,4	Superfícies internas devem manter a integridade e aderência sob alta pressão de lavagem (por exmplo 1500 psi a 90ºC).
2,3,4	Superfícies internas compatíveis com os requisitos de selamento.
2,3,4	Manutenção da continuidade do selamento entre o piso e as paredes.
2,3,4	Piso antiderrapante, de alta resistência, impermeável a líquidos e resistente a agentes químicos liquídos ou gasosos.
2,3,4	Pisos dos compartimentos, dos corredores e das salas de necrópsias com decaimento para o dreno (inclinação recomendável de 2,1 cm/m).
2,3,4	Portas e portais não devem ser de material absorvente.
2,3,4	Portas com dimensões que permitam a passagem de animais e equipamentos, confeccionadas em material retardante ao fogo. As portas ocas devem ser seladas.
2,3	Portas com caixilhos de construção sólida com acionamento de abertura sem utilização das mãos, localizado na posição e/ou altura adequada ao seu acionamento.
3,4	Portas com caixilhos metálicos à prova de insetos e roedores com sistema de intertravamento entre ambientes de passagem de técnicos, animais, insumos e materiais de consumo.
2,3,4	Evitar a colocação de clarabóias, ou qualquer tipo de esquadria que possa permitir infiltrações de água.
2,3	Visores construídos com materiais e acabamentos que retardam o fogo, em estrutura metálica à prova de insetos e roedores, com boa vedação, lisos, não porosos, de fácil limpeza e manutenção, localizados nas portas entre salas e circulações, e nas portas entre as circulações.
4	Visores hermeticamente vedados, construídos com materiais e acabamentos que retardam o fogo, em estrutura metálica à prova de insetos e roedores, lisos, não porosos, com cantos arredondados, de fácil limpeza e manutenção, dotadas de vidros à prova de quebra, localizados nas paredes divisórias e portas, entre a área de contenção e as áreas de suporte do laboratório.

Perímetro de contenção

Níveis de Biossegurança (NB-AGP)	Requisitos
2,3,4	Evitar obstruções nos compartimentos animais e nos corredores. Os mobiliários devem ser colocados a uma altura mínima de 2,15m (ou mais, dependendo da espécie animal) do piso, a fim de proteger os animais.
3,4	Todas as penetrações de linhas de serviço, tais como as mecânicas, devem ser seladas nos perímetros de contenção.
2,3,4	Os perímetros de contenção devem ser mantidos fechados para manter os requisitos de contenção do sistema de ventilação.
2,3,4	Não deve haver janelas com acesso direto ao exterior das instalações NB-AGP.
2,3,4	Perímetro de contenção do laboratório de experimentação animal, dotado de sistema que permita sua vedação para procedimentos de desinfecção por agentes químicos gasosos.
2	Sistema de esterilização por meio físico, em autoclave, localizado dentro do edifício que abriga o laboratório de biocontenção NB-AGP.
3	Sistema de esterilização por meio físico, em autoclave, disponível dentro do perímetro de biocontenção como uma barreira.
3,4	Sistema de esterilização por meio físico, em autoclave de barreira (dupla porta), localizada na área de contenção, entre as áreas de contenção de preparo e de descontaminação adjacente à área de manutenção de animais, ou em autoclave dentro da área de suporte, em contenção e adjacente ao laboratório.
2,3,4	Autoclave dimensionada de acordo com o tipo e a demanda de trabalho.
4	Incinerador.

Sistema de ventilação

Níveis de Biossegurança (NB-AGP)	Requisitos
2,3,4	Sistema de ventilação e de circulação de ar dos compartimentos animais especificado quanto ao número de trocas de ar necessárias, de acordo com a espécie animal alojada. De uma forma geral, o sistema deve prever de 10-12 trocas de ar para os corredores e 15-20 trocas para as salas dos animais.
2,3,4	Minimizar os espaços mortos.
2,3,4	Os difusores dos sistemas de insuflamento e de exaustão devem estar localizados de tal forma a fornecer convecção que assegure a circulação do ar.

CONTINUA

CONTINUAÇÃO

2	Ventilação mecânica que assegure uma renovação de ar, objetivando a retirada ou a minimização dos riscos ambientais — poluentes de natureza física, química ou biológica.
2,3,4	Instalação de sistemas de ventilação que garantam o fluxo de ar para dentro da área de biocontenção, sem que ele seja recirculado para qualquer outra área interna da edificação.
2,3,4	Sistema de insuflamento e de exaustão do ar interligadas, garantindo que o fluxo de ar seja sempre dirigido para o interior e mantido sob pressão negativa em relação às áreas em torno, garantindo que o fluxo de ar seja sempre direcionado das áreas de menor risco para as áreas de maior risco de contaminação.
3,4	Diferencial de pressão mínimo de 2,5 Pa.
2,3,4	Instalação de sistemas de exaustão do ar de uso exclusivo da área de biocontenção animal, dotados de filtros absolutos (tipo HEPA) no duto da exaustão.
2,3,4	Localização dos filtros absolutos (tipo HEPA) fora das áreas de biocontenção, a fim de facilitar a manutenção e reduzir a necessidade de entrada nestas áreas.
3,4	Os sistemas de insuflação e de exaustão devem ser independentes das áreas adjacentes (o sistema de suprimento de ar do NB-AGP3 pode ser combinado com o de outras áreas de menor contenção quando for provido de um sistema de separação mecânica ou por filtragem através de filtros absolutos — tipo HEPA, depois da conexão. O sistema de exaustão das áreas NB-AGP3 podem ser combinadas com a de outras áreas de menor contenção se forem providas de filtros absolutos — tipo HEPA, antes da conexão).
4	Sistema de insuflamento de ar equipado com filtro absoluto (tipo HEPA) e independente de outras instalações contíguas.
4	O ar de exaustão deve passar através de dois estágios de filtração absoluta (por filtros tipo HEPA).
3,4	Sistema de monitoramento automático, provido de alarme visual e sonoro, acionado no caso de falha no sistema de tratamento do ar da área de biocontenção animal, alterando o diferencial de pressão requerido.
3,4	Providenciar pré-filtros com 30% e 85% de filtração para proteção dos filtros absolutos.
3,4	O sistema de insuflação e de exaustão devem ser equipados com sistema mecânico de fechamento, a fim de permitir vedação no ato de descontaminação do ambiente de biocontenção.
3,4	Selamento dos dutos de insuflação e de exaustão de ar.
2,3,4	A temperatura e a umidade devem ser termostaticamente controladas e monitoradas por alarmes. A umidade deve permanecer dentro da faixa de 30-70% RH (NRC, 1996).

Observação: Projetar o sistema de ventilação de tal forma a fornecer flexibilidade para acomodação em caso de mudanças futuras.

Linhas de serviços

Níveis de Biossegurança (NB-AGP)	Requisitos
2,3,4	Canalizações das linhas provenientes de centrais, expostas, permitindo o acesso à manutenção.
3,4	Suprimento de água do laboratório provido de dispositivos anti-refluxo.
3,4	Controle do suprimento de água localizado fora da área de biocontenção.
2,3,4	Tubulações de água fria e quente cobertas com material isolante.
2,3,4	Construção de reservatório de água suficiente para as atividades e de reserva para o combate à incêndio.
2,3,4	Sistema de abastecimento confiável e água de boa qualidade.
2	Registros de gaveta aparentes e independentes para cada um dos equipamentos que requerem utilização de água.
3,4	Registros de gaveta localizados fora da área de contenção para interrupção do fluxo de água pela equipe de manutenção quando necessário.
3,4	Os drenos e as tubulações de esgotamento sanitário devem ser separados de outras áreas (devem ir diretamente para o sistema de tratamento do efluente líquido).
3	Pontos de contribuição provenientes de drenos de pias e de piso providos de dispositivos anti-refluxo.
4	Pontos de contribuição provenientes de drenos de pias e de piso, com inclusão da água do chuveiro, conectados a um sistema de tratamento de resíduos, mecânica e biologicamente monitorado, para serem desinfetados antes de definitivamente descartados. Deve-se considerar a instalação de válvulas para o isolamento de seções para descontaminação. As tubulações devem ser resistentes ao calor e à ação de agentes químicos. As juntas devem ser soldadas a fim de assegurar a integridade do sistema.
3,4	Sifões, ou qualquer outro dispositivo para retenção de líquidos, mantidos cheios de um desinfetante ativo e conectado a um sistema de efluente para rejeito líquido.
3,4	Água de condensação da autoclave conduzida através de um sistema fechado.
2,3,4	Interruptores, tomadas e disjuntores dos quadros de comandos devidamente identificados.
3,4	Conduítes de suprimento ligados e selados nas áreas de biocontenção.
2,3,4	Instalação de sistema de emergência, constituído de um grupo motor-gerador e chave automática de transferência, para alimentar os circuitos da iluminação de emergência, alarmes de incêndio e de segurança predial, do ar condicionado das salas de animais, que necessitam de temperatura constante e dos equipamentos essenciais tais como refrigeradores e incubadoras dentre outros.

CONTINUA

CONTINUAÇÃO

3,4	Sistema de ventilação ligado ao gerador.
3,4	Quadros de comando e de disjuntores fora do perímetro de contenção.
4	Instalação de reatores de lâmpadas fluorescentes e de outros tipos de lâmpadas, situados nos espaços técnicos, fora do perímetro de contenção.
2	Sistema de interfonia ligando as áreas de contenção às áreas administrativas e/ou de apoio técnico da edificação.
3,4	Sistema de interfonia, ligando as áreas de contenção às áreas de suporte e de apoio técnico.
3,4	Sistemas de comunicação para transferência de informações e de dados da área de biocontenção para o exterior (obs.: só será permitida a remoção de qualquer papel dessas áreas após descontaminação — esterilização por meios físicos, irradiação, dentre outros métodos. Essas práticas não são recomendáveis para serem utilizadas rotineiramente).
4	Monitoramento dos compartimentos animais através de sistemas de circuito interno de televisão, por exemplo.

Equipamentos e mobiliários

Níveis de Biossegurança (NB-AGP)	Requisitos
2,3,4	Mobiliário construído com superfícies resistentes a arranhaduras, descoloração, impermeáveis a líquidos, resistentes a gases, à ação de substâncias químicas e ao calor moderado.
3	Materiais sólidos (não ocos) devem ser usados. Madeiras não são recomendadas.
4	Construídos em aço inoxidável. Recomendados também para as salas de necrópsias.
2,3	Os pés dos mobiliários devem ser confeccionados em materiais resistentes à oxidação.
2,3,4	Os mobiliários devem ser construídos com especial atenção à obtenção de formas úteis, funcionais e ergonômicas.
2,3,4	Os mobiliários devem ser construídos com superfícies lisas, sem emendas ou reentrâncias, evitando detalhes desnecessários como: quebras, cantos, frisos e puxadores, que dificultam a limpeza e a manutenção.
4	Os mobiliários, tais como: bancos, cadeiras e bancadas, assim como os seus detalhes (maçanetas, puxadores, etc.) devem ter cantos e bordas arredondados.

CONTINUA

CONTINUAÇÃO

2,3,4	As superfícies das bancadas devem ser revestidas com materiais lisos, sem emendas ou ranhuras, escolhidos de acordo com o tipo de uso e de fatores como: umidade, peso de materiais ou de equipamentos, da utilização de líquidos, substâncias químicas, dentre outros.
4	As bancadas não devem ser fixas.
3,4	As capelas químicas devem ser equipadas com filtros absolutos, tipo HEPA. Pré-filtro de carvão ativado deve ser instalado, a fim de proteger o filtro absoluto contra os efeitos deletéricos de vapores químicos.
2,3,4	As capelas devem estar localizadas longe de áreas de circulação de pessoas, de pontos de ar provenientes de janelas, portas (mínimo a 1,5m do vão), e difusores de exaustão (mínimo 1,5m) e de insuflação (também com distanciamento mínimo de 1,5m). Esses equipamentos devem estar distanciados 0,3m de paredes e de outros equipamentos ou mobiliários. Não devem estar localizados do lado oposto de outras capelas químicas ou de cabines de segurança biológica.
2,3	Cabines de segurança biológica das classes I ou II devem ser usadas para qualquer manipulação, envolvendo agentes que possam gerar aerossóis, incluindo manipulações em altas concentrações ou em grandes volumes de material infeccioso.
2,3,4	Cabines de segurança biológica das classes I ou II, para a contenção de aerossóis produzidos por procedimentos ou equipamentos, localizadas longe das passagens de circulação de pessoas e fora das correntes de ar procedentes de portas, janelas e de sistemas de tratamento do ar, e instaladas de tal modo que não interfira no balanceamento do ar da sala.
2,3,4	As cabines de segurança biológica devem ser instaladas com distanciamentos laterais e posterior mínimo de 0,3m das paredes e de outros equipamentos ou mobiliários e de 0,4m do teto, para permitir limpeza e testes. Não devem estar localizados do lado oposto de outras cabines de segurança biológica ou de capelas químicas.
2,3,4	As cabines de segurança biológica das classes I, II ou III devem ser testadas e certificadas após sua instalação, e ao menos anualmente.
4	Cabines de segurança biológica da classe III devem ser usadas para a contenção de aerossóis produzidos por procedimentos ou por equipamentos, ou CSB da classe II, associados à utilização dos macacões de pressurização positiva.
4	Os macacões de pressurização positiva devem ter um sistema de suporte de vida conectado ao gerador de emergência e dotado de sistema de alarme e ar de respiração auxiliar.
2,3	As cabines de segurança biológica e as capelas químicas devem possuir sistema de exaustão com reciculação do ar, ou com sistema de exaustão dutado para a área externa da edificação, acima da edificação laboratorial e das edificações vizinhas, longe de prédios habitados e de tomadas de ar do sistema de climatização.

Práticas operacionais

Níveis de Biossegurança (NB-AGP)	Requisitos
2,3,4	Entrada restrita a pessoas autorizadas.
2,3,4	Só é permitida a entrada de pessoas que atendam aos requisitos especiais, como, por exemplo, a imunização e o controle sorológico dessa imunização.
2,3,4	Providenciar um programa de vigilância médica. A equipe do laboratório deve ser imunizada ou ser testada quanto à imunidade para os agentes manipulados ou potencialmente presentes na área de biocontenção, como, por exemplo, vacina de Hepatite B e o teste de tuberculina. É importante colher dos integrantes da equipe amostras de sangue para posterior comparação. Essas amostras devem ser guardadas apropriadamente. Outras amostras de sangue serão colhidas periodicamente, de acordo com os microrganismos manipulados e a função da área de biocontenção.
3,4	Não é permitido o trabalho ou a presença de mulheres grávidas, de pessoas portadoras de ferimentos ou queimaduras, imunodeficientes ou imunodeprimidas.
2,3,4	O responsável pelo laboratório deve assegurar a capacitação da equipe em relação às medidas de segurança, a respeito dos riscos potenciais, associados ao trabalho desenvolvido, e nas medidas de prevenção, a fim de prevenir exposições aos agentes zoonóticos e o escape de agentes não nativos ou exóticos e treinamento para as situações emergenciais. O treinamento deve ser documentado e os documentos devem ser assinados pela chefia e pelo coordenador da Comissão Interna de Biossegurança.O pessoal deve ser alertado sobre os perigos especiais. Deve-se exigir a leitura e obediência às normas e aos procedimentos padronizados, certificando-se de que o pessoal treinado absorveu essas informações. O chefe do laboratório deve exigir o atendimento a essas normas.
2,3,4	Elaborar um manual de Biossegurança específico às atividades desenvolvidas, do qual constem os perigos eventuais ou já conhecidos, que especifique as técnicas e as rotinas capazes de reduzir ou eliminar tais riscos. Disponibilizá-lo e verificar seu cumprimento.
2,3,4	Todas as pessoas, incluindo as chefias, os técnicos da manutenção, etc., devem receber treinamento, verificação desse aprendizado e monitorados quanto ao cumprimento de todos os procedimentos operacionais para o trabalho em andamento.
2,3	Pessoas em treinamento devem ser acompanhadas pelo orientador.
2,3,4	Todo o trabalho a ser desenvolvido na área de biocontenção deve ser planejado com antecedência.
2,3,4	Os técnicos da área de biocontenção devem ter conhecimento a respeito do monitoramento das instalações, como por exemplo, dos gradientes de pressão entre áreas, direção do ar, sinais de alerta para qualquer falha no sistema de ventilação, dentre outros.

CONTINUA

CONTINUAÇÃO

2,3,4	Testes para verificação do fluxo de ar devem ser feitos periodicamente pela chefia.
2,3,4	Protocolos de entrada e de saída de pessoas, animais, equipamentos, insumos, amostras e de resíduos devem ser elaborados, disponibilizados e cumpridos. Esses protocolos gerais devem ser complementados de acordo com o ensaio em andamento.
2,3,4	Procedimentos emergenciais a respeito da entrada e saída, derramamentos de substâncias químicas, amostras, agentes infecciosos, falhas no sistema de ventilação do ambiente ou na cabine de segurança biológica, fogo, escape de animais ou outras situações emergenciais, devem estar descritas, disponíveis e seguidas.
2,3,4	Equipe especializada no atendimento de primeiros socorros.
2,3,4	Todos os acidentes e incidentes com risco de exposição a materiais infecciosos devem ser imediatamente notificados à chefia e à Comissão Interna de Biossegurança. Manter um sistema de notificação por escrito.
2,3,4	Manter um programa de controle de insetos e de roedores.
3,4	Jamais uma pessoa deverá trabalhar sozinha na área de biocontenção.
2,3,4	Remover adornos: anéis, pulseiras, relógios, alianças, etc.
3,4	Todo o pessoal ao entrar nos compartimentos animais, NB-AGP3 com sistema de corredor único e nos compartimentos animais e nas áreas NB-AGP4, devem trocar a roupa e os sapatos, na área de troca de roupas, localizada na entrada desses compartimentos.
2	É obrigatória a utilização de luvas, botas de borracha, aventais emborrachados, além da utilização de jaleco ou batas ao entrar na área de biocontenção. Deve haver um pedilúvio contendo agente químico para desinfecção das botas, específico aos agentes biológicos presentes.
3,4	Ao entrar na área de biocontenção todos os técnicos devem remover suas vestimentas e sapatos e trocá-las por vestimentas protetoras ou uniformes e sapatos específicos dessa área.
2,3,4	Deve-se lavar as mãos após cada manuseio de material ou animal infectado, após a remoção das luvas e antes de sair da área de biocontenção.
3,4	Utilização de respiradores com filtros absolutos, tipo HEPA, no manuseio de animais portadores de agentes zoonóticos, sabidamente formadores de aerossóis.
2,3,4	Os trajes da área de biocontenção não são utilizados fora desta área.
4	Deve haver um sistema de contenção primária, constituído de macacões ventilados com pressão positiva. Exige-se um chuveiro especial para desinfecção química dos macacões.
3,4	O banho (incluindo lavagem de cabelo e barba) é obrigatório na saída da área de biocontenção. Óculos devem ser desinfetados em uma câmara de passagem.
3	Uniformes ou roupas protetoras devem ser descontaminados antes de serem lavadas. Obs.: a esterilização por autoclavação de roupas com muito material orgânico (fezes, urina, sangue, etc.) pode ser dificultada, além de provocarem manchas permanentes — deve ser avaliado um sistema de lavagem e descontaminação de roupas dentro da área de biocontenção.

CONTINUA

CONTINUAÇÃO

2,3,4	Cada compartimento deve ter sinalização de risco biológico na entrada, informando a respeito de requisitos especiais.
2,3,4	Os compartimentos animais devem permanecer fechados de acordo com os requisitos específicos de cada área de biocontenção.
3,4	Manter os sifões, ou qualquer outro dispositivo para retenção de líquidos, cheios de um desinfetante ativo e conectado a um sistema de efluente para rejeito líquido. Deixar constantemente cheios, mesmo se as áreas não estiverem sendo utilizadas.
2,3,4	Utilização de meios de prevenção de acidentes, a fim de minimizar coices, cabeçadas, chifradas, chutes, esmagamentos e autoinoculações.
3,4	Os suprimentos e outros materiais utilizados no suporte à área de biocontenção NB-AGP3 e NB-AGP4, devem ser passadas através de câmaras de passagem, pressurizadas, ou outra barreira: autoclave, câmaras de fumigação ou tanques de imersão, onde serão descontaminadas.
2,3,4	Os animais levados para as áreas de biocontenção devem passar por câmaras de passagem, pressurizadas.
2,3,4	Não é aceitável a entrada em mais de um compartimento animal pelo corredor "limpo". Pode ser aceitável a entrada em mais de um compartimento animal através do corredor "sujo", dependendo do ensaio (por ex., movimentação entre áreas com o mesmo risco, trabalho com animais controle antes do trabalho com animais infectados).
2,3,4	As superfícies externas dos recipientes de transporte de amostras vindas das áreas de biocontenção só poderão ser removidas após descontaminação.
2,3,4	Após o término do ensaio, todos os suprimentos remanescentes nos compartimentos animais (por ex., alimentos) devem ser removidos e descontaminados.
4	Todos os resíduos incluindo as carcaças animais devem ser incinerados.
2,3	Recomenda-se que todos os resíduos incluindo as carcaças animais sejam incineradas. Devem ser obrigatoriamente descontaminados por sistema de esterilização por meio físico.
2,3,4	Os resíduos devem ser transportados para as áreas de armazenamento temporário, através do corredor "sujo".
2,3,4	Havendo transporte interno, o carro coletor deve ser específico; provido de rodas revestidas de material que impeça ruído; possuir válvulas de dreno no fundo, para facilitar a limpeza; confeccionados com cantos e arestas arredondados, em material que suporte o processo de descontaminação e providos de tampa.
2,3,4	As superfícies dos compartimentos animais e do corredor sujo devem ser limpos e descontaminadas ao final de um ensaio, através do uso de agentes químicos eficazes contra os microrganismos presentes.
3	Testes para certificação da integridade das áreas de biocontenção e das salas de necrópsias por testes da fumaça para fluxo aéreo (indica a direção do fluxo aéreo).
3	É recomendado o teste para perda de pressão na área de biocontenção e nas salas de necrópsias. As taxas não podem exceder a faixa de 12,5 Pa/min a 500 Pa durante um período de 20 minutos.

CONTINUA

CONTINUAÇÃO

3	É recomendado o teste para validação da descontaminação ambiental após 40 horas de uso (Quimby, 1998).
4	A integridade dos compartimentos animais e das salas de necrópsias deve ser testada; taxas de perda variando entre 12,5 Pa/min a 500 Pa durante um período de 20 minutos.

Salas de necrópsias

Os riscos nas salas de necrópsias não se limitam à exposição a aerossóis ou aos borrifos de materiais infecciosos. Existe uma gama de agentes causadores de acidentes nessas áreas, dos quais podemos destacar: instrumentos perfurocortantes, pontas de ossos, pisos escorregadios, equipamentos elétricos, fixadores químicos e agentes químicos desinfetantes.

Precauções gerais:

- O acesso às salas de necrópsias só é permitido às pessoas autorizadas.
- Todo o pessoal envolvido nestas atividades deve ser treinado na manipulação de equipamentos e ferramentas (como, por ex., serras elétricas, instrumentos cirúrgicos, incineradores, etc.).
- Treinamento para procedimentos de limpeza, desinfecção e esterilização, escolha dos agentes e dos processos adequados ao tipo de microrganismo presente.
- A área deve ser mantida organizada e limpa. Equipamentos, papéis, etc. devem ser guardados para facilitar a limpeza e a descontaminação. As passagens e o piso devem estar desobstruídos.
- Procedimentos específicos para cada tipo de ensaio ou pesquisa devem ser elaborados e devidamente cumpridos; devem incluir procedimentos para entrada e saída de pessoas, animais, equipamentos e resíduos; equipamentos de proteção individual, procedimentos de descontaminação e limpeza; uso de autoclaves e do incinerador e procedimentos emergenciais.

Preparação para a necrópsia:

- Troca da vestimenta de rua por roupas protetoras e sapatos adequados ao nível de contenção e aos riscos em potencial existentes, na ante-sala de acesso ou na câmara de passagem. Colocação de respiradores com filtros absolutos, tipo HEPA, quando houver risco em potencial de formação de aerossóis; aventais impermeáveis a líquidos; luvas e protetores faciais; protetores de cabeça (tipo capacete) quando for operar serras elétricas ou guindastes.
- Elaboração de procedimentos específicos para movimentação de animais e de carcaças nas salas de necrópsias (por ex., guindaste para animais de

grande porte, carros de transporte para outros animais, contêineres específicos para animais).

Procedimentos durante a necrópsia:

• Seguir os procedimentos de segurança específicos para a espécie animal envolvida.

• Cuidados especiais devem ser seguidos a fim de prevenir a dispersão de contaminantes e a formação de aerossóis provenientes dos fluidos e tecidos (particular importância ao trabalho com agentes zoonóticos). Priorizar a contenção da dispersão da contaminação, em especial quando o material estiver pingando de uma posição elevada.

Procedimentos de descontaminação e de descarte:

• Após o término da necrópsia, todos os materiais, ferramentas e instrumentos cirúrgicos devem ser descontaminados mediante esterilização por meios físicos (autoclavação) ou químicos (agentes químicos devem ser eficazes para os microrganismos presentes). Como alguns agentes químicos são inativados na presença de matéria orgânica, a contaminação grosseira deve ser removida primeiramente por desinfecção.

• Agulhas descartáveis, lâminas de bisturi, lâminas de microscópio, etc., devem ser descartadas em recipientes de paredes rígidas, com tampa e resistentes à esterilização.

• A mesa de necrópsia, o piso e outras superfícies de trabalho devem ser descontaminadas e limpas ao término da atividade, utilizando-se procedimentos adequados, inicialmente lavando-se com desinfetante/detergente, dando especial atenção para não formar aerossóis ou espalhar a contaminação quando é utilizado mangueira para lavar a área. A descontaminação das salas de necrópsias é então feita por dispersão ou fumigamento de agentes químicos eficazes contra os microrganismos presentes.

• Amostras animais (frescas, congeladas ou fixadas) para estudo futuro devem ser colocados em caixas específicas, devidamente identificadas e estas deverão ser descontaminadas após o término da necrópsia e antes de serem retiradas da sala de biocontenção (sala de necrópsia). As amostras coletadas só devem ser abertas em laboratórios com o nível de Biossegurança referente à classe de risco do microrganismo manipulado.

• Todos os resíduos devem ser incinerados ou processados por equipamentos que garantam a eficácia da esterilização (por ex., autoclaves). A autoclave e/ou incinerador devem estar disponíveis em áreas adjacentes às áreas de biocontenção. Para a instalação do incinerador é necessária a observância dos critérios estabelecidos pelo órgão governamental de defesa e proteção do meio ambiente.

• Quando for feita a divisão da carcaça em pequenos pedaços a fim de transportá-los ao incinerador, essa atividade deve ser executada criteriosamente a fim de prevenir a formação de aerossóis e a disseminação da contaminação. Os contêineres devem ser descontaminados externamente, antes de serem retirados da sala da necrópsia, identificados, fornecendo informações a respeito do nome e do número do telefone do responsável para contato.

• Incinerador localizado na área de apoio das instalações NB-AGP3 (Barbeito *et al.*, 1995).

Procedimentos de saída:

• É recomendado o banho após a saída da sala de necrópsia, independentemente do nível de Biossegurança da área. Ducha completa, incluindo a lavagem de cabelos, barbas e óculos é obrigatória na saída para quem trabalha com agentes zoonóticos da classe de risco 3 e de agentes da classe de risco 4 (incluindo os agentes exóticos).

• Roupas de proteção devem ser descontaminadas antes de serem descartadas ou reutilizadas. As roupas só deverão ir para a lavanderia se antes forem esterilizadas. Os equipamentos de lavanderia que trabalham com altas temperaturas só serão permitidos se o processo for adequado à descontaminação dos microrganismos envolvidos.

Referências bibliográficas

Albuquerque Navarro, M. B. M. *et al.* Doenças Emergerntes e Reemergentes, Saúde e Ambiente. In: Minayo, M. C. S. & Miranda, A. C. (orgs.). *Saúde e Ambiente Sustentável: estreitando nós.* Rio de Janeiro: Abrasco, 2002, pp. 37-49.

Baker, D. E. & Lee, R. *Animal Handling Safety Considerations.* Doc. MO 65211. University of Missouri-Columbia, 1993.

Barbeito , M. S., *et al.* Recommended Biocontainment Features for Research and Diagnostic Facilities where Animal Pathogens are used. *Rev. Sci. Tech. Off. Int. Epiz.*, 14(3), pp. 873-887, 1995.

Brasil. Portaria n.º 3.214, de 8 de junho de 1978, Ministério do Trabalho. Norma Regulamentadora n.º 7 (NR-7). Estabelece a obrigatoriedade da elaboração e implementação do Programa de Controle Médico de Saúde Ocupacional. In: *Segurança e Medicina do Trabalho.* 29.ª ed. São Paulo: Atlas, 1995, 489 p. (Manuais de legislação, 16).

———. Ministério da Ciência e Tecnologia. Comissão Técnica Nacional de Biossegurança. Cadernos de Biossegurança. *Lex — Coletânea de Legislação.* Brasília, março, 2000.

———. Ministério da Saúde. Agência Nacional de Vigilância Sanitária. *Resolução RDC n.º 306* de 7 de dezembro de 2004. Regulamento técnico para o gerenciamento de resíduos de serviços de saúde. *Diário Oficial* [da República Federativa do Brasil], Brasília, dez. 2004.

Canadian Council on Animal Care. *Guide for the Care and Use of Experimental Animals.* Otawa, 1993, 680 p.

Cardoso, T. A. O. Biossegurança no Manejo de Animais em Experimentação. In: Oda, L.M. & Avila, S. M. (orgs.). *Biossegurança em Laboratórios de Saúde Pública.* Brasília: M.S., 1998, pp. 105-159.

Cardoso, T. A. O. & Navarro, M. B. M. A. Emergencia de las Enfermedades Infecciosas: bajo la relevancia de la Bioseguridad. *Rev. Vision Veterinaria* ISBN 1680 9335 dez, 2002. Disponível em: http://www.visionveterinaria.com/articulos/85.htm Acessado em: 22/12/2002.

Centers for Disease Control and Prevention — CDC. *Primary Containment for Biohazards: selection, installation and use of biological safety cabinets.* Atlanta: U.S. Department of Health and Human Services, 1995, 68 p.

———. *Laboratoire de lutte contre la maladie: lignes directrices en matière de biosécurité en laboratoire.* 2.ª ed. Canada: CDC, 1996, 72 p.

———. *Biosafety in microbiological and biomedical laboratories.* 4.ª ed. Atlanta: U.S. Department of Health and Human Services, 1999, 250 p.

Diberardinis, L. J. L. *et al. Guidelines for laboratory design: health and safety considerations.* 2.ª ed. New York: John Wiley & Sons, 1993.

Minister of Supply and Services. *Containment Standards for Veterinary Facilities.* Canadá, 1996, 71 pp.

National Research Council. *Guide for the Care and Use of Laboratory Animals.* Washington, DC: National Academy Press, 1996.

Quimby, F. V. M. D. Biohazards in Research Involving Large Animals. In: *Proceedings of 4th National Symposium on Biosafety.* Atlanta, 1996, 340 p.

Quimby, F. W. Large Animal Research Facilities. In: Richmond, J. Y. (ed.). *Anthology of Biosafety. I — Perspectives on Laboratory Design.* American Biological Safety Association, 1999, pp. 233-254.

Quimby, F. Permiting the Public and the Future of Animal Biosafety Facilities. *Journal American Biological Safety Association,* 3(2), pp. 79-84, 1998.

Richmond, J. Y. *The 1, 2, 3's of Biosafety Levels. Rational Basis for Biocontainment Proceedings.* Mundelein, Il: American Biological Safety Association, 1988, pp. 1-17.

———. (ed.). *Anthology of Biosafety IV. Issues in Public Health.* American Biological Safety Association, 2001, 290 p.

———. (ed.). *Anthology of Biosafety V. BSL-4 Laboratories.* American Biological Safety Association, 2002, 408 p.

ATIVIDADES EM LABORATÓRIOS DE MANIPULAÇÃO DE RADIOISÓTOPOS

Antônio Henrique Ermida de Araújo
Cláudia dos Santos Mello

Introdução

Estudos e reflexões sobre a utilização de tecnologias baseadas na radioatividade em laboratórios de manipulação animal não são comuns na maioria dos manuais que tratam dos temas relacionados diretamente às práticas de Biossegurança. No entanto, sublinhamos que a evolução de novas técnicas que utilizam material radioativo ocorre nos diversos campos da atividade produtiva, possibilitando a execução de tarefas e aplicação da radiação em diversas áreas.

No processo histórico que contribuiu para consolidação das bases dessa tecnologia, estão situados alguns importantes estudos e algumas notáveis experiências de aplicabilidade. A construção do tubo de raios catódicos, realizada por William Crookes, possibilitou a descoberta da tecnologia dos Raios X, realizada por Roentgen em 1895. Antes desse fato científico, havia algumas interpretações que tentavam elucidar o que eram esses misteriosos raios. Os alemães consideravam que estes eram uma forma de onda eletromagnética, mas seus argumentos não eram totalmente convincentes (Wurzburg University, 1995).

A descoberta dos Raios X constituiu-se em um novo capítulo na História da Ciência, repercutindo sobre vários campos científicos, especialmente sobre o campo da Física, através dos estudos e da aplicação da radioatividade. Percebendo a propriedade que estes raios tinham de atravessar materiais de densidade relativamente baixa, Roentgen realizou experiências com chapas fotográficas e descobriu que poderia utilizá-las para produzir imagens, que eram sombras do interior dos objetos (Bessa *et al.*, 1999).

Em 22 de dezembro de 1895 Roentgen usou estes raios para "fotografar" a mão de sua esposa, resultando em uma imagem imprecisa e escura, mas inconfundível, do esqueleto escuro, com seu anel. Em 1897, o inglês J. J. Thomson demonstrou que esses raios são formados por partículas carregadas negativamente (Parker, 1996).

Em 1903 Becquerel demonstrou através de diversas experiências que a radiação emitida pelo Urânio, não era como a dos Raios X, pois esta podia ser desviada por um campo magnético, recebendo pela descoberta um Prêmio Nobel em Física (Brown, 1990). Nesse mesmo ano Marie Curie executou estudos pioneiros com a radioatividade, nome dado por ela ao fenômeno descoberto por Becquerel. Desenvolveu um método para medir a radioatividade em conjunto com seu marido, Pierre Curie, descobrindo dois novos elementos químicos, o Rádio e o Polônio. Por seus trabalhos com a radioatividade e pela descoberta de novos elementos químicos, recebeu dois prêmios Nobel: um em Física, em 1903, e outro em Química, em 1911 (Quim, 1997). É importante realçar que Marie Curie, morreu de câncer em conseqüência da exposição a radiação, posto que na época não havia estudos que demonstrassem os riscos inerentes a tais manipulações.

O fenômeno foi denominado radioatividade e os elementos que apresentavam essa propriedade foram chamados de elementos radioativos. Comprovou-se que um núcleo muito energético, por ter excesso de partículas ou de carga, tende a estabilizar-se, emitindo algumas partículas.

Em 1924 o uso de material radioativo, como traçadores, foi iniciado por Heversy, através do reconhecimento da utilização de materiais radioativos para tratamentos e diagnósticos de diversas doenças. Neste mesmo ano Blumgart conduziu o primeiro estudo clínico utilizando traçadores. Injetou em seu braço ^{226}Ra e ^{214}Bi e determinou o tempo que o material levaria para atingir o outro braço (Early, 1995).

Infelizmente divulga-se pouco os grandes benefícios da energia nuclear. A cada dia, novas técnicas nucleares são desenvolvidas nos diversos campos da atividade humana, possibilitando a execução de tarefas impossíveis de serem realizadas pelos meios convencionais. A medicina, a indústria, particularmente a farmacêutica, e a agricultura são as áreas mais beneficiadas. A percepção pública negativa relativa à tecnologia nuclear está diretamente ligada a sua utilização para finalidades bélicas, tendo como principal ícone o grande cogumelo sobre as cidades japonesas destruídas no final da Segunda Guerra Mundial.

As radiações emitidas por radioisótopos podem atravessar a matéria e, dependendo da energia que possuam, são detectadas onde estiverem, por meio de aparelhos apropriados, denominados detectores de radiação. Dessa forma, o deslocamento de um radioisótopo pode ser acompanhado e seu percurso ou "caminho" ser "traçado" num mapa. Por esse motivo, recebe o nome de traçador radioativo.

Em geral, 90% dos radioisótopos são empregados como radiofármacos, de meia-vida curta, utilizados principalmente em radiodiagnóstico (ICRP 73, 1996).

Fundamentos da proteção radiológica

O princípio da proteção radiológica está fundamentado no controle da exposição, estabelecido por suas diretrizes básicas, que abrangem justificação, otimização e a limitação das doses (NCRP 39, 1971).

O princípio da justificação estabelece que nenhuma prática ou fonte radioativa deva ser autorizada a menos que produza suficiente benefício para o indivíduo exposto ou para a sociedade, de modo que compense o detrimento que possa ser causado (*Safety Series*, n.º 9, 1982).

O princípio da otimização está fundamentada no princípio ALARA (*As low as reasonable as possible*), que possibilita assegurar que as doses recebidas por trabalhadores ocupacionalmente expostos às radiações ionizantes, público em geral e o ambiente, sejam otimizadas, evitando possíveis efeitos indesejáveis, permitindo que a sociedade desfrute dos benefícios proporcionados pelas diversas áreas de aplicação da radiação ionizante (Tauhata & Almeida, 1990). Esse princípio estabelece ainda que as instalações nucleares, as instalações radioativas e as práticas devam ser planejadas, implantadas e executadas de modo que a magnitude das doses individuais, o número de pessoas expostas e a probabilidade às exposições acidentais sejam reduzidas quanto razoavelmente exeqüíveis, levando-se em conta fatores sociais e econômicos (ICRP 60, 1990).

As exposições devem ser otimizadas ao seu valor máximo de modo que atinja o objetivo da proteção radiológica; para tanto devem limitar as exposições externas minimizando o tempo de exposição, maximizando a distância entre a fonte e o indivíduo e a blindagem da fonte de radiação.

Tempo

O tempo de permanência nas áreas de trabalho, nas quais existem radionuclídeos, deve ser reduzido objetivando a minimização da dose de exposição do trabalhador. Deve-se sempre ter em mente que quanto menor o tempo de exposição, menores serão os efeitos causados pela radiação (Johns *et al.*, 1983).

Distância

Para uma fonte de radiação x ou γ, o fluxo de energia, que é proporcional à taxa de dose numa determinada distância r da fonte, é inversamente proporcional ao quadrado dessa distância (Bushong, 1998).

Blindagem

As pessoas que trabalham com fontes de radiação ou com materiais radioativos devem dispor de procedimentos técnicos e de equipamentos de proteção, de modo que garanta a segurança contra exposições desnecessárias ou acidentais. A escolha do material de blindagem depende do tipo de radiação e da atividade da fonte (Knoll, 2000).

Os princípios da limitação de doses incidem sobre o indivíduo, considerando a totalidade de exposições decorrentes de todas as práticas a que o indivíduo possa estar exposto; não se aplicam às exposições médicas; nesse caso deve ser considerado o tratamento específico e a dose recebida pelo paciente. Esses limites também não devem ser utilizados como indicador para os projetos de blindagem ou para a avaliação da conformidade em levantamentos radiométricos; e não são relevantes para as exposições potenciais.

Os limites de exposição à radiação permitidos em qualquer área são dados por valores das doses máximas permissíveis. Em condições de exposição de rotina, nenhum trabalhador deve receber, por ano, doses equivalentes superiores aos limites especificados na Tabela 1.

Tabela 1. Limites primários anuais de dose equivalente

Dose equivalente	Trabalhador/ano	Indivíduo do público/ano
Dose Equivalente Efetiva	20 mSv	1 mSv
Dose Equivalente para Órgão ou Tecido	500 mSv	1mSv/Wt*
Dose Equivalente para Pele	500 mSv	50 mSv
Dose Equivalente para Cristalino	150 mSv	50 mSv
Dose Equivalente para Extremidades	500 mSv	-

*Wt fator de ponderação para tecido T.

Para os limites de doses para os trabalhadores e pacientes, determina-se que:

• as doses, dos trabalhadores e indivíduos, não devem exceder os limites anuais de doses equivalentes, estabelecidos pela norma NE 3.01 (1988), da CNEN.

• as doses recebidas por pacientes como parte do diagnóstico ou do tratamento não estão sujeitas à limitações, embora os princípios de justificação e otimização devam ser rigorosamente aplicados.

Partículas Alfa, Beta e Emissões Gama

As radiações nucleares emitidas espontaneamente, podem ser de três tipos, partículas alfa, beta e gama, possuindo massa, carga elétrica, velocidade e onda eletromagnéticas específicas; sendo a velocidade dependente do valor da energia.

A radiação alfa (α) é de alta velocidade, ionização alta, baixo poder de penetração, facilmente absorvida. Não ultrapassa superfície de contato de contadores comuns, podendo ser barrada por uma fina parede de ar ou milímetros de pele. Composta de partículas pesadas com carga positiva, possui dois prótons e dois nêutrons. A Figura 1 apresenta esquematicamente a composição das partículas α, β e γ.

A radiação beta (–β) de média velocidade, é resultante da conversão de um nêutron em um próton, penetra na parede fina dos contadores, sendo blindada por uma folha de papel. Possui massa e carga idêntica à de um elétron e pode ser considerada como resultado da decomposição de um nêutron instável, em um próton e um elétron, sendo o elétron emitido, sob o nome de partícula beta, e o próton permanecendo no núcleo.

Figura 1. Composição das partículas α, β e γ

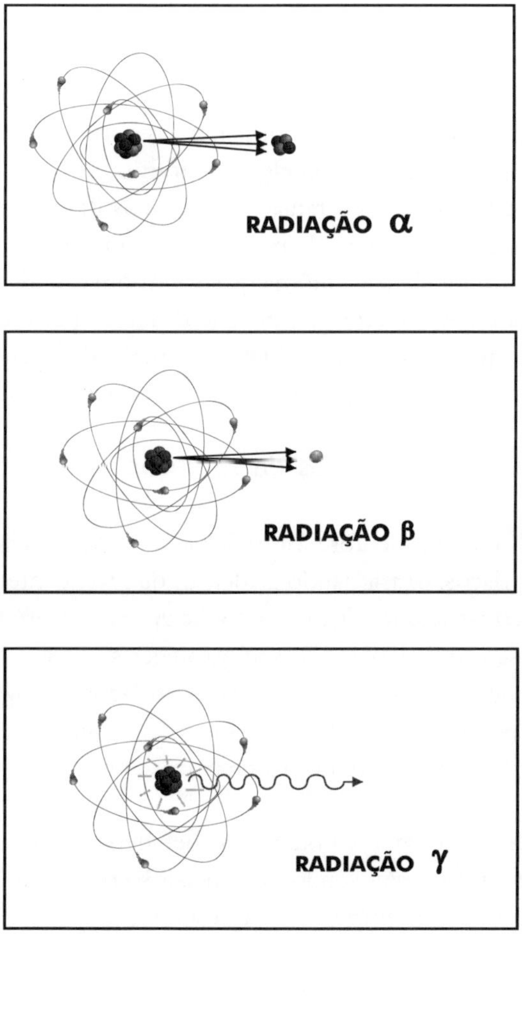

A radiação gama (γ) propaga-se com a velocidade de 300.000 km/s, sendo da mesma natureza da luz e das ondas de transmissão de rádio e TV (Brooks, 1989) e pertence à classe das radiações eletromagnéticas. É emitida pelo núcleo, cujo comprimento de onda varia de 0,5 Å a 0,005 Å. Não apresenta carga elétrica, nem massa mensurável. Em geral a emissão de radiação γ ocorre seguida à emissão das partículas α e β, onde a emissão se destina à liberação de excesso de energia do núcleo (Gilbert, 1982).

Os Raios X são radiações da mesma natureza da radiação gama (ondas eletromagnéticas), com características idênticas. Só diferem da radiação gama pela origem, ou seja, os Raios X não saem do núcleo do átomo.

Os Raios X podem ser produzidos em um tubo de Raios X, no qual um feixe de elétrons colide com um anteparo. Os raios atravessam o corpo e formam uma imagem em um filme fotográfico ou tela. Os ossos e os dentes aparecem porque dificultam o trajeto dos raios.

Os Raios X não são energia nuclear, são emitidos quando elétrons, acelerados por alta voltagem, são lançados contra átomos e sofrem frenagem, perdendo energia. Não têm, pois, origem no núcleo do átomo.

A diferença essencial entre a radiação gama e os Raios X está na origem, ao passo que os raios gama resultam de mudanças no núcleo, os Raios X resultam das emissões quando os elétrons atômicos sofrem uma mudança de orbital.

Toda energia nuclear é atômica, porque o núcleo pertence ao átomo, mas nem toda energia atômica é nuclear. Outro exemplo de energia atômica e não nuclear é a energia das reações químicas (liberadas ou absorvidas).

Efeitos biológicos da radiação ionizante

A escassez de conhecimentos na área de radiobiologia resultou na dissociação entre benefícios e riscos, ocasionando acidentes que freqüentemente levavam ao falecimento de cientistas, que buscavam conhecimento sobre o emprego da radiação ionizante, sem que dela soubessem proteger-se.

À medida que os efeitos biológicos das radiações ionizantes começaram ser descritos, compreendidos e controlados, os acidentes tornaram-se menos freqüentes (Medeiros, 1998). As radiações nem sempre são nocivas ou deixam seqüelas.

Os efeitos radioinduzidos, podem receber denominações que variam em função da dose e da resposta, sendo classificados como estocásticos ou determinísticos. Em função do tempo de manifestação, podem ser classificados em imediatos ou tardios. Em função do nível orgânico atingido, podem ser classificados em somáticos ou genéticos (Bertelli, 1990).

Dos vários danos que a radiação pode causar às células, o mais atenuante é reparado pela própria célula não originando seqüelas. Entretanto, quando esse processo não ocorre adequadamente, pode ocasionar morte celular, promovendo a incapacidade de se reproduzir, ou a transformação em uma célula viável, porém modificada.

Para a interpretação dos efeitos da exposição sobre o organismo humano ou animal, em órgãos e/ou tecidos específicos, é essencial o estudo das vias de contaminação, a incorporação e o comportamento metabólico do material radioativo incorporado (NCRP 65, 1980).

O estudo das vias de incorporação e do comportamento metabólico do material radioativo incorporado é essencial para a interpretação das medidas de atividade no corpo, em órgãos e tecidos específicos ou em amostras biológicas.

A contaminação interna é caracterizada pela concentração de radionuclídeos no interior do organismo, provenientes do meio externo. Essa contaminação é decorrente da incorporação de radionuclídeos, que pode ocorrer através da ingestão, inalação, penetração cutânea ou, ainda, pela injeção direta de material radioativo para fins médicos. Dessa forma, o trato respiratório, o trato gastrintestinal e a pele formam o conjunto por onde os radionuclídeos podem penetrar no organismo. Após a incorporação dos radionuclídeos, estes serão transportados através dos fluidos biológicos, caracterizando, assim, uma incorporação sistêmica.

Os radionuclídeos incorporados passam por uma série de transferências entre órgãos e tecidos, de acordo com as suas características físicas, químicas e biológicas, até serem eliminados do organismo, preferencialmente pelas fezes e pela urina.

A contaminação caracteriza-se pela presença de uma matéria indesejável em determinado local. A irradiação é a exposição de um objeto ou de um corpo à radiação. Portanto, pode haver irradiação sem existir contaminação, ou seja, sem contato entre a fonte radioativa e o objeto ou corpo irradiado. No entanto, havendo contaminação radioativa (presença de material radioativo), é claro que haverá irradiação do meio contaminado.

Incorporação

Os radionuclídeos, quando incorporados, manifestam-se de forma distinta, pois cada um deles apresenta um comportamento metabólico próprio, que dependerá de suas características físico-químicas, das alterações provocadas, do tipo de incorporação (única, crônica ou várias incorporações) e da via de incorporação.

A Figura 2, a seguir, é uma representação esquemática das possíveis vias de incorporação, transferências internas e das rotas de excreção do radionuclídeo no organismo.

Figura 2. Principais caminhos metabólicos do radionuclídeo

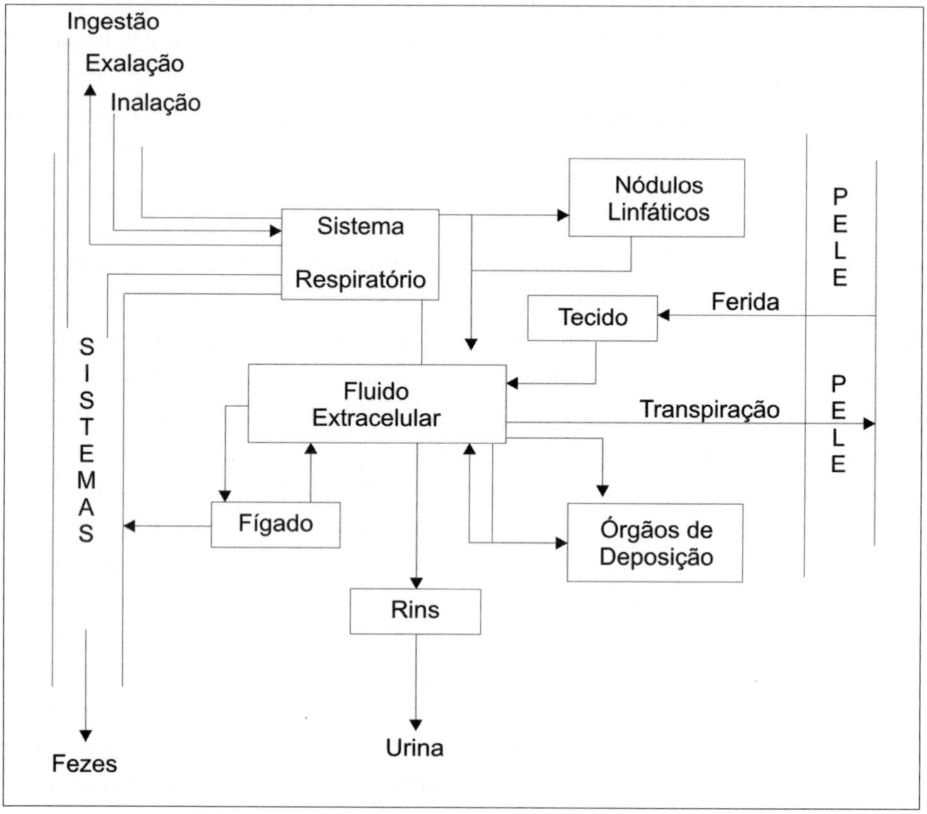

Fonte: Freitas, 1997.

- *Incorporação Crônica ou Contínua*

Está relacionada a uma exposição contínua ao material radioativo. Um exemplo desse processo é o caso de moradores de áreas que apresentam alta concentração natural de material radioativo. Essas pessoas estão expostas continuamente, de forma direta e indireta, aos elementos radioativos, incorporando-os de forma crônica. Nas Figuras 3a e 3b está representado graficamente este processo.

Figuras 3a e 3b. Incorporação Crônica

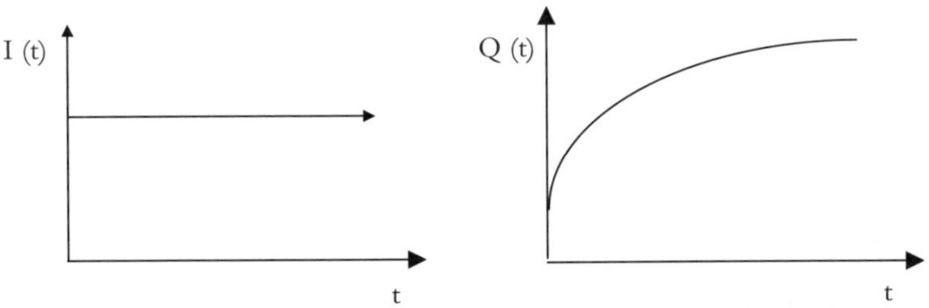

I (t) = Incorporação em função do tempo   Q (t) = Atividade incorporada em função do tempo

- *Incorporação Única*

Pode ser relacionada a um acidente onde a liberação de material radioativo ocorre em curto intervalo de tempo. Nas Figuras 4a e 4b está representado graficamente este processo.

Figuras 4a e 4b. Incorporação Única

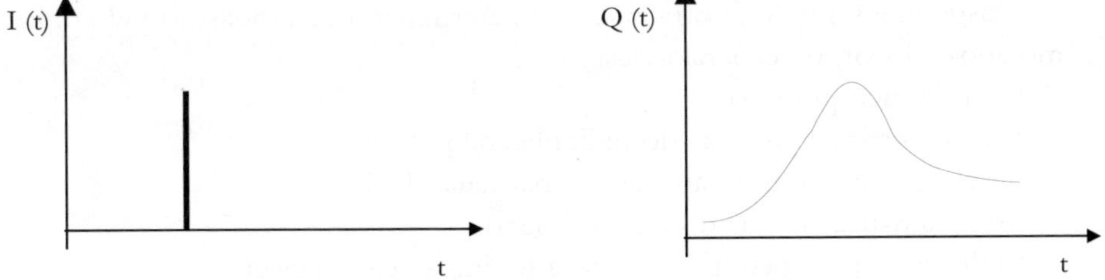

I (t) = Incorporação em função do tempo   Q (t) = Atividade incorporada em função do tempo

- *Várias Incorporações*

Estão relacionadas a contatos freqüentes com material radioativo, como, por exemplo, o que ocorre com profissionais ocupacionalmente expostos. Nas Figuras 5a e 5b está representado graficamente este processo.

Figuras 5 a e 5 b – Várias Incorporações

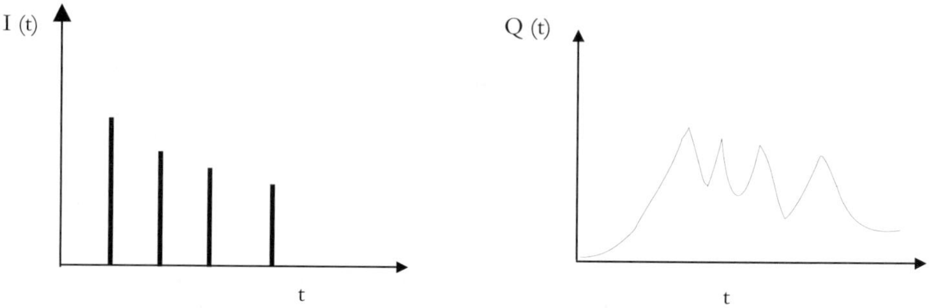

I (t) = Incorporação em função do tempo

Q (t) = Atividade incorporada em função do tempo

Os parâmetros morfológicos e fisiológicos do modelo matemático-metabólico proposto pela Comissão Internacional de Proteção Radiológica estão baseados no "Homem Referência: Homem[30]". O homem referência é um indivíduo inteiramente fictício que representa uma média das várias características humanas, tendo entre 20 e 30 anos de idade, com 1,70m de altura e pesando 70kg. É um sistema padronizado de dimensões e funções do organismo humano, adotado para otimizar as comparações entre estimativas de dose e comportamento metabólico realizadas em diferentes grupos de estudos.

Existe uma série de fatores que irão determinar a metabolismo pelo organismo após a incorporação. São eles:

- via de incorporação
- características químicas do radionuclídeo
- características aerodinâmicas das partículas inaladas
- características físicas do radionuclídeo
- tipo de radiação emitida em cada desintegração nuclear
- meia-vida do radionuclídeo
- características biológicas do organismo
- metabolismo do material radioativo pelo organismo
- taxa de absorção pelo sangue (análise de glóbulos vermelhos/brancos e plaquetas)

- concentração em órgãos e tecidos
- meia-vida biológica e efetiva do radionuclídeo
- anatomia dos diferentes órgãos em função do sexo e da idade
- condição de saúde do indivíduo exposto
- características individuais de cada pessoa

Uma vez dispersos no ambiente, os radionuclídeos podem alcançar o homem e/ou os animais por meio da inalação de partículas em suspensão e gases radioativos, ou então pela cadeia alimentar, pela ingestão de alimentos que concentram materiais radioativos. A concentração de radionuclídeos e a posterior incorporação pelo homem e/ou pelos animais, caracterizando a contaminação interna, pode ocorrer em vários níveis tróficos, como pode ser observado nas Figuras 6 e 7.

Figura 6. Esquema de transferência do material radioativo liberado no ar até o Homem[30]

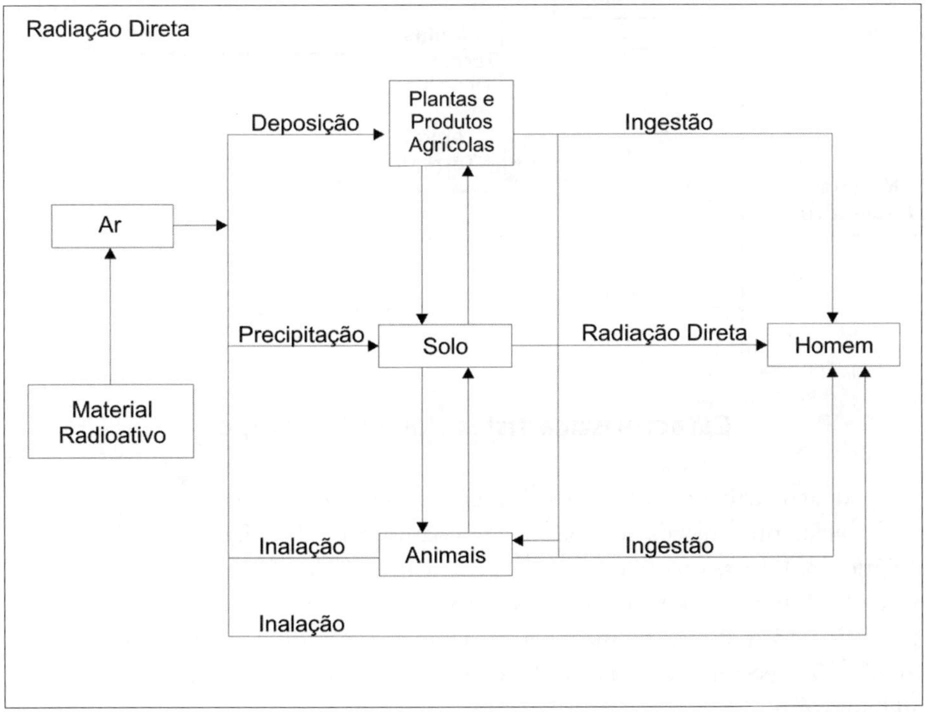

Figura 7. Esquema de transferência do material radioativo liberado no solo e na água até o Homem[30]

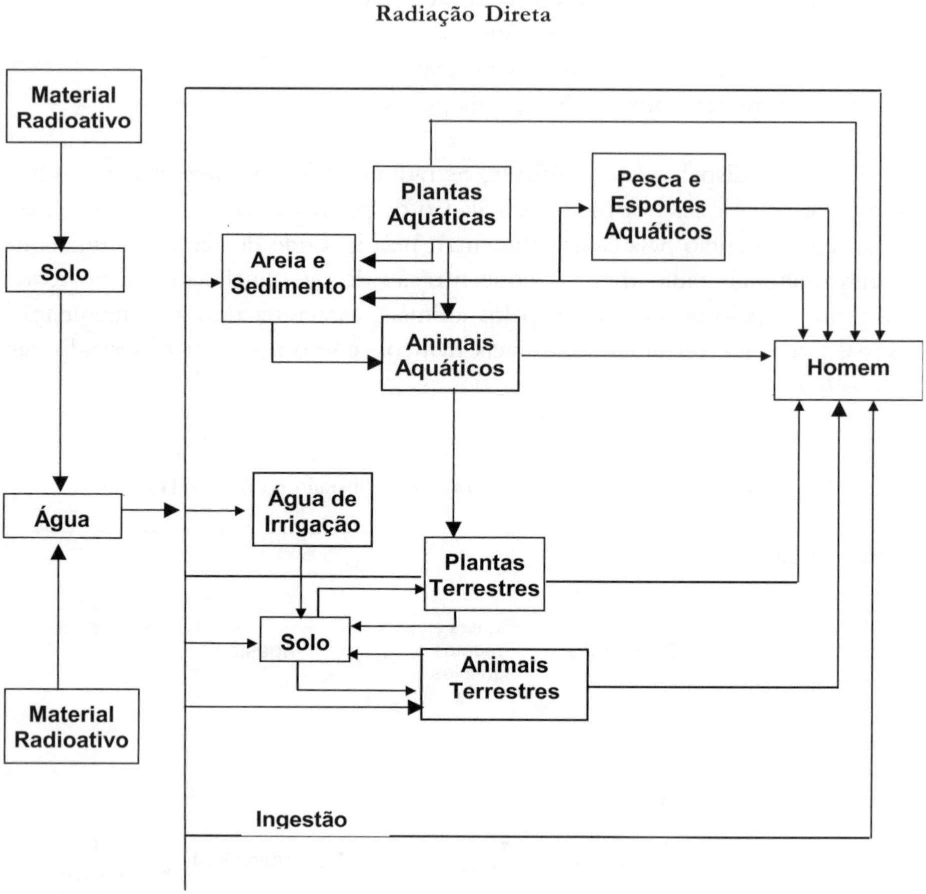

Característica física dos radioisótopos

Alguns elementos radioativos têm meia-vida muito longa, como, por exemplo, os elementos iniciais de cada série radioativa natural (Urânio-235, Urânio-238 e Tório-232). Dessa forma, é possível explicar, porque há uma porcentagem tão baixa de Urânio-235 em relação à de Urânio-238. Como a meia-vida do Urânio-235 é de 713 milhões de anos e a do Urânio-238 é de 4,5 bilhões de anos, o Urânio-235 decai muito mais rapidamente e, portanto, é muito mais utilizado que o Urânio-238.

Com o desenvolvimento de reatores nucleares e máquinas aceleradoras de partículas, muitos radioisótopos puderam ser produzidos, utilizando-se isótopos estáveis como matéria-prima, surgindo assim as Séries Radioativas Artificiais, algumas de curta duração.

Os radioisótopos possuem uma série de características que iremos apresentar na forma de tabelas, a seguir.

Tabela 2. Característica Física dos Radioisótopos

Radionuclídeo	Meia-vida	Radiação emitida	Energia (mev)
^{137}Cs	30 anos	β^-, e^-, γ	0,032 (β^-) 0,512 (γ)
^{90}Sr	28,1 anos	β^-	
^{192}Ir	74,2 dias	β^-, e^-, γ	
^{32}P	14,3 dias	β^-	1,710
^{35}S	87,51 dias	β^-	0,167
^{125}I	60 dias	e^-, γ	0,035
^{14}C	5.730 anos	β^-	0,356
^{3}H	12,33 anos	β^-	0,0186
^{32}P	14,3 dias	β^-	0,1710
^{125}I	60 dias	e^-, γ	0,027
^{128}I	25 meses	β^-, α, γ	0,443 γ
^{131}I	8 dias	β^-, e^-, γ	0,61 (89%) β^- 0,284 (6%) γ
^{99m}Tc	6 horas	e^-, γ	0,141 (91%) γ

Tabela 3. Vias de Contaminação

Radionuclídeo	Vias de Incorporação	Órgão Preferencial
^{137}Cs	Exposição	Músculo e Ovários
^{90}Sr ^{192}Ir	Ingestão e Absorção através da pele	Ossos
^{32}P	Ingestão e Absorção através da pele	Ossos
^{35}S	Inalação	Pele
^{125}I	Ingestão e Absorção através da pele	Tiróide
^{14}C	Ingestão e Absorção através da pele	Tecido Linfático e Osso
^{3}H	Ingestão e Absorção através da pele	Ossos
^{128}I	Inalação	Tiróide
^{131}I	Ingestão e Absorção através da pele	Ovários
^{99m}Tc	Ingestão e Absorção através da pele	Cérebro

Manipulação de materiais radioativos

Os processos de manipulação, guarda e descarte de radioisótopos, exigem a execução de um plano de trabalho que preveja as condições e uso de equipamentos de proteção individual e coletiva, pelos profissionais, infra-estrutura laboratorial e utilização de procedimentos e práticas padrões, a fim de evitar a contaminação e promover a proteção dos profissionais envolvidos (Kathrem, 1985). Devem, ainda, obedecer às diretrizes de proteção radiológica (PR) estabelecidas nas Normas da Comissão Nacional de Energia Nuclear (CNEN).

O pesquisador deve ser cadastrado na CNEN e, posteriormente, solicitar ao Serviço de Proteção Radiológica, da sua instituição, medidas de segurança.

O pesquisador responsável pelo departamento/laboratório é responsável pelo controle e atualização de toda documentação e dos registros dos pesquisadores envolvidos nas atividades com radioisótopos, além do controle dos resíduos produzidos, e comunicar ao Serviço de Proteção Radiológica qualquer eventualidade (Mello, 2001).

A porta de acesso ao laboratório deve ter a advertência de "área restrita/ radiação", identificando o nome do pesquisador principal e telefone de contato. Deve, ainda, indicar os radioisótopos utilizados.

A manipulação deve ser realizada em uma área destinada exclusivamente para o manuseio de radioisótopos, com o símbolo de radiação acima na bancada, demarcadas com fitas adesivas autocolantes, na cor amarela, com informações dos radioisótopos e, se possível, restritas a cada tipo de radiação. Os profissionais envolvidos devem ser monitorados, bem como toda a área do laboratório.

Orientações sobre o cumprimento das normas de boas práticas laboratoriais, tais como não fumar, não comer, não beber e não utilizar maquiagem, devem ser observadas pelos trabalhadores. Não pipetar líquidos radioativos com a boca.

O Serviço de Proteção Radiológica deve realizar o levantamento radiométrico rotineiramente num espaço máximo de 30 dias e relatar em caderno de levantamento radiométrico.

As superfícies de trabalho devem ser forradas com uma camada de papel impermeável e uma camada de papel absorvente, respectivamente. Caso seja necessário o transporte, utilizar bandejas que devem seguir o mesmo tipo de forração das superfícies de trabalho, além da utilização de carros de transporte.

Na implantação de novas técnicas e novos ensaios, estes deverão ser simulados antes sem o agente radioativo, verificando a disponibilidade de recipientes tanto para os resíduos sólidos quanto para os líquidos.

Todos os trabalhadores ocupacionalmente expostos devem utilizar dosímetros de monitoração individual (tronco, extremidade, tireóide, dentre outros) de acordo com o radioisótopo a ser trabalhado ou o tipo de radiação: alfa, beta, gama ou Raios X, bem como equipamentos de proteção individuais (EPI's), tais como: óculos de proteção; protetor facial; jalecos ou aventais cirúrgicos, compridos, com mangas longas, com punho em malha ou com elástico; toucas e luvas de látex descartáveis e ainda utilizar calçados fechados.

Trabalhar sempre com a supervisão de um monitor de área (tipo contador Geiger) para maior segurança.

Os agentes radioativos voláteis devem ser manipulados em capela química. Essa capela química deve possuir sistema de exaustão e filtração de partículas e, de acordo com o agente radioativo, blindagem lateral e no fundo em chumbo e, em caso necessário, visor plumbífero.

Não tocar nas fechaduras, maçanetas, telefones, bancos, cadeiras, dentre outros mobiliários com as mãos enluvadas ou não, sem antes verificar se há contaminação, através da utilização do monitor de área.

Ao término das atividades com radioisótopos verificar eventuais contaminações de superfícies de bancadas, equipamentos, materiais, luvas etc., utilizando-se um monitor de área ou de contaminação (Shapiro, 1990).

Qualquer acidente ou incidente deve ser comunicado a chefia do laboratório e ao Serviço de Proteção Radiológica. Manter registro por escrito.

Armazenamento

O pesquisador responsável deve, imediatamente ao recebimento da fonte, cadastrá-la em documento próprio e individual, informando toda a movimentação do agente radioativo (data de recebimento, pesquisa a ser aplicada, transferência, dentre outros dados).

Toda a fonte radioativa deve ser selada e identificada com o símbolo da radiação, tipo de fonte, tipo de emissão, atividade e data. Se aplicável, o volume ou a massa inicial e as alíquotas ou massas retiradas em cada experimento, devem estar registrados em livro próprio.

O armazenamento das fontes radioativas, deve ser em local especificado pelo Serviço de Proteção Radiológica e, de preferência, fora do laboratório se nele houver outras atividades não envolvendo radioisótopos.

O armazenamento de materiais radioativos em armários, geladeiras e freezers só é possível se permitido pela licença obtida do órgão oficial. Caso contrário, tais materiais devem ser armazenados em cabines de contenção (Assumpção, 1998, p. 100). Geladeiras e freezers utilizados para armazenamento de materiais radioativos devem ser identificados com o símbolo de radioatividade na porta. Nunca colocar esses materiais na porta. Se o material estiver armazenado em freezers ou ultrafreezers, ele deve ser descongelado, aberto e manipulado em capela especialmente projetada ou em cabine de segurança biológica, observando todas as medidas de proteção (Assumpção, 1998, p. a101).

No caso de armazenamento provisório na própria bancada, esta deve ser identificada com o símbolo de radioatividade. Nesse caso, o material radioativo deve estar em pequena quantidade e blindado com placas de chumbo ou de pexiglass, de acordo com o tipo de emissão e atividade do radionuclídeo.

De acordo com as Normas de PR da CNEN, toda instituição que trabalha com materiais radioativos, deve ter locais específicos para manipulação e para armazenamento, de acesso restrito, identificados com o símbolo de radioatividade, com informações sobre os radionuclídeos, nome de pessoas que têm acesso permitido, e devem ser mantidas trancadas.

Resíduos

No primeiro ensaio com materiais radioativos, o pesquisador deve estimar a atividade do rejeito sólido gerado (Bq/kg) ou a concentração radioativa do rejeito líquido (Bq/ml). A cada experimento deve preencher a ficha de rejeitos de inventários de produtos radioativos fornecida pelo Serviço de Proteção Radiológica.

Acondicionar os rejeitos provisoriamente no local de origem, separados por tipo de isótopo e meia vida física curta ou longa ($T1/2>60$ dias), observar as características físico-químicas (sólido, líquido ou gasoso; orgânico ou inorgânico, perfurocortante, agente biológico infectante).

Tratar ou armazenar os rejeitos radioativos de acordo com sua meia-vida e atividade, nas áreas de armazenamento temporário até que sua atividade atinja um valor semelhante ao do meio ambiente, podendo, então, ser liberados.

Agrupar os resíduos contendo diferentes radioisótopos, dentro da área de armazenamento temporário, por meia vida física próxima e mesmas características de desintegração.

Registrar os rejeitos em ficha de controle própria fornecida pelo Serviço de Proteção Radiológica, da qual deve constar a estimativa de sua atividade, data em que foi gerado e pesquisador responsável.

Os materiais e equipamentos não descartáveis devem ser descontaminados para reutilização. No caso de lavagem, estimar a atividade do volume líquido gerado.

Os rejeitos que estiverem abaixo do limite de isenção devem ter o mesmo destino que os resíduos da instituição. Nesse caso, retirar toda a identificação de rejeito radiativo.

É importante lembrar que materiais de atividade no nível ambiental, mas que apresentam radiotoxicidade, não podem ser liberados sem tratamento adequado.

Considerar como resíduo comum os rejeitos sólidos com atividade específica limitada a $7{,}5 \times 10^4$ Bq/kg (2μCi/kg). Considera-se, como hipótese conservativa, que 2% da atividade sempre permanece absorvida em seringas, ponteiras, frascos, chumaços de algodão, etc.

O acondicionamento provisório de rejeitos sólidos, deve ser efetuado em recipientes blindados ou não, dependendo do radioisótopo, identificados com símbolo da radiação, colocados dentro de sacos plásticos amarelos. Devem possuir a indicação visível do tipo de isótopo. Prever o uso de recipientes especiais apropriados à natureza do produto radioativo em questão.

Coletar materiais como agulhas, ponteiras de pipetas e outros objetos afiados, cortantes e perfurantes, contaminados por radiação, em recipientes específicos, com sinalização de radioatividade.

Os rejeitos líquidos devem ser coletados em bombonas plásticas, com capacidade máxima de dois litros, com tampa rosqueada e preenchidas até três quartos do seu volume total. Devem ser colocados sobre uma bandeja plástica funda o suficiente para conter o volume da bombona, caso haja um derramamento.

A identificação dos rejeitos deve conter: características físico-químicas (líquido orgânico, inorgânico, composto químico, objeto perfurante, etc.); características biológicas (carcaça de animal, agente biológico infectante, etc.); concentração e volume; origem (local ou laboratório de origem, data do descarte, técnico responsável pelo descarte); características radiológicas (radionuclídeo, meia-vida, atividade, taxa de dose).

Os rejeitos radioativos devem ser retirados e encaminhados ao depósito de armazenamento temporário de rejeitos radioativos, à espera do decaimento, onde serão mantidos sob controle até que a atividade alcance níveis que permitam sua liberação. Os resíduos radioativos de meia-vida longa, devem ser transferidos para o Setor de Serviços da CNEN da região em que foram realizados os ensaios, sob a responsabilidade do Serviço de Proteção Radiológica da instituição.

Proceder uma avaliação de risco para determinar qual o procedimento que deverá ser conduzido em relação aos rejeitos biológicos radioativos. Se esses rejeitos possuírem microrganismos de risco, deverão ser tratados, por processos químicos e posterior acondicionamento em freezers, visando o decaimento radioativo, em sacos plásticos, vedados e devidamente identificados.

Avaliar a atividade residual do líquido resultante do tratamento químico dos rejeitos infectados por microrganismos de risco. O volume residual desse líquido deve ser considerado rejeito líquido.

Os recipientes utilizados no descarte poderão ser reutilizados desde que não apresentem contaminação superficial externa superior a 4 Bq/cm^2 (10^{-4} $\mu Ci/cm^2$) que corresponde ao nível máximo de contaminação radioativa em recipientes.

Procedimentos para armazenamento de descarte para incineração contendo ^3H ou ^{14}C em geral, não constituem um problema radiológico, mas os solventes orgânicos são carcinogênicos, além de explosivos. Nesse caso, não devem ser eliminados, devendo ser armazenados com cuidados especiais ao seu poder explosivo.

Acidentes e emergências

Conforme Assumpção (1998: c102) em qualquer caso de acidente envolvendo material radioativo, o chefe do laboratório e o Serviço de Proteção Radiológica da instituição devem ser avisados, informando os dados necessários para a tomada de providências. Essas informações incluem:

- radionuclídeo envolvido;
- quantidade de radioatividade;
- forma química do material liberado;
- quantidade do material liberado;
- local do acidente;
- pessoas contaminadas ou expostas;
- tipo e seriedade dos danos;
- se houve contaminação do ar;
- providências iniciais implementadas;
- nome do chefe do laboratório/instalação e
- identificação e endereço do relator.

Nos acidentes que envolvam sérios riscos à vida e a saúde, enviar as vítimas ao hospital especializado para tratamento. Não havendo hospital preparado para este tipo de ocorrência, mobilizar uma equipe treinada em radioproteção, para receber as vítimas no hospital da municipalidade e supervisionar a descontaminação.

Descontaminação

- *Descontaminação de Pele*

Havendo a contaminação de superfícies do corpo ou da roupa, é importante que a contaminação seja removida o mais rápido possível, evitando assim que ela se espalhe a outras superfícies.

Lavar imediatamente as mãos e/ou qualquer parte do corpo que for contaminada, com água e sabão neutro. Recomenda-se cortar as unhas a fim de se remover parte da contaminação. Caso haja ferimentos, é necessário acompanhamento médico.

As vestimentas que forem contaminadas devem ser colocadas em sacos plásticos devidamente identificados com o símbolo da radiação e radionuclídeo presente e armazenadas visando o decaimento radioativo em níveis aceitáveis para posterior descarte.

A área atingida deve ser monitorada para verificação da sua extensão e de possíveis contaminações.

Estes acidentes devem ser comunicados ao chefe do laboratório e ao Serviço de Proteção Radiológica.

- *Descontaminação de superfícies e materiais de laboratório*

Com a adoção do procedimento de forração da bancada com papel impermeável e, por cima dele, papel absorvente, teremos um fator de contenção de contaminação muito eficaz, em casos de derramamentos de agentes radioativos líquidos.

Nesses casos deve-se antes de proceder à descontaminação, utilizar equipamentos de proteção individuais adequados, a seguir, efetua-se a retirada do material derramado, utilizando papéis absorventes ou qualquer material absorvente, colocando-os sobre a parte atingida fazendo movimentos de fora para dentro, exercendo leve pressão para remover o líquido derramado. Pode-se utilizar água em pequenas quantidades para a limpeza, entretanto recomenda-se que sejam utilizados papéis umedecidos em água. Esse procedimento deve ser repetido até que a radiação presente esteja em níveis aceitáveis.

No caso de derramamento de líquido radioativo sobre um material/equipamento, deve-se separá-lo para que sejam feitos os procedimentos de limpeza e descontaminação.

Recomenda-se transportá-lo para uma cabine química para execução do processo de limpeza/descontaminação. Utilizando papéis absorventes ou qualquer material absorvente, retire o máximo possível do agente radioativo e, se não for possível fazer a total descontaminação, separar o matérial/equipamento, aguardando assim o decaimento radioativo em níveis aceitáveis ou mesmo até não mais estar emitindo radiações.

Todo o material utilizado no processo de descontaminação (papéis, algodão, toalhas, dentre outros), deve ser colocado em sacos plásticos e ser considerado rejeito radioativo.

A área atingida deve ser monitorada com o propósito de averiguar possíveis contaminações.

O acidente deve ser comunicado ao chefe do laboratório e ao Serviço de Proteção Radiológica.

Cuidados com o pessoal envolvido

Os cuidados com o pessoal envolvido podem ser agrupados em duas modalidades: vigilância e monitoramento da saúde dos trabalhadores e treinamento.

Sistema de vigilância e de monitoramento da saúde dos trabalhadores

O sistema de vigilância é desenvolvido por meio da observação dos locais de trabalho, tendo em vista o levantamento dos possíveis riscos referentes ao desenvolvimento das atividades, devendo ser registradas as ocorrências de episódios inusitados e agravos à saúde do trabalhador, com a finalidade de recomendar e adotar medidas de prevenção e controle (Siqueira, Rocha & Santos, 1998, p. 290).

Inclui realização obrigatória dos exames médicos admissional periódico, de retorno ao trabalho, de mudança de função, demissional e exames complementares.

O laboratório deve manter um sistema de notificação de acidentes e incidentes supervisionado, sempre que possível, por um serviço de medicina do trabalho, além de estabelecer um sistema de investigação e análise de dados, visando determinar o nexo causal de prováveis doenças ocupacionais (Siqueira, Rocha & Santos, 1998, p. a291).

Treinamento profissional

O trabalhador que lida com materiais radioativos tem de assumir certas responsabilidades no seu trabalho. Ele constitui a primeira linha de defesa na proteção das pessoas e do ambiente que o cercam, contra os riscos de exposição à radiação e/ou contaminação. Portanto, é imperativo o conhecimento de práticas seguras, como atendimento às normas de uso de materiais radioativos e a ciência dos riscos envolvidos (Assumpção, 1998d, p. 96).

A instituição necessita implantar um sistema de educação continuada, assim como um treinamento antecipado à admissão de trabalhadores em temas voltados para a atividade a ser desenvolvida e para as questões de segurança, com reciclagens periódicas, e este sistema deve fazer parte da política de recursos humanos.

Referências

Assumpção, J. C. Manipulação e Estocagem de Produtos Químicos e Materiais Radioativos. In: Oda, L. M. & Avila, S. M. (orgs.). *Biossegurança em Laboratórios de Saúde Pública.* Brasília: Ed. M.S., 1998, pp. 77-103.

Bertelli, L. *Proposta para otimização na interpretação de dados de bioanálise para trabalhadores expostos à contaminação interna.* Doutorado. Rio de Janeiro: Instituto de Biofísica Carlos Chagas Filho da Universidade Federal do Rio de Janeiro, 1990.

Bessa S.; Guilobel, H.; Nasser, A. & Leitão, A. Estudos Dirigidos de Biofísica, Curso Médico 99, Universidade do Estado do Rio de Janeiro, Instituto de Biologia Roberto Alcantara Gomes, Departamento de Biofísica e Biometria, Gráfica da UERJ, Rio de Janeiro, 1999.

Brasil. Comissão Nacional de Energia Nuclear. *Certificado de Qualificação de supervisores de Radioproteção.* CNEN-NE-3.03, 1988.

———. *Diretrizes básicas de radioproteção.* CNEN-NE-3.01, 1988.

———. *Gerência de rejeitos radioativos em instalações radioativas.* CNEN-NE-6.05, 1985.

———. *Licenciamento de instalações radioativas.* CNEN-NE-6.02, 1984.

———. *Requisitos de Radioproteção e segurança para serviços de medicina nuclear.* CNEN-NE-3.05, 1989.

———. *Requisitos de Radioproteção e Segurança para Serviços de Radioterapia.* CNEN-NE-3.06, 1990.

———. *Requisitos para registro de pessoas físicas para o preparo, uso e manuseio de fontes radioativas.* CNEN-NE-6.01, 1997.

———. *Seleção e escolha de locais para depósitos de rejeitos radioativos.* CNEN-NE-6.06, 1989.

———. *Serviços de Radioproteção.* CNEN-NE-3.02, 1988.

———. *Transporte de materiais radioativos.* CNEN-NE-5.01, 1988.

Brooks, H. Pioneer nuclear scientist. *Am. J. Phys.*, vol. 57, n.° 10, United States of America, USA, 1989.

Brown, W. R. *Control of Radioactive Materials in Canada.* Ottawa, Canada: Atomic Energy Control Board Ottawa, 1990.

Bushong, S. C. *Essencial of Medical Imaging Series.* United States of America: Mc Graw-Hill Companies, 1998.

Early, P. J. Use of Diagnostic Radionuclides in Medicine. *Health Physics*, 69, pp. 649-661, United States of America, USA, 1995.

Freitas, A.C. *Caracterização da Exposição ao Ra-228 em algumas regiões do Brasil.* Doutorado. Rio de Janeiro: Instituto de Biofísica Carlos Chagas Filho, UFRJ, 1997.

Gilbert, A. *Origens Históricas da Física Moderna.* Lisboa: Fundação Calouste Guilbenkian, 1982.

Henkin et al. *Nuclear Medicine.* St. Louis, Missouri: Mosby, p. 335, 1996.

ICRP Publication n.° 60. *Recommendations of the International Comission on Radiological Protection.* Oxford: Ed. the International Comission on Radiological Protection by Pergamon Press, 1990.

ICRP Publication n.° 73. Radiological Protection and Safety in Medicine. Oxford: International Comission on Radiological Protection by Pergamon Press, 1996.

ICRU Publication 60. *Fundamental Quantities and Units for Ionizing Radiation.* Maryland, USA: Ed. The International Comission on Radiation Units and Measurements, 1990.

Johns, H. E. & Cunningham, J. R. *The Physics of Radiology.* 4th ed., Springfield, Illinois: Charles C. Thomas, 1983.

Kathrem, R. L. *Radiation Protection.* Medical Physics Handbooks, n.° 16, University of Washington, Join Center of Graduat Study, United States of America, USA,1985.

Knoll, G. F. *Radiation Detection And Mesuremente*, 3th ed. New York/Chichester/Weinheim/Bristane/Toronto/Singapure: John Wiley & Sons, 2000.

Medeiros, R. B. *Radioproteção no Manuseio de Radioisótopos*. São Paulo: Scipione, 1998.

Mello, C. S. *Avaliação das Condições de Proteção Radiológica dos Laboratórios do Instituto e Biologia Roberto Alcântara Gomes: Proposta de um Programa de Proteção Radiológica.* Mestrado. Rio de Janeiro: Instituto de Biologia Roberto Alcântara Gomes/Universidade do Estado do Rio de Janeiro, 2001.

NCRP 39. *Basic Radiation Protection Criteria.* Washington, DC: National Council on Radiation Protection and Measurements, 1971.

NCRP 59. *Operational Radiation Safety Program.* Washington, DC: National Council on Radiation Protection and Measurements, 1978.

NCRP 65. *Management of Persons Accidentally Cointaminated With Radionuclides.* Washington, DC: National Council on Radiation Protection and Measurements, 1980.

NCRP 105. *Radiation Protection for Medical and Allied Health Personel.* Washington, DC: National Council on Radiation Protection and Measurements, 1989.

NCRP 107. *Implementation of Principle as Low as Reasonably Achievable (ALARA) for Medical and Dental Personnel.* Washington, DC: National Council on Radiation Protection and Measurements, 1990.

Parker, S. *Marie Curie e a Radioativiade.* São Paulo: Scipione, 1996.

Quinn, S. *Marie Curie Uma Vida.* São Paulo: Scipione, 1997.

Rodney, D. I. Establishment of a University Radiation Safety Office. *Health Physics.* Northern Ireland: Pergamon Press, 1998.

Safety Series n.° 91. *Emergency Planning and Preparedness for Accidentes Involving Radioative Material, Used in Medicine, Industry, Research and Teaching.* Viena: International Atomic Energy Agency, IAEA, 1989.

Safety Series n.° 09. *Basic Safety Standards for Radiation Protection.* Viena: International Atomic Energy Agency, IAEA, 1982.

Shapiro, J. *Radiation Protection, A Guide for Scientists and Physicians.* 3rd ed. United States of America, USA: Harvard University Press, 1990.

Siqueira, P. P.; Rocha, S. S. & Santos, A. R. Vigilância e Monitoramento. In: Oda, L. M. & Avila, S. M. (orgs.). *Biossegurança em Laboratórios de Saúde Pública.* Brasília: Ed. M.S., 1998, pp. 161-188.

Tauhata, L. & Almeida, E. S. *Radiações Nucleares: Usos e Cuidado.* Rio de Janeiro: Instituto de Radioproteção e Dosimetria e Comissão Nacional de Energia Nuclear, 1990.

Universidade Federal de São Paulo. Escola Paulista de Medicina. Núcleo de Proteção Radiológica da Unifesp. *Proteção no Manuseio de Radioisótopos.* 1998, 35 p.

Wurzburg University. *Centenary of Roentgen.* Washington, DC: National Academy Press, 1995.

CRITERIOS DE SEGURIDAD PARA LOS TRABAJADORES DEL DIAGNÓSTICO VETERINARIO

Miguel Lorenzo Hernández
Orfelina Rodríguez
Esther Argote
Margarita Delfín
Onelia Peñate
Fernando Pérez Cañabate

Resumen

Los trabajadores de los Laboratorios de Diagnóstico Veterinario están expuestos al riesgo biológico derivado de la manipulación y uso de microorganismos, o muestras potencialmente infecciosas procedentes de animales enfermos o portadores con agentes biológicos zoonóticos, capaces de enfermar al hombre, entre los más importantes la Brucelosis, Toxoplasmosis, Leptospirosis, además de otras entidades vírales y fúngicas.

En la literatura universal se sitúan las *Brucellas* spp como la primera causa de infecciones adquiridas en el laboratorio, por lo que las instalaciones de diagnóstico veterinario deben desarrollar criterios de seguridad biológica encaminados a disminuir el riesgo para proteger al hombre y al medio ambiente. Entre estos criterios se concibe el desarrollo e implementación de un adecuado Programa de Seguridad Biológica que incluye los siguientes aspectos: establecer las estructuras de Seguridad Biológica en las instalaciones, documentar los procedimientos técnicos en materia de Seguridad Biológica, implementar el cumplimiento de las buenas prácticas de laboratorio, programa de vigilancia médica, programa de capacitación en materia de Bioseguridad a todo el personal, programa de control de accidentes e incidentes, programa de control de desechos biológicos, programa de control de vectores y procedimientos de emergencias. Es objetivo de nuestro trabajo describir el riesgo biológico derivado de la manipulación de los microorganismos en los laboratorios de diagnóstico veterinario, para poder desarrollar e implementar un adecuado Programa de Seguridad Biológica en los mismos, y llevar la Cultura de la Seguridad hasta el último trabajador de cada institución.

Introducción

La manipulación de las muestras y de los microorganismos en los laboratorios de la red veterinaria encargada del diagnóstico, representa para el personal que allí labora un riesgo potencial para la adquisición de enfermedades infecciosas, existiendo además la posibilidad de llevar esos agentes patógenos al medio ambiente, si no se cumplen las Buenas Prácticas de Laboratorio, sobre todo cuando se manipulan agentes de elevada patogenicidad. Por otra parte se reporta en la literatura infecciones adquiridas en los laboratorios inclusive con agentes de escasa patogenicidad (Miller, Songer & Sullivan, 1987; OMS, 1994). Además de los riesgos biológicos el personal está expuesto a los riesgos físicos, químicos y psico-fisiológicos (OMS, 1994).

Los trabajadores de los laboratorios (microbiología, anatomía patológica, virología) están más expuestos al riesgo biológico que el resto de los trabajadores, ya que ellos se pueden infectar de forma directa o indirecta (OMS, 1994).

Es necesario resaltar que el trabajo con los agentes biológicos patógenos no siempre conlleva al mismo nivel de riesgo, ya que esto depende de varios factores como son:

- *Capacidad patogénica del agente la cual viene dada*:
  - Transmisibilidad.
  - Infectividad
  - Virulencia.

- *Modo de trasmisión, la cual puede ser*:
  - Por contacto.
  - Por vía aérea (aerosoles). En estudios realizados se comprobó que un tercio de los 3,921 casos de infecciones ocurren por aerosoles (Meyden, *et al.*, 1992) y dependen de varios factores como son:
    - Viabilidad del agente.
    - Concentración de partículas (en el aerosol).
    - El tamaño de las partículas (en el aerosol).
    - La persistencia del aerosol en el medio ambiente.
  - Por un vehículo común.
  - Por vectores

- *Rango de huéspedes del agente.*

- *Disponibilidad de tratamiento eficaz.*

- *Disponibilidad de medidas eficaces.*

- *Concentración y volumen con que se trabaja.*

En Sudáfrica se comprobó que los laboratorios donde se producía la vacuna de la peste equina ocurrieron brotes de encefalitis y coriorretinitis entre los trabajadores (Meyden *et al.*, 1992).

Por lo tanto es necesario que los laboratorios se diseñen, realicen sus prácticas y tengan adaptado sus sistemas de seguridad de acuerdo con los microorganismos que se trabajen y su clasificación en grupos de riesgos (OMS, 1994).

El desarrollo de la vigilancia epizootiológica y el alto nivel alcanzado por nuestro país en las ciencias veterinarias produjo un aumento considerable de los laboratorios de diagnóstico como un soporte en los planes de lucha contra las principales enfermedades que afectan nuestra ganadería, tales como la brucelosis, leptospirosis, tuberculosis, enfermedades parasitarias y otras.

Las bases para la elaboración de los programas de seguridad biológica radican en los principios de Buenas prácticas de laboratorio, Diseño de las instalaciones y Equipos y Sistemas de Seguridad.

El objetivo de nuestro trabajo es describir el riesgo biológico derivado de la manipulación de los microorganismos en los laboratorios de diagnóstico veterinario, para poder desarrollar e implementar un adecuado programa de seguridad biológica en los mismos para llevar la cultura de la Seguridad hasta el último trabajador de cada institución.

Desarrollo

La infección es la entrada y desarrollo o multiplicación de un agente infeccioso en el organismo de una persona o animal (OMS, 1994) y la infección adquirida en el laboratorio es producto de la exposición ocupacional directa e indirecta a los agentes patógenos y va a estar influida por una serie de factores como son:

- *La extensión de la contaminación*

- *Las vías de infección que pueden ser:*
  - Inhalación
  - Ingestión
  - A través de heridas en la piel
  - Percutánea
  - Oral

- *La virulencia del agente*
- *Suceptibilidad del hospedero*

En un estudio de 3921 casos de infecciones adquiridas en los laboratorios desde 1949 hasta 1976 se señaló a las infecciones bacterianas como las más frecuentes durante las primeras siete décadas de este siglo, mientras las infecciones virales y rickettsiales fueron más frecuentes en la última mitad de ese período. Del total de casos solo el 18% se debió a accidentes conocidos y la Brucelosis, la fiebre Q, la fiebre Tifoidea, la hepatitis viral (todos los tipos) y la tuberculosis, se clasifican como las infecciones ocupacionales más frecuentes.

El primer riesgo a que están expuestos los trabajadores es en la actividad de recepción de las muestras, las cuales puede ser de diversos tipos (fluidos corporales, sangre, vísceras, exudados, tejidos de animales), estas muestras deberán ser enviadas de forma segura y luego en el laboratorio el personal encargado de esta operación debe manipularlas con todas las especificaciones, requisitos y medidas de seguridad descrito en las normas nacionales e internacionales.

El destino final de estas muestras y su tránsito por el laboratorio debe hacer-se de forma segura debido a que el riesgo de adquirir alguna de las enfermedades que constituyen zoonosis es elevado, siendo los más comunes: la brucelosis, leptospirosis y tuberculosis, las cuales también pueden constituir un grave peligro para los animales que conviven en el medio ambiente inmediato al laboratorio y la comunidad.

Las instalaciones donde se crían animales en los laboratorios también son áreas donde existe alto riesgo biológico (Urano *et al.*, 1995) donde es frecuente que ocurran contaminación de investigadores y cuidadores de animales por virus y bacterias entre ellas las *Pseudomonæ ruginosas*, siendo la fuente de infección los animales portadores sanos. Se demostró que el trabajo diagnóstico con hongos tiene un riesgo muy alto sobre todo en los trabajos de necropsias y biopsias (Campbell, 1995).

En el trabajo virológico, o en aquellos donde se manipule tejido nervioso de animales puede representar un riesgo por la posibilidad de adquirir infecciones vírales como la coriomeningitis linfocítica donde se reportaron 2 brotes entre trabajadores de Bioterios en E.U. (Dykewiez *et al.*, 1992). Se señala también el peligro por la presencia de priones cuando se sospecha de encefalopatías espongiformes (Delasnerie-Laupretre, 1994; OPS, 1997).

En todos los casos, cuando nos referimos a la Bioseguridad, debemos tener en cuenta dos aspectos básicos, que son:

Diseño adecuado de las instalaciones de acuerdo a los agentes biológicos que se manipulen

El diseño de los laboratorios será de acuerdo con el nivel de contención y el grupo de riesgo de los agentes que se manipulen, pudiendo ser estos básicos: nivel de Bioseguridad I y II; de contención, nivel III y de máxima contención o nivel IV. El diseño siempre tendrá como objetivo limitar al máximo el contacto del agente biológico patógeno con el exterior, proteger a los trabajadores y al medio ambiente. En la proyección de estas instalaciones, debe incluirse los tratamientos de residuales, plantas accesorias y otros objetos de obras.

Sistemas de seguridad según el nivel de contención requerido

Existen diferentes sistemas de seguridad en las instalaciones que dependen del nivel de Bioseguridad y lo van a conformar los sistemas de filtración del aire, uso de los gabinetes de seguridad, autoclaves, medios de protección individual y otros.

Es por eso que dentro de los criterios de seguridad se concibe el desarrollo e implementación de un Programa de Seguridad Biológica.

Programa de Bioseguridad

El programa de Bioseguridad debe tener entre sus componentes los siguientes aspectos:

- Establecer la Política de Seguridad en la institución.
- Establecer las estructuras de Seguridad Biológica en las instalaciones.
- Documentar los procedimientos técnicos en materia de Seguridad Biológica.
- Implementación de las buenas prácticas de laboratorios.
- Programa de capacitación del personal.
- Programa de vigilancia médica.
- Registro e investigación de accidentes/incidentes y exposiciones.
- Programa de control de desechos biológicos.
- Programa de control de vectores.
- Procedimientos de emergencias.

El análisis de los riesgos lo componen tres elementos, la evaluación, la gestión y la información al público, de ellos la evaluación consta de varios aspectos entre ellos, se deben identificar y caracterizar los riesgos, por ejemplo los trabajadores de los laboratorios de microbiología, patología, virología están más expuestos que el resto del personal al riesgo biológico, ya que ellos se pueden contaminar de forma directa o indirecta con los agentes biológicos presentes en la instalación, los resultados de estas evaluaciones permiten adoptar las medidas de gestión para minimizar los riesgos identificados y lograr un nivel aceptable de seguridad, debido a que no se puede exigir cero riesgo.

Este Programa de Bioseguridad se confeccionará de acuerdo a los resultados de la evaluación de riesgos y debe contener los siguientes aspectos:

Establecer la política de seguridad en la institución

La dirección de la institución definirá la política de seguridad que se implantará en el centro, el orden de prioridades, los recursos que se disponen y los demás elementos para implantar el programa de Bioseguridad.

Establecer las estructuras de Seguridad Biológica

Incluye la creación de los Comités Institucionales de Bioseguridad.

Documentar todos los procedimientos en materia de Bioseguridad

Esto incluye el Manual o Reglamento de Bioseguridad y documentar todos los procedimientos en materia de Seguridad Biológica.

Implantación de las buenas prácticas de laboratorio

Las prácticas apropiadas para trabajar en los laboratorios están descritas en los manuales nacionales e internacionales, las cuales detallan esas prácticas en los distintos niveles de Bioseguridad donde se trabaje; entre estos está la prohibición de pipetear con la boca, ingerir alimentos y aplicarse cosméticos en los laboratorios, uso de la ropa adecuada, notificación de cualquier accidente o incidente con agentes biológicos y sus productos, uso de guantes y otros medios de protección individual, limitación de la entrada al laboratorio del personal ajeno al mismo; de acuerdo al nivel donde se trabaje.

Implantación del programa de vigilancia médica

Este programa comprende tanto los chequeos médicos pre-empleos y sistemáticos, donde el grado de especialización dependerá del nivel de Bioseguridad establecido, el banco de sueros, los exámenes serológicos de acuerdo a los agentes biológicos más frecuentes con los que se trabaja, la necesidad de portar por parte del trabajador de una tarjeta médica especial donde se consigne: tipo de riesgo, grupo al que pertenecen los agentes con los que trabaja, centro hospitalario donde debe acudir en caso de un imprevisto. Debe incluir un adecuado programa de vacunación e inmunización en dependencia del riesgo.

Programa de capacitación en materia de seguridad a todos los niveles

Este programa se confeccionará de acuerdo al tipo de instalación que se trate, nivel de instrucción que deba tener el personal y demás aspectos relacionados con los riesgos presentes y potenciales y las medidas de seguridad y protección que se deben implantar.

Registro e investigación de accidentes, incidentes y exposiciones

Este programa permite establecer un registro de los accidentes e incidentes así como un registro de las infecciones adquiridas en el laboratorio (enfermedades profesionales o no).

Programa de control de los desechos biológicos

Debe establecerse y documentarse los procedimientos para la descontaminación y eliminación final de los desechos biológicos potencialmente infecciosos y sus controles adecuados.

Programa de control de vectores

Este control se hará de forma sistemática, documentado.

Conclusiones

El personal que trabaja en dichas instalaciones está expuesto a los riesgos físicos, químicos y mucho mayor al biológico, estando documentada en la literatura las infecciones adquiridas en el laboratorio a través de la ocurrencia de accidentes, por los aerosoles y por los animales de laboratorios.

Para minimizar el riesgo biológico se debe implantar un Programa de Seguridad Biológica donde se tenga en consideración los resultados del análisis de riesgo.

Este programa será chequeado de forma sistemática por las autoridades institucionales y nacionales de Seguridad Biológica.

Bibliografía

Campbell, C. K. Hazard to laboratory staff posed by fungal pathogens. *Journal of Hospital Infection* 30 (supplement), pp. 358-363, 1995.

Delasnerie-Lauprete. *Epidémiologie des maladies humanies à agents transmissibles non conventionnels.* TCB 5: 339-343, 1994.

Dykewiez, C. A.; Dato, V. M.; Susan, P.; Fishier-Hoch, Howarth, M. V.; Pérez-Oronoz, G. I.; Ostroff, S. M.; Gary Jr, H.; Schonberger, L. B. & McCormick, J. B. Lymphocytic choriomeningitis outbreak associated with nude mice in a Research Institute. *Journal of the American Association*, March 11, vol. 267, n.° 10, 1992.

Meyden, C. H.; Erasmus, B. J.; Swanepoel, R. O.; Prozesky, W. Encephalitis and chorioretinitis associated with neurotropic African horse sickness virus infected in laboratory workers. Part I clinical and neurological observations. *S. Afr. Med. J.*, 81, pp. 451-454, 1992.

Miller, C. D.; Songer, J. R.; Sullivan, J. F. A twenty-five year review of laboratory-acquired human infections at the National Animal Disease Center. *Anm. Ind. Hyg. Assoc. J.*, 48 (3), pp. 271-275, 1987.

OMS, Organización Mundial de la Salud. *Manual de Bioseguridad.* Genebra, 1994.

Organización Panamericana de la Salud. *Manual para el control de las enfermedades transmisibles.* Abram S. Benenson (ed.). Publicaciones científicas n.º 564, Organización Panamericana de la Salud (OPS), 1997.

Pike, R. M. *Laboratory-associated infections: Summary and analysis of 3921 cases. Laboratory-associated infections*, 13(2), pp. 105-114, 1976.

Urano , T.; Noguchi, K.; Jiang, G. & Tsukumi, K. Survey of Pseudomona aeruginosa contamination in human beings and laboratory animals. *Exp Anim.*, 44(3), pp. 233-239, 1995.

EMERGÊNCIA LABORATORIAL

Francelina Helena Alvarenga Lima e Silva

Introdução: a interação homem-animal

A História humana está marcada pelo estabelecimento da relação de sobrevivência material e espiritual entre o homem e os animais. Por meio de informações calibradas, isto é aquelas na qual se utilizou o radiocarbono para se fazer datações, verificou-se que há aproximadamente 11.000 anos antes de Cristo apareceram os primeiros povoamentos humanos. A domesticação de animais e o cultivo de plantas, como alimento, datam de aproximadamente 8.500 anos antes de Cristo, no sudoeste da Ásia (Lima e Silva, 2002).

As primeiras ações relativas a uma aproximação cultural com os animais datam da transição do período Plioceno para o Pleistoceno, quando os homídeos primitivos, usuários da pedra, evoluíram a *Homo* e *Homo sapiens*, sendo estes caçadores-coletores fabricantes de utensílios, em um período que está mais ou menos demarcado entre um milhão e quinhentos mil anos. Em virtude da capacidade adaptativa do homem, este foi capaz de suportar as violentas mudanças ambientais e dominar outras espécies em seu benefício, objetivando a sobrevivência. O desenvolvimento de habilidades motoras que permitiram a fabricação de instrumentos e a descoberta do fogo foi crucial para a espécie humana na defesa, na caça e na domesticação de animais.

Algumas representações que os homens faziam dos animais ficaram registradas nas pinturas rupestres, a arte das cavernas que manifestava a vida selvagem quase que em forma obsessiva (Campos, 1997a, p. 76). Os desenhos e pinturas não eram apenas manifestações artísticas, mas a forma de informação de uma época, de valores e da estética para os membros do seu ou de outros grupos sobre o presente material. Os desenhos de animais encontrados em sítios arqueológicos no Brasil, os felídeos, o lagarto e outros representantes da nossa fauna primitiva, na maioria das vezes, aparecem com signos e símbolos que são encontrados junto a outros temas demonstrando que certo signo ou símbolo não está associado a determinado animal representando-o e sim a alguma coisa que referencie o animal ou algo o relacionando com o tempo de maior abundância, possivelmente indicando boa caça ou perigo (Beltrão *apud* Lima e Silva, 2002).

As figuras humanas, quando representadas nas pinturas apresentam-se como caçadores atacando animais ou como sacerdotes vestindo peles e enfeites de penas, realizando ritos mágicos. Em enterros, foram encontrados ossos de animais, chifres e resíduos de peles que envolviam o morto, demonstrando a importância desses artefatos provenientes de animais nos ritos funerários.

A domesticação de mamífero mais antiga conhecida foi do cão por volta de dez mil anos antes de Cristo no sudoeste da Ásia, China e América do Norte, domesticado como guarda e companheiro de caça. Outros mamíferos foram domesticados por agricultores-criadores sedentários, depois da última era glacial, entre oito mil e dois mil e quinhentos anos a.C. Os animais domesticados, como fonte de alimento, vestuário e transporte, cujos primeiros achados arqueológicos foram registrados, são: ovelhas, cabras e porcos há mais ou menos oito mil anos a.C., no sudoeste da Ásia e China; vaca há seis mil anos a.C., sudoeste da Ásia e Índia; cavalo, burro, búfalo da Índia há quatro mil anos a.C., na Ucrânia, Egito e provavelmente na China; lhama e alpaca há três mil e quinhentos anos a.C., nos Andes; camelo e dromedário há dois mil e quinhentos anos a. C. na Ásia Central e Arábia (Diamond, 1997).

Pequenos mamíferos foram domesticados muito depois de dois mil e quinhentos a.C.; os coelhos, por exemplo, foram domesticados na Idade Média para suprir a necessidade de carne, os ratos e camundongos só passaram a ser utilizados em pesquisas laboratoriais no século XX, os hamsters tornaram-se animais de estimação na década de 30 do século XX. As cobaias, utilizadas largamente na pesquisa e controle de qualidade da vacina BCG e outros imunobiológicos, são considerados pelos povos andinos, desde a Antiguidade, como uma iguaria. Assim, a convivência com os animais levou o homem a adquirir doenças infecciosas, zoonoses, embora a maioria dos microrganismos responsáveis por epidemias na Antiguidade esteja atualmente restrita aos seres humanos devido a adaptações mais vantajosas para o microrganismo (Diamond, 1997a, p. 418).

Riscos provenientes do manejo de animais

A perspectiva utilitarista dos animais como promotora do bem-estar humano está inserida profundamente na cultura, tanto no sentido do alcance do conforto material, visando à sobrevivência física, como no sentido de lenitivo espiritual, visto que os animais assumiram, em muitas civilizações, a importância de representações de divindades. O mundo moderno, cujo principal foco está situado na sociedade ocidental, investiu na produção da ciência como forma máxima de seu aprimoramento cultural, estando também neste âmbito a utilização dos animais como "objetos" favorecedores da realização da ciência.

A utilização de animais, na experimentação científica, vem sendo substituída por outras metodologias científicas como, por exemplo, a cultura de células, a cultura de tecidos, assim como softwares que simulam a cinética de distintas drogas sobre os organismos vivos. Nas pesquisas, que envolvem a áreas de fármacos, produtos imunobiológicos e o desenvolvimento de experimentos específicos em vários campos científicos, o uso de animais ainda se faz necessário (Richmond & Nesby-O'Dell, 2002).

Por causa da nossa proximidade com os animais, tanto os domésticos quanto os de laboratório, somos certamente bombardeados por microrganismos que são uma constante fonte de risco. Cardoso (1998, p. 112) nos demonstra o risco no manejo de animais em experimentação quando cita:

> o manejo de animais em experimentação oferece, basicamente, dois tipos de risco; o de infecção e o de agressão (traumático), que muitas vezes leva ao infeccioso. Do ponto de vista da infecção, há também dois tipos de risco: as zoonoses (as naturais e as adquiridas no laboratório) transmissíveis ao homem e a manipulação do material contaminado, que oferece os mesmos riscos que os mencionados anteriormente.

Os animais de laboratório podem excretar microrganismos patogênicos nas fezes, urina, saliva ou aerolizá-los no ar; estes podem penetrar por quaisquer das vias de entrada expostas, produzindo infecções. No caso dos animais, existe a possibilidade de inoculação por mordeduras e arranhões; assim como transmissão direta, por contato com o animal, sangue ou tecidos coletados nas autópsias, e a transmissão indireta, por inalação da poeira originada das gaiolas e camas dos animais.

Deve-se levar em consideração que os animais infectados podem apresentar infecções subclínicas, não demonstrando os sintomas da doença, desse modo todos os animais devem ser tratados como potencialmente infectados.

Emergências laboratoriais

Durante os procedimentos laboratoriais, existe a possibilidade de acontecimentos que levem a situações de risco, gerando emergências. Os riscos presentes no ambiente laboratorial são de natureza química, física, biológica, e podem ser o resultado de acidentes, como: derramamentos químicos e biológicos, fogo, escape de gás, curto-circuito, dentre outros. A emergência laboratorial envolve também a necessidade médica de assistência ao trabalhador. Na ocorrência dos eventos geradores de emergência, há necessidade de respostas imediatas, e elas deverão vir na forma de um plano estratégico implementado pela instituição.

Esse plano estratégico deverá incluir, além das medidas emergenciais relacionadas com as situações de risco, um plano de evacuação das instalações, divulgação de informação sobre os riscos, estabelecimento de comunicação imediata através de um número telefônico para situações de emergência laboratorial, telefone de alerta para emergência relacionada com fogo, brigadas de incêndio treinadas e treinamento habitual dos trabalhadores, visto que é necessário que todos os trabalhadores saibam como atuar diante dessas situações. A comunicação interna deve ser facilitada e informações visuais devem ser disponibilizadas através de sinalizações de alerta e de segurança, além de alarmes sonoros. Todos os acidentes e incidentes deverão ser reportados ao superior imediato, além de registrados e investigados.

No que tange à emergência relacionada com o trabalho com animais de laboratório, deve-se seguir os mesmos planos estratégicos referentes às medidas emergenciais específicas às situações de risco nos laboratórios que manipulam agentes de risco biológico e de risco químico (CDC, 1999).

Procedimentos em emergências

Para emergências, tais como fogo, explosão, derramamento ou acidentes no transporte de materiais de risco, os procedimentos básicos são:

- Resgatar o indivíduo acidentado.

O resgate deverá ser efetuado, desde que não ponha em risco o socorrista. Se este for treinado, deverá prestar os primeiros socorros.

- Avisar aos trabalhadores que se encontram no entorno do acidente para permanecerem fora da área até que a situação se estabilize.
- Chamar atendimento especializado para o acidentado.
- Em caso de incêndio, acionar o alarme e avisar a Brigada de Incêndio da instituição imediatamente.

Emergências envolvendo o trabalho com animais

- *Recomendações gerais*

- O trabalho com animais deverá ser realizado somente por pessoas treinadas na técnica de manuseio de animais e outros procedimentos laboratoriais.

• Conhecer as informações contidas nos símbolos e sinais indicativos de risco ou alerta nas áreas laboratoriais onde se trabalha com animais: NB-A1, NB-A2, NB-A3 e NB-A4.

• Usar equipamentos de proteção individual (EPI) apropriados sempre que trabalhar com animais.

• Lavar as mãos sempre que retirar as luvas ou ao entrar e sair das áreas laboratoriais NB-A.

• Não manusear lentes de contato no laboratório.

• Remover as luvas e lavar as mãos sempre que deixar o laboratório de experimentação ou de criação de animais.

• Ter conhecimento e informação sobre os riscos à saúde e à segurança dos profissionais, presentes no trabalho ou pesquisa que envolva animais.

• O trabalho com animais não deverá ser desenvolvido em outras áreas laboratoriais.

• Não transitar com caixas vazias, garrafas de água, comedores, etc., em áreas públicas ou áreas laboratoriais que não sejam específicas para o trabalho com animais.

• Usar carrinho para transportar caixas e gaiolas de animais.

• Operações que envolvem os riscos: biológico, químico ou radioativo e, que possam ser geradores de aerossóis, devem ser realizados em Cabines de Segurança Biológica (CSB) ou outro equipamento de contenção que possua sistema de troca de ar. Nessas operações, estão incluídos os agentes anestésicos.

• Conter e limpar qualquer tipo de derramamento.

• Seguir os requerimentos de Biossegurança para os agentes biológicos, químicos e radioativos em todas as atividades envolvendo animais.

• Tomar extremo cuidado no manuseio de materiais perfurocortantes, tais como agulhas, bisturis, cânulas, tesouras e outros.

• Descartar os materiais perfurocortantes em recipientes de paredes rígidas, autoclaváveis, com tampa, à prova de vazamento, e que contenham o símbolo internacional de risco biológico.

• Descartar os resíduos segundo as diretrizes da instituição e as normas municipais, estaduais e federais.

• No trabalho com espécies animais mais agressivos, como por exemplo roedores silvestres, exigem-se o uso de luvas especiais (nitrílicas ou de raspas de couro), de maior resistência.

• Nunca tocar em animais, em experimentação ou de captura, ou qualquer material que tenha tido contato direto com estes sem utilização de luvas.

• Todas as mordidas, arranhões e cortes que resultem em sangramento devem ser imediatamente lavadas com água e sabão por pelo menos 15 minutos.

Notificar ao responsável pelo laboratório, procurar imediatamente o serviço médico da instituição e registrar o ocorrido (University of California, 2003).

- Quaisquer alterações no quadro de saúde do trabalhador da área laboratorial onde se executam atividades com animais, devem ser registradas e notificadas ao serviço médico da instituição.

- *Mordidas, arranhões e cortes*

Os trabalhadores que desenvolvem atividades com animais estão sujeitos a arranhões e mordidas, além de cortes, no manejo de animais e dos materiais utilizados para a sua manutenção, como, por exemplo, gaiolas e mamadeiras. Devem ser treinados no manuseio e técnicas de contenção de animais, além dos procedimentos laboratoriais de pesquisa específicos.

A exposição pode ser dividida em tipos como: com mordidas e sem mordidas.

Qualquer penetração da pele pelos dentes constitui exposição com mordida. As mordidas são responsáveis por quase todas as complicações infecciosas. Arranhões, escoriações, ferimentos abertos ou mucosas contaminadas com saliva ou outro material potencialmente infeccioso proveniente do animal como, por exemplo, sangue, soro, fezes ou urina, constituem exposições sem mordida.

As infecções iniciam-se após a inoculação profunda de agentes patogênicos na pele e nas partes moles, em geral de 12 a 24 horas. O índice de hospitalização é considerado baixo (cerca de 1%). Os grupos de alto risco, de uma forma mais ampla, são as crianças, os criadores de animais, os médicos veterinários, os tratadores de animais, os treinadores de animais, os funcionários de laboratório e os carteiros.

O desenvolvimento de infecções dependerá, basicamente, dos microrganismos envolvidos, microbiota da orofaringe do animal, da pele agredida, do solo e dos materiais orgânicos envolvidos e do tipo e gravidade da exposição.

O *Streptobacillus moniliformis* ou *Spirillum minus* são os agentes etiológicos da febre da mordedura do rato. Após a cura da ferida, a infecção se instala, o que difere de outras mordeduras. Esses microrganismos estão presentes na orofaringe de ratos, animais de laboratório, roedores domésticos e silvestres.

A *Pasteurella multocida* encontra-se presente na nasofaringe de mamíferos, gatos, cães, grandes felinos (leões e tigres), suínos, ovinos, gado, coelhos, ratos e pássaros. A infecção desenvolve-se mais comumente com celulite, em torno da ferida, mas podem ocorrer ainda abscesso localizado, osteomielite, artrite séptica, peritonite, aneurisma micótico, meningite, epiglotite aguda, pneumonia e corioamnionite. Arranhaduras e aerossóis formados por gotículas oriundas dos animais portadores, também podem levar à infecção.

Infecções transmitidas por animais de laboratório, principalmente pela inoculação direta por mordidas e arranhaduras, representam um risco potencial para os profissionais de biotério. Os procedimentos de Biossegurança podem minimizar os riscos: aquisição de animais isentos de patógenos (SPF — *Specific Pathogen Free*); acompanhamento médico veterinário; quarentena dos animais que chegam; identificação, isolamento e descarte dos animais infectados; uso de caixas ou gaiolas especiais de contenção; roupas de proteção, dentre outras (Cardoso, 1996).

O vírus da coriomeningite linfocítica (CML) apresenta distribuição mundial em camundongos infectados e o homem se infecta diretamente pelo contato com as secreções e excreções desses animais.

Dentre aproximadamente 35 espécies de herpesvírus isolados de primatas não humanos, o *Herpesvirus simiæ* é o único que causa preocupação zoonótica significativa. O vírus B é patogênico para o homem e na maioria das vezes resulta em morte. A maioria das transmissões para o homem se dá com a exposição à saliva contaminada do macaco, através de mordidas ou de arranhaduras.

Nas emergências com mordidas, arranhões e cortes

• Lavar a área afetada com água e sabão (comum ou usado em limpeza pesada que geralmente possui teor de potassa), por pelo menos 15 minutos. Não usar sabonete, este não possui solução adstringente. A finalidade principal desse procedimento é a remoção de saliva que se adere firmemente às feridas e carreia microrganismos (Campos, 1997b, p. 84).

• Caso ocorra sangramento, controlá-lo aplicando pressão direta com gaze estéril.

• Cobrir o local ferido com gaze estéril.

• Procurar imediatamente o serviço médico da instituição.

Com primatas não humanos do Gênero *Macaca* mordidas, arranhões ou qualquer exposição a sangue, saliva, urina, fezes e tecidos é considerado risco, além de cortes ou arranhões produzidos pelas suas gaiolas, acidentes com perfurocortantes, respingos e derramamentos de líquidos que estiveram em contato com esses animais. Esse gênero é um reservatório potencial de vírus *Herpes B* causador de grave zoonose (University of California, 2003).

Após o acidente envolvendo esses primatas, o animal deve ser mantido em observação à procura de salivação intensa e lesões na cavidade oral, características do vírus B (Cardoso, 1998a, p. 119).

Nos primatas não humanos a transmissão de doenças zoonóticas para o homem é menos freqüente, mas são exigidos cuidados especiais no seu manejo e medidas preventivas. Esses primatas são susceptíveis a doenças humanas como influenza, sarampo e tuberculose. O pessoal que trabalha com esses animais deve fazer anualmente controle de Tuberculose, ao apresentar sintomas de gripe ou de lesões de *Herpes simplex* deverá evitar a área onde estes animais se encontram, até os sintomas desaparecerem.

Precauções básicas no trabalho com Primatas

- Somente pessoas treinadas devem manejar esses animais.
- Usar equipamento de proteção individual composto de: uniforme (calça, blusa de manga longa), jaleco de manga longa de tecido resistente e/ou jaleco descartável resistente, luvas descartáveis nitrílicas ou luvas de raspa de couro, protetores de antebraço, botina de couro ou bota de material sintético autoclavável, pró-pé descartável, óculos de segurança com proteção lateral com máscara descartável ou protetor facial com máscara descartável, gorro ou boné descartável.
- Nunca use os EPI's fora da área dos animais.
- No caso de mordidas, arranhões e cortes: Lavar a área afetada com água e sabão por pelo menos 15 minutos.
- Caso ocorra sangramento, controlá-lo aplicando pressão direta com gaze estéril.
- Cobrir o local ferido com gaze estéril.
- Procurar imediatamente o serviço médico da instituição.

- *Exposição de Olhos, Nariz e Membranas Mucosas*

- Irrigar o olho afetado imediatamente utilizando lava-olhos portátil tipo frasco de lavagem ocular ou através do lava-olhos acoplado a pia ou chuveiro de emergência, utilizando-o por 15 a 20 minutos.
- Nunca usar sabão, hipoclorito de sódio ou qualquer outra substância para lavar os olhos, nariz e membranas mucosas.
- Procurar imediatamente o serviço médico da instituição

- *Alergias*

Uma das enfermidades mais comuns associada ao trabalho com animais é a alergia. O risco de desenvolvimento de alergias depende de parâmetros tais como: espécie animal, tipo de instalação laboratorial, ventilação do ambiente, estado de saúde e grau de imunidade do trabalhador. Em relação à sensibilização do trabalhador ante os alérgenos, podemos encontrar indivíduos:

- Normais: nenhuma evidência de doença alérgica.
- Atópicos: Doença alérgica preexistente.
- Assintomáticos: anticorpos para alérgenos animais.
- Sintomáticos: sintomas clínicos a exposição de alérgenos protéicos animal.

Os sintomas dependem da reação alérgica ao agente causal, podendo ser uma urticária de contato, conjuntivite alérgica, rinite alérgica, asma ou até mesmo anafilaxia.

As fontes mais comuns de alérgenos são: proteínas existentes na saliva, urina e tecidos, cama dos animais, poeira, pêlos, penas, fungos do ambiente. O uso de EPI em todos os trabalhos que envolvam o manuseio direto dos animais ou a sua manutenção (alimentação, troca e limpeza de caixas, etc.), além dos cuidados com a higiene pessoal e ambiental, a vigilância médica são fatores que irão minimizar o risco de alergia nos trabalhadores dessas áreas (Tartelon State University, 2002).

Derramamento de agentes de risco biológico no laboratório

Os derramamentos de agentes de risco biológico que ocorram fora da cabine de segurança biológica geram aerossóis, que podem ser dispersos, através do ar, no interior do laboratório ou através do sistema de refrigeração central. O derramamento, pode ser de risco elevado caso envolva agentes de risco biológico da classe de risco 3, como, por exemplo, o *M. tuberculosis.* Para reduzir o risco de inalação, os ocupantes do laboratório devem deixá-lo, imediatamente. A reentrada para descontaminação e limpeza deverá ser efetuada no mínimo trinta minutos após o derramamento. Durante esse tempo o aerossol produzido deverá ser removido pelo sistema de exaustão da sala.

• *Derramamento sobre o corpo*

• Remover a roupa contaminada, colocá-la em saco plástico autoclavável, identificado com o símbolo internacional de risco biológico ou em recipientes autoclaváveis com tampa.

• Lavar cuidadosamente a área do corpo exposta ao agente de risco biológico, com água e sabão, por pelo menos um minuto. Se necessário use o chuveiro de emergência.

• Sangue ou outro fluido corpóreo carreador de agentes de risco biológico que atinjam os olhos, devem ser imediatamente removidos através de lavagem utilizando-se os lava-olhos durante quinze minutos.

• Comunicar o acontecimento ao responsável pelo laboratório.

• Procurar imediatamente o serviço médico da instituição.

• Monitorar através do acompanhamento e de exames médicos todas as pessoas envolvidas nesse incidente e na sua limpeza.

• *Derramamento com Agentes de Risco Biológico Classe 1*

• Usar os equipamentos de proteção individuais (EPI's) compostos de luvas descartáveis, jaleco de manga longa ou jaleco descartável, máscara descartável, óculos de segurança ou protetor facial e gorro.

• Colocar papel toalha ou outro material absorvente sobre o derramamento, verter sobre o papel absorvente o desinfetante eficaz em relação ao microrganismo envolvido no acidente.

• Colocar os papéis absorventes utilizados em sacos plásticos autoclaváveis, identificados com o símbolo internacional de Risco Biológico ou em recipiente rígido, autoclavável, com tampa e à prova de vazamento.

• Limpar a área do derramamento com papel toalha limpo e com agente químico desinfetante adequado.

- *Derramamento de Agentes de Risco Biológico da Classe de Risco 2*

• Alertar os trabalhadores presentes na área do derramamento.

• Avisar aos trabalhadores que a área estará isolada até que seja liberada pelo responsável do laboratório, após a limpeza.

• Colocar o EPI composto por jaleco de manga longa, jaleco descartável, luvas descartáveis, bota de material sintético autoclavável, gorro, óculos de segurança ou protetor facial, máscara descartável.

• Cobrir o derramamento com papel toalha ou outro material absorvente.

• Verter cuidadosamente, o desinfetante químico adequado ao agente de risco biológico envolvido no incidente, sobre o papel toalha e nas bordas do derramamento. Cuidado com os respingos.

• Aguardar trinta minutos.

• Quando o derramamento for absorvido, limpar a área com papéis toalhas embebidos no desinfetante químico apropriado.

• Colocar os papéis toalhas em sacos plásticos autoclaváveis que contenham o símbolo internacional de risco biológico.

• Em caso de derramamento envolvendo vidrarias, nunca pegar os cacos diretamente com as mãos. A limpeza deverá ser efetuada mecanicamente com pinça, escova autoclavável, pá metálica ou de outro material autoclavável. Colocar os resíduos em recipientes de paredes rígidas, autoclaváveis, identificados com o símbolo internacional de risco biológico. Todos os materiais e equipamentos utilizados na limpeza deverão ser autoclavados após o uso.

- *Derramamento de Agentes de Risco Biológico da Classe de Risco 3*

• Atender a pessoa contaminada e removê-la da área onde ocorreu o derramamento.

• Alertar os trabalhadores e evacuar a área.

• Avisar aos trabalhadores que a área estará isolada até que seja liberada após a limpeza pelo responsável do laboratório.

• Fechar as portas da área afetada, fechar os *dumpers* do sistema de ar.

• Colocar sinalização de alerta.

• Aguardar uma hora para iniciar a limpeza.

• Colocar o EPI composto por: macacão descartável, luvas descartáveis, pró-pé descartável ou bota de material sintético autoclavável, óculos de segurança ou protetor facial, máscara com filtro absoluto ou respirador com filtro absoluto.

• Cobrir o derramamento com papel toalha ou outro material absorvente.

• Verter cuidadosamente o desinfetante químico adequado ao agente de risco biológico envolvido no acidente, sobre o papel absorvente e nas bordas do derramamento. Cuidado com os respingos e com a formação de aerossol.

• Aguardar trinta minutos além do tempo de contato do agente químico desinfetante.

• Limpar a área com papel toalha, embebido no agente químico desinfetante.

• Colocar os papéis toalhas em sacos plásticos autoclaváveis, que contenham o símbolo internacional de risco biológico.

• Em caso de derramamento envolvendo vidrarias, nunca pegar os cacos diretamente com as mãos. A limpeza deverá ser efetuada mecanicamente com pinça, escova autoclavável, pá metálica ou de outro material autoclavável. Colocar os resíduos em recipientes de paredes rígidas, autoclaváveis, identificados com o símbolo internacional de Risco Biológico. Todos os materiais e equipamentos utilizados na limpeza deverão ser autoclavados após o uso.

• Autoclavar os sacos e recipientes coletores de resíduos utilizados nos procedimentos de limpeza e de contenção.

• *Derramamento de Agentes de Risco Biológico da Classe de Risco 4*

• Atender a pessoa contaminada e removê-la da área onde ocorreu o derramamento para a zona de quarentena do laboratório NB-A4.

• Banho químico caso esteja usando roupa de pressão positiva.

• Evacuar o laboratório.

• Acionar o alarme de "perigo" biológico.

• Aguardar equipe de salvamento.

• *Derramamento de Agentes de Risco Biológico dentro de Cabines de Segurança Biológica, Cabines de Fluxo Laminar de Ar Horizontal e em outros equipamentos similares*

• Se o derramamento for pequeno e puder ser contido com papéis absorventes, estes após absorverem o líquido derramado, devem ser colocados no recipiente de descarte de material que se encontra no interior da CSB.

• Limpar a área do derramamento (superfícies e paredes) com gaze estéril embebida em álcool etílico a 70% ou hipoclorito de sódio, aguardando o tempo de contato da substância desinfetante escolhida.

• Enxaguar a superfície e paredes da CSB com gaze estéril embebida em água destilada estéril, quando o hipoclorito de sódio for usado.

• Secar com gaze estéril.

• Limpar todos os materiais e equipamentos no interior da cabine com álcool a 70% ou hipoclorito de sódio.

• Todo material utilizado na limpeza como gaze, papel absorvente e vidraria que contenha o material derramado, devem ser colocados no recipiente destinado a autoclavação.

• Esperar pelo menos cinco minutos antes de reiniciar o trabalho.

• Derramamentos de maiores volumes, exigem que se use o dreno existente no interior de alguns modelos de CSB, os procedimentos de limpeza são similares aos descritos para pequenos volumes, além de se verter o desinfetante recomendado através do dreno da CSB para sua desinfecção. Aguardar o tempo de contato do desinfetante, enxaguar com água destilada estéril.

• Para descontaminar o filtro absoluto (filtro HEPA) e o pré-filtro da CSB usar paraformaldeído a quente, ou vapores de peróxido de hidrogênio.

• Para execução desse procedimento o profissional deve ser treinado e deve usar EPI completo composto por jaleco de manga longa ou macacão descartável, luva descartável, gorro, óculos de segurança ou protetor facial, máscara descartável ou respirador com filtro contra gases.

• Sinalizar a CSB ou outros equipamentos similares e a sala onde o processo de descontaminação está ocorrendo.

• Fechar portas e demais comunicações com outras áreas, como por exemplo, os *dumpers* do sistema de ventilação de ar.

• No final de todo o processo, ligar a luz ultravioleta da CSB de 10 a 15 minutos.

- *Kit para limpeza de derramamento biológico*

• Deve estar disponível no laboratório ou em área próxima ao laboratório.

• Deve conter: roupa de proteção (jaleco ou macacão descartável), dois pares de luvas descartáveis, máscara descartável, óculos de proteção ou protetor facial, respirador com filtro para gazes, touca descartável, pró-pé e/ou bota de borracha, papéis ou outro material absorvente, dois sacos plásticos grandes e dois sacos pequenos identificados com o símbolo internacional de risco biológico, pinça, recipiente de paredes rígidas para coleta de materiais perfurocortantes, pá metálica ou de material autoclavável, detergente neutro, desinfetantes, picetes e/ou vaporizadores para os desinfetantes.

- *Derramamento de Pequenos Volumes de Substância Radioativa Líquida*

Para maiores informações sugerimos que seja lido o capítulo sobre trabalho com material radioativo neste livro.

• Notificar todos os trabalhadores não envolvidos no derramamento para que deixem a área.

• Atender imediatamente as pessoas feridas ou contaminadas, removendo-as do local de exposição.

• Um número mínimo de pessoas deverá permanecer na área do derramamento.

• Utilizar equipamento de proteção individual como: luvas, jaleco e máscaras descartáveis; máscara para pó ou respirador com filtro; óculos de proteção ou protetor facial.

• Proceder à contenção do líquido derramado ou pó, utilizando papel absorvente, algodão ou outro material absorvente, o mais rápido possível para evitar que se espalhe. Se o derramamento for com material na forma de pó, evitar a disseminação.

• Descontaminar a área, com detergente apropriado, água e papel absorvente repetindo a operação quantas vezes forem necessárias, ou usar spray de espuma descontaminante que deve ser espalhada sobre a área contaminada. Aguardar o tempo de contato e retirar com papel absorvente (Universidade de Brasília, 2003).

• Depois de seco o local, esfregue-o com uma toalha de papel umedecida em água ou álcool, fazendo movimentos de fora para dentro.

• Monitore a radioatividade da toalha com um contador Geiger. Caso a leitura ultrapasse três vezes a radiação de fundo, a superfície ainda estará contaminada. Nesse caso, repita a limpeza com papel toalha. Continue a limpeza até que o material absorvente com que tenha esfregado indique uma radiação três vezes menor que a de fundo.

• Todo o material utilizado para a limpeza como luvas, algodão, papel absorvente, etc., deve ser acondicionado em saco plástico e ser identificado como rejeito radioativo, deve conter o símbolo da radiação, bem como o radionuclídeo presente.

• Caso haja contaminação da pele, lavá-la com água corrente e sabão neutro. Não utilizar escovas. Depois de lavado, refazer as medições com o contador Geiger. Repetir a operação até que as taxas de radiação estejam em níveis aceitáveis.

• Caso haja ferimentos, é necessário o acompanhamento médico.

- *Derramamento de grande volume de substância radioativa*

• Isolar a área contaminada. Fechar a porta e comunicar a todos os que estão presentes que houve derramamento de substância radioativa.

• Notificar todos os trabalhadores não envolvidos no derramamento para que deixem a área.

• Atender imediatamente a pessoa ferida ou contaminada, removendo-a do local de exposição.

• Um número mínimo de pessoas deverá permanecer na área do derramamento.

• Chamar o Setor de Proteção Radiológica da instituição.

• Caso tenha substância radioativa no chão, todas as pessoas que estiverem no local, devem dirigir-se à porta e retirar os calçados com os próprios pés, pisando em seguida fora da sala.

• As roupas e os equipamentos de proteção individual como luvas, jalecos, óculos, protetor facial, sapatilhas, entre outros, devem ser retirados e monitorados para verificar possíveis contaminações. Havendo contaminação de um ou mais itens, devem ser acondicionados em sacos plásticos, identificados como rejeito radioativo, deve ter o símbolo de radiação, bem como o radionuclídeo presente.

• Medir as taxas de radiação em todo o corpo de cada uma das pessoas que tenha estado no local onde ocorreu a contaminação.

• Caso haja contaminação da pele, lavar com água corrente e sabão neutro. Não utilizar escovas. Depois de lavado, refazer as medições com o contador Geiger. Repetir a operação até que as taxas de radiação estejam em níveis aceitáveis.

• Manter as pessoas potencialmente contaminadas em uma única área até serem monitoradas. As que estiverem contaminadas deverão ser mantidas no local aguardando remoção para atendimento médico especializado.

• Caso haja ferimentos, é necessário o acompanhamento médico.

• Monitorar a superfície com detector de contaminação (*pancake*) e repetir a operação acima até a retirada total do material ou quando não forem detectadas alterações após a operação.

• Se constatada a ausência de radiação, liberar a área isolada. Caso contrário, substituir o material descontaminante e, se não for suficiente para reduzir os níveis de radiação, deve-se quebrar toda a superfície ou isolá-la e esperar o decaimento.

• A Segurança da instituição deve ser acionada para impedir acesso à área, caso seja necessário.

• Contate imediatamente os técnicos treinados em emergências radioativas da instituição. A instituição deve contatar os técnicos do CNEN e caso necessário alertar a Defesa Civil e Bombeiros.

• Registrar a ocorrência.

• *Derramamento de Substâncias Químicas*

A variedade e a quantidade de substâncias químicas utilizadas nos laboratórios requerem um pré-planejamento que responda de imediato aos acidentes envolvendo o derramamento destas substâncias. A limpeza de derramamentos deve ser efetuada por pessoas treinadas e conhecedoras do risco que envolve a manipulação de substâncias químicas. Kits de limpeza, reativos, material absorvente e equipamento de proteção individual devem estar disponíveis. Os pequenos derramamentos podem ser limpos e controlados pelo pessoal do laboratório, derramamentos grandes devem ser limpos por pessoal treinado para esse tipo de emergência.

Os derramamentos químicos de grandes volumes são aqueles acima de 30 mL ou qualquer quantidade de uma substância química classificada como de alto risco.

- *Derramamento envolvendo substâncias citotóxicas ou antineoplásicas*

Contaminação de luvas, jalecos e demais EPI, ou contato direto com a pele, olhos e mucosas devem ser tratados da seguinte forma:

- Remover imediatamente as luvas e o jaleco e colocá-los em recipiente específico.
- Lavar a área do corpo afetada imediatamente com sabão neutro e água abundante, por quinze minutos, utilizando o chuveiro de emergência e em seguida enxaguar por pelo menos cinco minutos.
- No caso de exposição da mucosa ocular, lavar o olho afetado com água fria no lava-olhos ou solução isotônica designada para esse propósito, por pelo menos 15 minutos.
- Procurar atendimento médico imediatamente.
- Quaisquer derramamentos de substâncias citotóxicas ou antineoplásicas devem ser limpos e, imediatamente descartados como resíduo químico.
- Vidrarias quebradas devem ser cuidadosamente removidas. Utilizar pinça, escova e pá descartáveis para a remoção mecânica dos cacos. Colocar os resíduos em recipientes descartáveis, de paredes rígidas, próprias para resíduos perfurocortantes, identificados com o símbolo de substância citotóxica.
- Sinalizar a área do derramamento com sinal de atenção, para que os trabalhadores não venham a ser contaminados.
- Usar EPI composto por: jaleco de manga longa e, sobre este, jaleco descartável, luvas descartáveis duplas, pró-pé descartável, gorro descartável, máscara descartável, óculos de segurança ou protetor facial, para os procedimentos de limpeza em derramamentos fora da CSB.
- Os pequenos volumes derramados (5mL) devem ser limpos com gaze ou outro material absorvente. A área deve ser limpa repetindo-se a operação três vezes, usando-se uma solução detergente, seguida de enxágüe com água em abundância.

• Limpar os equipamentos que sofrerem derramamentos ou respingos com gaze ou outro material absorvente embebido em solução detergente e água para enxágüe. A operação de limpeza deve ser repetida três vezes.

• Colocar os fragmentos de vidro quebrado, papel toalha ou outro material absorvente além dos materiais descartáveis, tais como: os EPI's, em sacos plásticos ou em recipientes descartáveis com tampa, identificados com o símbolo de substância tóxica ou citotóxica.

• Colocar as vidrarias reutilizáveis e outros itens contaminados em recipientes sinalizados com o símbolo de substância tóxica (citotóxica) e lavá-los com detergente, água em abundância em pia exclusiva para este fim. Utilizar EPI composto por jaleco de manga longa e/ou jaleco descartável, avental emborrachado, luva descartável e luva antiderrapante exclusiva para este fim, gorro e máscara descartáveis, óculos de segurança ou protetor facial, botas de borracha.

• Limitar o espalhamento de substância citotóxica oriunda de grandes derramamentos (volumes maiores que 5mL ou 5g), com papel toalha ou almofadas controladoras de derramamentos químicos, ou outro material afim. Para derramamentos de substâncias na forma de pó, usar papel toalha ou tecidos umedecidos. Muito cuidado com a formação de aerossol.

• Restringir o acesso ao derramamento.

• Utilizar respiradores para evitar a possibilidade de inalação do aerossol formado em grande quantidade ou dispersão de pó citotóxico no ambiente.

• *Derramamento de pequenos volumes de substâncias químicas*

• Atender a pessoa ferida ou contaminada e removê-la do local do derramamento.

• Se necessário, retirar a roupa da vítima colocando-a sob o chuveiro de emergência fora da área afetada.

• Alertar os trabalhadores da área laboratorial afetada para que deixem a área. Um número mínimo de pessoas deverá permanecer na área do acidente.

• Fechar as portas.

• Aumentar a ventilação abrindo o painel frontal da capela química. Abrir as janelas para auxiliar na ventilação de vapores não tóxicos. Manter o exaustor ligado.

• Usar EPI como: jaleco de mangas longas e/ou jaleco descartável ou macacão descartável, luvas descartáveis compatíveis com o produto químico derramado, máscara descartável ou máscara para pó ou respiradores com filtros químicos, óculos de proteção ou protetor facial, touca e pró-pé descartáveis ou botas de borracha ou PVC.

• Evitar respirar os vapores químicos.

• Confinar o derramamento a uma área específica através de material absorvente ou almofadas absorventes de derramamentos químicos.

• Usar o kit apropriado para neutralizar e absorver ácidos e bases.

• Coletar o resíduo, colocando-o em um recipiente adequado e descartá-lo como resíduo químico.

• Limpar a área com água.

• Registrar o acidente com as seguintes informações: nome da substância química envolvida, volume do material derramado, forma química do material derramado, local do acidente, identificar pessoas contaminadas ou expostas, tipo e seriedade dos danos, providências iniciais implementadas, localização do laboratório, nome do responsável pelo laboratório, nome do relator do registro (Oklahoma State University, 2002).

• *Derramamentos de grandes volumes de substâncias químicas*

• Atender a pessoa ferida ou contaminada e removê-la do local do derramamento.

• Se necessário, retirar a roupa da vítima colocando-a sob o chuveiro de emergência fora da área afetada.

• Notificar os outros trabalhadores de laboratórios próximos à área do acidente.

• Evacuar a área e fechar as portas.

• Para derramamentos que envolvam substâncias inflamáveis, desligar as fontes de ignição, fontes de calor e equipamentos.

• Para reduzir a concentração de vapores, se o derramamento for com substância química classificada como de baixo risco para o trabalhador, tentar controlar o seu espalhamento colocando material absorvente no seu entorno, formando um dique. Afastar equipamentos para prevenir a sua contaminação.

• Não tocar no derramamento sem estar usando EPI.

• Para derramamentos de substâncias classificadas como de alto risco, ativar o alarme de incêndio e evacuar imediatamente o local.

• Chamar a equipe de segurança responsável pelas emergências.

• Não entrar na área afetada até que tenha sido limpa e liberada pelo grupo de segurança responsável pelas emergências.

• Se a substância química é desconhecida, os procedimentos devem estar limitados à proteção individual, evacuação e isolamento da área.

• Aumentar a ventilação abrindo o painel frontal da capela química. Abrir as janelas para auxiliar na ventilação de vapores não tóxicos. Manter o exaustor ligado.

• Registrar o acidente com as seguintes informações: nome da substância química envolvida, volume do material derramado, forma química do material derramado, local do acidente, identificar pessoas contaminadas ou expostas, tipo e seriedade dos danos, providências iniciais implementadas, localização do laboratório, nome do responsável pelo laboratório, nome do relator do registro (Howard Hughes Medical Institute, 2002).

- *Derramamentos de substâncias tóxicas ou inflamáveis sobre o trabalhador*

  • Remover a roupa sob o chuveiro de emergência.

  • Lavar a área afetada com água fria por 15 minutos ou enquanto persistir dor ou ardência.

  • Lavar a área afetada com sabão neutro e água em abundância.

- *Olhos atingidos por substâncias químicas*

  • Lavar os olhos utilizando o lava-olhos acoplado ao chuveiro de emergência, ou o frasco de lavagem ocular ou a pia.

  • Encaminhar o trabalhador acidentado ao atendimento médico de emergência.

  • Verificar qual a substância química envolvida no acidente para informar ao médico.

- *Derramamento envolvendo Mercúrio*

  O mercúrio pode ser absorvido pela pele, inalação ou ingestão. Os vapores de mercúrio são inodoros, incolores e insípidos. A quantidade equivalente a 1mL pode evaporar rapidamente, aumentando os níveis acima dos limites suportáveis. A exposição prolongada ao mercúrio (inalação) pode levar ao envenenamento e morte. Provoca os seguintes sintomas: distúrbios emocionais, tonteira, inflamação da boca e gengivas, fadiga generalizada, perda da memória e dores de cabeça. Na exposição por inalação, os sintomas de envenenamento desaparecem gradualmente quando a fonte de exposição é removida. No entanto a recuperação é lenta e pode demorar anos (Oklahoma State University, 2002a:1.1-3).

  • Estocar o mercúrio em recipientes inquebráveis e em áreas ventiladas.

  • Quando algum instrumento ou equipamento que contenha mercúrio quebrar, colocá-lo em uma bandeja plástica ou recipiente que possa ser facilmente limpo e que contenha o espalhamento do mercúrio.

  • Colocar o recipiente com o instrumento ou equipamento no interior da capela química.

  • A transferência do mercúrio de um recipiente para outro deve ser efetuada no interior da capela química. Sobre uma bandeja que evite possível derramamento.

  • Evitar o uso de termômetros com mercúrio.

• Caso haja necessidade de usar termômetros de mercúrio, utilizar uma capa de Teflon® para conter estilhaços no caso de quebras.

• Lavar as mãos e antebraços após retirar as luvas, sempre que manipular mercúrio.

• Monitorar o ar. Os derramamentos com mercúrio geram concentrações de vapores. Após a limpeza da área, determinar a concentração de mercúrio presente no ar, antes de permitir a volta dos trabalhadores à área afetada.

• Para pequenos derramamentos utilizar EPI composto por: jaleco de mangas longas e/ou jaleco descartável, macacão descartável, luvas descartáveis de poliuretano, borracha butílica, PVC, borracha nitrílica, neoprene, etc., máscara descartável, respiradores com filtros químicos, óculos de proteção ou protetor facial e gorro.

• Se o derramamento ocorrer no piso do laboratório, os trabalhadores envolvidos na limpeza e descontaminação devem usar o EPI descrito para pequenos derramamentos, além de botas de borracha com pró-pé plástico descartável.

• Recolher com cuidado as gotas maiores e cobrir o local com solução de polissulfeto de sódio, enxofre em pó ou zinco em pó, para amalgamar as gotas microscópicas (Assumpção, 1998, p. 90).

• Durante a limpeza, se houver necessidade de o trabalhador sentar ou ajoelhar, ele deverá estar utilizando uma roupa protetora impermeável.

• Juntar as gotas de mercúrio com auxílio de instrumento e coletar com bomba de sucção.

• Nunca usar aspirador de pó.

• Depois de a contaminação mais grossa ser removida, espalhar zinco em pó, enxofre em pó ou solução de polissulfeto de sódio para amalgamar as gotículas ainda presentes.

• Usar um instrumento para trabalhar o pó de zinco com o ácido sulfúrico formando uma pasta consistente, enquanto limpa a superfície, rachaduras e fissuras existentes.

• Para minimizar a contaminação dos itens utilizados na limpeza, utilizar papel especial (duro) na limpeza do amálgama.

• Quando a pasta estiver seca, recolher e acondicionar em saco plástico identificado e com o símbolo de substância venenosa ou substância tóxica ou em outro recipiente recomendado pela instituição que seja de paredes rígidas, à prova de vazamento, com tampa, identificado com o mesmo símbolo.

• Todo material descartável usado durante a limpeza deverá ser descartado da mesma forma.

• O kit de limpeza para derramamento com mercúrio deve conter:

- Luvas protetoras descartáveis de: poliuretano, borracha butílica, PVC, borracha nitrílica, neoprene, etc.
- Bomba de sucção específica para derramamentos com mercúrio.
- Material de amálgama comercial, ou solução de polissulfeto de sódio ou enxofre em pó ou zinco em pó ou ácido sulfúrico diluído (5-10%) em spray.
- Instrumento para trabalhar o amálgama.
- Sacos plásticos para resíduos sólidos.
- Recipiente plástico para descartar o amálgama.
- Recipiente plástico para recolher o mercúrio.

Considerações finais

A segurança ambiental, dos trabalhadores e dos animais utilizados nos ensaios tem por objetivo a redução dos riscos e a promoção da saúde. A informação sobre os agentes de risco e os episódios causadores de emergências, os procedimentos operacionais, as regulamentações institucionais, a educação continuada, os programas preventivos e o conhecimento dos mecanismos emergenciais conduzem o trabalhador a uma reflexão que o leva a práticas responsáveis que resultam em saúde, segurança e proteção ambiental.

Referências

Assumpção, J. C. Manipulação e estocagem de produtos químicos e radioativos. In: Oda, L. M. & Avila, S. M. (orgs.). *Biossegurança em Laboratórios de Saúde Pública.* Brasília: M.S., 1998, pp. 77-103.

Beltrão , M. C. de M. C.; Luce, C. N. Eventos, signos e símbolos na pré-história brasileira. In: Alves Filho, Ivan (org.). *História pré-colonial do Brasil.* Rio de Janeiro: Europa Editora, 1993, 248 p.

Campos, J. E. B. Infecções Decorrentes de Mordeduras Humanas e Animais. *JBM*, 72(4), pp. 75-92.

Cardoso, T. A. O. Biossegurança no Manejo de Animais em Experimentação. In: Oda, L. M. & Avila, S. M. (orgs.). *Biossegurança em Laboratórios de Saúde Pública.* Brasília: M. S., 1998, pp. 105-159.

———. *Programa de Qualidade de Animais de Laboratório.* Documento Interno do Serviço de Animais de Laboratório, Instituto Nacional de Controle de Qualidade em Saúde. Rio de Janeiro: Fundação Oswaldo Cruz, Fiocruz, 1996, 20 p.

Centers for Disease Control and Prevention — CDC. *Biosafety in microbiological and biomedical laboratories.* 4.ª ed. Atlanta: U.S. Department of Health and Human Services, 1999, 250 p. 12/13/2002. Disponível via internet em <http://www.who.int/csr/resources/publications/biosafety>.

Diamond, Jared M. *Armas, germes e aço: os destinos das sociedades humanas*. Rio de Janeiro: Record, 2001, 472 p.

Howard Hughes Medical Institute — HHMI. Laboratory safety program. Emergency response guidelines. Disponível em <http://www.hhmi.org/research/labsafe/erg/general.html>. Acesso em 5/12/2002.

Lima e Silva, F. H. A. *Simbologia de risco: a perspectiva imediata da informação no campo da Biossegurança.* Mestrado. Rio de Janeiro: Instituto Brasileiro de Informação Científica e Tecnológica IBICT-UFRJ/ECO. Rio de Janeiro: CNPq/IBICT-UFRJ/ECO, 2002, 233 p., il.

Oklahoma State University — Okstate. *Emergency response.* Disponível em <http://www.pp.oksatate.edu/ehs/HAZMAT/O-newlab.htm>. Acesso em 14/11/2002.

Richmond, J. Y. & Nesby-O'Dell, S. L. *Laboratory security and emergency response guindance for laboratories working with select agents*. Recommendations and reports. December 6, 2002/51(RR19); 1-8. Disponível em <http://www.cdc.gov> Acessado em: 10/12/2002.

Tartelon State University. *Emergency preparedness*. Disponível em: <http://www.tartelon.edu/~policy/safe0901.htm>. Acesso em 11/11/2002.

———. *Laboratory safety. General safety guidelines.* Disponível em <http://www.tartelon.edu/~policy/safe1101.htm>. Acesso em 14/11/2002.

Universidade de Brasília. *Plano de radioproteção.* Depósito provisório de rejeitos radioativos da Universidade de Brasília. Disponível em <http://www.unb.br/servicos-internos/planoderadioprotecao.pdf >. Acesso em 12/7/2003.

University of California, San Francisco — UCSF. *Occupational Health and Safety in the care and use of research animals.* Disponível em: <http://www.iacuc.ucsf.edu/Safe/OHSpdf.pdf.> Acesso em 20/7/2003.

ANIMALES TRANSGÉNICOS

Miguel Lorenzo Hernández

Introducción

Desde los tiempos remotos el hombre ha tratado de descifrar los orígenes de la diversidad genética y sobre la aparición de los cambios observados en los animales, estos cambios que también ocurren en los diversos organismos vivos, no es más que el proceso de recombinación genética o entrecruzamiento de genes, la mutación y el aislamiento reproductivo, así empezaron empíricamente a explorar este campo con el fin de obtener animales resistentes a las condiciones climatológicas, mayor rendimiento en la producción, destreza, entre otras. Así con el decursar de los años fue creando las diferentes razas mediante los cruzamientos y la selección, obteniendo mejoras dentro del ganado vacuno como es el caso de las razas productoras de leche y otros muchos ejemplos en animales.

Las diferencias que existen entre los métodos tradicionales de la Biotecnología y la moderna ingeniería genética se pueden observar en la Tabla # 1.

La Biotecnología aporta una herramienta más destinada a mejorar los dos componentes básicos; los genéticos y los ambientales.

Las mejoras genéticas en los animales, se pueden distinguir tres campos fundamentales:

- Las técnicas de reproducción.
- Manipulación del genoma y la selección mediante marcadores.
- Transgénesis aplicada a los animales de cría.

El desarrollo impetuoso de las ciencias Biológicas en las últimas décadas y la aparición de la ingeniería genética han revolucionado estos campos del conocimiento humano, la demostración de que el ADN es el portador de la información genética, la dilucidación de la estructura del ADN y la demostración realizada por Cohen y col en 1973 de que es posible construir *in vitro* el Ácido Nucleico a partir de sus bases nitrogenadas e insertarlo y expresarlo en un organismo vivo, pudiendo de esta forma realizar modificaciones genéticas, estableciendo diferencias entre la Biotecnología tradicional y la moderna ingeniería genética (Georges, 1996; Kruszewska, 1996; FAO/OMS, 1992).

Tabla # 1.

Métodos Tradicionales	Ingeniería Genética
Solamente organismos de la misma especie o estrechamente relacionados pueden ser cruzados. Las combinaciones de ADN son posibles solo en estas condiciones. Los organismos se producen en la naturaleza de forma espontanea.	El ADN de organismos de diferentes especies pueden ser combinado. El nuevo organismo creado puede o no puede existir de forma natural en la naturaleza.
La variedad y numero de rasgos que pueden ser engendrados esta limitado a los rasgos que existen normalmente en estas especies.	El numero y variedad de rasgos engendrados son limitados toda vez, que se manipula en los laboratorios.
Generalmente el tiempo que se requiere para lograr estabilidad de un rasgo engendrado es muy largo.	Por el uso de los métodos donde se introducen los rasgos que queremos establecer en una población mediante ingenierización hace que el tiempo en obtener los resultados sea espectacularmente corto.

En 1982 el Dr. Palmiter publicó, en la revista *Nature*, el nacimiento del primer ratón transgénico, hecho que conmocionó al mundo científico y desde entonces los estudios sobre este tema han sido muy numerosos. La transgénesis se puede definir como la introducción de ADN extraño en un genoma, de modo que se mantenga estable de forma hereditaria y afecte a todas las células en los organismos multicelulares.

Primero vamos a definir ¿qué es un animal transgénico?

Un animal transgénico es aquel al que se ha introducido un gen exógeno a fin de mejorar o cambiar caracteres existentes o introducir nuevos y que es capaz de transmitir a su descendencia.

En animales, el ADN foráneo (transgen), se introduce en zigotos, los embriones que hayan integrado el ADN foráneo en su genoma, previamente a la primera división, producirán un organismo transgénico; por lo tanto el transgen pasará a las siguientes generaciones a través de la línea germinal (gametos).

En estos últimos años se ha logrado el intercambio genético entre especies no relacionadas, obteniéndose un organismo que no existe de forma natural, así se ha reportado la expresión exitosa de un gen humano para la hormona de crecimiento en carpas (Kruszewska, 1996), genes de bacterias en plantas, logradas a través de la transgénesis, que no es más que el proceso mediante el cual se introducen genes exógenos en el genoma de células o embriones recién fertilizados de animales transgénicos (De la Fuente *et al.*, 1991; Castro, 1988; Jaenish, 1988). La producción de proteínas para uso humano se obtiene por la transgénesis de ADN que contiene el gen específico de la proteína humana, es llevado al animal, y esta proteína es secretada en la leche de los animales transgénicos (Tzotzos, 1995; USEPA/USDA, 1995), este proceso se conoce como biofábricas.

Para que tenga valor práctico, el nuevo ADN introducido en las células del organismo huésped ha de ser genéticamente estable y estar expresado adecuadamente. La expresión de los productos génicos, si se consigue, reflejará precisamente la naturaleza de la modificación realizada (FAO/OMS, 1992; De la Fuente, *et al.*, 1991; Castro, 1988; Jaenish, 1988).

Obtención de animales transgénicos

A pesar de que los métodos de obtención son numerosos, todos ellos tienen unas fases comunes que pasamos a enumerar. En primer lugar, elegir y aislar el gen deseado de células normales y clonarlo. Posteriormente, purificar el fragmento deseado o insertarlo en un vector para introducirlo en el interior de las células receptivas. Una vez en el interior, hay que conseguir que el gen actúe correctamente, es decir, en puntos no dañinos de inserción y que se exprese y de lugar al producto génico deseado. Por último, estos genes introducidos deben transmitirse en cada generación celular y por supuesto a la descendencia. Nos encontramos pues, con una tecnología muy compleja que se ha desarrollado, basada sobretodo en dos grandes campos científicos, la genética y la reproducción (Rosario Ostas, 2000).

Los métodos de transformación que más se usan en el ámbito internacional son los siguientes:

Métodos para introducir genes exógenos en los animales (Georges, 1996; FAO/OMS, 1992; De la Fuente *et al.*,1991; Castro, 1988; Jaenish, 1988; USEPA/USDA, 1995):

- Microinyección de ADN en el pronúcleo del embrión.
- Infección con retrovirus recombinante.
- Sistemas celulares del tallo embrionario (ES-Embryonic Stem).

La microinyección (Fig. 1)

Es la técnica más sencilla y más exitosamente usada sobre todo en mamíferos (no así en aves). Su característica es la inserción física de moléculas lineales de ADN en el pronúcleo del cigoto unicelular. Cuando los embriones producen una progenie viable, es posible seleccionarlos por varias técnicas de detección con miras a incorporar el nuevo material genético. Este proceso se asocia con elevados niveles de expresión de los genes donantes.

La distribución tisular y la regulación de la expresión de genes extraños en el curso del desarrollo dependen de los elementos incluidos en las secuencias de los donantes.

Figura 1

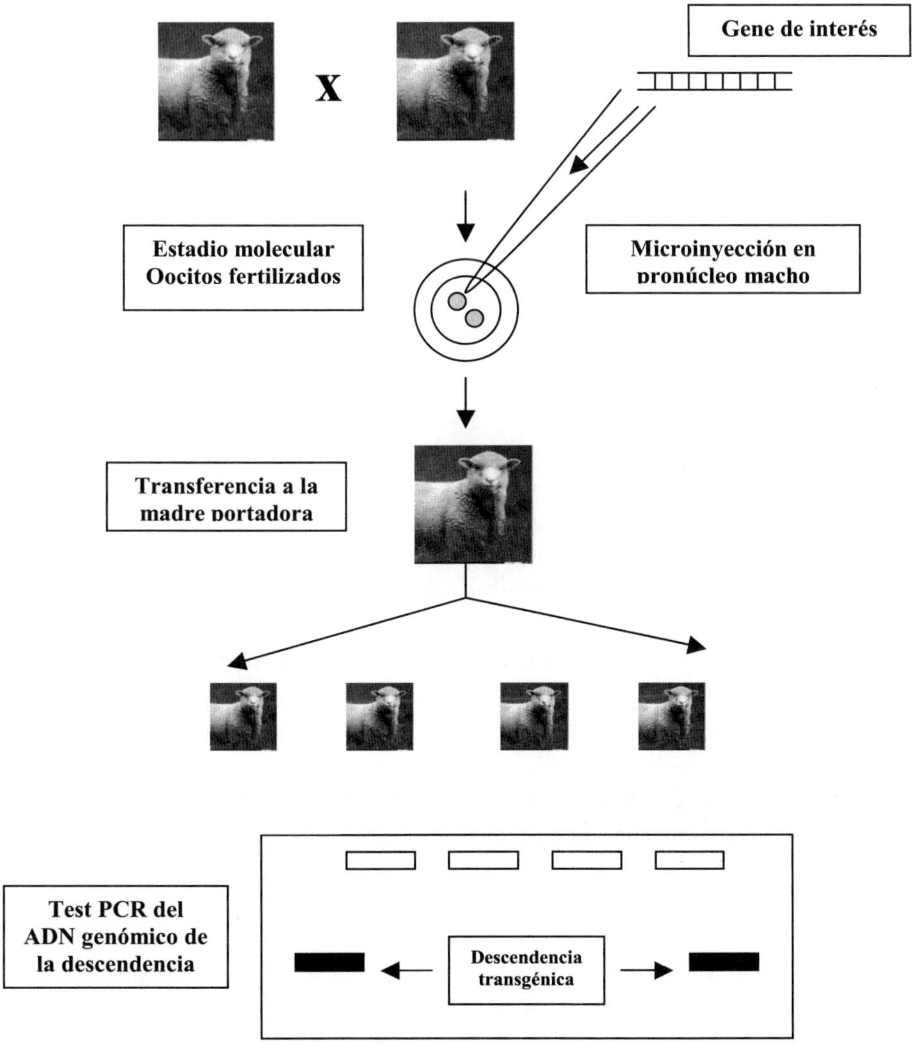

Esquema del método de la microinyección para obtener animales transgénicos. (Fuente: Temas técnicos OIE, 1996.)

A tales elementos se les denomina por lo común promotores o complejos promotores-potenciadores. Mediante la tecnología del ADN recombinante, cabe injertar un promotor de un gen en otro para dirigir al tejido elegido la expresión del nuevo elemento codificador. Una ventaja de la microinyección es que no parece haber ningún límite para el tamaño de la molécula de ADN que vaya a insertarse.

La técnica de microinyección consta de varios pasos y requisitos que se mencionaran de forma somera:

• Hay que disponer de hembras donantes y receptoras de embriones, medios de cultivos apropiados, microinstrumentos y micromanipuladores.

• Las hembras son inducidas a ovular sincronizadamente, utilizando hormonas gonadotróficas en dosis y esquema que varia según la especie donde se aplique. Son apareadas estas hembras donantes de embriones con machos fértiles, mientras que las receptoras destinadas a recibir los embriones después de microinyectados son apareados con machos estériles y el chequeo de la fertilización varía de acuerdo a la especie.

• Los óvulos recién fecundados son extraídos del tracto reproductivo por lavado de los oviductos con medio de cultivo, puede usarse el métodos de sacrificio (animales de laboratorios, ratones, ratas, etc.) o la intervención quirúrgica en las especies de importancia económica, se realiza la microinyección de los pronúcleos con agujas de cristal que poseen un diámetro inferior a una micra, sostenidos en fijación por una micropipeta especial.

• Los embriones que sobreviven son incubados durante 1-2 horas para comprobar su viabilidad y transferidos a los receptores que habían sido previamente preparados.

• Después de producirse el nacimiento de las crías se realizará el monitoreo de la integración del ADN que se inyectó, según las técnicas de Southern (4), otro paso posterior es la identificación de expresión en diferentes órganos y tejidos de interés.

• Finalmente se realiza el cruce de los animales que resultaron transgénicos con el objetivo de crear líneas portadoras del gen en estudio.

Infección por retrovirus

Iaenisch y Mintz en 1974 observaron que al inyectar ADN purificado de virus SV 40 en blastocitos de ratón, podían encontrar las secuencias vírales en los tejidos somáticos de algunos animales. Estas observaciones constituyen el primer reporte de introducción directa de nuevo material genético en embriones y en 1976 estos mismos autores repiten con éxito la introducción de virus murino de Leucemia de mamas en la línea germinal de ratones mediante la infección viral de embriones preimplantados de ratón. Los retrovirus son ARN virus que hacen una copia de su ADN durante la replicación y esa copia de ADN se inserta en el genoma de las células hospederas (Castro, 1988). Usando la tecnología del ADN recombinante se eliminan los genes que producen las proteínas infectivas y se le añaden las secuencias de ADN que se quieren introducir en el huésped, se infectan las células que queremos añadirle las nuevas características y por supuesto se trasmitirá el carácter deseado. Los "constructos" se introducen en "paquetes" de líneas celulares, que generan "paquetes proteínicos" sobre cuya base se forman unidades virales que se recolectan luego por los métodos de cultivos y se utilizan para infectar embriones. Una vez en el embrión, el ADN recombinante deja de ser infeccioso porque carece de los genes de empaquetado. La transferencia génica mediada por retrovirus tiene una utilidad limitada porque un elemento regulador (el terminal largo de repetición) requerido para completar el ciclo de la transferencia inhibe la expresión de los genes transferidos. Además la cantidad de ADN nuevo que puede ser empaquetado para la transferencia tiene un límite (FAO/OMS, 1992).

El hecho que se haya caracterizado un mayor número de virus aviares hace que esta técnica tienda a aplicarse más en las aves de corral que en los mamíferos (FAO/OMS, 1992; Castro, 1988).

La distribución tisular y la regulación de la expresión de genes extraños en el curso del desarrollo dependen de los elementos incluidos en las secuencias de los donantes.

A tales elementos se les denomina por lo común promotores o complejos promotores-potenciadores. Mediante la tecnología del ADN recombinante, cabe injertar un promotor de un gen en otro para dirigir al tejido elegido la expresión del nuevo elemento codificador. Una ventaja de la microinyección es que no parece haber ningún límite para el tamaño de la molécula de ADN que vaya a insertarse.

La técnica de microinyección consta de varios pasos y requisitos que se mencionaran de forma somera:

• Hay que disponer de hembras donantes y receptoras de embriones, medios de cultivos apropiados, microinstrumentos y micromanipuladores.

• Las hembras son inducidas a ovular sincronizadamente, utilizando hormonas gonadotróficas en dosis y esquema que varia según la especie donde se aplique. Son apareadas estas hembras donantes de embriones con machos fértiles, mientras que las receptoras destinadas a recibir los embriones después de microinyectados son apareados con machos estériles y el chequeo de la fertilización varía de acuerdo a la especie.

• Los óvulos recién fecundados son extraídos del tracto reproductivo por lavado de los oviductos con medio de cultivo, puede usarse el métodos de sacrificio (animales de laboratorios, ratones, ratas, etc.) o la intervención quirúrgica en las especies de importancia económica, se realiza la microinyección de los pronúcleos con agujas de cristal que poseen un diámetro inferior a una micra, sostenidos en fijación por una micropipeta especial.

• Los embriones que sobreviven son incubados durante 1-2 horas para comprobar su viabilidad y transferidos a los receptores que habían sido previamente preparados.

• Después de producirse el nacimiento de las crías se realizará el monitoreo de la integración del ADN que se inyectó, según las técnicas de Southern (De la Fuente *et al.*, 1991), otro paso posterior es la identificación de expresión en diferentes órganos y tejidos de interés.

• Finalmente se realiza el cruce de los animales que resultaron transgénicos con el objetivo de crear líneas portadoras del gen en estudio.

Transferencia génica mediante E.S. (Embryonic-Stem)

Se hace posible gracias al desarrollo de cultivos de células del E.S. Estas se derivan de embriones preimplantados y pueden mantenerse en cultivo durante períodos prolongados y ser objeto de modificaciones genéticas. Incorporadas al linaje embrionario de un embrión en desarrollo, pueden diferenciarse en toda clase de tipos celulares, inclusive en células germinales. El animal resultante consta a la vez de células derivadas de la línea E.S. y de las descendientes del blastocito receptor. La progenie de las células germinales derivadas del E.S. (en general, los espermatozoides de los animales "fundadores") transportan el rasgo en todas sus células, inclusive los óvulos o los espermatozoides (Georges, 1996; FAO/OMS, 1992).

También existen otros métodos como la electroporación, la beaconización, la transferencia mediada por espermatozoides y otros.

Electroporación

La electroporación se ha empleado generalmente para la transferencia genética a células en cultivos. Esta metodología tiene la ventaja de poder trabajar a la vez con un número grande de células (aproximadamente 200 embriones/minutos). El empleo exitoso en la aplicación de campos electromagnéticos para la transferencia de genes ha sido más notables en peces.

Baeconización

La baeconización (Baekonization; Baekon, Inc. 18866 Allendale. Ave' Saratoga CA 95070 USA) se diferencia de la electroporación y se define como un proceso de transferencia de electromoléculas en sistema biológico. Este sistema consiste en un proceso electrónico no basado en capacitores, que proporciona un campo con un alto voltaje continuo y ajustable y corrientes muy bajas. Trabaja con frecuencia de radio y audio y el modo de operación no es por contacto. (Georges, 1996).

Desafortunadamente tanto la inyección pronuclear como el uso de vectores retrovirales se basan en la introducción de un gene "artificial" o "transgene" en un cromosoma del embrión en desarrollo, y por lo tanto existe la inhabilidad de predecir el lugar de inserción del transgene y por lo tanto es necesario construir genes artificiales que puedan funcionar en cualquier parte del cromosoma (el proceso de inserción del transgene en la técnica de inyección pronuclear es referido como recombinación ilegítima). Debido a esa necesidad de independencia, el transgene debe contener toda la información necesaria y adecuada para el control de la transcripción (ADN a ARN). Entre las secuencias de ADN involucradas en el control de expresión de un gene se encuentran, entre otros, los promotores, los intensificadores, y las regiones de fijamiento a la matriz nuclear. Estas secuencias reguladoras son difíciles de identificar y de aislar y, peor aún, su nivel de expresión y su regulación apropiada están afectadas por áreas adyacentes de la cromatina. Eso quiere decir que si se producen diez animales transgénicos con el mismo transgene, cada uno de ellos será diferente, debido a que contienen el ADN artificial en diferentes áreas cromosómicas. Este efecto, llamado efecto de localización o posicional, es la causa más importante de la inhabilidad de producir animales transgénicos en especies domésticas que regulen la expresión del transgene de una manera apropiada.

Afortunadamente en los últimos años se ha desarrollado una técnica, que permite la introducción del transgene en áreas específicas del cromosoma. Esta técnica, llamada recombinación homóloga, hace uso, como su nombre lo indica, de regiones de homología entre el ADN exógeno (el transgene) y el ADN endógeno (cromosómico), para insertar el transgene en áreas específicas de éste. En otras palabras, usando esta técnica se puede seleccionar el lugar en el cromosoma en donde el ADN exógeno irá a terminar.

La recombinación homóloga difiere de los métodos utilizados en la inyección pronuclear y en los vectores retrovirales, en los cuales el ADN se añade, mientras que en el primer caso se intercambian. Por ésta razón el resultado final es diferente.

En el caso de la recombinación homóloga, el ADN del transgene interactúa con el ADN endógeno a través de regiones homólogas e induce a un intercambio de ADN entre el transgene y el ADN cromosómico. Debido a la necesidad del transgene de interactuar con una región específica, en el sistema de recombinación homóloga la frecuencia de inserción es relativamente baja. Esta baja eficiencia en el proceso de recombinación homóloga no permite su uso directo en embriones sino que obliga a la utilización de células en cultivo. Una vez identificada la célula modificada correctamente, se puede iniciar el proceso de clonaje para obtener un animal transgénico.

La combinación de la recombinación homóloga con la habilidad de clonaje, han permitido el desarrollo de dos técnicas nuevas de manipulación del material genético en mamíferos.

En primer término ha permitido la inactivación de genes específicos mediante la inserción de un transgene en un gene activo, causando su inactivación. Esta técnica es conocida como inactivación insercional y permite el análisis de la función de genes específicos en la fisiología de un organismo. La utilización de esta técnica ha permitido determinar la función de diferentes genes y la generación de animales con síndromes que imitan ciertas enfermedades humanas (Piedrahita, 2001).

Aplicaciones

Las aplicaciones de los animales transgénicos las podemos dividir en dos grandes grupos. Las que servirían para investigación básica y médica (donde el animal de elección debido al coste económico y tiempo es el ratón) y las que tendrían un efecto directo sobre la producción y sanidad animal (especies domésticas).

Entre las aplicaciones de los animales transgénicos se pueden destacar:

- La posibilidad de estudiar a nivel molecular el desarrollo embrionario y su regulación.
- Manipular de forma específica la expresión génica *in vivo.*
- Estudiar la función de genes específicos.
- Poder utilizar a mamíferos como biorreactores para la producción de sustancias de interés farmacológico para humanos y animales.
- La corrección de errores innatos de metabolismo mediante terapia génica.
- Xenotransplantes.
- En la agricultura, la investigación esta enfocada en la producción de animales resistentes a enfermedades. En el momento se están desarrollando animales transgénicos resistentes a enfermedades específicas, como la enfermedad de las vacas locas, la tuberculosis, la brucelosis y la fiebre aftosa.

La introducción de genes promotores del crecimiento en los peces ha resultado muy eficaz para incrementar el desarrollo somático y hace esperar importantes progresos en el sector de la acuicultura, tales genes en el ganado porcino no ejercen un efecto tan pronunciado (De la Fuente *et al.*, 1991).

La transferencia génica ha tenido varias importantes aplicaciones, particularmente para estimular el crecimiento, para introducir genes fármacorresistente, estimulación de la respuesta inmunitaria, inserción de genes cuyos productos bloquean la infección por virus, la alteración del contenido de grasa y/o colesterol de la carne, la modificación del metabolismo intermediario para cambiar las modalidades de producción de proteínas o grasa (Georges, 1996; FAO/OMS, 1992; De la Fuente *et al.*, 1991; Castro, 1988; Jaenish, 1988).

Peligros potenciales

Los principales peligros potenciales asociados a la liberación de animales transgénicos se clasifican en Genéticos y Ecológicos y son en general:

- Recombinación genética.
- Transferencia horizontal de genes.
- Resistencia a antibióticos.
- Creación de superpatógenos.

Genéticos

- Degradación o perdida de genes.
- Perdida de la identidad.
- Resistencia a fármacos.
- Silencio genético.
- Pleiotropía.
- Aparición de genes "troyanos".

Ecológicos

- Compite con las especies autóctonas en cuanto a alimentación, comportamiento reproductivo, zona de anidamiento.
- Desplaza las poblaciones autóctonas.
- Interacción con las poblaciones ferales.
- Cambio en la conducta de los animales

En el caso especifico de los animales que se usan para los xenotransplantes los riesgos potenciales pudieran ser:

- Reactivación de los Retrovirus endógenos.
- Desarrollo de un nuevo virus.

Estado actual de la comercialización de los animales transgénicos

La comercialización de los animales transgénicos o sus productos todavía no ha alcanzado los niveles que actualmente poseen las plantas transgénicas, por muchas razones incluida la percepción de riesgo, que en el caso de los animales es mucho mas elevado que con relación a las plantas; en Cuba las Tilapias transgénicas con crecimiento acelerado, se encuentran aún en la etapa de ensayos después de 10 años de obtenidas, en igual situación se encuentran los salmones modificados genéticamente en otros países; China se encuentra en la etapa de aprobación de peces modificados. Con relación a la utilización de animales transgénicos como biofábricas sus ventajas son muy superiores a la producción de esos biofármacos por otros métodos.

Aspectos esenciales para la producción de proteínas a partir de transgénesis:

- Selección y manipulación del ADN genómico.
- Creación de los animales transgénicos.
- Selección de los reproductores.
- Expansión de la producción.
- Mantenimiento de los animales transgénicos.
- Colección de leche y procesamiento de la proteína.
- Caracterización del producto final.
- Evaluación preclínica y clínica del producto.

Tabla#2. Características de la producción de proteínas a partir de animales transgénicos en lactación

Especies	Producción de leche litro/año	Tiempo desde el nacimiento a la primera lactación (meses)	Contenido de proteína g/litro	Estimado de producción de proteínas kg/año*
Vacas	10.000	15-30	34	30
Cabras	400-500	8-13	40	1,4
Cerdas	300-400	12	50	1,0
Conejos	6	6	139	0,02
Ovejas	400-500	8-13	54	1,4

* Asumiendo que el promedio estimado de producción de proteínas es de 3 g por litro.

Como se deduce de la tabla anterior la facilidad de producir proteínas de valor farmacológico en animales tiene la ventaja la productividad y el ahorro de instalaciones entre otras con respecto a la producción en cultivos celulares.

Evaluación de los riesgos en el uso de animales transgénicos

Uno de los riesgos que tiene la ingeniería genética es que la inserción del gen foráneo en el genoma del organismo receptor es al azar, lo que puede ocasionar efectos imprevisibles sobre la fisiología y bioquímica de los organismos e impide predecir con exactitud los niveles de expresión de los transgenes introducidos y portadores de los riesgos derivados de esta manipulación.

El nivel de expresión y función de un gen depende de la posición que ocupe el mismo dentro del material genético del receptor y dependiendo de esta posición el gen puede ser más o menos activo, más propenso a las mutaciones o al silencio genético.

El análisis del riesgo (Figura 2) es una ciencia aplicada, un proceso, un método, un sistema que consiste en la aplicación de un método objetivo y realista para determinar la probabilidad de ocurrencia de un suceso que involucra peligro, estimando además las consecuencias. Su metodología comprende básicamente las siguientes etapas: evaluación de riesgo, gestión de riesgo y comunicación de los riesgos, con el objetivo de llegar a un nivel aceptable de seguridad para tomar decisiones de carácter preventivo, estableciendo un balance entre los riesgo y los beneficios (Cane *et al.,* 1993; Mac Diarmid, 1993; AHL *et al.*, 1993; Morley, 1993).

Figura 2. Esquema de los elementos que forman el análisis de riesgo

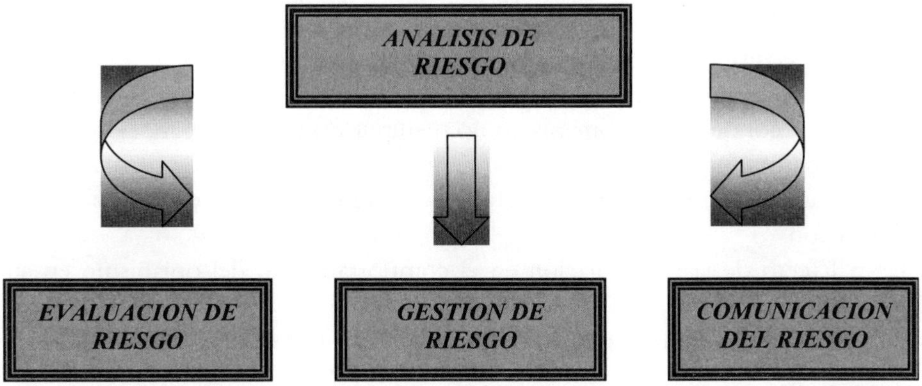

La aceptación del nivel de seguridad, significa que no se puede exigir el riesgo cero debido a que en la práctica cualquier actividad o proceso involucra algún grado de riesgo. En el proceso de análisis de riesgo, la evaluación de los

riesgos es muy importante debido a que si un riesgo particular no es identificado, los pasos para reducir dicho riesgo no pueden ser formulados en la etapa de gestión de los riesgos (Cane *et al.,* 1993; Mac Diarmid, 1993; AHL *et al.*, 1993).

En el proceso de análisis de riesgo se debe realizar paso a paso y caso por caso y como punto final balancear los beneficios y los riesgos, y que esta actividad no afecte la Biodiversidad.

La liberación de organismos transgénicos en el ambiente podría en la mayoría de los casos originar cambios en el ecosistema. En los laboratorios y unidades de investigación controladas, muchas de las características de los organismos transgénicos pueden ser comparados con sus homólogos no transgénicos (modo de alimentarse, comportamiento sexual, agresividad) y cada movimiento puede ser controlado pero en condiciones no controladas (liberados al medio ambiente) estos aspectos no pueden ser controlados ni monitoreados.

Aspectos a considerar en la evaluación de los riesgos potenciales en la liberación y utilización de animales transgénicos (Tzotzos, 1995):

- *El organismo:*
  - La naturaleza del huésped.
  - La estabilidad y naturaleza de la modificación genética.
  - Pruebas de laboratorio y verificación del organismo.

- *Medio Ambiente:*
  - Magnitud y ubicación del lugar, incluyendo la propiedad y la seguridad.
  - Proximidad a los seres humanos y a otros animales.
  - El ecosistema del sitio de liberación y efectos predecibles.
  - Liberación de cualquier especie diana de la flora o la fauna (Ej. predadores), efectos conocidos del organismo no manipulado y efectos conocidos de los organismos manipulados.
  - Cantidad de liberaciones efectuadas en el lugar, frecuencia y duración de la liberación.
  - Efecto de la manipulación en el comportamiento del organismo en su hábitat natural.
  - Monitoreo, como se sigue en los animales y por cuanto tiempo.

- *Supervivencia y Diseminación:*
  - Susceptibilidad al estrés artificial.
  - Cualquier detalle de modificación diseñado para afectar su capacidad de sobrevivir y transferir material genético.

• Probabilidad de transferir ADN insertado a otros organismos y métodos para monitorear esa transferencia.

• Eliminación de organismos superfluos.

- *Seguridad:*

• Seguridad de los trabajadores y su educación al respecto.

• Planes de emergencia para efectos inesperados del organismo transgénico.

• Contención física y planes de emergencias en caso de que esta contención se rompa (Ej.: inundación en los estanques de peces).

• Procedimientos para la terminación del experimento y disposición de los organismos manipulados.

En el caso de las evaluaciones de riesgo se deben realizar caso por caso y paso por paso, debidamente documentada y sobre bases científico-técnicas.

Algunos ejemplos que sobre evaluaciones de riesgos con animales transgénicos se reportaron en la literatura internacional plantean que cuando se crearon peces transgénicos tales como carpas con hormonas de crecimiento o salmones tolerantes al frío y que han sido éxitos a nivel de laboratorio, no se puede descartar que pudieran constituir una amenaza al ecosistema, como pudiera ser que la alimentación del de mayor talla, al ser más cantidad pueda ser mas agresivo y los tolerantes al frío desplazar a las especies naturales de las aguas mas frías.

En un inicio para evaluar los riesgos cuando estamos frente a una liberación controlada o no de algún animal transgénico, lo hacíamos tomando en consideración las Directrices Técnicas Internacionales del PNUMA sobre seguridad de la Biotecnología año 1995 (15), hoy en día muchos países han elaborado su legislación en materia de Bioseguridad y todos los aspectos señalados en la evaluación de la seguridad de un animal transgénico se tienen muy en cuenta, donde se evalúa la seguridad no solo para la salud pública sino para el medio ambiente.

Estos aspectos son entre otros los siguientes:

• Las características del organismo con rasgos nuevos, considerando:

  • El organismo receptor/parental o huésped.

  • La información pertinente sobre el organismo donante y el rector utilizado.

  • El inserto y el rasgo codificado.

  • El centro de origen.

• La utilización a que se destina, es decir la aplicación especifica de la utilización confinada o la liberación intencional o la incorporación al mercado, con inclusión de la escala prevista y los procedimientos de gestión y tratamiento de desechos.

• El medio ambiente receptor potencial.

El movimiento transfronterizo de OGM

La Agenda 21 o el Programa 21 aprobado en la Conferencia de Naciones Unidas sobre Medio Ambiente y el desarrollo celebrada en Río de Janeiro en Junio de 1992, subrayo la necesidad que se establezca regulaciones nacionales a fin de asegurar la protección adecuada de la salud humana y el medio ambiente relacionada con el uso confinado y la liberación al medio de los organismos genéticamente modificados. Además reconoció la importancia de un trabajo más amplio en los principios internacionales de evaluación y gestión de riesgo que serán aplicados en el uso y la transferencia de la Biotecnología moderna (PNUMA, 1995; Secret. Convenio Diversidad Biologica, 2000; Kalemani, 1997).

En el año 2000 se aprueba el Protocolo de Cartagena (Secret. Convenio Diversidad Biologica, 2000) donde se establecen los compromisos de los estados partes en la realización del análisis de riesgo para la comercialización de OGM, los movimientos transfronterizos involuntarios y otros aspectos técnicos recogidos en el cuerpo del Protocolo y que se encuentra en fase de ratificación.

Ejemplo del análisis de riesgo en un animal transgénico obtenido en Cuba

En Cuba el desarrollo de Biotecnología ha alcanzado grandes logros como fue la obtención de Líneas de Tilapias transgénicas para crecimiento acelerado, logrado por el Centro de Ingeniería Genética y Biotecnología, al cual se la otorgó la Licencia de Seguridad Biológica para la obtención y mantenimiento de los reproductores.

En este punto vamos a mostrar los resultados prácticos de ese análisis de riesgo:

• Elementos que componen el OGM

Huésped Híbrido de la especies *Oreochromis hornorum y Oreochromis aureus*

Vector Plásmido pE300-Hcmv

Inserto ADNc (ADN complementario del gen que codifica para la hormona del crecimiento en Tilapias)

Donante Hormona del crecimiento en Tilapias.

• Característica del ADN insertado.

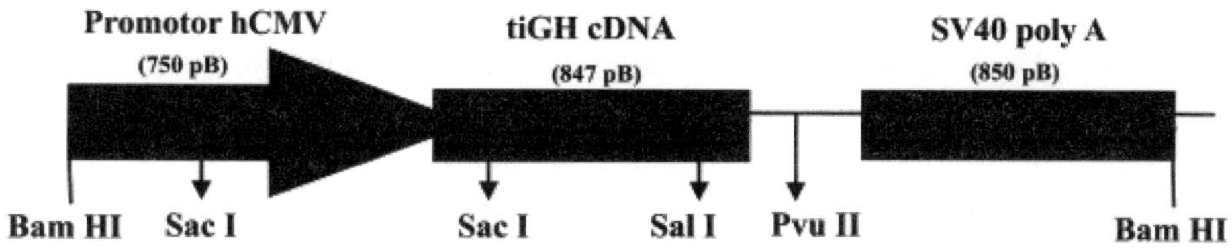

Fuente: adaptado de *Journal of Marine Biotechnology*, 6, pp. 142-151, 1998.

• Inserto Transgen conteniendo ADNc de la hormona de crecimiento de la tilapia bajo secuencias regulatorias derivadas del citomegalovirus humano. Un macho conteniendo una copia por célula del transgen fue seleccionada para establecer la línea de Tilapia transgénica (Martínez Rebeca y col, *Aquaculture*, 173, pp. 271-283, 1999).

• Método de transformación: Microinyección en citoplasma de huevos de Tilapia fertilizados naturalmente en estadios de 1 o 2 células.

• Organismo Vivo Modificado resultante: tilapias transgénicas IG-91/03 F70 con capacidad para producir de forma ectópica bajos niveles de la hormona de crecimiento de la tilapia.

• Biología del Organismo parental.

  • Las tilapias se alimentan de un rango elevado de peces, plantas y otros organismos, formando grandes manchas que pueden migrar a grandes distancias.

  • Las hembras pueden llevar en sus bocas a sus crías, por lo que una sola hembra es suficiente para colonizar un nuevo ambiente.

  • Esta especie se ha adaptado al agua salada. (McNeely, J.A. 2000 Reporte de la Introducción de la Tilapia Africana en Nicaragua.)

• Gestión de riesgos:

  • Acceso limitado a las instalaciones.
  • Estanques techados provistos de filtros adecuados para prevenir el escape de las estructuras reproductivas.
  • Tratamiento de residuales en ambiente controlado.
  • Capacitación en materia de seguridad biológica del personal.
  • Cumplimiento de las buenas prácticas.
  • Monitoreo.

- Ensayos que se realizarán:
    - Caracterización fenotípica, comparación de crecimiento con tilapias no modificadas.
    - Demostración de la capacidad de transmitir el inserto integrado a su genoma, a otras generaciones.
    - Composición y características bioquímicas.
    - Estudios de metabolismos y calculo del factor de conversión del alimento.
    - Estudios toxicológicos en ratones y en primates basados en el principio de sustancia equivalente.

- Monitoreo:
    - Reacción en cadena de la polimerasa (PCR) donde se amplifica un fragmento del gen insertado (se utiliza un oligonucleótido que híbrida en la región del promotor).
    - Dot Block, este kit para monitorear en los ambientes acuáticos es producido por el CIGB.
    - Southern Block, esta técnica de biología molecular también se ha usado.
    - Técnicas para monitorear poblaciones en el ambiente.

El análisis de riesgo, demostró que la obtención de este OVM por un país subdesarrollado (SELA, s.a.), en este caso Cuba, es un logro que puede ser muy beneficioso para otros países del Tercer Mundo y mediante el intercambio y la colaboración poner un granito de arena en la lucha contra el hambre. Para la comercialización de esta tilapia todavía hay que esperar un tiempo para realizar algunos ensayos, ya que no se ha concluido la parte experimental en las instalaciones de contención que regulan la manipulación de esos organismos en Cuba.

Conclusiones

La Biotecnología moderna presentas innumerables ventajas con relación a los procesos tradicionales.

El intercambio de material genético entre especies no relacionadas abre nuevas perspectivas para producir organismos genéticamente modificados y también crea nuevos retos con relación a la seguridad tanto alimentaria como ambiental.

Dentro de este campo la producción de animales transgénicos representa una tecnología avanzada que ha revolucionado el campo de la producción animal, estos animales permitirían alimentar a una población cada día mayor, producción de biofármacos muy necesarios para complementar los programas de salud en nuestros países, ofertar órganos vitales para reducir las largas filas de espera que muchas veces terminan de la manera mas infeliz (mediante los xenotransplantes), animales resistentes a enfermedades y otras bondades de la Biotecnología moderna y siempre de una manera ecológicamente racional. Pero siempre será necesario realizar el análisis de riesgo para evaluar los peligros potenciales que puedan presentar esos animales modificados genéticamente, este análisis deberá realizarse caso por caso y paso por paso y al final poder estar en condiciones de realizar un balance Riesgo-Beneficio, con énfasis en garantizar la seguridad alimentaria en caso de los alimentos, la seguridad y conservación de la Biodiversidad y evitar que se produzcan daños a la salud humana y el medio ambiente.

Los estudios de mercados realizados hasta el presente demuestran una tendencia creciente al uso de productos derivados de la moderna Biotecnología, pero toda actividad que se realice en este campo debe ser segura.

Referencias

Ahl, A. S. *et al.* Standardization of nomenclature for animal health risk analysis. *Rev. Sic. Tech. Off. Int. Epiz.*, 12 (4), pp. 1045-1053, 1993.

Cane, B. G. *et al.* Análisis de los factores de riesgos asociados a la encefalopatía espongiforme bovina en Argentina. *Rev. Sic. Tech. Off. Int. Epiz.*, 12(4), pp. 1203-1204, 1993.

Castro, F. O. & De La Fuente, J. Animales transgénicos. Posibilidades biotecnológicas. Interferon y Biotecnología vol. 5(3), pp. 210-222, 1988.

De La Fuente, J. *et al.* Transgénesis en peces y su aplicación en la biotecnología. *Biotecnología Aplicada*, vol. 8(2), pp. 123-139, 1991.

FAO/OMS. *Estrategias para evaluar la inocuidad de los alimentos producidos por biotecnología.* Informe de una reunión consultiva mixta FAO/OMS. Organización Mundial de la Salud, 1992.

Georges, M. *Biotecnología para el mejoramiento genético del ganado.* Situación actual y perspectiva. Síntesis sobre los temas técnicos presentados al Comité Internacional o a las Comisiones Regionales. O.I.E., 1996.

Jaenish, R. Transgenic Animal. *Science*, vol. 240, jun. 1988.

Kruszewska, I. *Playing Good Genetic Engineering of Food in Central and Eastern Europe.* Greenpeace International, 1996.

Mac Diarmid, S. C. Risk analysis and the importation of animal and animal products. *Rev. Sci. Tech. Off. Int. Epiz.*, 12(4), pp. 1045-1053, 1993.

Morley, R. S. A model for the assessment of the animal disease risk associated with the importation of animal and animals products. *Rev. Sci. Tech. Off.*, 12(4), pp. 1055-1092, 1993.

Mulongoy, K. Policy issues related to the transfer and sustainable use of biotechnologies.

Transboundary movement of living modified organisms. Resulting from modern Biotechnology: Issues and opportunities for Policy-Makers. International Academy of the Environment, 1997.

Piedrahita, J. A. *Bioseguridad y Animales transgénicos.* Primer Foro Internacional sobre Bioseguridad de Organismos Modificados Genéticamente de Interés Pecuario. Bogotá, Colombia, 2001.

PNUMA. *Directrices técnicas Internacionales sobre Seguridad de la Biotecnología*, 1995.

———. *Evaluación Mundial de la Biodiversidad. Resumen para los responsables de las formulaciones de políticas*, 1995.

Rosario, O. *Animales Transgénicos.* Bóreas Natural Universidad de Zaragoza, 2000.

Secretaría del Convenio sobre la Diversidad Biológica. *Protocolo de Cartagena sobre Seguridad de la Biotecnología del Convenio sobre la Diversidad Biológica*: texto y anexos. Montreal: Secretaría del Convenio sobre la Diversidad Biológica, 2000.

SELA. *Reflexiones sobre el desarrollo de la Biotecnología en Europa y América Latina.* Compilador.

Tzotzos, G. T. *Genetically Modified organisms. A guide to Biosafety.* CAB International UNIDO, UNEP, ICGEB, 1995.

USEPA/USDA. *Biotechnology Risk Assessment.* Environment Canadá/Agriculture and Agri-Good Canada, Proceeding of the Biotechnology Risk Assessment Symposium, 1995.

O HOMEM E OUTROS ANIMAIS
A MANIPULAÇÃO DA NATUREZA E SEU ATRIBUTO SIMBÓLICO

Marli B. M. de Albuquerque Navarro

A cultura ocidental supervalorizou a importância da vida subordinada ao homem. A filosofia clássica estabeleceu uma leitura do mundo natural através de uma visão hierárquica, condicionando o bem dos animais à existência do mundo vegetal, e o bem do homem à existência dos animais, os animais domesticáveis serviam para emprestar seus atributos ao homem, e os selvagens serviam para a caça.

Estabelecia-se assim, uma cadeia utilitária da natureza, onde o homem ocupa o centro manipulador, pois a criatura humana, a despeito da representação do pecado original, permaneceu no privilegiado lugar de representante da imagem de "Deus Todo Poderoso". Ao cometer o pecado, o homem recebeu como castigo a busca de sua própria sobrevivência e a sua exclusão do paraíso, espaço que o imaginário humano descrevia como lugar contemplado por uma flora e uma fauna exuberantes, onde todas as criaturas viviam em perfeita harmonia. Em nome da manutenção da sobrevivência, foi facultado ao homem, como atenuante de seu pecado, uma autoridade ilimitada sobre o mundo natural. Segundo o livro do *Gênesis*, ao homem caberia a tarefa de preencher a terra e submetê-la.

Para manter sua sobrevivência caberia ao homem estabelecer o papel de cada espécie. Nos mitos reveladores da fúria de Deus sobre os homens, a tragédia anunciada dava-se a partir das catástrofes da natureza como as grandes secas ou as grandes enchentes. A Noé, coube o privilégio de selecionar os animais que seriam preservados em pares para garantir a reprodução de tais espécies.

No plano mais geral dos valores da cultura ocidental, a tarefa de conquistar a natureza também sempre se apresentou associada à construção da civilização. A sujeição das "espécies inferiores" através da ciência, fez parte do discurso planejador dos economistas apoiados nos filósofos, sobretudo a partir do século XVII. Para Francis Bacon, "o fim da ciência era devolver ao homem o domínio sobre a criação que ele perdera em parte com o pecado original". Para os cientistas formados nessa tradição, todo o propósito de estudar o mundo natural se resumia em que “A natureza, desde que conhecida, será dominada, gerida e utilizada a serviço da vida humana” (Keith, 1988).

A intenção submersa na classificação da natureza e no conhecimento detalhado da biodiversidade estava situada na busca do controle da natureza, na sua domesticação e manipulação. O inventário da natureza fazia parte da ambição sedimentada no quadro mental humano, mais tarde, justificado por concepções filosóficas, que confirmavam a existência de uma larga diferença entre a humanidade e outras formas de vida, ficando portanto longe da perspectiva humana qualquer escrúpulo no tratamento e utilização da natureza.

O respaldo dessa visão estava refletida no pensamento de Aristóteles, mais precisamente na proposta formulada para a leitura do mundo pela distinção entre o natural, o sensível e o racional. O mundo vegetal teria uma alma nutritiva, da qual também partilhava o homem. Os homens e os animais possuíam uma alma sensível. Mas o homem, e somente ele, teria todos esses atributos, acrescidos da alma racional ou intelectual. O olhar do homem sobre a natureza visando estabelecer a distinção entre seres superiores e inferiores, legitimaria também entre a espécie humana vários graus de superioridade ou inferioridade, firmando sempre a predominância do ser adulto do sexo masculino.

A concepção aristotélica da hierarquia da natureza considerava como ponto de partida da organização do universo uma Cosmologia, segundo a qual o mundo dividia-se em duas esferas, sub e supralunar cujo centro era a Terra. Na esfera sublunar estavam as coisas imperfeitas, passageiras e corruptíveis dos homens e na supralunar, a perfeição de Deus manifestada na natureza, sendo esta portanto de caráter divino. O caráter divino da natureza pertence ao imaginário humano e está cristalizado como patrimônio cultural, no qual os mitos da criação expressam o valor da essência da vida por meio da imagem de um criador. Até a dessacrilização do mundo, possibilitada pela ascensão do racionalismo, o homem olhava a natureza e via nela a vontade de Deus, até mesmo para justificar a sua utilização.

O aprofundamento utilitário dessas visões, pouco a pouco, ampliou o universo dos seres inferiores, chegando a especificar a inferioridade das crianças, dos adolescentes, das mulheres, ante a imagem masculina. Também, os pobres, os negros, os mestiços, passaram a integrar este grupo de humanos, identificados pela inferioridade, cujos argumentos para tal classificação estavam apoiados numa determinada leitura da natureza humana, que os definiam como menos racionais, mais primitivos e mais emotivos, estando estas parcelas mais próximas da alma dos animais, eram seres quase bestiais. Também as características valorizadas pela visão masculina dominante retiravam do mundo animal aspectos para qualificar a imagem do poder masculino. Assim, valores como a bravura, a lealdade, a virilidade, a pureza, a inteligência, a prudência, etc., por exemplo, se concretizaram enquanto símbolos mediante a utilização da imagem do leão, do cavalo, da águia e outros animais tidos como superiores na classificação do mundo animal feita nos primórdios da história natural.

Para a identificação dos valores que deveriam refletir as estruturas sociais como ordem natural, os pensadores da natureza apresentavam como exemplo as comunidades coesas e dependentes de um ser soberano, ajustados em torno de um poder único e central, cuja garantia da sobrevivência estava baseada na manutenção e preservação do rei ou da rainha, personagens que eram fonte e princípio da organização. As formigas e as abelhas serviram bem a idéia de que o poder das monarquias fazia parte de uma ordem natural, indispensável à sobrevivência de todos. As ciências naturais respaldavam os discursos em torno da organização do saber destinado à manutenção da ordem social como extensão da ordem natural, concretizando ainda mais a superioridade racional do homem, detentor do poder capaz de dominar e controlar a natureza, assim como declarar e sentir compaixão por ela.

A formulação da supremacia do pensamento racional para definição do mundo e das coisas inscreve-se historicamente na civilização ocidental a partir, sobretudo, da proposição cartesiana de observação da natureza. A leitura racional do universo estava inserida nos fatos científicos impulsionados pelo método experimental contidos na elaboração teórica de Galileu Galilei (1564-1642) e de Francis Bacon (1561-1626), que procuraram dar as suas investigações um extremo rigor ao valor da objetividade. Estas percepções do universo favoreceram o alcance de uma definição uniformizante da natureza, tendo como suporte o princípio dos movimentos mecânicos consolidados pela Física. Estes pressupostos, permitiram a Descartes (1596-1650), a organização da configuração geometrizada do universo, unindo a álgebra, a aritmética e a geometria, formulando a base da matemática moderna. A complementação dessa percepção do universo viria com a formulação da Lei da Gravidade, formulada por Isaac Newton (1642-1727) que fecharia a ordem da construção do que seria a partir daí a cultura científica ocidental.

A natureza está então mecanizada e o homem desnaturado. Este novo conceito de tradução do mundo natural lhe atribui movimentos baseados na física mecânica dos corpos cujo funcionamento pertence à harmonia das engrenagens de um relógio, cujo grande relojoeiro é Deus. O avanço das conquistas da técnica estimula a percepção da natureza como uma coleção de corpos, ela é ao mesmo tempo fragmentada e unificada, pois constituiu-se de objetos coesos por um campo de forças a ela externa, visto que a partir dessa visão o movimento é atribuído à mecânica.

A idéia da natureza objeto torna o homem cada vez mais exterior a ela, o pensamento celebrizado por Descartes, e seguido por outros pensadores, concebia a idéia que "os animais são meras máquinas ou autômatos, tal como os relógios, capazes de comportamento complexo, mas incapazes de falar, raciocinar, ou, segundo algumas interpretações, até mesmo ter sensações". Contudo, para "Descartes, o corpo humano também é autômato; afinal, ele desempenha funções inconscientes, como a da digestão. Mas a diferença está em que no seio da máquina humana há uma mente e, portanto, uma alma separada, enquanto os seres brutos são autômatos desprovidos de almas ou mentes. Só o homem combina, ao mesmo tempo, matéria e intelecto" (Keith, 1988). Descartes chega a uma conclusão atenuante para definir a relação comparativa entre os homens e os animais, cedendo aos animais a característica de seres sensíveis, com capacidade de ter sensações, mas desprovidos de raciocínio.

Paralelo ao pensamento cartesiano, outras idéias que percebiam os animais como máquinas foram formuladas, idéias estas que chegavam a afirmar que os bichos não sentiam dor, sendo os ganidos, os uivos, ou qualquer demonstração de sofrimento, como contorções, meros reflexos externos, completamente distantes das sensações interiores, que, aliás, para estas correntes de pensamento, eram exclusivas do homem.

O conjunto dessas formulações estavam em consonância com as doutrinas teológicas, em especial a baseada na escolástica, amplamente aceita pelo catolicismo, pois, segundo Santo Tomás de Aquino, a prudência dos animais era um instinto concedido por Deus a todas as criaturas desprovidas de alma. A importância atribuída a estas definições estava associada à manutenção dos pilares ideológicos da época, pois se capacidades como percepção, memória, consciência, reflexão fossem extensivas aos animais, poderia ser construída a noção de que os animais eram portadores de alma, e o fato da negação da alma das criaturas com capacidades próximas às dos homens poderia gerar a dúvida sobre a existência da alma humana imortal, gerando um impasse que explicitava a seguinte questão: "ou atribuir almas imortais às bestas ou admitir que a alma do homem podia ser mortal" (Gottfried Wilhelm Leibniz, citado por Keith, 1988).

A idéia da superioridade racional alcança, portanto, seu auge com a filosofia cartesiana, na qual a razão passa a ser utilizada como o principal e único meio para a percepção do mundo. É em Descartes que a ciência moderna busca seus fundamentos para processar seu conhecimento em direção ao estabelecimento da ordem como caminho para se eliminar a desordem contida no caos. Assim, a visão cartesiana da questão da relação entre o mundo animal e o mundo dos homens deixava para os homens a responsabilidade e a culpa do ser racional diante do sofrimento dos seres irracionais, retirando de Deus a culpa de possíveis negligências diante da crueldade praticada sobre os animais. Mediante a razão, caberia ao homem o controle da natureza por meio da observação e da pesquisa, tornando este exercício um fator de estímulo ao processo do conhecimento científico.

Os argumentos mais usados para atenuar essas questões foram propostos pelo aparato teórico que atribuía aos animais a faculdade de se constituírem como mecanismos perfeitos, tais como o das máquinas, estando portanto, estes seres, fora do plano espiritual e sensível da alma imortal.

Num mundo de idéias que buscavam a supremacia da razão, cabia ao homem exercer o papel de sujeito tornando a natureza mero objeto. Tal como era conveniente ao racionalismo, a imagem de Deus era transcendente, um Deus "externo à sua criação, simbolizava a separação entre espírito e natureza. O homem estava para o animal como o céu estava para a terra, a alma para o corpo, a cultura para a natureza. Havia uma diferença qualitativa total entre o homem e o ser bruto" (Keith, 1988).

A consagração da singularidade humana ante a natureza era no século XVII uma constante em todas as leituras que se fazia do universo natural, fato que influenciou a elaboração dos estudos em história natural, em especial, os realizados ao longo do século XVIII, que consideravam, em suas observações, a permanência fixa uma fronteira rígida entre os homens e os animais, confirmando a existência de mundos separados, como o mundo da civilização, cujo centro absoluto é o homem, o mundo animal, o mundo vegetal, subdivididos pelas particularidades de suas espécies.

A dinâmica da construção da história natural contribuiu para a emergência do pensamento filosófico que repunha em pauta as reflexões sobre a relação homem-natureza como ponto central para a compreensão da estrutura do mundo e do conhecimento sobre este. Kant (1724-1804), validaria o conhecimento a partir da experiência humana, colocando-o no plano do sensível.

A filosofia alemã, portanto, retoma as questões que refletem sobre os limites existentes entre o homem e a natureza a fim de compreender o sentido do humano e do natural, estando aí incluída a consciência do mundo. "Para Hegel, a natureza e o homem não passam de abstrações, de instantes do movimento dialético do pensamento. O objeto é, como afirmava Platão, na Antigüidade, apenas a imagem de um objeto mental, algo que não tem existência objetiva fora do conhecimento; é apenas uma confirmação do pensamento. A idéia preexiste à matéria; é ela que é o substrato de todo movimento: é o início e o fim deste movimento. [. . .] O movimento explicitado pela teoria hegeliana tem seu início com o pensamento especulativo puro e termina seu ciclo com o conhecimento absoluto, autoconsciente, divino. A existência dos objetos representa momentos alienados do pensamento, da consciência. Ignorando a natureza e o homem reais, a realidade objetiva é concebida como pensamento abstrato alienado. Os objetos da natureza são entidades alienadas, concebidas apenas em sua forma do pensamento" (Nova, 2002). Em síntese, Hegel "considera que a natureza é a idéia que se alienou pela materialização, havendo uma unidade homem-mundo que só se estabelece para o homem quando este adquire sua consciência" (Moreira, 1993). Retomando o pensamento de Kant, Hegel destaca que na relação estabelecida entre o homem e o mundo, no sentido da produção do conhecimento, a experiência em si nada pode realizar se não for amparada pela consciência, pois o processo de experimentação do mundo não é dado pela sensibilidade, mas pela consciência.

Como críticos da filosofia idealista alemã, Marx e Engels iriam entender o movimento homem-natureza mediante a formulação da idéia do condicionamento recíproco entre ambos, fato constitutivo da construção da história dos homens. Para a filosofia marxista, a ação humana, por meio do aparato racional, é fundamental para objetivar a natureza exterior, tornado-se ela real, já que humanizada para os indivíduos. O homem só existe a partir de sua relação com a natureza, é o momento de sua "autocriação", que é por sua vez estimulada no sentido da evolução à medida que o homem transforma sua relação com a natureza, gerando também transformações no comportamento humano, visto que os sentidos humanos são formados pelos objetos que estão externos. "A sensibilidade e o caráter humanos dos sentidos só podem concretizar-se por meio da existência do respectivo objeto, por meio da natureza humanizada" (Nova, 2002). Segundo a concepção marxista do mundo, estas reflexões se entrecruzariam com o processo de construção da história da ciência e dos homens, a partir da proposição que punhaa em questão a vigência da denominação específica de uma história natural, visto que a natureza não era mais entendida em seu estado puro, mas como natureza humanizada.

Estas idéias que circundaram a formulação da ciência moderna, permearam também a proposta da revolução pasteuriana no que se refere ao mundo dos microrganismos. Pasteur acreditava ter chegado a um método e à formulação de um campo científico, a microbiologia, capaz de realizar a domesticação dos micróbios. Durante muitos anos a microbiologia se estabeleceu como domínio científico voltado para sujeição de uma parte da natureza, a parte "escondida", o microuniverso vivo, estabelecendo para este mundo caótico uma ordem.

Como exemplo expressivo das chamadas "revoluções científicas", estão os fatos científicos circunscritos nos resultados obtidos por Pasteur e Koch, a partir do desenvolvimento da percepção de uma natureza de movimentos múltiplos e heterogêneos, base das observações que sustentariam o campo de conhecimento da Biologia (antecedentes em Lamarck — 1744-1829) e suas interseções com a Química (antecedentes em Lavoisier — 1743-1794).

Entre as inúmeras conquistas de Pasteur revertidas em favor do estabelecimento da bacteriologia como campo específico de conhecimento da vida está a imposição do espaço do laboratório como espaço capaz de subverter as relações entre o interior e o exterior das paredes de vidro, colocando no mundo a continuação do laboratório, criando uma nova noção de experimentação no domínio das observações e investigações sobre a vida, procurando evidenciar que esta inversão modificava o olhar sobre a cadeia de fenômenos observados. O laboratório se impunha como condição essencial para creditar a experimentação.

Mais uma vez a noção da superioridade humana sobre a natureza, no sentido de desvendá-la para subjugá-la estava colocada pela ciência. Esta visão foi tão largamente acreditada, que os homens cientistas, detentores do saber manipulador do mundo natural, exerciam uma mentalidade calcada no poder racional dado pela ciência, e jamais declararam refletidamente suas vulnerabilidades ante os seus objetos, os "seres inferiores", jamais observaram o risco implícito no trabalho do laboratório como fato concreto, e sim como acidente possível de controle, reduzindo-o a mera possibilidade. A organização do método científico com base na lógica cartesiana, condicionou procedimentos que desvendam o objeto mediante a seguinte trajetória: separa o objeto (o distingue, o desune de seu contexto); torna a unir (o associa, o identifica); hierarquiza (estabelece o principal e o secundário); centraliza (estabelece um núcleo de conceitos centrais).

Este modelo concebe a noção supralógica do mundo e das coisas, e informa *a priori* as fronteiras que o conhecimento delimita. O pensamento cartesiano separa o sujeito pensante da coisa externa, distingue a filosofia e a ciência em nome da eficácia prática e da organização do saber.

A avaliação crítica que se faz hoje do racionalismo herdado de Descartes indica que uma nova proposta está se configurando a partir de outros princípios que admitem que a causa mais profunda do erro não está presente no próprio erro, ou no erro lógico, ela está no modo de organização do saber, no sistema de idéias, nas teorias, nas ideologias. Esta crítica é conclusiva quando afirma que o uso desagregado e degradado da razão reduz os campos de conexões de qualquer observação, comprometendo as análises, as interpretações, as formulações teóricas, etc., favorecendo a continuidade de uma certa cegueira científica que impõe práticas geralmente parciais e limitadas.

Hoje, as ciências ligadas à vida começam a trabalhar com a idéia de associações mais amplas. Chega-se a conclusão de que não é possível controlar de maneira absoluta a natureza, a vida. Apesar do enorme arsenal de recursos conquistados pela ciência que permitiu a redução dos grandes flagelos provocados pelo tifo, pela peste, pela varíola, etc., podemos olhar com complacência para trás e declarar — estamos protegidos?

Em 1967 o mundo científico foi abalado por um acontecimento que fez os pesquisadores reverem seus métodos relativos à quarentena de animais silvestres. Foi o aparecimento de uma nova doença que se disseminava pelo ar e outras vias com facilidade e não havia nenhuma droga conhecida para seu combate. Foi trazida para o velho continente pelos macacos verdes importados da África para experiências de laboratório num instituto de pesquisa em Marburg, na Alemanha Ocidental. Sete seres humanos morreram, entre o pessoal do laboratório, bioteristas, comunicantes e as enfermeiras que os trataram.

Apenas para relembrar um fato impactante: "Os macacos trouxeram um vírus desconhecido da África Central, de algum lugar ao norte do Lago Vitória. [. . .]. Dessa área — onde o sexo não é feito exclusivamente em colchões «Terra dos Sonhos» — veio o vírus da AIDS" (Gordon, 1996).

Quantos outros aparecerão "misteriosamente" para nos acrescentar outras formas de doenças que nos levam impunemente? Subjugamos enfim a natureza? Felizmente e em favor da formulação de um outro olhar sobre a natureza, a ecologia começa a levar para o laboratório uma perspectiva do mundo natural, onde o homem está integrado visceralmente.

No plano da concepção mais simbólica da relação dos homens com os animais e as perspectivas mentais buscando parâmetros de comparação tendo como modelo o aspecto humano da vida física e psicológica, a divulgação recente dos estudos sobre a particularidade do comportamento de alguns animais revelam, ainda como hipóteses, a existência de formas de "inteligência" em animais. Nas pesquisas realizadas pelo psicólogo, Marc Hauser, da Universidade de Havard, estudo que o pesquisador nomeou Wild Minds (Mentes Selvagens), o cérebro de alguns animais está equipado com um conjunto básico de funções que estão associadas à articulação de uma determinada inteligência que indicam as habilidades, que lhes permitem a resolução de problemas apresentados pelo ambiente. Estas pesquisas apresentam como problemáticas imediatas as questões que estão ancoradas no campo de interseção entre a ciência e a ética.

Notícias de divulgação científica nos dão conta que a comunidade científica tem-se voltado para as preocupações que envolvem temas que abordam a relação entre a produção de benefícios da ciência por meio do experimento e as ações éticas ligadas a utilização de animais para tais fins. Começam a ser delineados os debates geridos pelas organizações não-governamentais, as instituições de pesquisas, a sociedade civil e outras entidades no sentido da busca de soluções ou atenuantes para o uso de animais para fins científicos e a perspectiva de evitar a fronteira da crueldade para estes seres. Uma das linhas dessa discussão tem-se revelado pelas dúvidas sobre aquilo que é realmente científico e aquilo que é presumidamente eficaz como ciência, estando, muitas práticas tidas como científicas, mais ancoradas na tradição e na cultura, práticas estas que submetem animais a sofrimentos desnecessários. Exemplo disso tem sido demonstrado na denúncia realizada pela *International For Animal Welfare*, presidida pelo Príncipe Charles relativa à crueldade que se impõe a milhares de ursos na China, país que mantém fazendas, onde milhares de ursos estão em cativeiro, em jaulas estreitas e sujas, em sofrimento constante em razão do efeito do uso de catéter introduzido na vesícula desses animais para a retirada da bílis que, segundo a tradição chinesa, cura diversos males, como pedra nos rins, cirrose, dor de cabeça e ressaca, além de ser usada na produção de *shampoos*, sem existir, no entanto, estudos que confirmem as propriedades curativas de tal líquido.

Por outro lado, põe-se em pauta as controvérsias da questão.

Para o campo específico das ciências experimentais tais questões são fundamentais, pois são diretoras de um debate tão vasto quanto complexo. O conjunto interligado das questões formuladas sugerem a imagem de um verdadeiro calidoscópio, o movimento das peças definem uma forma diferenciada das preocupações da ciência que resultam enfim em propostas para se aprofundar as linhas de pensamento construídas pelas observações no domínio da ética e da filosofia da ciência.

Mais precisamente, essas questões levantam complexidades; entre elas destacamos:

- A experimentação animal e humana, seu significado para a biologia e sua relação com a ética.
- O genoma humano, material hereditário que contém milhões de anos de evolução e patrimônio genético da célula, do indivíduo ou da espécie. Como a biologia poderá propor pesquisas destinadas à modificação da hereditariedade genética?
- As armas biológicas e a posição da pesquisa biológica.

Historicamente, o progresso da medicina moderna esteve ligado às aquisições da biologia. Um marco desse processo foi certamente o impacto da teoria celular, quando a experimentação começou a ser feita sobre as culturas celulares, chegando às manipulações bioquímicas extremamente complexas. Essas técnicas não prescindem de cobaias para testar reações e terapêuticas.

Abrimos um parêntese para acentuar a questão que tem suscitado mais preocupação da comunidade científica no sentido da busca ética é a que se refere ao genoma humano.

O alcance do Projeto Genoma poderá ligar-se, pelo menos teoricamente, a eficácia das armas biológicas, pois existe a possibilidade teórica de associação entre a localização das diferenças genéticas características de um determinado grupo e a manipulação genética de um microorganismo para atacar um receptor celular específico. Para tal fim, não seria sequer necessário a obtenção da conclusão do Projeto Genoma Humano, uma vez que hoje já se conhecem suficientes características genéticas diferenciadoras para que se possa escolher um determinado DNA. O problema teórico que se apresenta é o de assegurar a obtenção de uma discriminação genética perfeita, visto que os grupos humanos são extremamente parecidos entre si, e os cruzamentos entre os grupos faz parte da história da reprodução da espécie humana. Portanto, o estabelecimento de uma diferença significativa e concreta constitui-se em tarefa extremamente complexa. Sendo assim, a alta taxa de mutabilidade genética dos microrganismos poderia levá-los a infectar os grupos que se pretenderia manter incólumes.

Não obstante as dificuldades teóricas apontadas, o campo da ética considera pertinente a reflexão sobre o tema, pois a biotecnologia torna a cada dia a ficção mais próxima da realidade. Há trinta anos atrás o material genético era totalmente inacessível à experimentação pelos procedimentos bioquímicos. Sabia-se apenas que substâncias químicas modificavam esse material mas não de uma maneira predeterminada. Desde então uma série de descobertas sucessivas permitiram a compreensão da estrutura do material genético, o DNA, assim como o funcionamento das enzimas que interviam na sua replicação, possibilitando a observação dos fenômenos estabelecidos por esse material. A partir daí tornou-se viável a elucidação do código genético, código de uma linguagem que exprime quais são os caracteres de um indivíduo. A afirmação desse campo de conhecimento conduziu as pesquisas para a elaboração de técnicas que permitiram a construção dos elementos do material hereditário e de sua recombinação associando os determinantes escolhidos *a priori*.

Este processo passou a ser chamado de manipulação genética, embora possa ser designado por suas características mais precisas nos termos da recombinação genética *in vitro*, visto que se criou a possibilidade de se introduzir um gene, ou seja, um pedaço de informação, na bactéria *E. coli* que vive nos intestinos, com a finalidade de se obter a produção de uma proteína nova, como um hormônio ou uma toxina.

Essas experiências trouxeram de imediato o debate do que poderia vir a ser a contrapartida do benefício produzido por esta nova fronteira aberta pela biologia. Quais seriam os riscos existentes no aprofundamento das pesquisas que manipulavam o material genético de algumas bactérias, permitindo a síntese de substâncias perigosas, tais como as toxinas?

Num primeiro momento a comunidade científica estabeleceu certas restrições para essas experiências considerando especialmente dois argumentos: o caráter não prioritário dessas experiências no momento em que eram realizadas; e o seu caráter sigiloso, impedindo a publicação dos avanços obtidos.

Estabeleceu-se ainda que a manipulação genética deveria ser realizada por cientistas que comprovassem uma real e profunda competência como condição para ter acesso a este campo absolutamente especializado.

Recentemente este campo abriu-se para testes e experiências voltados para modificação do genoma de células animais. Hoje os laboratórios trabalham sobre os genes de plantas e animais, os chamados transgênicos, pois apresentam caracteres novos dentro de outro patrimônio genético, obtidos pela recombinação genética de um gene inteiro, e não mais de um fragmento de gene inserido num organismo hospedeiro. Encontra-se aí um dos grandes desafios para as reflexões em torno da Biossegurança, visto que os próprios geneticistas se questionam quanto ao futuro da recombinação genética *in vitro.*

Quanto à aplicação dessas técnicas no campo da medicina, algumas áreas foram flexibilizadas mediante a utilização terapêutica destinada ao tratamento de doenças genéticas que atingem os homens, como o diabetes juvenil grave. Nesse domínio, a inserção de um gene corretor permite a cura definitiva da pessoa, sem modificar seu patrimônio genético e o de sua descendência.

Para os profissionais envolvidos nas teias da complexidade estabelecida pela manipulação genética e os fatores de risco nela contidos, talvez seja de fundamental importância uma nova leitura de Darwin como condição básica para o resgate do que pode estar compondo o cenário da Biossegurança, e que talvez seja a essência do debate que busca a moderação ancorada na ética.

Segundo Charles Darwin, a evolução dos seres vivos é feita pela mutação e pela seleção de natureza sexual: os mais fortes e os mais fecundos dominam a espécie. A projeção que se faz atualmente, indica para os testes de possibilidades colocadas pelas técnicas de recombinação genética *in vitro*, fato que abre e consolida espaços para o homem controlar sua evolução genética e diminuir pelo mesmo efeito a seleção estabelecida pela natureza. Pelo aparato teórico e experimental que se conhece hoje isso poderá vir a ser uma perspectiva de prolongamento da vida para uns e o risco da morte ou da sobrevida para outros. Quem herdará o paraíso?

Para a comunidade científica, o termo de conclusão implícito nessas demandas reflexivas estabelecidas pelas ciências é a sua própria formulação interna em busca de melhor definição para o seu relacionamento com o que ela atribui ser-lhe externo, as ideologias, as sociedades, as culturas. A partir dessa complexidade, os cientistas dispõem-se a aceitar a proposição de debate em torno do princípio que se coloca, ou seja: de que trata a ciência? Como ela funciona?

As questões tornaram-se mais freqüentes e mais complexas a partir do aprofundamento dos estudos fundamentados na Bioquímica. Apenas para exemplificar a amplitude dos debates, o livro de Michael Behe, bioquímico, professor da Lehigh University, intitulado *A Caixa Preta de Darwin*, publicado no

Brasil pela Editora Zahar, levanta como problemática central a insuficiência da teoria darwiniana da evolução para explicar dados e questões abordados pela Bioquímica. Segundo a idéia principal de Behe, existe uma variação oculta presentes nos animais que pode explicar muitas características do mundo biológico que nós não vemos. O autor relata que após assistir a uma conferência onde fora apresentado um animal híbrido, resultado do cruzamento de uma zebra e um outro eqüino, ele mesmo considerou o resultado como o cruzamento entre um burro e uma zebra. Ficou surpreso ao saber que o resultado havia sido fruto do cruzamento entre um cavalo e uma zebra, gerando um animal que manteve as características de um burro. A partir dessas observações, Behe considera fundamental trabalhar com a possibilidade da "caixa preta", que em ciência significa um dispositivo, ou um sistema que faz algo, mas não se sabe como funciona, está ainda do campo do "misterioso". Para grande parte dos cientistas que desenvolveram seus estudos no século XIX, a célula era uma "caixa preta", a ciência da época não tinha ainda condições para investigá-la no grau da complexidade que hoje conhecemos, ou seja, complexidade irredutível.

As questões científicas que trabalham com os sistemas bioquímicos para avançar nos estudos sobre a vida e sua evolução, embora estejam ancoradas nas observações laboratoriais, não prescindem da organização de suportes filosóficos e históricos para afirmar ou infirmar hipóteses.

A abertura das propostas de reflexão têm exigido dos cientistas a amplitude e a diversidade de um olhar que tenta contemplar a multiplicidade das representações culturais e mentais embutidas no fato científico. Aqui, mais uma vez, a biologia e a física ocupam lugar de destaque no que se refere ao estímulo da decolagem das iniciativas em busca do que estabelece as fronteiras entre o desorganizado e o organizado como sinônimo da fronteira entre a vida e a morte, retirando do campo do absoluto a prática científica baseada na seqüência adquirida pela razão cartesiana — observação, explicação, formalização — elaboradas no interior do laboratório, como trajetória única da elaboração do trabalho científico.

Referências

Gordon, R. *A assustadora história da medicina.* Rio de Janeiro: Ediouro, 1996.

Keith, T. *O homem e o mundo natural.* São Paulo: Companhia das Letras, 1988.

Moreira, R. *O círculo e a espiral. A crise paradigmática do mundo moderno.* Rio de Janeiro: obra aberta/cooperativa do autor, 1993.

Nova, C. *Homem x Natureza: o consciente e o inconsciente no devir histórico.* Acessado em 12/11/2002. Disponível via internet: <http://www.ufba.br/~crisnova/crhomem.html>.

Impressão e acabamento
Imprensa da Fé